U0338239

高等教育"十三五"规划教材

无机化学

主　　编　张明霞
副主编　王秀梅　郭增彩　杜彩云
　　　　　蔡冬梅　母静波

Wuji Huaxue

China University of Mining and Technology Press

中国矿业大学出版社

内 容 简 介

本书共12章,第1章衔接高中化学新课程的教材内容,介绍溶液和胶体的基础知识;第2至第6章以化学反应基本理论为主线,介绍化学热力学、化学动力学、酸碱平衡、沉淀-溶解平衡、氧化还原平衡与电化学;第7至第8章介绍物质结构理论,包括原子结构和分子结构;第9章在共价键理论基础上介绍配位化合物;第10章介绍重要元素及其化合物;第11、12章介绍化学与材料、化学与环境保护等无机化学拓展知识。各章后附有阅读材料、小结和习题,书后附有习题参考答案和附录等。

本书可用作高等院校环境、材料、勘探、给水、农林、生物等专业的基础课教材,也可供相关专业技术人员参考。

图书在版编目(CIP)数据

无机化学/张明霞主编. —徐州:中国矿业大学
出版社,2019.3(2024.8重印)

ISBN 978 - 7 - 5646 - 4079 - 8

Ⅰ. ①无… Ⅱ. ①张… Ⅲ. ①无机化学-高等学校-
教材 Ⅳ. ①O61

中国版本图书馆 CIP 数据核字(2018)第 183516 号

书　　名	无机化学
主　　编	张明霞
责任编辑	周　红
出版发行	中国矿业大学出版社有限责任公司
	(江苏省徐州市解放南路　邮编221008)
营销热线	(0516)83884103　83885105
出版服务	(0516)83995789　83884920
网　　址	http://www.cumtp.com　**E-mail**:cumtpvip@cumtp.com
印　　刷	江苏淮阴新华印务有限公司
开　　本	787 mm×1092 mm　1/16　**印张** 19　**字数** 474 千字　**彩插** 1
版次印次	2019 年 3 月第 1 版　2024 年 8 月第 3 次印刷
定　　价	36.80 元

(图书出现印装质量问题,本社负责调换)

前　言

　　无机化学是化学的一个重要分支,是高等院校材料工程、冶金工程、环境工程、采矿工程、生物工程、矿物加工和环境科学等专业的必修基础课程。其地位和作用主要体现在以下几个方面:① 它是培养上述各类专业工程技术人才的整体知识结构及能力结构的重要组成部分;② 通过学习,使学生掌握化学基本理论和基础知识,培养学生的化学观念和化学技能以及利用化学知识解决实际问题的能力,为后续化学课程和专业课程的学习打好基础;③ 化学作为素质教育的重要基础课程,对培养学生具备全面的科学素质具有重要作用。考虑材料、环境、农林、生物等专业对本课程的要求及大一新生的实际水平,本教材在内容选择和安排上保持了无机化学学科的科学性和系统性,教材内容力求精简,深入浅出,通俗易懂,便于自学。

　　本教材在内容选编上具有以下几个特色:① 内容体系上强调素质和能力的培养,难易程度适中。适应现行学时较少(32～64 学时)的教学大纲,对教材各章节内容进行精简和调整,强化某些重要概念的应用(如熵和吉布斯自由能的应用),删减某些陈旧内容和过细的计算(如酸碱电离理论的陈述,缓冲容量的计算等)。通过本课程的学习,学生可掌握与环境、材料、勘探、给水、农林、生物等领域相关的化学基本原理和技能;运用化学知识,分析解决一些与化学有关的实际问题,关注环境、能源和生命科学中社会热点论题,培养正确的科学观和社会观。② 章节编排上从学生的认知规律出发,内容由浅到深,贯穿统一。从最简单易懂的溶液和胶体入门,引入热力学、动力学化学反应基本原理,从宏观角度上讨论化学反应规律。之后将这些原理、规律应用于各类化学平衡之中加以深化,解决生产生活中的实际问题。然后利用物质结构理论从微观角度解释物质性质不同,其反应类型不同的本质原因。最后用以上这些理论解释单质及其重要化合物的性质和变化规律,重视材料、环境领域的一些社会热点问题。

③ 习题编排上增加题量和题型,包括选择、填空、判断、计算和解答题,并附有习题参考答案,帮助学生掌握课程知识点和提高学生对知识的综合运用能力。

④ 充分考虑高校现行招生形式下大多数学生的基础理论水平和接受能力,在满足教学基本要求前提下,适当扩展学生知识面,以满足不同专业、不同层次学生的需要,教材增加了一些化学在工农业生产生活中的应用、科普知识和学科发展前沿介绍等内容,便于学生课后阅读。⑤ 为帮助学生掌握本课程重点、难点内容,便于课后复习,每章后面添加了本章小结。

本书由张明霞教授主编,并负责全书的策划、统稿和复核工作,王秀梅老师协助审稿。编者均为长期工作在无机化学教学与科研第一线的骨干教师。本书共分为12章,具体编写分工如下:张明霞(绪论、第1、6、8、10章),王秀梅(第2~5章、附录一至七),郭增彩(第7章),杜彩云(第9章、附录八、九),蔡冬梅(第12章),母静波(第11章)。在本教材的编写过程中得到了河北工程大学教务处、材料科学与工程学院领导、基础化学教研室老师们以及中国矿业大学出版社相关人员的大力支持和帮助,在此一并表示感谢! 由于编者水平有限,书中仍难免有疏漏和不妥之处,敬请同行专家和读者批评指正。

编 者

2018 年 6 月

目　　录

绪论 ·· 1
　习题 ··· 8

第1章　溶液和胶体 ·· 10
　1.1　分散系统 ··· 10
　1.2　稀溶液的依数性 ··· 12
　1.3　胶体 ··· 18
　1.4　表面活性物质和乳浊液 ·· 25
　本章小结 ··· 26
　知识延伸　免疫胶体金技术 ·· 27
　习题 ··· 28

第2章　化学热力学基础 ·· 31
　2.1　热力学基本概念 ··· 31
　2.2　反应热和反应焓变 ·· 33
　2.3　化学反应方向 ··· 38
　2.4　化学反应限度 ··· 43
　本章小结 ··· 51
　知识延伸　趣话火柴 ··· 52
　习题 ··· 53

第3章　化学动力学初步 ·· 56
　3.1　概述 ··· 56
　3.2　反应速率理论 ··· 59
　3.3　影响化学反应速率的因素 ·· 60
　本章小结 ··· 66
　知识延伸　最美味的反应——美拉德反应 ·· 67
　习题 ··· 68

第4章　酸碱平衡 ·· 72

4.1　酸碱理论概述 ·· 72

4.2　弱电解质的解离平衡 ·· 75

4.3　缓冲溶液 ·· 81

本章小结 ·· 84

知识延伸　代谢性酸中毒 ·· 84

习题 ·· 86

第5章　难溶电解质的沉淀-溶解平衡 ·································· 89

5.1　溶度积规则 ·· 89

5.2　沉淀的生成和溶解 ·· 91

5.3　分步沉淀和沉淀的转化 ·· 93

本章小结 ·· 95

知识延伸　"吃"矿石的微生物 ·· 96

习题 ·· 97

第6章　氧化还原平衡与电化学基础 ·································· 100

6.1　氧化还原反应概述 ·· 100

6.2　原电池与电极电势 ·· 104

6.3　电极电势的应用 ·· 110

6.4　电解及其应用 ·· 115

6.5　金属腐蚀与防护 ·· 117

本章小结 ·· 120

知识延伸　化学电源 ·· 121

习题 ·· 124

第7章　原子结构和元素周期表 ···································· 128

7.1　核外电子的运动状态 ·· 128

7.2　原子核外电子排布和元素周期表 ·································· 135

7.3　元素性质的周期性 ·· 142

本章小结 ·· 148

知识延伸　元素周期表的发现和发展 ·································· 149

习题 ·· 151

第8章　化学键与分子结构 ·· 153

8.1　离子键 ·· 153

8.2　共价键理论 ································· 155

8.3　分子间作用力和氢键 ·············· 165

本章小结 ····································· 169

知识延伸　超分子化学 ················· 170

习题 ··· 172

第 9 章　配位化合物 ························· 175

9.1　配合物的组成与命名 ·············· 175

9.2　配位平衡 ······························· 180

9.3　配合物的价键理论 ················· 186

本章小结 ····································· 191

知识延伸　配位化学的应用和发展前景 ·· 192

习题 ··· 194

第 10 章　重要元素选述 ··················· 197

10.1　单质的性质 ························· 197

10.2　无机化合物的化学性质 ········· 202

10.3　重要无机化合物选述 ············ 204

本章小结 ····································· 215

知识延伸　生命元素和污染元素 ····· 216

习题 ··· 217

第 11 章　化学与材料 ······················ 219

11.1　材料概述 ····························· 219

11.2　金属材料 ····························· 220

11.3　无机非金属材料 ··················· 223

11.4　高分子材料 ························· 225

11.5　复合材料 ····························· 229

11.6　纳米材料 ····························· 233

本章小结 ····································· 237

知识延伸　未来最有潜力的 20 种新材料 ·· 238

习题 ··· 240

第 12 章　化学与环境保护 ··············· 241

12.1　大气污染及其控制 ··············· 241

12.2　水污染及其控制 ··················· 249

12.3　固体废物污染及其资源化 ·· 258

12.4　环境保护与可持续发展 ··· 261

本章小结 ·· 264

知识延伸　当心海洋中的"PM2.5" ·· 265

习题 ·· 267

附录 ·· 270

附录一　相对分子质量 ·· 270

附录二　一些物质的标准摩尔生成焓、标准摩尔生成自由能和

标准摩尔熵(298.15 K) ·· 273

附录三　一些水合离子的标准摩尔生成焓、标准摩尔生成自由能和

标准摩尔熵(298.15 K) ·· 275

附录四　一些弱电解质的解离常数 ·· 276

附录五　一些共轭酸碱的解离常数 ·· 276

附录六　一些难溶电解质的溶度积常数 ·· 277

附录七　标准电极电势(298.15 K) ·· 278

附录八　一些常见配离子的稳定常数(298.15 K) ···································· 280

附录九　常见配合物的累积稳定常数 ·· 283

参考文献 ·· 286

部分习题参考答案 ·· 287

绪　　论

0.1　化学研究的对象、作用和无机化学的任务

化学是研究物质变化的一门科学。世界是由物质组成的,物质有两种基本形态——实物和场(如电磁场、引力场等)。化学研究的对象是实物而不是场,包括大至宏观的天体、小到微观的粒子,如分子、原子、离子和超分子等。研究它们的化学变化,其主要特征是在原子核不变的前提下生成了新物质。核裂变和核聚变不是在原子水平上的反应,所以不属于化学变化。可以说,化学是在原子、分子或离子水平上研究物质的组成、结构、性质、变化规律和变化过程中能量关系的科学。

从开始使用火的原始社会到使用各种人造物质的现代社会,人类都在享用化学成果,化学在为人类提供食物、开发能源、防治疾病、保护环境、增强国防和保障国家安全方面都起着重要作用。当今人类社会面临的能源、粮食、环境、人口、资源等五大全球性问题中,新能源的开发、肥料、农药、环境保护、资源的合理开采与利用、人们的衣食住行都离不开化学。

化学在"数、理、化、天、地、生"六门传统自然科学中是承上启下的中心科学,也是与信息、生命、材料、环境、能源、地球、空间和核科学等八大新兴科学紧密联系、交叉和渗透的一门中心科学。现代社会的三大支柱产业——能源、信息和材料都与化学的基础研究密切相关,如太阳能的高效开发需要有高效率的太阳能集光和转换装置作基础,高能蓄电池、燃料电池的应用也需要特殊的固体材料,信息的产生、转化、存储、调制、传输、传感、处理和显示都要有相应的固体物质作为材料和器件,而这些都是化学新材料的研究内容。20世纪化学家合成了数以千万计的新物质,几乎又创造了一个新的自然界:在设计合成的同时,发现了大量的新反应、新化合物、新方法和新理论。化学在能源利用方面的一项重大突破是核能的释放以及有效利用。化学与农业科学的发展也密切相关。土壤改良、作物栽培、良种繁育、农业环保、野生资源开发与利用、农副产品的加工与利用、动物检疫等都需要用到化学的理论和知识。总之,化学是与国民经济各部门、人民生活各方面、尖端科学技术各领域都密切相关的基础学科。

21世纪化学面临的挑战是:解决资源与能源危机,治理环境与生态污染,提高人类健康水平与生活质量(衣、食、住、行、医),拓展人类活动时空(空间技术),发展高科技(生命、物质、信息)。要解决这些问题,化学就必须由基础研究延伸到应用研究,深入认识物理和化

学变化,创造和建立新物质与新方法。具体来说,要对物质世界有更新的了解与认识,开展与其他学科科学家的紧密合作,研究从物质到物系的过控和整体行为。

无机化学是除碳氢化合物及其衍生物外,对所有元素及其化合物的性质和反应进行实验研究和理论解释的科学,是化学学科中发展最早的一个分支学科,也是化学科学中最基础的部分。无机化学作为高等院校非化学化工类专业开设的基础课程之一,主要介绍对后续其他化学课程和专业课程有普遍意义的基本化学理论和化学知识。其任务是在中学化学的基础上,掌握近代化学基本理论、基本知识和基本技能,培养学生的科学思维能力,提高学生分析和解决问题的能力,为今后学习和工作打下一定的化学基础。

0.2　无机化学课程的学习方法

无机化学课程内容较多,对于高校非化学化工类专业来说,无机化学教学学时相对不足,导致教学难度增大,采用适当的学习方法是克服学习困难、提高教学效果的关键。

(1) 通过学习、归纳和思考,找出知识的内在联系,弄清问题的来龙去脉,总结建立完整的知识体系。

(2) 无机化学实验是训练化学基本操作技能、培养严谨的科学态度的重要环节。通过实验,掌握一些基本操作技能,学会如何分析处理数据,培养发现、分析和解决问题的能力,提高理论联系实践的能力。

(3) 课后及时复习,独立完成作业,巩固课堂所学知识。

(4) 充分利用参考书和网络资源,提高自学能力,拓宽知识面,提高化学素养,培养终身学习的好习惯。

0.3　物质的量

我们平常所见到的物质,都不是单个原子或分子,而是它们的聚集体,气态、液态和固态是三种常见的物质存在状态。许多物质在不同的温度和压强下,呈现不同的聚集状态,如何对这些不同聚集状态的物质进行计量,需要引入新的物理量——物质的量。

1971 年 10 月,41 个国家参加的第 14 届国际计量大会(CGPM)决定,在国际单位制(SI)中增加第 7 个物理量——物质的量(amount of substance),用符号"n"表示,单位为摩尔(简称摩),符号用 mol 表示。物质的量表示系统中所含基本单元(可以是分子、原子、离子、电子及其他天然存在的粒子,也可以是这些微粒的特定组合或分割)的量,该系统中所包含的基本单元数与 0.012 kg ^{12}C 的原子数目相等时,其物质的量为 1 mol。1 mol ^{12}C 所含的原子数,叫作阿伏伽德罗常数(Avogadro constant),用符号"N_A"表示,其数值为 6.02 $\times 10^{23}$。故 1 mol 任何物质,均含有 N_A 个基本单元。使用物质的量时,基本单元一定要注明,因为基本单元改变,其表示意义不同。如:

1 mol H_2 表示含有 N_A 个 H_2,其摩尔质量为 2.016 g $\cdot$ mol^{-1};

$1\ mol(\frac{1}{2}H_2)$ 表示含有 N_A 个 H 原子, 其摩尔质量为 $1.008\ g \cdot mol^{-1}$;

$1\ mol(2H_2 + O_2)$ 表示含有 $2N_A$ 个 H_2 和 N_A 个 O_2, 其摩尔质量为 $36.03\ g \cdot mol^{-1}$, 相当于 2 mol H_2 和 1 mol O_2。

再如, 求 $KMnO_4$ 物质的量时, 若分别用 $KMnO_4$、$\frac{1}{5}KMnO_4$ 和 $5KMnO_4$ 作为基本单元, 则相同质量的 $KMnO_4$, 其物质的量之间有如下关系:

$$n(KMnO_4) = \frac{1}{5}n(\frac{1}{5}KMnO_4) = 5n(5KMnO_4)$$

由此可见, 基本单元的选择是任意的, 它既可以是实际存在的粒子, 也可以根据需要而人为设定。

0.4　气体的计量

关于气体的计量, 可以用物质的量来表示, 但实际上常用更容易测量的气体体积或压力来表示。由于气体具有扩散性和可压缩性, 因而一定量的气体在不同压力下具有不同的体积, 温度改变, 气体压力和体积有可能发生变化。气体的存在状态主要取决于四个因素: 压力、体积、温度和物质的量, 而几乎与它们的化学组成无关。反映这四个物理量之间关系的式子叫作气体状态方程式。

0.4.1　理想气体状态方程

理想气体是一种假设的气体模型。它假设分子间完全没有作用力, 分子只是一个几何点, 没有体积。实际上所碰到的气体都是真实气体, 都可以被液化, 说明气体分子之间存在相互作用。实际气体只有在温度不太低、压力不太高时, 分子间距离大大增加, 气体所占的体积远远超过分子本身的体积, 分子间作用力和分子本身的体积可忽略, 此时实际气体的存在状态才接近于理想气体, 可以用理想气体定律(the ideal gas law)进行计算, 即高温、低压下 p, V, T 之间的关系方程:

$$pV = nRT \tag{0-1}$$

式中, p 为气体压力(压强, Pa 或 kPa 或 atm); V 是气体体积(m^3、dm^3、L 或 cm^3); n 为气体物质的量(摩尔, mol); T 是热力学温度(K); R 为摩尔气体常数, 由于 p、V 采用单位不同, R 的数值和单位也不一样(见表 0-1)。

理想气体状态方程是从大量实验中总结出的经验公式, 它反映了气体分子的共性和特殊性。由于实际气体的分子本身必然占有体积, 分子之间也具有引力, 因此应用该方程进行计算时, 不可避免地存在偏差。对于常温常压下的气体, 特别是那些不易液化的 He、H_2、O_2、N_2 等气体, 其偏差很小可以忽略, 随着温度的降低和压力的增大, 偏差逐渐增大, 故高压和低温的气体以及与其液体和固体共存的气体不遵守理想气体状态方程。

表 0-1　　　　　　　　　　　　　　　**R 的单位和数值**

单位	L·atm·mol^{-1}·K^{-1}	m^3·Pa·mol^{-1}·K^{-1}	J·mol^{-1}·K^{-1}	L·mmHg·mol^{-1}·K^{-1}
数值	0.082 06	8.314	8.314	62.36

式(0-1)可改写为:

$$pV = \frac{m}{M}RT \quad 或 \quad p = \frac{\rho}{M}RT \tag{0-2}$$

式(0-2)主要用来计算气体及易挥发性物质的相对分子质量。在一定温度下,测得气体压力 p、体积 V 及质量 m 或密度 ρ,就可根据公式求出气体的相对分子质量。上述公式也可用来计算气体的质量、压力或温度。此方程在化学热力学、化学动力学和溶液的四大平衡中都有应用。

【例 0-1】　在 298.15 K 下,一个体积为 50 dm^3 的氧气钢瓶,当它的压力降为 1 500 kPa 时,试计算钢瓶中剩余的氧气质量为多少?

解:由理想气体状态方程 $pV = nRT$

$$n = \frac{pV}{RT} = \frac{1\ 500\ \text{kPa} \times 50\ \text{dm}^3}{8.314\ \text{Pa·m}^3·\text{mol}^{-1}·\text{K}^{-1} \times 298.15\ \text{K}} = 30.26\ \text{mol}$$

氧气的摩尔质量为 32.00 g·mol^{-1},所剩余的氧气质量为:

$$30.26\ \text{mol} \times 32.00\ \text{g·mol}^{-1} = 968.32\ \text{g}$$

【例 0-2】　一汽车轮胎在 22 ℃时测得表压为 160 kPa。表压为轮胎内气体总压与大气压之差,大气压约为 101 kPa。若汽车在高速公路上行驶 2 h 后,轮胎容积不变,表压升至 205 kPa,问轮胎内空气的温度约为多少?

解:轮胎内气体物质的量不变,设为 n mol,轮胎容积不变,设为 V L。

根据理想气体,状态 1:$p_1 V = nRT_1$,状态 2:$p_2 V = nRT_2$,两式相除得

$$\frac{p_1}{p_2} = \frac{T_1}{T_2}$$

所以

$$T_2 = \frac{p_2}{p_1}T_1 = \frac{(205+101)\text{kPa}}{(160+101)\text{kPa}} \times (273+22)\text{K} = 346\ \text{K}$$

0.4.2　道尔顿分压定律

在科学研究和生产实践中所遇到的气体往往是由几种气体组成的气体混合物。空气就是一种混合气体,它由 N_2、O_2、少量 CO_2、水蒸气和惰性气体组成。如果混合气体中各组分气体之间不发生反应,则在温度不太低、压力不太高情况下可看成理想气体混合物,仍符合理想气体方程。

由于气体具有扩散性,在混合气体中各组分气体总是均匀地充满整个容器,对容器内壁产生压力,并且互不干扰,如同它单独存在于容器中一样。各组分气体占有与混合气体相同体积时所产生的压力称作分压力(简称分压,partial pressures)。1801 年,英国科学家 Dalton(道尔顿)总结大量实验结果提出:两种或两种以上不会发生化学反应的气体混合,混

合气体的总压力等于各组分气体的分压力之和。该理论被称为道尔顿分压定律(Dalton's law of partial pressures)。

如：A、B、C 为三个体积相同的容器，在室温下，A 容器中注入 0.5 mol N_2，压力为 240 kPa；B 容器中注入 1.25 mol O_2，压力为 600 kPa；C 容器中注入 0.5 mol N_2＋1.25 mol O_2，压力为 840 kPa。由此，C 容器中混合气体的总压 $p = p(N_2) + p(O_2)$。

推广到任一混合气体则：

$$p_{总} = \sum p_i \tag{0-3}$$

其中 $p_{总}$ 为混合气体总压，p_i 为组分分压。上式为道尔顿分压定律的数学表达式。

根据状态方程

$$p_{总}V = n_{总}RT; \quad p_iV = n_iRT$$

两式相除得

$$p_i/p_{总} = n_i/n_{总}$$

其中 $n_{总}$ 表示混合气体中各组分气体物质的量之和，n_i 表示气体混合物中 i 气体物质的量，将 $n_i/n_{总}$ 称为摩尔分数，用 x_i 表示，$\sum x_i = 1$。

所以混合气体中各组分气体的分压和该气体的摩尔分数成正比。

$$p_i = p_{总}x_i \tag{0-4}$$

此式为道尔顿分压定律的另一种表达形式。分压定律在化学平衡和反应速率计算中多有应用，$p_{总}$ 可通过压力表测出，p_i 则很难被直接测出，可通过分压定律分析、计算求出。

【例 0-3】 已知在 250 ℃时 PCl_5 能全部汽化，并部分离解为 PCl_3 和 Cl_2。现将 2.98 g PCl_5 置于 1.00 L 容器中，在 250 ℃时全部汽化后，测定其总压力为 113.4 kPa。求：其中有哪几种气体？它们的分压各是多少？

解：设 PCl_5 反应了 x mol，反应开始时 PCl_5 物质的量为 2.98/208.22＝0.014 3 mol

$$PCl_5 \rightleftharpoons PCl_3 + Cl_2$$

反应开始时各物质的量/mol　　0.014 3　　0　　0

平衡时各物质的量/mol　　0.014 3－x　　x　　x

平衡时混合气体总物质的量

$$n_{总} = \frac{p_{总}V}{RT} = \frac{113.4\ kPa \times 1.00\ L}{8.314\ Pa \cdot m^3 \cdot mol^{-1} \cdot K^{-1} \times (273.15 + 250)\ K} = 0.026\ 1\ mol$$

$n_{总} = 0.014\ 3 - x + x + x = 0.026\ 1$ mol，所以 $x = 0.011\ 8$ mol

则 $n(PCl_5) = 0.014\ 3 - 0.011\ 8 = 0.002\ 5$ mol，$n(PCl_3) = n(Cl_2) = 0.011\ 8$ mol

根据分压定律

$p(PCl_5) = (0.002\ 5\ mol/0.026\ 1\ mol) \times 113.4\ kPa = 10.9\ kPa$

$p(PCl_3) = p(Cl_2) = (0.011\ 8\ mol/0.026\ 1\ mol) \times 113.4\ kPa = 51.27\ kPa$

工业上常用各组分气体的体积分数表示混合气体的组成。由于同温同压下，气态物质的量与它的体积成正比，不难导出混合气体中组分气体 B 的体积分数等于物质 B 的摩尔分数：

$$V_i/V_总 = n_i/n_总$$

式中，V_i、V 分别表示组分气体 i 和混合气体的体积。所以分压定律还可以写成

$$p_i = (V_i/V_总) \cdot p_总 \tag{0-5}$$

【例0-4】 有一煤气罐其容积为 30.0 L，27 ℃时内压为 600 kPa。经气体分析，储罐内煤气中 CO 的体积分数为 0.600，H_2 的体积分数为 0.100，其余气体的体积分数为 0.300，求该储罐中 CO、H_2 的质量和分压。

解：已知 $V = 30.0$ L　　$p = 600$ kPa　　$T = (273 + 27)$K $= 300$ K

$$n_总 = \frac{p_总 V}{RT} = \frac{600 \text{ kPa} \times 30.0 \text{ L}}{8.314 \text{ Pa} \cdot \text{m}^3 \cdot \text{mol}^{-1} \cdot \text{K}^{-1} \times 300 \text{ K}} = 7.21 \text{ mol}$$

$$n(CO) = 7.21 \text{ mol} \times 0.600 = 4.33 \text{ mol}$$

$$n(H_2) = 7.21 \text{ mol} \times 0.100 = 0.721 \text{ mol}$$

$$m(CO) = n(CO) \times M(CO) = 121 \text{ g}$$

$$m(H_2) = n(H_2) \times M(H_2) = 1.44 \text{ g}$$

再根据 $$p_i = (V_i/V_总)p_总$$

$$p(CO) = 0.600 \times 600 \text{ kPa} = 360 \text{ kPa}, p(H_2) = 0.100 \times 600 \text{ kPa} = 60 \text{ kPa}$$

分压定律适用于理想气体混合物，对低压下的真实气体混合物近似适用。

0.5　溶液浓度的表示方法

溶液的浓度是指一定量溶液或溶剂中所含溶质的量。由于"溶质的量"可取物质的量、质量、体积，溶液或溶剂的量可取质量、体积等，所以在科学研究和工农业生产中我们所遇到的浓度表示方法是多种多样的。下面重点介绍几种常用的浓度表示方法。

0.5.1　物质的量浓度

物质的量浓度是指单位体积溶液中所含溶质 B 的物质的量，以符号 c_B 表示。

$$c_B = \frac{n_B}{V} \tag{0-6}$$

式中，n_B 表示溶液中溶质 B 的物质的量，V 表示溶液的体积，B 是溶质的基本单元。c_B 的 SI 单位为摩尔每立方米($mol \cdot m^{-3}$)，常用摩尔每升($mol \cdot L^{-1}$)或($mol \cdot dm^{-3}$)表示。

【例0-5】 用分析天平称取 1.234 6 g $K_2Cr_2O_7$ 基准物质，溶解后转移至 100.0 mL 容量瓶中定容，试计算 $c(K_2Cr_2O_7)$ 和 $c(\frac{1}{6}K_2Cr_2O_7)$。

解：已知　$m(K_2Cr_2O_7) = 1.234\ 6$ g　　$M(K_2Cr_2O_7) = 294.18$ g $\cdot$ mol^{-1}

$$M(\frac{1}{6}K_2Cr_2O_7) = \frac{1}{6} \times 294.18 \text{ g} \cdot \text{mol}^{-1} = 49.03 \text{ g} \cdot \text{mol}^{-1}$$

$$c(K_2Cr_2O_7) = \frac{m(K_2Cr_2O_7)}{M(K_2Cr_2O_7) \cdot V} = \frac{1.234\ 6 \text{ g}}{294.18 \text{ g} \cdot \text{mol}^{-1} \times 100.0 \text{ mL} \times 10^{-3}}$$

$$= 0.041\ 97 \text{ mol} \cdot \text{L}^{-1}$$

$$c(\frac{1}{6}K_2Cr_2O_7)=\frac{m(K_2Cr_2O_7)}{M(\frac{1}{6}K_2Cr_2O_7)\cdot V}=\frac{1.234\ 6\ g}{49.03\ g\cdot mol^{-1}\times100.0\ mL\times10^{-3}}$$

$$=0.251\ 8\ mol\cdot L^{-1}$$

由此可见,

$$c(\frac{1}{6}K_2Cr_2O_7)=6c(K_2Cr_2O_7)\quad n(\frac{1}{6}K_2Cr_2O_7)=6n(K_2Cr_2O_7)$$

0.5.2 质量摩尔浓度

每千克溶剂中所含溶质 B 的物质的量,称为溶质 B 的质量摩尔浓度,用符号 b_B 表示,单位为 $mol\cdot kg^{-1}$,表达式为:

$$b_B=\frac{n_B}{m_A} \tag{0-7}$$

式中,n_B 表示溶质 B 的物质的量,m_A 为溶剂的质量。

【例 0-6】 取 49 g H_2SO_4 溶于 1 000 g 水中,求此溶液的质量摩尔浓度。

解:查表得 $M(H_2SO_4)=98\ g\cdot mol^{-1}$

$$b(H_2SO_4)=\frac{n(H_2SO_4)}{m(H_2O)}=\frac{m(H_2SO_4)}{M(H_2SO_4)\cdot m(H_2O)}$$

$$=\frac{49\ g}{98\ g\cdot mol^{-1}\times1\ kg}=0.5\ mol\cdot kg^{-1}$$

质量摩尔浓度与体积无关,故不受温度变化的影响,常用于稀溶液依数性的研究和一些精密测定中。对于较稀的水溶液来说,质量摩尔浓度近似地等于其物质的量浓度。

0.5.3 摩尔分数

混合物中物质 B 的物质的量 n_B 与混合物总物质的量 $n_总$ 之比,称为该物质 B 的摩尔分数,符号为 x_B,其量纲为 1,表达式为:

$$x_B=\frac{n_B}{n_总} \tag{0-8}$$

对于双组分系统的溶液来说,若溶质的物质的量为 n_B,溶剂的物质的量为 n_A,则其摩尔分数分别为:

$$x_B=\frac{n_B}{n_B+n_A}\qquad x_A=\frac{n_A}{n_B+n_A}$$

显然,$x_A+x_B=1$;对于多组分系统来说,则有 $\sum x_i=1$。

0.5.4 质量分数

混合物中溶质 B 的质量(m_B)与混合物总质量($m_总$)之比,称为物质 B 的质量分数,用符号 ω_B 表示,其量纲为 1,表达式为:

$$\omega_B=\frac{m_B}{m_总} \tag{0-9}$$

常用百分率表达,则再乘以100%,称质量百分浓度。

对于多组分系统来说,则有 $\sum \omega_i = 1$。

0.5.5　质量体积浓度

单位体积溶液中所含溶质B的质量,用符号 ρ 表示,单位为 $g \cdot L^{-1}$、$mg \cdot L^{-1}$ 或 $kg \cdot m^{-3}$ 等,计算公式为:

$$\rho = \frac{m_B}{V} \tag{0-10}$$

实际工作中经常遇到一些极稀的溶液,如植物生长调节剂、环境中有害成分的含量等,常用 $mg \cdot g^{-1}$、$\mu g \cdot g^{-1}$、$ng \cdot g^{-1}$、$pg \cdot g^{-1}$ 或 $\mu g \cdot kg^{-1}$ 等表示。可看成是每克(或千克)溶液(或固体)中含溶质的质量为多少毫克、微克、纳克、皮克或微克。因为是稀溶液,其密度看成 $1 \ g \cdot mL^{-1}$,相应浓度可以用 $mg \cdot mL^{-1}$、$\mu g \cdot mL^{-1}$、$ng \cdot mL^{-1}$、$pg \cdot mL^{-1}$ 或 $\mu g \cdot L^{-1}$ 表示。

溶液不同浓度之间可以相互换算,比如百分含量和物质的量浓度之间的换算,此计算在实验室配制溶液时经常用到。

【例 0-7】　质量分数为 35.0% $HClO_4$ 水溶液密度为 $1.25 \ g \cdot mL^{-1}$,已知 $HClO_4$ 的摩尔质量为 $100.4 \ g \cdot moL^{-1}$,求其物质的量浓度 $c(HClO_4)$。

解:将 $m_B = \rho V \omega_B$ 代入物质的量浓度计算公式

$$c_B = \frac{n_B}{V} = \frac{m_B}{M_B V} = \frac{1\,000 \rho V \omega_B}{M_B V} = \frac{1\,000 \rho \omega_B}{M_B}$$

代入数值得

$$c_B = \frac{1\,000 \times 1.25 \ g \cdot mL^{-1} \times 0.350}{100.4 \ g \cdot mol^{-1}} = 4.36 \ mol \cdot L^{-1}$$

习　题

一、选择题(将正确的答案填入括号内)

1. $pH = 1.0$ 的硫酸溶液的物质的量浓度 $c(1/2 H_2SO_4)$ 是(　　　)。

　A. $0.2 \ mol \cdot L^{-1}$　　　　　　　　　　B. $0.1 \ mol \cdot L^{-1}$

　C. $0.09 \ mol \cdot L^{-1}$　　　　　　　　　D. $0.05 \ mol \cdot L^{-1}$

2. 两个容积和质量完全相等的容器,各盛满理想气体 A 和 B,气体 A 的质量是气体 B 的两倍,气体 A 的摩尔质量是气体 B 的一半。若温度相同,则气体 A 和 B 的压力比 p_A/p_B 为(　　　)。

　A. 4　　　　　　B. 1　　　　　　C. 1/2　　　　　　D. 1/4

3. 298 K 下体积为 25 dm^3 的容器中盛有 22 g CO_2 和 8.0 g O_2,则混合气体总压为(　　　) kPa。

　A. 74.3　　　　B. 32.0　　　　C. 28.8　　　　　D. 66.2

4. 室温下某混合气体中含有 10.0 mol CO 和 12.5 mol O_2,加热该混合气体使其反应

生成 CO_2。加热到某一时刻,体系中有 3.0 mol CO_2,则此时 CO 的摩尔分数为（　　）。

    A. 0.26　　　　　B. 0.33　　　　　C. 0.66　　　　　D. 0.42

5. 在 25 ℃,101.3 kPa 时,下面几种气体的混合物中分压最大的是（　　）。

    A. 0.1 g H_2　　　B. 1.0 g He　　　C. 5.0 g N_2　　　D. 10 g CO_2

6. 质量摩尔浓度的优点是（　　）。

    A. 准确度高　　　　　　　　　　B. 使用广泛

    C. 计算方便　　　　　　　　　　D. 其值不随温度变化

7. 今有 3.2 mL 的 5.0 mol·L^{-1} H_2SO_4 溶液,密度为 1.0 g·mL^{-1},其中 1/2H_2SO_4, H_2SO_4 和 H_2O 的物质的量（mol）分别是（　　）。

    A. 0.032,0.016,0.09　　　　　　B. 0.036,0.016,0.80

    C. 0.016,0.032,0.09　　　　　　D. 0.030,0.30,0.70

二、填空题（将正确答案填在横线上）

1. 某理想气体在 273 K 和 101.3 kPa 时的体积为 0.312 m^3,则在 298 K 和 98.66 kPa 时其体积为_____。

2. 氯酸钾加热分解制备的氧气用排水集气法收集。在 25 ℃、101.3 kPa 下共收集到 250.0 mL 气体,则收集的气体中 $p(O_2)=$_____ kPa,$n(O_2)=$_____ mmol（已知 25 ℃时 $p(H_2O)=3.17$ kPa）。

3. 通常用作消毒剂的 H_2O_2 溶液中,H_2O_2 的质量分数为 3.0%,这种水溶液的密度为 1.0 g·mL^{-1},则水溶液中 H_2O_2 的质量摩尔浓度_____、物质的量浓度_____和摩尔分数_____。

三、计算题

1. 计算下列常用试剂的物质的量浓度。

（1）已知浓 H_2SO_4 的质量分数为 96%,密度为 1.84 g·mL^{-1};

（2）已知浓 HNO_3 的质量分数为 69%,密度为 1.42 g·mL^{-1};

（3）已知浓氨水中 NH_3 的质量分数为 28%,密度为 0.898 g·mL^{-1}。

2. 在 291 K 和 101.3 kPa 条件下将 2.70 dm^3 含饱和水蒸气的空气通过 $CaCl_2$ 干燥管。完全吸水后,干燥空气为 3.21 g。求 291 K 时水的饱和蒸气压（已知空气的平均摩尔质量为 29 g·mol^{-1}）。

第1章 溶液和胶体

溶液和胶体是物质的两种不同存在形式，在自然界中广泛存在，与工农业生产、科学研究以及人类生命活动有着密切关系。如江河湖海、生物体、土壤中的液态部分以及科学研究中的反应体系大都为溶液或胶体。因此学习有关溶液和胶体的基本知识及其应用具有重要意义。例如 NaCl 溶于水为溶液，溶于酒精则成为胶体。那么，溶液和胶体有哪些不同？它们各自的特点是什么呢？要了解上述问题，需要了解有关分散系统的概念。

1.1 分散系统

1.1.1 分散系统的定义

一种或几种物质分散在另一种物质中所形成的系统称为分散系统。在分散系统中，被分散的物质为分散质（或分散相），起分散作用而容纳分散质的物质称为分散剂（或分散介质）。例如碘分散在酒精中形成碘酒，黏土分散在水中形成泥浆，奶油、蛋白质和乳糖分散在水中形成牛奶，水滴、二氧化硫、氮氧化物和可吸入颗粒物等分散在空气中形成雾霾等都是分散系统。在上述例子中，碘、黏土、奶油、蛋白质、乳糖、水滴、二氧化硫、氮氧化物和可吸入颗粒物等为分散质，酒精、水、空气为分散剂。分散质和分散剂的聚集状态不同，分散质粒子大小不同，分散系统的性质也不同。为研究方便，可以按物质的聚集状态或分散质颗粒的大小将分散系统进行分类。

1.1.2 分散系统的分类

物质一般有气态、液态、固态三种聚集状态，若按分散质和分散剂的聚集状态进行分类，可以把分散系统分为九类，见表 1-1。

表 1-1　　　　　　　　分散系统按分散质和分散剂的聚集状态分类

分散质	分散剂	实　例
气 液 固	液	汽水、肥皂泡沫 豆浆、牛奶、石油、农药乳浊液 糖水、金溶胶、油漆、泥浆

续表 1-1

分散质	分散剂	实　　例
气		泡沫塑料、海绵、木炭、浮石
液	固	珍珠、硅胶、肌肉、毛发、肉冻
固		矿石、合金、有色玻璃、宝石
气		煤气、空气、混合气
液	气	云、雾
固		烟、灰尘

若按分散质粒子直径大小进行分类,则可以将分散系统分为四类,见表 1-2。

表 1-2　　　　　　　　　　**分散系统按分散质粒子大小分类**

类　型	粒子直径/nm	主要特征		实　　例
分子、离子分散系统(真溶液)	<1	最稳定,扩散快,能透过滤纸及半透膜,对光散射极弱	单相系统	氯化钠、蔗糖水溶液,混合气体
高分子溶液	1～100	很稳定,扩散慢,能透过滤纸,不能透过半透膜,对光散射极弱,黏度大		淀粉溶液、蛋白质溶液、纤维素溶液、聚乙烯醇水溶液
胶体分散系统(溶胶)	1～100	稳定,扩散慢,能透过滤纸,不能透过半透膜,光散射强	多相系统	金溶胶、氢氧化铁溶胶、碘化银溶胶
粗分散系统	>100	不稳定,扩散慢,不能透过滤纸及半透膜,无光散射		牛奶、豆浆、浑浊泥水、含水原油

　　分子和离子分散系统中,分散质粒子直径小于 1 nm,它们以分子或离子的状态分散于分散剂中,与分散剂的亲和力极强,均匀、无界面,是高度分散、高度稳定的单相系统。这种分散系统即通常所说的溶液,如蔗糖溶液、食盐溶液。

　　在高分子溶液中,分散质粒子是单个的高分子,直径介于 1～100 nm 之间,与分散剂的亲和力强,故高分子溶液与分子和离子分散系统一样,属于高度分散、稳定的单相系统。由于高分子溶液在某些性质上与溶胶相似,如分子不能透过半透膜,扩散慢等,历史上其曾被称为亲液溶胶,相对而言普通溶胶则被称为憎液溶胶。然而通过对它们稳定性和粒子结构的分析,发现这类物质和溶胶有本质上的不同,因此亲液溶胶这个词已被高分子溶液所取代,但由于习惯的原因,憎液溶胶一词被沿用至今。

　　胶体分散系统常以分散剂的聚集状态来命名,分散剂为液态叫液溶胶,如硫化砷溶胶、氢氧化铁溶胶等;分散剂为气态叫气溶胶,如云、雾等;分散剂为固态叫固溶胶,如泡沫玻璃、硅胶等。液溶胶简称溶胶,是胶体分散系统的典型代表。其分散质粒子直径为 1～100 nm,是由许多小分子组成的分子聚集体,高度分散于液体分散剂中。分散质和分散剂的亲和力不强,分散不均匀,有界面,故溶胶是高度分散、不稳定的多相系统。由于分散系统亲和力不强,故又称之为疏液溶胶(或憎液溶胶)。

粗分散系统中,分散质粒子直径大于 100 nm,用普通显微镜甚至肉眼也能分辨出,是一个多相系统。按分散剂的聚集状态不同,粗分散系统又可分为两类:一类是液体分散在液体中,称为乳状液,如牛奶。另一类是固体分散在液体中,称为悬浊液,如泥浆。由于分散质粒子大,容易聚沉或分层,故粗分散系统是极不稳定的多相系统。

以上四类分散系统之间的过渡是渐变的,某些系统可以同时表现出两种或者三种分散系统的性质,比如粉尘和烟雾等分散系统中既有大颗粒的粗分散系统,又有小粒子的胶体分散系统。因此以分散质粒子直径大小作为分散系统分类的依据是相对的。

本章将重点讨论分散系统中两大类——溶液和溶胶的一些性质。

1.2 稀溶液的依数性

溶液是指分子与离子分散系统,广义的溶液包括气态溶液、液态溶液和固态溶液。气态溶液是两种或多种气体的均匀混合物,例如空气是由 N_2、O_2、CO_2 等多种气体组成的气态溶液。液态溶液一般是指一种或多种物质(可以是气体、液体或固体)溶于液体而形成的均匀、透明的分散系统,比如一定量的 $K_2Cr_2O_7$ 晶体溶于水形成的 $K_2Cr_2O_7$ 橙色水溶液。固态溶液是一种或多种固体均匀分散在另一种固体中所形成的分散系统,如少量的 C 溶于 Fe 而成钢,少量的 Fe、Cr 溶于 Al 而成铝合金等都属于固态溶液。狭义的溶液是指液态溶液,由于水是最常见的溶剂,许多重要的化学反应都在水溶液中进行,本章主要讨论液态水溶液。

溶质溶于溶剂形成溶液,溶解的过程属于物理化学过程。溶解的结果是溶质和溶剂的某些性质相应地发生了变化,这些性质变化可分为两类:一类是由溶质本性决定的,如溶液的密度、体积、导电性、酸碱性和颜色等的变化,溶质不同则性质各异。另一类是由于溶液的浓度不同而引起溶液的性质变化,如蒸气压下降、沸点上升、凝固点下降、渗透压等,是所有稀溶液所共有的性质,又称稀溶液的通性。这些性质只与溶质的粒子数目有关,而与溶质的本性无关,不同种类的难挥发非电解质如葡萄糖、甘油等配成相同浓度的水溶液,它们的蒸气压下降、沸点上升、凝固点下降和渗透压几乎都相同,而且溶液越稀,其规律性越强,所以此类性质称为稀溶液的依数性(colligative properties of dilute solution)。本章将重点讨论难挥发非电解质稀溶液的依数性。

1.2.1 溶液的蒸气压下降

一定温度下将纯液体置于密闭的容器中(见图 1-1),液体中一部分能量较高的分子会克服其他分子对它的吸引而逸出,成为蒸气分子,这个过程叫作蒸发。液面附近的蒸气分子有可能被吸引或受外界压力的作用重新回到液体中,这个过程叫作凝结。开始时,因空间没有蒸气分子,蒸发速度较快,随着蒸发的进行,液面上方的蒸气分子逐渐增多,凝结速度随之加快。一段时间以后,当蒸发速度和凝结速度相等时,该液体和它的蒸气处于动态平衡状态,即在单位时间内,由液面蒸发的分子数和由气相返回液体的分子数相等。此时液体上方的蒸气所产生的压力称为饱和蒸气压,简称蒸气压(vapor pressure),单位为 Pa 或 kPa。

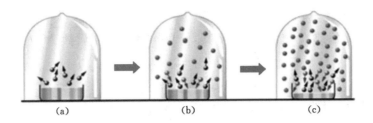

图 1-1　纯液体的饱和蒸气压示意图

不仅液体能蒸发,固体也可以蒸发,因而也有一定的蒸气压,但一般都很小。液体和固体的蒸气压大小与其本性和温度有关。相同温度下,不同的物质有不同的蒸气压,通常把常温下蒸气压较高的物质称为易挥发性物质,如苯、碘、乙醚等,蒸气压较低的物质称为难挥发性物质,如甘油、食盐等。纯物质在一定温度下蒸气压为固定值。由于蒸发是吸热过程,所以同一物质的蒸气压随着温度的升高而增大。例如:20 ℃时水的蒸气压为 2.34 kPa,而 100 ℃时则为 101.325 kPa。

大量实验证明,把难挥发的非电解质溶入溶剂形成稀溶液后,在同一温度下,稀溶液的蒸气压总是低于纯溶剂的蒸气压,这种现象称为溶液的蒸气压下降。该现象产生的原因是由于在溶剂中加入难挥发非电解质后,每个溶质分子与若干个溶剂分子相结合,形成了溶剂化分子,溶剂化分子一方面束缚了一些能量较高的溶剂分子,另一方面又占据了溶液的一部分表面,结果导致达到平衡时单位时间内逸出液面的溶剂分子相应地减少,产生的压力降低,因此,相同温度下溶液的蒸气压必定比纯溶剂的蒸气压低,并且溶液浓度越大,其蒸气压越低,如图 1-2 所示。

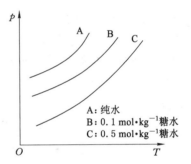

图 1-2　溶液的蒸气压下降

1887 年法国物理学家拉乌尔(Raoult F. M.)从难挥发的非电解质稀溶液中总结出一条重要的经验规律:"在一定温度下,难挥发非电解质稀溶液的蒸气压(p),等于纯溶剂的蒸气压(p°)与溶剂摩尔分数(x_A)的乘积。"这就是拉乌尔定律(Raoult's law)。其数学表达式为:

$$p = p^\circ x_A \tag{1-1}$$

式中,p 表示溶液的蒸气压,p° 表示纯溶剂的蒸气压,x_A 为溶剂在溶液中的摩尔分数。对于双组分系统,设 x_B 为溶质的摩尔分数,则有 $x_A + x_B = 1$,所以

$$p = p^\circ(1 - x_B) = p^\circ - p^\circ x_B \qquad \Delta p = p^\circ - p = p^\circ x_B \tag{1-2}$$

这是拉乌尔定律的第二种表达形式,其物理意义为:在一定温度下,难挥发非电解质稀溶液的蒸气压下降值(Δp)与溶质的摩尔分数(x_B)成正比。

因为 $x_B = \dfrac{n_B}{n_A + n_B}$,对于稀溶液,$n_A \gg n_B$,则有 $x_B \approx \dfrac{n_B}{n_A}$,所以 $\Delta p = p^\circ \dfrac{n_B}{n_A}$。

将 $n_A = \dfrac{m_A}{M_A}$ 代入上式,并把式中 $\dfrac{n_B}{m_A}$ 用溶质 B 的质量摩尔浓度 b_B 代替,所以

$$\Delta p = p^\circ - p = p^\circ M_A b_B$$

对于某一确定溶剂,一定温度下蒸气压(p°)和溶剂的摩尔质量(M_A)均为定值,设 $K_p = p^\circ M_A$,代入上式有

$$\Delta p = K_p b_B \qquad (1\text{-}3)$$

式中 K_p 称作蒸汽压下降常数,其大小与溶剂的本性和温度有关。

由此,拉乌尔定律又可表述为:在一定的温度下,难挥发非电解质稀溶液的蒸气压下降值与溶液的质量摩尔浓度成正比,而与溶质的种类无关,这是拉乌尔定律的第三种表达形式。

溶液的蒸气压下降,对植物的抗旱具有重要意义。经研究表明,当外界气温升高时,植物细胞中可溶物(主要是可溶性糖类等小分子物质)强烈地溶解,增大了细胞液的浓度,从而降低了细胞液的蒸气压,使植物的水分蒸发过程减慢。因此,植物在较高温度下仍能保持必要的水分而表现出一定的抗旱性。

1.2.2　溶液的沸点上升和凝固点下降

一定压力下,任何纯物质都有固定的沸点(boiling point)和凝固点(freezing point),但当溶入难挥发的溶质形成溶液以后,溶液的沸点和凝固点均发生变化。如图 1-3 中 AB 和 $A'B'$ 为纯水和溶液的蒸气压曲线,随温度升高,水和溶液的蒸气压均增大,当纯水的蒸气压等于外界大气压(101.325 kPa)时,液体表面和内部同时发生剧烈的汽化现象称为沸腾,此时温度 373.15 K(100 ℃)称为水的沸点,用 T_b° 表示,纯溶剂的沸点与压力有关。由于溶液的蒸气压比纯溶剂的蒸气压低,所以要使溶液的蒸气压等于外界大气压,必须升高溶液的温度,升温到 T_b 时,溶液才会沸腾,可见溶液的沸点总是高于纯溶剂的沸点 T_b°。由于沸点升高是由蒸气压下降引起的,根据拉乌尔定律,难挥发非电解质稀溶液的沸点升高值 ΔT_b 同样与溶液质量摩尔浓度成正比,与溶质本性无关,其数学表达式为:

$$\Delta T_b = K_b b_B \qquad (1\text{-}4)$$

同理,图 1-3 中 AC 是冰的蒸气压曲线,外界大气压为 101.325 kPa 时,在 A 点液相水和固相冰的蒸气压相等(0.611 kPa),冰和水能够平衡共存,此时对应的温度为水的凝固点

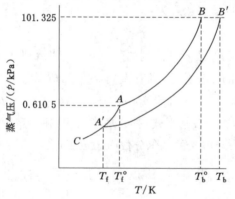

图 1-3　稀溶液的沸点升高、凝固点下降

273.15 K(0 ℃),用 T_f° 表示。由于溶液的蒸气压下降,A 点时冰的蒸气压高于溶液的蒸气压,两相不能共存,冰会融化成水。由于冰的蒸气压下降速度比溶液的蒸气压下降速度要大,当温度降低到 T_f 时,冰和溶液的蒸气压重新相等(A' 点对应的温度),溶液开始结冰,T_f 即为溶液的凝固点。可见溶液的凝固点总是低于纯溶剂的凝固点 T_f°,其原因也是由蒸气压下降引起的,所以难挥发非电解质稀溶液的凝固点下降值 ΔT_f 也与溶液质量摩尔浓度成正比,与溶质本性无关,其数学表达式为:

$$\Delta T_f = K_f b_B \tag{1-5}$$

以上两式中 b_B 为溶液的质量摩尔浓度,K_b 和 K_f 分别称为溶剂的沸点上升常数和凝固点下降常数,其数值只与溶剂的性质有关,其物理意义为当 $b_B = 1 \ mol \cdot kg^{-1}$ 时溶液的沸点上升值和凝固点下降值,单位为 $℃ \cdot kg \cdot mol^{-1}$ 或 $K \cdot kg \cdot mol^{-1}$。常见的几种溶剂的沸点升高常数和凝固点降低常数见表 1-3。

表 1-3　　　　　　　　几种常用溶剂的沸点升高常数与凝固点降低常数

溶剂	沸点/K	$K_b/(K \cdot kg \cdot mol^{-1})$	凝固点/K	$K_f/(K \cdot kg \cdot mol^{-1})$
水	373.15	0.512	273.15	1.86
苯	353.25	2.53	278.65	5.12
醋酸	391.65	2.93	289.75	3.90
乙醇	351.15	1.22	159.15	1.99
氯仿	334.30	3.63	209.65	4.90
四氯化碳	349.95	5.03	250.23	32.0

应用溶液的沸点上升和凝固点下降公式可以估算溶液的沸点和凝固点,也可以测定溶质的摩尔质量,但在实际应用中常用溶液的凝固点下降来进行测定。因为同一溶剂的凝固点下降常数比沸点上升常数要大,而且晶体析出现象较易观察,测定结果的准确度高。所以利用凝固点下降法测定摩尔质量比用沸点上升法应用更为广泛。

【**例 1-1**】 计算质量分数为 5％的蔗糖($C_{12}H_{22}O_{11}$)溶液的凝固点。已知水的 $K_f = 1.86 \ K \cdot kg \cdot mol^{-1}$。

解:1 000 g 水中溶有蔗糖的质量为

$$\frac{5 \ g}{(100-5) \ g} \times 1 \ 000 \ g = 52.6 \ g$$

溶液的质量摩尔浓度

$$b_B = \frac{52.6 \ g}{342 \ g \cdot mol^{-1} \times 1 \ kg} = 0.154 \ mol \cdot kg^{-1}$$

所以溶液的凝固点降低值

$$\Delta T_f = K_f b_B = 1.86 \ K \cdot kg \cdot mol^{-1} \times 0.154 \ mol \cdot kg^{-1} = 0.286 \ K$$

故 5％蔗糖溶液的凝固点为

$$273.15 \ K - 0.286 \ K = 272.86 \ K$$

【例 1-2】 取 2.67 g 萘溶于 100 g 苯中,测得该溶液的凝固点下降了 1.07 K,求萘的摩尔质量。

解:查表得苯的凝固点下降常数为 5.12 K·kg·mol^{-1}

根据

$$\Delta T_f = K_f b_B$$

$$1.07 \text{ K} = 5.12 \text{ K·kg·mol}^{-1} \times \frac{2.67 \text{ g}}{M \times 100 \times 10^{-3} \text{kg}}$$

$$M = 127.8 \text{ g·mol}^{-1}$$

溶液的凝固点下降和沸点上升规律在生产实践中有很重要的应用,还可用来解释日常生活中经常遇到的一些现象。例如:为防止汽车水箱在冬天结冰而胀裂,往水箱中加入甘油或乙二醇等物质制成防冻液;为保证冬季正常施工,建筑工人经常在浇注混凝土时添加少量食盐或氯化钙等盐类防止混凝土冻结;利用冰雪覆盖路面撒盐融化冰雪;冰和盐类的混合物是常用的冷却剂,广泛应用于食品和水产品的保存和运输中,例如氯化钠和冰的混合物可降至 −22 ℃,若将氯化钙固体与冰混合,最低温度可降至 −55 ℃。溶液的凝固点下降对生物体的生命活动也起着重要作用。当外界温度骤降时,植物体内细胞中会产生大量的可溶性碳水化合物,使细胞液浓度增大,凝固点降低,从而使植物表现出一定的抗寒性。工业上冶炼金属时,用组成沸点较高的合金溶液的方法,减少高温下易挥发金属的蒸发损失。另外,在有机化合物合成中,也常用测定物质的熔点和沸点的方法检验化合物的纯度。

1.2.3　渗透压

图 1-4(a)所示连通器中,左边放入溶剂水,右边放入蔗糖溶液,中间用半透膜(一种只允许离子和小分子自由通过而溶质大分子不能通过的多孔性薄膜,如动物的膀胱膜、肠膜、细胞膜等天然半透膜,人工制造的硝化纤维膜、醋酸纤维膜等)隔开,并使两边液面高度相等。经过一段时间以后,可以观察到溶剂液面下降,而溶液的液面上升,如图 1-4(b)所示。这是因为水分子可以从两个相反方向通过半透膜,而左侧溶剂中单位体积内的水分子数比右侧溶液的多,所以溶剂中水分子透过半透膜进入溶液的速率大于溶液中水分子透过半透膜进入溶剂的速率,导致溶液一侧液面上升。这种溶剂分子通过半透膜进入溶液中的现象称为渗透。渗透不仅可

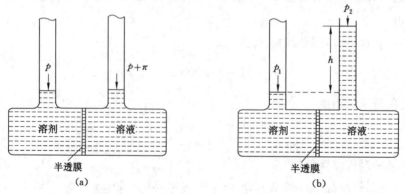

图 1-4　渗透作用和渗透压(π 为渗透压)

以在纯溶剂与溶液之间进行,同时也可以在两种不同浓度的溶液之间进行。渗透作用产生必须具备两个条件:一是有半透膜存在,二是半透膜两侧溶液存在浓度差。

然而,糖水液面的上升不是一直进行下去的,而是当液面上升了某一高度 h 时,水分子向两个方向的渗透速率相等,此时水柱高度不再改变,渗透达到平衡状态。换句话说,水柱所产生的静水压外观上阻止了溶剂向溶液的渗透。渗透作用发生之前,若在糖水液面上施加恰好阻止水分子渗透的压力,这个压力就是该溶液的渗透压。因此,若要使半透膜两侧的液面相平,即要使糖水液面不上升,必须在溶液液面上施加一定压力。一定温度下,为了阻止渗透作用进行而施加于溶液的最小压力称为渗透压(osmostic pressure),用符号 π 表示,单位为 kPa。

1886 年,荷兰物理学家范特霍夫(Van't Hoff)总结大量实验结果后指出,非电解质稀溶液的渗透压与溶液浓度及热力学温度成正比,其数学表达式为:

$$\pi = c_B RT = \frac{n_B}{V}RT \tag{1-6}$$

式中,π 表示渗透压,kPa;c_B 表示物质的量浓度,mol·L^{-1};T 表示热力学温度,K;n_B 表示溶质物质的量,mol;V 表示溶液的体积,L。此方程的形式和理想气体状态方程相似,但气体的压力和溶液渗透压是两个不同的概念,气体压力是气体分子运动碰撞器壁产生的,而渗透压是由于半透膜两侧溶液存在浓度差产生的。

当溶液很稀时,$c_B \approx b_B$,渗透压公式可写成

$$\pi = b_B RT \tag{1-7}$$

由公式可知,半透膜两侧溶液的浓度相等,则渗透压相等,两侧溶液称为等渗溶液。如果半透膜两侧溶液的浓度不等,则渗透压就不相等,渗透压高的溶液称为高渗溶液,渗透压低的溶液称为低渗溶液,渗透是从稀溶液向浓溶液方向扩散。如果外加在溶液上的压力超过了溶液的渗透压,则溶液中的溶剂分子可以通过半透膜向纯溶剂方向扩散,纯溶剂的液面上升,这一过程称为反渗透。反渗透原理广泛应用于海水淡化、工业废水处理和溶液的浓缩等方面。

与凝固点下降、沸点上升一样,溶液的渗透压下降也是测定溶质的摩尔质量的经典方法之一,而且特别适用于摩尔质量大的分子。

【例 1-3】 在 1 L 溶液中含有 5.0 g 血红素,298 K 时测得该溶液的渗透压为 182 Pa,求血红素的平均摩尔质量。

解:根据渗透压公式　　　　　　　　　$\pi = c_B RT$

$$c_B = \frac{\pi}{RT} = \frac{182\ \text{Pa}}{8.314\ \text{kPa·L·mol}^{-1}\text{·K}^{-1} \times 298\ \text{K}} = 7.3 \times 10^{-5}\ \text{mol·L}^{-1}$$

$$平均摩尔质量 = \frac{5.0\ \text{g·L}^{-1}}{7.3 \times 10^{-5}\ \text{mol·L}^{-1}} = 6.8 \times 10^4\ \text{g·mol}^{-1}$$

渗透现象和生命科学有着密切的联系,它广泛存在于动植物的生理活动中。如动植物体内的体液和细胞液都是水溶液,通过渗透作用,水分可以从植物的根部被输送到几十米高的顶部。医院给病人配制的静脉注射液必须和血液等渗,如果浓度过高,水分子则从红

细胞中渗出,导致红细胞干瘪;浓度过低,水分子渗入红细胞,导致红细胞胀裂。再如,由于海水和淡水的渗透压不同,海水鱼和淡水鱼不能交换环境养殖。盐碱地不利于植物生长;给农作物施肥后必须立即浇水,否则会引起局部渗透压过高,导致烧苗现象。

1.3　胶体

在分散系统中,颗粒直径在 $1\sim100$ nm 的分散质分散到分散剂中,构成的多相系统称为胶体(colloid)。胶体在自然界普遍存在,大气层是由微尘、水滴等和分散剂组成的气溶胶,江河湖海、工业废水属于液溶胶,花岗岩、砂岩等属于固溶胶。石油、冶金、造纸、纺织、制药、食品、橡胶和印刷等工业,以及吸附剂、润滑剂、催化剂、感光材料和塑料的生产,在一定程度上都需要用到胶体化学的知识。土壤中的多种过程也都不同程度地与胶体现象相关。本节重点讨论胶体的典型代表——液溶胶(简称溶胶,sol)。为弄清多相系统的特征,理解胶体的性质,需要介绍相与相界面的概念。

1.3.1　相与相界面

在一个分散系统中,物理性质和化学性质完全相同并且组成均匀的部分称为相,将相与相分隔开来的部分称为相界面(简称为界面,俗称表面)。如果系统中只有一个相叫作单相系统,含有两个或两个以上相的系统则称为多相系统。对于相这个概念,要注意如下几点:

① 不论有多少种气体组分都只有一个相(即气相),因为气体具有扩散性,如空气为单相系统。

② 除固态溶液(如合金)外,每一种固态物质即为一个相,体系中有多少种固态物质即有多少个相,如硫黄粉和铁粉混合物含有两个相,花岗岩是由石英、云母、长石等多种矿物组成的多相系统。

③ 液态物质视其互溶程度通常可以是一相(例如水与酒精的混合物)、两相(例如水和油的混合物),甚至三相共存(例如水、油和汞的混合物)。

④ 单相体系中不一定只有一种组分物质,如空气、石油醚与乙醚混合物等;同一种物质也可因聚集状态的不同而形成多相体系,如水、冰和水蒸气同时存在的系统;聚集状态相同的物质在一起也不一定就是单相体系,如水和氯仿混合物等。

相和态是两个不同的概念,态是指物质的聚集状态,如由乙醚和水所构成的系统,只有一个状态——液态,却包含两个相。

1.3.2　溶胶的制备

(1) 分散法

分散法是将固体研细至胶体颗粒范围内的方法,常用的有研磨法、超声波法和胶溶法。如研磨法将大颗粒分散质与分散剂一起在胶体磨中研磨,使大颗粒分散质磨细至胶粒大小,为防止细小颗粒的凝结变大,研磨时需加入稳定剂(如丹宁或明胶等),磨细的颗粒表面吸附了稳定剂后就不容易凝结在一起,如工业上制取胶体石墨。

（2）凝聚法

凝聚法是使分子或离子聚结成胶体颗粒大小范围的方法。凝聚法借助化学反应或通过改变溶剂制备溶胶。化学反应法包括所有能生成难溶物的反应，如水解法制备 $Fe(OH)_3$ 溶胶。更换溶剂法是利用一种物质在不同溶剂中的溶解度不同来制备溶胶，如将硫的酒精溶液逐滴滴加到水中以制得硫溶胶。

1.3.3　溶胶的性质

溶胶所具有的性质是与胶体的基本特征（分散质离子直径 1～100 nm，高度分散的多相系统）分不开的。

（1）光学性质

将一束聚光光束照射到胶体时，在与光束垂直的方向上可以观察到一个发光的圆锥体，这种现象称为丁铎尔（Tyndall）效应（图 1-5）。

当光束照射到大小不同的分散质粒子上时，除了光的吸收之外，还可能产生两种情况：一种是如果分散质粒子大于入射光波长，光在粒子表面按一定的角度反射，粗分散系属于这种情况；另一种是如果粒子小于入射光波长，就产生光的散射。这时粒子本身就好像是一个光源，光波绕过粒子向各个方向散射出去，散射出的光就称为乳光。

由于溶胶粒子的直径在 1～100 nm 之间，小于入射光的波长（400～760 nm），因此发生了光的散射作用而产生丁铎尔效应。分子或离子分散系中，由于分散质粒子太小（<1 nm），散射现象很弱，基本上发生的是光的透射作用，故可以利用丁铎尔效应区分溶胶和溶液。

（2）动力学性质

在超显微镜下观察溶胶，可以看到代表溶胶粒子的发光点在不断地作无规则的运动，这种现象称为布朗（Brown）运动。布朗运动是分散剂的分子由于热运动不断地由各个方向同时撞击胶粒时（图 1-6），其合力未被相互抵消引起的，因此在不同时间指向不同的方向，形成了曲折的运动（图 1-7）。当然，溶胶粒子本身也有热运动，我们所观察到的布朗运动，实际上是溶胶粒子本身热运动和分散剂对它撞击的总结果，布朗运动是溶胶特有的动力学性质。对粗分散系统，由于分散质颗粒较大，来自四面八方的撞击力大致可以相互抵消，故布朗运动不明显。对分子离子分散系统，由于分散质颗粒很小，剧烈的热运动导致无法观察到分子离子的运动轨迹，所以也没有布朗运动。

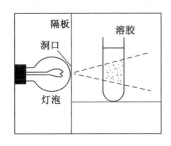
图 1-5　丁铎尔现象

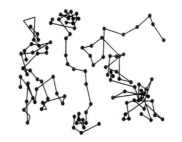
图 1-6　溶剂分子对胶粒的撞击

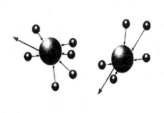
图 1-7　布朗运动

溶胶粒子的布朗运动导致其具有扩散作用,它可以自发地从粒子浓度大的区域向粒子浓度小的区域扩散。但由于溶胶粒子比一般的分子或离子大得多,故它们的扩散速度比一般的分子或离子要慢得多。同时,溶胶粒子由于本身的重力作用而会沉降,沉降过程导致粒子浓度不均匀,即下部较浓,上部较稀。布朗运动会使溶胶粒子由下部向上部扩散,因而在一定程度上抵消了由于溶胶粒子的重力作用而引起的沉降,使溶胶具有一定的稳定性,这种稳定性称为动力学稳定性。

(3) 电学性质

① 电泳。在 U 型电泳仪内装入红棕色的 $Fe(OH)_3$ 溶胶,溶胶上方加少量的无色 HCl 溶液,使溶液和溶胶有明显的界面(图 1-8)。插入电极,接通电源后,可看到红棕色的 $Fe(OH)_3$ 溶胶的界面向负极上升,而正极界面下降。这说明 $Fe(OH)_3$ 溶胶粒子在电场作用下向负极移动,证明 $Fe(OH)_3$ 胶粒是带正电的,称之为正溶胶。如果在电泳仪中装入黄色的 As_2S_3 溶胶,通电后,发现黄色界面向正极上升,这表明 As_2S_3 胶粒带负电荷,称之为负溶胶。溶胶粒子在外电场作用下定向移动的现象称为电泳。通过电泳实验,可以判断溶胶粒子所带的电性。

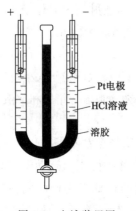 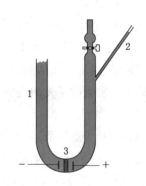

图 1-8　电泳装置图

图 1-9　电渗装置

1——盛液管;2——毛细管;3——多孔介质

② 电渗。与电泳现象相反,使溶胶粒子固定不动而分散剂在外电场作用下作定向移动的现象称为电渗。电渗在特制的电渗管中进行(图 1-9),电渗管中的隔膜可由素瓷片、凝胶、玻璃纤维等多孔性物质制成。盛液管中装入溶胶,然后接通电源,液体就会透过多孔性隔膜向某一极移动,移动的方向可根据毛细管中液面的升降来观察。如将 $Fe(OH)_3$ 溶胶装入盛液管,通电一段时间后,毛细管液面上升,这说明 $Fe(OH)_3$ 溶胶中分散剂带负电,向正极移动。电渗实验通过测定分散剂所带电荷的电性判断溶胶粒子所带电荷的电性,因为溶胶粒子所带电荷的电性与分散剂所带电荷的电性是相反的。

1.3.4　溶胶粒子带电的原因

溶胶的电泳和电渗现象统称为电动现象。电动现象表明,溶胶粒子是带电的。带电的原因有吸附带电和电离带电两种。

（1）吸附带电

胶体为多相系统，相和相之间存在相界面，相界面并不是简单的几何面，而是从一个相到另一个相的过渡层，具有一定的厚度，约几个分子厚。界面层的性质和相邻两个体相的性质不同，通常称为表面相。表面相的性质由两个相邻体相所含物质的性质决定。

以气液两相界面为例说明什么是表面能，如图 1-10 所示，表面层分子分布不同于相邻的气相和液相内部，分子间距离介于两者之间，且其受力情况也不同（图 1-11）。内部分子 A 处于均匀力场中，所受合力为 0，而表面层分子 B 则处于不均匀力场中，液体密度大，其分子引力大，气体密度小，其分子引力小，所以表面层分子所受合力指向液体内部，因而表面层分子都有向液相内部迁移而使表面积缩小的趋势。所以处于空气中的水滴、水银球自动收缩成球形。如果要扩大液体表面积，需外界对系统做功来克服指向液体内部的拉力，这种因形成新表面而消耗的能量称表面能。

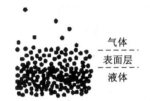

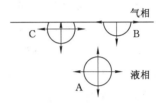

图 1-10　液体表面附近分子分布情况　　图 1-11　表面层与相内部分子受力情况分析

实际上，并非只有气液两相界面具有表面能，其他任何两相界面都具有表面能，如气固两相界面，液固两相界面等。界面上的固体分子也有自动收缩的趋势，但由于固体表面不能收缩变形，这些剩余的力就会对接触固体表面的其他质点进行吸附来降低固体的表面能，这种现象叫作吸附，如实验室用硅胶吸附空气中的水蒸气，制糖工业中用活性炭吸附糖液中的色素等。

胶体属于高度分散的多相系统，具有很高的表面能。溶胶粒子为降低其表面能，会对溶液中的质点（包括离子和分子）表现出强烈的吸附作用，而且是选择性吸附，一般认为固体表面优先吸附与它组成相关（相似）的离子。

如：氢氧化铁溶胶是通过三氯化铁在沸水中水解而制成的：

$$FeCl_3 + 3H_2O \Longrightarrow Fe(OH)_3 + 3HCl$$
$$FeCl_3 + 2H_2O \Longrightarrow Fe(OH)_2Cl + 2HCl$$
$$Fe(OH)_2Cl \Longrightarrow FeO^+ + Cl^- + H_2O$$

$Fe(OH)_3$ 胶粒选择性吸附 FeO^+ 而带正电。

再如：将硫化氢气体通入饱和砷酸溶液中制备硫化砷溶胶。

$$2H_3AsO_3 + 3H_2S \Longrightarrow As_2S_3 + 6H_2O$$
$$H_2S \Longrightarrow H^+ + HS^-$$

As_2S_3 胶粒优先吸附 HS^- 而带负电。

（2）电离带电

溶胶表面离解使胶粒带电，如硅胶离解：

$$H_2SiO_3 \Longrightarrow H^+ + HSiO_3^-$$

$$HSiO_3^- \Longrightarrow H^+ + SiO_3^{2-}$$

H^+ 进入溶液中，$HSiO_3^-$ 和 SiO_3^{2-} 留在胶粒表面使之带负电。

1.3.5 胶团结构

溶胶的性质与其结构有关，大量实验证明溶胶具有扩散双电层结构。以 KI 和 AgNO$_3$ 溶液混合复分解法制备 AgI 为例。反应式表示如下：

$$KI + AgNO_3 \longrightarrow AgI + KNO_3$$

m 个 AgI 分子聚集成直径为 $1 \sim 100$ nm 晶粒作为分散质的胶核。胶核具有很大的表面积，导致固液两相界面具有很高的表面能，表现出对溶液中质点的强烈吸附作用。当 KI 过量时，胶核优先吸附 n 个 I^- 而带上负电荷，I^- 称为电势离子。由于静电作用，胶核又能吸引带正电荷的 K^+，K^+ 称为反离子，形成双电层结构。其中一部分反离子受电势离子吸引被束缚在固体表面附近形成吸附层，胶核和吸附层形成一个带负电的运动单元，称之为胶粒。在吸附层外还有一部分反离子由于与胶核的静电作用力很弱，因此较疏松地分布在胶粒周围，称为扩散层。胶粒与扩散层组成胶团。整个胶团是电中性的，如图 1-12(a) 所示。当 AgNO$_3$ 过量时，则胶核优先吸附 n 个 Ag^+ 而带上正电荷，反离子 NO_3^- 一部分进入吸附层，一部分进入扩散层，形成如图 1-12(b) 所示胶团结构。胶团结构也可以如图 1-13 简单表示，同样可画出 Fe(OH)$_3$ 溶胶的扩散双电层结构，图 1-14 所示。

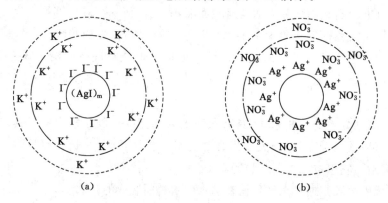

图 1-12 AgI 溶胶的胶团结构示意图

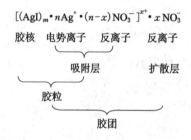

图 1-13 AgI 胶团结构（AgNO$_3$ 过量）

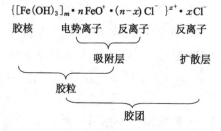

图 1-14 Fe(OH)$_3$ 胶团结构

图 1-13 和图 1-14 中，m 为形成胶核物质的分子数，通常 m 数值较大，为 10^3 左右；n 为吸附在胶核表面的电势离子数，n 比 m 要小得多；x 为扩散层的反离子数，通常是胶粒所带的电荷数；$(n-x)$ 为吸附层的反离子数。

同理，也可写出其他溶胶的胶团结构式。

如硫化砷溶胶：　　　　$[(As_2S_3)_m \cdot nHS^- \cdot (n-x)H^+]^{x-} \cdot xH^+$

硅酸溶胶：　　　　　　$[(H_2SiO_3)_m \cdot nHSiO_3^- \cdot (n-x)H^+]^{x-} \cdot xH^+$

又如 KI 过量时 AgI 溶胶的胶团结构式为：

$$[(AgI)_m \cdot nI^- \cdot (n-x)K^+]^{x-} \cdot xK^+$$

1.3.6　溶胶的稳定性和聚沉

1.3.6.1　溶胶的稳定性

溶胶的稳定性可以从动力学稳定性和热力学不稳定性两方面来考虑。

从动力学角度来看，由于溶胶粒子强烈的布朗运动，胶粒在分散剂中均匀分布，且在重力场作用下，能抵抗重力的作用而不下沉。另外由于溶胶中存在双电层结构，溶胶粒子都带有相同的电荷，同号电荷之间的相互排斥作用阻止了它们的靠近。再者，胶团中的电势离子和反离子都能发生溶剂化作用，在其表面形成具有一定强度和弹性的溶剂化膜（在水中就称为水化膜），这层溶剂化膜阻止了溶胶粒子之间的直接接触。溶胶粒子所带电荷越多，溶剂化膜越厚，溶胶就越稳定。这三个因素的存在使溶胶能放置一定的时间而不聚沉。

1.3.6.2　溶胶的聚沉

溶胶的稳定是暂时的、有条件的、相对的。热力学不稳定性才是溶胶的基本性质，因为溶胶是高度分散的多相系统，具有很高的表面能，所以胶粒有自发凝结减小表面积的趋势。在生产实践中有时需要利用其不稳定性来破坏溶胶，这种使胶粒聚集成较大的颗粒从分散剂中沉降下来的过程称为溶胶的聚沉。造成溶胶聚沉的因素很多，如浓度和温度的影响，光的作用，外加电解质和搅拌，相反电荷溶胶的加入等。其中最常用的聚沉方法是外加电解质、加热和溶胶的相互聚沉。

（1）电解质对溶胶的聚沉作用

往溶胶中加入适量强电解质会使溶胶出现明显的聚沉现象。这是由于加入电解质后，离子浓度增大，电势离子吸引与胶粒电性相反的离子数目就会增多，中和了胶粒的部分电荷，胶粒间的电荷排斥力减小，结果是使胶粒失去了带电的保护作用。同时，加入的电解质离子有很强的溶剂化作用，它可以夺取胶粒表面溶剂化膜中的溶剂分子，溶剂化膜变薄，保护作用减弱，因而胶粒在碰撞过程中容易结合成大颗粒而聚沉。

电解质对溶胶的聚沉作用不仅与电解质的本性和浓度有关，还与胶粒所带电荷的电性有关。电解质对溶胶的聚沉能力通常用聚沉值来表示，聚沉值是指在一定时间内使一定量的溶胶完全聚沉所需电解质的最低浓度，单位一般用 $mmol \cdot L^{-1}$ 表示。显然，某一电解质对溶胶的聚沉值越小，其聚沉能力就越大；反之，聚沉值越大，聚沉能力就越小。电解质中与胶粒带相反电荷的离子对溶胶的聚沉起主要作用。

电解质的聚沉能力一般有如下的规律：① 叔采-哈迪（Schulze-Hardy）规则：聚沉能力随

着离子价数的升高而显著增加,不同价数(1、2、3 价)的反离子,其聚沉值的比例大约为 100∶1.6∶0.14;② 价数相同的离子聚沉能力也有所不同。如同一种阴离子的各种一价盐,其一价阳离子对负溶胶的聚沉能力顺序为:

$$H^+>Cs^+>Rb^+>NH_4^+>K^+>Na^+>Li^+$$

同一种阳离子的各种盐,其一价阴离子对正溶胶的聚沉能力顺序为:

$$F^->Cl^->Br^->NO_3^->I^->SCN^->OH^-$$

这种将价数相同的阳离子或阴离子按聚沉能力大小排成的顺序称为感胶离子序。它和离子水化半径的排列顺序大致相同。聚沉能力的差别可能是由水化离子半径大小不同引起的。

(2)加热对溶胶的聚沉作用

吸附大多是放热过程,升温有利于解吸,从而降低了溶胶的稳定性。同时,加热能加快胶粒的热运动,从而增加了胶粒相互碰撞的机会,使胶粒间碰撞聚结的可能性大大增加。

(3)溶胶的相互聚沉

当把电性相反的两种溶胶以适当比例混合时,溶胶也会发生聚沉,这种聚沉称为溶胶的相互聚沉。溶胶的相互聚沉是胶粒间吸引力作用的结果,因此聚沉的程度与溶胶的量有关,只有两种异号溶胶的量在某一比例时才会完全聚沉,否则只能部分聚沉,甚至不聚沉。

1.3.7　溶胶的保护

生产实践中有时需要将溶胶长期保存,阻止溶胶发生聚沉,通常需要加入某种物质来保护胶体。明胶、蛋白质、淀粉、纤维素以及人工合成的各种树脂等高分子化合物具有亲水性,在水中能强烈地溶剂化,形成很厚的溶剂化膜。在溶胶中加入足量的高分子化合物后,溶剂化了的线状高分子被吸附在胶粒表面,使胶粒表面多出一层溶剂化保护膜,使憎水性胶粒表面变成了亲水性,增加了胶粒对介质的亲合力,从而提高了溶胶的稳定性,显著降低了溶胶对电解质的敏感性,这种现象称为高分子化合物的保护作用。但在溶胶中加入少量的高分子化合物后,反而使溶胶对电解质的敏感性大大增加,降低了其稳定性,这种现象称为高分子的敏化作用。产生敏化作用的原因是加入高分子化合物的量太少,不足以包住胶粒,反而使大量的胶粒吸附在高分子的表面,使胶粒间可以互相"桥联"变大而易于聚沉。保护作用在动物生理过程中具有重要意义,如健康人体血液中 $MgCO_3$、$Ca_3(PO_4)_2$ 等难溶盐都是以溶胶状态存在的,这些胶粒都被血清蛋白等高分子化合物保护着。人体健康出现问题时,保护物质含量减少,溶胶稳定性下降而在身体的某些部位聚沉下来形成各种结石。

高分子化合物对溶胶的保护作用早就被人们应用于生产实践中。例如,照相用的胶卷的感光层是用动物胶来保护的。动物胶保护着极细的溴化银悬浮粒子,阻止它们结合为较大的粒子而聚沉。古埃及人制作壁画用的颜色都是用酪素使之稳定。在工业生产中,一些贵金属催化剂如铂溶胶、镉溶胶等先加入高分子溶液保护,再烘干运输,使用时只要加入分散剂就可以变成溶胶。石油钻井中使用的泥浆溶胶通过加入淀粉进行保护等。

1.4　表面活性物质和乳浊液

1.4.1　表面活性物质

凡是加入少量就能显著降低溶液表面能的物质,称为表面活性物质(surface active substance),又称表面活性剂。例如肥皂就是一类应用最普遍的表面活性物质。表面活性物质的分子是由极性基团和非极性基团两部分组成的。极性基团如—OH、—CHO、—COOH、—NH_2、—SO_3H 等,它们对水的亲和力强,称为亲水基;非极性基团如烷基 R—、芳基 Ar—,它们与水的亲和力弱而与油的亲和力强,故称疏水基或憎水基,还称亲油基。表面活性物质有天然的,如磷脂、胆碱、胆酸、蛋白质等,更多是人工合成的,如$C_{18}H_{37}$—SO_3Na、$C_{17}H_{35}$—COONa、$C_{17}H_{35}$—COO—⟨⟩—SO_3Na 等。为了便于说明,常用符号"▭●"表示表面活性剂分子,其

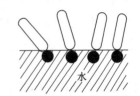

图 1-15　表面活性物质在水表面的定向排列

中"▭"表示疏水基,"●"表示亲水基。当把表面活性物质溶于水后,分子中的亲水基伸入水中,而疏水烃基则翘出水面。当溶液较稀时疏水基可以平躺在水面上,逐渐加大溶液浓度时,烃基就被挤压站立了起来,最后占满水面形成一层单分子膜,如图 1-15 所示。此时表面活性剂分子占据两相界面,使界面上分子受力不均匀的情况得到了改善,从而降低了水的表面能。表面活性剂分子的碳链越长,疏水基就越强,就越容易聚集在两相界面,因而它的表面活性就越强。

1.4.2　乳浊液

一种液体以细小液滴分散在另一种不相溶的液体中所形成的系统,称为乳浊液。牛奶、豆浆、原油、乳化农药、动物血液等都是乳浊液,属于粗分散系统,为热力学不稳定系统。

组成乳浊液的一种液体一般是水或水溶液,另一种液体是指一切与水不相混溶的有机液体,统称为油。形成的乳浊液可分为两种类型:一种是水分散在油中,称油包水(W/O)型,如地下开采出来的石油原油;另一种是油分散在水中,称为水包油型(O/W),如牛奶、豆浆等。乳浊液不稳定,放置容易分层。要制备稳定的乳浊液,除了要有两种不混溶的液体外,还必须加入第三种物质——乳化剂。乳化剂可以是表面活性物质、高分子化合物或固体粉末等,最常用的是表面活性物质。表面活性剂的亲水基朝着水而疏水基朝向油定向排列,不仅降低了界面能,而且在细小液滴周围形成保护膜,阻止液滴互相接近时发生合并,使乳浊液得以稳定存在。鉴别乳浊液类型的方法很简单,只要向乳浊液中加些水,若出现分层则为 W/O 型,否则为 O/W 型。

乳浊液在工业、农业、医药、食品和日常生活中都有极广泛的应用。牛奶、冰激凌、化妆

品、橡胶、乳汁、原油等均属此类分散系统。许多农药、植物生长调节剂都是不溶于水的有机液体,不能直接施用,所以常把不溶于水的固体或液体农药配成悬浊液或乳浊液,用来喷洒受病虫害的农作物。这样农药药液散失得少,附着在叶面上的多,药液喷洒均匀,不仅使用方便,而且节省农药,提高药效。临床上的用药、化妆品也常制成乳浊液来提高其使用效率。再如柴油中加水(可达 10%)制成乳浊液,可使柴油燃烧更完全,既降低油耗又减少了对环境的污染。

本 章 小 结

1. 重要的基本概念

分散系统、分散质、分散剂、溶液、胶体、稀溶液的依数性、渗透压、电泳、电渗等。

2. 稀溶液的依数性包括蒸气压下降、沸点上升、凝固点下降和渗透压。

一定温度下,难挥发的非电解质稀溶液的蒸气压下降值 Δp、沸点升高值 ΔT_b 和凝固点下降值 ΔT_f 均与溶液的质量摩尔浓度成正比,与溶质种类无关,渗透压与溶液浓度及热力学温度成正比,也与溶质的种类无关,其数学表达式分别为:

$$\Delta p = K_p b_B \qquad \Delta T_b = K_b b_B \qquad \Delta T_f = K_f b_B \qquad \pi = c_B RT$$

注意:对于难挥发的非电解质浓溶液或电解质溶液而言,同样会有蒸气压下降、沸点上升、凝固点下降和渗透压等现象,只是它们与溶液浓度之间的关系不符合依数性规律。在电解质溶液中,由于溶质的解离,溶液中实际存在的微粒数量应包括未解离的分子及解离所产生的离子等全部微粒的总量(或总浓度)。

3. 溶胶

(1) 溶胶的性质包括溶胶的表面吸附作用、丁铎尔效应、布朗运动、电泳和电渗现象(胶粒带电原因包括吸附和电离带电)。

(2) 溶胶具有扩散双电层结构,胶团结构式表示如下:

氢氧化铁溶胶　　$\{[Fe(OH)_3]_m \cdot nFeO^+ \cdot (n-x)Cl^-\}^{x+} \cdot xCl^-$

硫化砷溶胶　　$\{(As_2S_3)_m \cdot nHS^- \cdot (n-x)H^+\}^{x-} \cdot xH^+$

(3) 溶胶的稳定性包括动力学稳定性和热力学不稳定性。

(4) 溶胶的聚沉方法包括外加电解质、加热和溶胶的相互聚沉,其中外加电解质的聚沉效果最好。

(5) 通常加入足量的高分子化合物增加溶胶的稳定性。

4. 表面活性物质和乳浊液

(1) 表面活性物质分子是由极性基团和非极性基团两部分组成的,能显著降低溶液表面能,具有洗涤、乳化和起泡等作用。

(2) 乳浊液属于粗分散系统,分为油包水(W/O)和水包油(O/W)两种类型。

【知识延伸】

免疫胶体金技术

免疫胶体金技术(immune colloidal gold technique)是以胶体金作为示踪标志物应用于抗原抗体的一种新型的免疫标记技术,英文缩写为 GICT。胶体金是由氯金酸($HAuCl_4$)在还原剂如白磷、抗坏血酸、枸橼酸钠、鞣酸等作用下,聚合成为特定大小的金颗粒,并由于静电作用成为一种稳定的胶体状态。胶体金具有胶体稳定性、蛋白质强吸附性和高电子密度等特点,显微镜下可见黑褐色颗粒,形成肉眼可见红色或粉红色斑点。它的制备原理是以固相硝酸纤维素膜(简称 NC 膜)为载体,通过毛细作用使样品溶液在层析条上泳动,并同时使样品中的待测物与层析材料上针对待测物的受体(抗原或抗体)发生高特异性、高亲和性的免疫反应;层析过程中免疫复合物被富集或截留在层析材料的一定区域(检测带),使用可目测的标记物(胶体金)而得到直观的实验现象(显色),而游离标记物则越过检测带,与结合标记物自动分离,通过胶体金的显色结合免疫层析技术达到检测目的。胶体金标记蛋白的制备,实质上是蛋白质、人葡萄球菌蛋白 A(SPA)、植物血凝素(PHA)和刀豆素 A(Co-nA)等生物大分子物质在 pH 大于或等于被标记蛋白质的等电点时,被吸附到胶体金颗粒表面的包被过程。胶体金免疫层析技术具有检测范围广、操作方便、快速、灵敏、特异性好、经济实用和安全环保的特点,因而使胶体金广泛地应用于免疫学、组织学、病理学和细胞生物学等领域,尤其是各种液相免疫测定和固相免疫分析。

1. 液相免疫测定

液相免疫测定是将胶体金与抗体结合,建立微量凝集试验检测相应的抗原,如间接血凝一样,用肉眼可直接观察到凝集颗粒。利用免疫学反应时金颗粒凝聚导致颜色减退的原理,建立均相溶胶颗粒免疫测定法(sol particle immunoassay,SPIA)已成功地应用于 PCG 的检测,直接应用分光光度计进行定量分析。

2. 胶体金固相免疫测定法

(1) 斑点免疫金银染色法(Dot-IGS/IGSS)是将斑点 ELISA 与免疫胶体金结合起来的一种方法。将蛋白质抗原直接点样在硝酸纤维膜上,与特异性抗体反应后,再滴加胶体金标记的第二抗体,结果在抗原抗体反应处发生金颗粒聚集,形成肉眼可见的红色斑点,此称为斑点免疫金染色法(Dot-IGS)。此反应可通过银显影液增强,即斑点免疫金银染色法(Dot-IGS/IGSS)。

(2) 斑点金免疫渗滤测定法(dot immuno-gold filtration assay,DIGFA)原理完全同斑点免疫金染色法,只是在硝酸纤维膜下垫有吸水性强的垫料,即为渗滤装置。在加抗原(抗体)后,迅速加抗体(抗原),再加金标记第二抗体,由于有渗滤装置,反应很快,在数分钟内即可显出颜色反应。此方法已成功地应用于人的免疫缺陷病毒(HIV)的检查和人血清中甲胎蛋白的检测。

(摘自 https://baike. baidu. com/item,有删减)

习　题

一、选择题（将正确答案的序号填入括号内）

1. 下列水溶液蒸气压最大的是（　　　）。

    A. $0.1\ mol \cdot kg^{-1}\ KCl$
    B. $0.1\ mol \cdot kg^{-1}\ C_{12}H_{22}O_{11}$

    C. $0.1\ mol \cdot kg^{-1}\ K_2SO_4$
    D. $0.1\ mol \cdot kg^{-1}\ H_2S$

2. 100 g 水溶解 20 g 非电解质的溶液，经实验测得该溶液在 $-5.85\ ℃$ 凝固，该溶质的相对分子质量为（　　　）。

    A. 33
    B. 50
    C. 67
    D. 64

3. 我国自古以来就有用明矾净水的做法，这主要利用了（　　　）。

    A. 电解质对溶胶的聚沉作用
    B. 溶胶的相互聚沉作用

    C. 高分子的敏化作用
    D. 溶胶的特性吸附作用

4. 在外电场的作用下，溶胶粒子向某个电极移动的现象称为（　　　）。

    A. 电泳
    B. 电渗
    C. 布朗运动
    D. 丁铎尔效应

5. 土壤胶粒带负电荷，对它凝结能力最强的电解质是（　　　）。

    A. Na_2SO_4
    B. $AlCl_3$
    C. $MgSO_4$
    D. $K_3[Fe(CN)_6]$

6. 等压下加热，下列溶液最先沸腾的是（　　　）。

    A. 5% $C_6H_{12}O_6$ 溶液
    B. 5% $C_{12}H_{22}O_{11}$ 溶液

    C. 5% $(NH_4)_2CO_3$ 溶液
    D. 5% $C_3H_8O_3$ 溶液

7. 相同温度下，物质的量浓度相等的下列水溶液渗透压最小的是（　　　）。

    A. $C_6H_{12}O_6$
    B. $BaCl_2$
    C. HAc
    D. NaCl

8. $0.01\ mol \cdot kg^{-1}\ C_6H_{12}O_6$ 和 $0.01\ mol \cdot kg^{-1}\ NaCl$ 水溶液在下列关系中正确的是（　　　）。

    A. 蒸气压相等
    B. $C_6H_{12}O_6$ 溶液凝固点较高

    C. 无法判断
    D. NaCl 溶液凝固点较高

9. 将一块冰放在 0 ℃ 的食盐水中则发生以下哪种变化？（　　　）

    A. 冰的质量增加
    B. 无变化
    C. 冰逐渐融化
    D. 溶液温度升高

10. 下列四种相同物质的量浓度的稀溶液的渗透压由大到小的次序为（　　　）。

    A. $HAc > NaCl > C_6H_{12}O_6 > CaCl_2$
    B. $C_6H_{12}O_6 > HAc > NaCl > CaCl_2$

    C. $CaCl_2 > HAc > C_6H_{12}O_6 > NaCl$
    D. $CaCl_2 > NaCl > HAc > C_6H_{12}O_6$

11. 为防止水在仪器中结冰，可以加入甘油以降低凝固点，如需冰点降至 271 K，则在 100 g 水中应加甘油（$M_{甘油} = 92\ g \cdot mol^{-1}$）（　　　）。

    A. 10 g
    B. 120 g
    C. 2.0 g
    D. 9.9 g

12. 将 10.00 mL $0.01\ mol \cdot L^{-1}$ 的 KCl 溶液和 100 mL $0.05\ mol \cdot L^{-1}$ 的 $AgNO_3$ 混合以制备 AgCl 溶胶，则该溶胶胶粒在电场中向哪极运动，胶团结构式为：（　　　）。

A. 负极,$\left[(AgCl)_m \cdot nAg^+ \cdot (n-x)NO_3^-\right]^{x+} \cdot xNO_3^-$

B. 正极,$\left[(AgCl)_m \cdot nAg^+ \cdot (n-x)NO_3^-\right]^{x+} \cdot xNO_3^-$

C. 负极,$\left[(AgCl)_m \cdot nNO_3^- \cdot (n-x)Ag^+\right]^{x-} \cdot xAg^+$

D. 正极,$\left[(AgCl)_m \cdot nCl^- \cdot (n-x)K^+\right]^{x-} \cdot xK^+$

13. $Fe(OH)_3$ 溶胶在电场作用下向负极移动的是(　　)。

    A. 胶核　　　　　　B. 胶粒　　　　　　C. 胶团　　　　　　D. 反离子

14. 在 As_2S_3 溶胶中加入等浓度下列物质,使此溶胶聚结得最快的是(　　)。

    A. NaCl　　　　　B. $MgCl_2$　　　　　C. $AlCl_3$　　　　　D. $CaCl_2$

15. 表面活性物质的结构特征是物质的分子中具有(　　)。

    A. 极性基团　　　B. 非极性基团　　　C. 极性基团和非极性基团　　　D. 烃链

16. 对 $Fe(OH)_3$ 正溶胶和 As_2S_3 负溶胶的聚结能力最大的是(　　)。

    A. Na_3PO_4 和 $CaCl_2$　　　　　　　　B. NaCl 和 $CaCl_2$

    C. Na_3PO_4 和 $MgCl_2$　　　　　　　　D. NaCl 和 Na_2SO_4

二、填空题

1. 稀溶液的依数性包括_____、_____、_____和_____。

2. 在浓度均为 $0.1\ mol \cdot kg^{-1}$ 的 KCl、K_2SO_4、蔗糖($C_{12}H_{22}O_{11}$)、NaAc 溶液中,沸点最高的是_____,沸点最低的是_____,凝固点最高的是_____,凝固点最低的是_____。

3. 由 $FeCl_3$ 水解所制得 $Fe(OH)_3$ 溶胶的胶团结构式为_____,$CaCl_2$、Na_2SO_4,$K_3[Fe(CN)_6]$ 对其聚沉能力最大的是_____。

4. 产生渗透现象应具备两个条件:①_____;②_____。

5. 溶胶的光学性质——丁铎尔效应是由于溶胶中分散质粒子对_____的结果,电泳、电渗现象证明_____。

6. 一定温度下,难挥发非电解质稀溶液的蒸气压下降、沸点升高、凝固点下降和渗透压,与一定量溶剂中溶质的_____有关,与_____无关。

7. 若半透膜内外溶液浓度不同时,溶剂分子会自动通过半透膜由_____溶液一方,向_____溶液一方扩散。

8. 乳浊液的两种基本类型是_____和_____。

三、判断题

1. 在压力相同情况下,$b=0.01\ mol \cdot kg^{-1}$ 甘油水溶液和 $b=0.01\ mol \cdot kg^{-1}$ 葡萄糖水溶液有相同的沸点升高值。(　　)

2. 与纯溶剂相比,溶液的蒸气压一定降低。(　　)

3. 胶体分散系的分散质粒子,可以通过滤纸,但不能透过半透膜。(　　)

4. 江河入海口处易形成三角洲的原因是溶胶的相互聚沉作用。(　　)

5. 在外电场作用下,溶胶粒子向某个电极移动的现象称为电泳。(　　)

6. 相同温度下,将相同质量的尿素和蔗糖分别溶解在 100 g 水中,所形成的两份溶液

Δp、ΔT_b、ΔT_f和 π 均相同。（   ）

7. 相同温度下，$c(C_6H_{12}O_6)=c(HAc)$，则两种溶液的渗透压相等。（   ）

8. 制备 AgI 溶胶过程中，如果 KI 过量，则胶粒带负电荷。（   ）

四、计算题

1. 为防止汽车水箱在寒冬季节冻裂，需使水的冰点下降到 253.0 K，即 $\Delta T_f = 20.0$ K，则在 1 000 g 水中应加入甘油多少克？已知 $M(C_3H_8O_3)=92$ g·mol^{-1}。

2. 在 300 K 时，100 mL 水中含 0.40 g 多肽溶液的渗透压为 0.499 kPa，试计算该多肽的摩尔质量。

3. 实验室测定某未知物的水溶液在 298 K 时的渗透压为 750 kPa，求该溶液的沸点和凝固点。

4. 与人体血液具有相等渗透压的葡萄糖溶液，其凝固点降低值为 0.543 K。求此葡萄糖溶液的质量分数和血液的渗透压？（血液的温度约为 310 K）

5. 将 0.450 g 某非电解质溶于 30.0 g 水中，使溶液凝固点降为 -0.150 ℃。已知水的 K_f 为 1.86 ℃·kg·mol^{-1}，则该非电解质的相对分子质量为多少？

6. 10 g 葡萄糖（$C_6H_{12}O_6$）溶于 400 g 乙醇中，溶液的沸点较纯乙醇的沸点上升 0.143 K；另有 2 g 某有机物溶于 100 g 乙醇中，此溶液沸点上升了 0.125 K，求该有机物的相对分子质量。

第 2 章　化学热力学基础

　　化学反应是反应物分子中旧键的削弱、断裂和产物分子新键形成的过程。化学反应过程中不仅有质量的变化,而且常伴有能量的吸收和释放。热力学(thermodynamic)是研究系统变化过程中能量相互转换规律的一门科学。将热力学基本原理应用于研究化学变化的方向、限度及与化学变化有关的物理变化的学科称为化学热力学(chemical thermodynamics)。为了便于应用热力学的基本原理研究化学反应中的能量转化规律,首先介绍化学热力学的常用基本术语。

2.1　热力学基本概念

2.1.1　基本概念和术语

　　(1) 系统和环境

　　热力学将被研究的对象称为系统(system),系统以外与之相联系的部分称为环境(surrounding)。系统的确定是根据研究的需要人为划分的。例如,研究烧杯中溶液所进行的化学反应,烧杯中的溶液就是系统,而溶液之外与之有关的其他部分(烧杯、溶液上方的空气等)都是环境。需要指出的是:系统与环境之间的界面可以是实际存在的,也可以是假想的。按照系统和环境之间物质和能量的交换情况,将系统分为以下三种:

　　① 敞开系统　系统与环境之间既有物质交换,也有能量交换。

　　② 封闭系统　系统与环境之间只有能量交换,没有物质交换。

　　③ 孤立系统　系统与环境之间既没有物质交换,也没有能量交换。

　　(2) 状态和状态函数

　　热力学描述一个系统,必须确定它的组成、温度、压力、体积、质量等一系列物理、化学性质,这些性质的综合表现称为系统的状态(state)。系统的性质一定时,系统的状态就是确定的,若系统中某一性质发生改变,系统的状态也随之发生改变。这些用来描述系统状态的物理量称为状态函数(state functions)。例如 n、p、V、T 及后面要介绍的热力学能 U、焓 H、熵 S 和吉布斯自由能 G 等均是状态函数。

　　状态函数的特征:系统的状态一定,状态函数具有唯一确定值;状态发生变化,状态函数的变化值只取决于系统的始态和终态,而与变化经历的途径无关。

　　(3) 过程和途径

在外界条件改变时,系统的状态就会发生变化,变化的经过称为过程(process)。变化前的状态称为始态,变化达到的状态称为终态。实现这一变化的具体步骤称为途径(path)。

热力学的基本过程有恒温过程($T_1 = T_2$)、恒压过程($p_1 = p_2$)、恒容过程($V_1 = V_2$)和绝热过程($Q = 0$)等。

(4) 热和功

热和功是系统状态发生变化时系统与环境交换能量的两种不同形式。系统与环境之间由于温度不同而交换的能量称为热(heat),用符号 Q 表示,单位为 J 或 kJ。系统从环境吸热,Q 为正值;系统向环境放热,Q 为负值。系统与环境之间除热以外,以其他形式交换的能量统称为功(work),用符号 W 表示,单位为 J 或 kJ。系统对环境做功,W 为负值;环境对系统做功,W 为正值。功有多种形式,可分为体积功和非体积功。体积功是指系统与环境之间因体积变化所做的功;非体积功是指除体积功之外,系统与环境之间以其他形式所做的功。本章只讨论体积功。体积功可用下式求出:

$$W = -p\Delta V = -p(V_2 - V_1)$$

热和功都不是系统的状态函数,它们都是与过程的具体途径相联系的物理量。

(5) 热力学能

热力学能(thermodynamic energy),又称内能,是系统内部能量的总和,符号为 U,单位为 J 或 kJ。热力学能包括系统内分子的平动能、转动能、振动能、电子运动能量、原子核内能量以及分子与分子之间相互作用能等。它仅取决于系统的状态,系统的状态一定,它就有确定的值,故热力学能 U 是系统的状态函数。

由于系统内部各质点的运动和相互作用很复杂,所以热力学能的绝对值目前还无法测定。但系统的状态变化时,热力学能的变化量 ΔU 是可以测定的。ΔU 可由变化过程中系统和环境所交换的热和功的数值来确定。

(6) 化学计量数与反应进度

将任一化学反应方程式

$$aA + cC \Longrightarrow dD + eE$$

写作
$$0 = -aA - cC + dD + eE$$

令
$$\nu_A = -a, \nu_C = -c, \nu_D = d, \nu_E = e$$

代入上式得
$$0 = \nu_A A + \nu_C C + \nu_D D + \nu_E E$$

或
$$0 = \sum \nu_B B$$

上式表示发生 1 mol 该反应时,就有 a mol 物质 A 和 c mol 物质 C 被消耗,生成 d mol 物质 D 和 e mol 物质 E。上述式子均称为化学反应计量式。式中,B 为参与反应的物种,包括所有反应物和产物;ν_B 为物种 B 的化学计量数(stoichiometric number),是量纲为 1 的量,它可以是整数或分数,也可以是正数或负数。对于反应物,ν_B 为负;对于生成物,ν_B 为正。

化学计量数与反应方程式的写法有关。例如合成氨反应,方程式写作:

$$N_2(g) + 3H_2(g) \Longrightarrow 2NH_3(g)$$

$$\nu(N_2) = -1, \nu(H_2) = -3, \nu(NH_3) = 2$$

如果写作：
$$1/2N_2(g) + 3/2H_2(g) \rightleftharpoons NH_3(g)$$
则
$$\nu(N_2) = -1/2, \nu(H_2) = -3/2, \nu(NH_3) = 1$$

为了描述化学反应进行的程度,需要引入一个重要的物理量——反应进度(extent of reaction),符号为 ξ,单位为 mol。对于反应 $0 = \sum \nu_B B$,反应进度的定义式为：

$$d\xi = dn_B/\nu_B$$

式中,n_B 为反应方程式中任一物质 B 的物质的量,ν_B 为该物质 B 在方程式中的化学计量数。若规定反应开始时 $\xi = 0$ mol,则

$$\xi = \Delta n_B/\nu_B$$

引入反应进度的优点是对于任一反应进行到任意时刻时,可用任一反应物或产物来表示反应进行的程度,所得的值总是相等的,而与使用何种组分无关。但需注意：对于同一反应,物质 B 的 Δn_B 一定时,因化学反应方程式的写法不同,ν_B 不同,反应进度 ξ 也不同。例如,当 $\Delta n(N_2) = -1$ mol 时,给定的合成氨反应方程式为：

$$N_2(g) + 3H_2(g) \rightleftharpoons 2NH_3(g)$$
$$\xi = \Delta n(N_2)/\nu(N_2) = -1 \text{ mol} /(-1) = 1 \text{ mol}$$

而对反应
$$1/2N_2(g) + 3/2H_2(g) \rightleftharpoons NH_3(g)$$
$$\xi = \Delta n(N_2)/\nu(N_2) = -1 \text{ mol} /(-1/2) = 2 \text{ mol}$$

所以在应用反应进度时,必须指明化学反应方程式。

2.1.2　热力学第一定律

热力学第一定律(first law of thermodynamics)的实质就是能量守恒定律(energy conservation law),即自然界一切物质都具有能量,能量可以从一种形式转化为另一种形式,也可以从一个物体传递给另一个物体,在转化和传递过程中能量的总和不变。

设有一封闭系统从环境吸热 Q,同时环境对系统做功 W,系统由始态(热力学能为 U_1)变化到终态(热力学能为 U_2),则系统热力学能的变化为：

$$\Delta U = U_2 - U_1 = Q + W \tag{2-1}$$

这就是热力学第一定律的数学表达式,它表示封闭系统热力学能的变化值等于系统以热和功的形式传递的能量。例如,某一封闭系统从环境吸热 50 kJ,对环境做功 30 kJ,则系统的热力学能变为：

$$\Delta U = 50 \text{ kJ} + (-30 \text{ kJ}) = 20 \text{ kJ}$$

该式表示系统的热力学能增加 20 kJ。

2.2　反应热和反应焓变

2.2.1　反应热

当系统发生化学变化后,反应系统的温度回到始态温度,系统放出或吸收的热量称为

化学反应的热效应,简称反应热(heat of reaction)。反应热是日常生活和工业生产所需能量的主要来源。根据反应过程,反应热分为恒容反应热 Q_V 和恒压反应热 Q_p。

(1) 恒容反应热

只做体积功的封闭系统,在恒温恒容条件下反应的热效应称为恒容反应热(heat of reaction at constant volume),符号 Q_V。由于体积保持不变,$\Delta V = 0$,则系统不做体积功,即 $W=0$。根据热力学第一定律可知

$$Q_V = \Delta U \tag{2-2}$$

即在只做体积功的恒容条件下,反应热等于系统的热力学能变。

(2) 恒压反应热

只做体积功的封闭系统,在恒温恒压条件下反应的热效应称为恒压反应热(heat of reaction at constant pressure),符号 Q_p。如果反应在恒压条件下进行,系统对环境做体积功 $W = -p\Delta V$。根据热力学第一定律,可得

$$Q_p = \Delta U - W = \Delta U + p\Delta V = (U_2 - U_1) + (pV_2 - pV_1) = (U_2 + pV_2) - (U_1 + pV_1)$$

令
$$H = U + pV$$

则

$$Q_p = H_2 - H_1 = \Delta H \tag{2-3}$$

H 称为焓(enthalpy),单位为 kJ。因为 U、p、V 均为状态函数,所以焓也是状态函数,且具有加和性。焓的变化值(ΔH)只取决于系统的终态和始态,而与变化的具体途径无关。焓和热力学能一样,绝对值也无法测定,而人们所关心的是状态变化时的焓变 ΔH(enthalpy change)。焓无明确的物理意义,但焓变 ΔH 具有明确的物理意义:封闭系统中不做非体积功的恒压条件下,系统吸收或放出的热全部用来增加或减少系统的焓。$\Delta H > 0$,表示系统吸热;$\Delta H < 0$,表示系统放热。对于化学反应,一般无特别指明,反应热效应都是指恒压反应热 ΔH。

2.2.2　反应焓变

(1) 化学反应的摩尔焓变

热力学第一定律已证明,在恒温恒压、只做体积功过程中系统吸收或放出的热等于化学反应的焓变,即 $Q_p = \Delta_r H$。$\Delta_r H$ 表示化学反应的焓变(下标"r"是化学反应 reaction 的缩写)。$\Delta_r H_m$ 表示化学反应的摩尔焓变(下标 m 表示反应进度 $\xi = 1$ mol 时的焓变)。

$$\Delta_r H_m = \Delta_r H / \xi \tag{2-4}$$

注意二者的单位不同,$\Delta_r H$ 的单位为 kJ,$\Delta_r H_m$ 的单位为 kJ·mol^{-1}。例如,氢气和氧气在常压及 298.15 K 的条件下完全反应:

$$H_2(g) + 1/2O_2(g) \Longrightarrow H_2O(l) \quad Q_p = \Delta_r H_m = -285.83 \text{ kJ·mol}^{-1}$$

上式表示在指定温度和压力下,氢气和氧气按上面的反应方程式进行反应,当 $\xi = 1$ mol 时,系统的焓减少 285.83 kJ。

根据反应进度的定义式可知,$\Delta_r H_m$ 的数值与反应方程式的写法有关。例如,氢气和氧气在同样条件下完全反应的摩尔焓变可表示为:

$$2H_2(g)+O_2(g)\!=\!\!=\!\!2H_2O(l) \quad Q_p=\Delta_rH_m=-571.66 \text{ kJ}\cdot\text{mol}^{-1}$$

所以在应用 Δ_rH_m 时,必须同时指明反应式,以明确反应系统及各物质的状态。一般用热化学方程式表示反应热。

（2）热化学方程式

表示化学反应与其热效应关系的化学反应方程式,称作热化学方程式(thermochemical equation)。例如:

$$H_2(g)+1/2O_2(g)\!=\!\!=\!\!H_2O(l) \quad \Delta_rH_m=-285.83 \text{ kJ}\cdot\text{mol}^{-1}$$
$$2H_2(g)+O_2(g)\!=\!\!=\!\!2H_2O(l) \quad \Delta_rH_m=-571.66 \text{ kJ}\cdot\text{mol}^{-1}$$

二者都表示 $H_2(g)$ 和 $O_2(g)$ 反应生成 $H_2O(l)$,但是 Δ_rH_m 数值不同。由于反应热除与反应进行的条件(如温度、压力等)有关外,还与反应物和生成物的数量、聚集状态等有关,所以在化学热力学中规定了一个状态作为比较的标准,即标准状态,简称标准态(standard state)。标准态是指在指定温度 T 和标准压力 $p^\ominus=100$ kPa 下物质的状态。在热力学函数的右上角标"$\ominus$"表示标准态。标准态的规定如下:

① 理想气体的标准态是指标准压力 $p^\ominus$ 下纯气体的状态;混合理想气体中任一组分的标准态是指其分压为标准压力 $p^\ominus$ 的状态。

② 纯固体或纯液体的标准态是指标准压力 $p^\ominus$ 下的纯固体或纯液体;

③ 溶液中溶质的标准态是指标准压力 $p^\ominus$ 下各溶质的浓度为标准浓度 $c^\ominus$ 的理想溶液,规定 $c^\ominus=1.0$ mol·dm^{-3}。溶剂的标准态即为标准压力 $p^\ominus$ 下的纯溶剂。

应当注意,热力学标准态的规定对温度并无限定,强调物质的压力必须为标准压力 $p^\ominus$。通常从手册上查到的热力学值大都是 298.15 K 的数据。

标准状态下化学反应的摩尔焓变称为标准摩尔焓变(change of standard molar enthalpy),用符号 $\Delta_rH_m^\ominus$ 表示,单位为 kJ·mol^{-1}。

书写热化学方程式时应注意以下几点:

① 标明物质的聚集状态和浓度。因为物质的聚集状态不同,相应的能量也不同。一般用 g、l、s 表示气、液、固三种状态,用 aq 表示水溶液,标注在该物质化学式的后面。此外如果一种固体物质有几种晶型,则应注明是哪种晶型。例如:

$$2H_2(g)+O_2(g)\!=\!\!=\!\!2H_2O(l) \quad \Delta_rH_m^\ominus=-571.66 \text{ kJ}\cdot\text{mol}^{-1}$$
$$2H_2(g)+O_2(g)\!=\!\!=\!\!2H_2O(g) \quad \Delta_rH_m^\ominus=-483.64 \text{ kJ}\cdot\text{mol}^{-1}$$

② 注明反应的温度和压力。如果是 298.15 K 和 100 kPa 时,则按习惯可不注明。

③ 明确写出反应的化学计量方程式。同一反应,反应式的写法不同,$\Delta_rH_m^\ominus$ 值也不同。

④ 正、逆反应的 $\Delta_rH_m^\ominus$ 绝对值相等,符号相反。例如:

$$2H_2(g)+O_2(g)\!=\!\!=\!\!2H_2O(l) \quad \Delta_rH_m^\ominus=-571.66 \text{ kJ}\cdot\text{mol}^{-1}$$
$$2H_2O(l)\!=\!\!=\!\!2H_2(g)+O_2(g) \quad \Delta_rH_m^\ominus=571.66 \text{ kJ}\cdot\text{mol}^{-1}$$

2.2.3　反应焓变的计算

2.2.3.1　盖斯定律及其应用

反应热一般可以通过实验测定。但有些反应由于难以控制,其反应热不能直接测得。

俄籍瑞士化学家盖斯(G. H. Hess)根据大量的实验结果总结出一条规律:任何一个化学反应,不管是一步完成的,还是多步完成的,其热效应总是相同的。这就是盖斯定律(Hess' law)。盖斯定律是热化学的基本定律,它使热化学方程式可以像普通代数方程那样进行加减运算,利用该定律可以从已知反应的热效应数据计算未知反应的热效应。例如,已知下列反应的热化学方程式:

$$C(石墨,s)+O_2(g)=\!=\!=CO_2(g) \qquad \Delta_r H_{m,1}^{\ominus}=-393.5 \ kJ \cdot mol^{-1} \qquad (1)$$

$$CO(g)+0.5O_2(g)=\!=\!=CO_2(g) \qquad \Delta_r H_{m,2}^{\ominus}=-283.0 \ kJ \cdot mol^{-1} \qquad (2)$$

求反应 $C(石墨,s)+0.5O_2(g)=CO(g)$ 的 $\Delta_r H_{m,3}^{\ominus}=?$ $\qquad\qquad\qquad$ (3)

显然反应(3)等于反应(1)减去反应(2),故有

$$\Delta_r H_{m,3}^{\ominus}=\Delta_r H_{m,1}^{\ominus}-\Delta_r H_{m,2}^{\ominus}$$

$$=-393.5 \ kJ \cdot mol^{-1}-(-283.0 \ kJ \cdot mol^{-1})=-110.5 \ kJ \cdot mol^{-1}$$

必须指出,利用盖斯定律计算反应热的过程中,消去相同物质时,不仅物质种类完全相同,而且状态(即物态、温度、压力等)也要相同,否则不能消去。若反应方程式乘以某一系数时,反应的焓变也要乘以相同系数,再进行相关计算。

【例 2-1】 已知

(1) $4NH_3(g)+3O_2(g)=\!=\!=2N_2(g)+6H_2O(l)$ $\qquad \Delta_r H_{m,1}^{\ominus}=-1\ 530.54 \ kJ \cdot mol^{-1}$

(2) $H_2(g)+1/2O_2(g)=\!=\!=H_2O(l)$ $\qquad\qquad\qquad \Delta_r H_{m,2}^{\ominus}=-285.83 \ kJ \cdot mol^{-1}$

求反应 $N_2(g)+3H_2(g)=2NH_3(g)$ 的 $\Delta_r H_{m,3}^{\ominus}$ 。

解:$3\times(2)-1/2\times(1)$得 $\quad N_2(g)+3H_2(g)=\!=\!=2NH_3(g)$

$$\Delta_r H_{m,3}^{\ominus}=3\Delta_r H_{m,2}^{\ominus}-1/2\Delta_r H_{m,1}^{\ominus}$$

$$=3\times(-285.83 \ kJ \cdot mol^{-1})-1/2\times(-1\ 530.54 \ kJ \cdot mol^{-1})=-92.22 \ kJ \cdot mol^{-1}$$

2.2.3.2　标准摩尔生成焓与反应的标准摩尔焓变

(1) 标准摩尔生成焓

热力学规定,在指定温度和标准态下,由元素的指定单质生成1摩尔纯物质时反应的焓变称为该物质的标准摩尔生成焓(standard molar enthalpy of formation),用符号 $\Delta_f H_m^{\ominus}$ 表示,下标"f"表示"生成"(formation),单位为 $kJ \cdot mol^{-1}$。常用的是298.15 K 时的标准摩尔生成焓数据。根据定义,指定温度和标准态下,指定单质的标准摩尔生成焓为零。如碳的单质有石墨和金刚石两种,指定石墨的 $\Delta_f H_m^{\ominus}(石墨)=0$,金刚石的 $\Delta_f H_m^{\ominus}$ 不等于零。溶液中指定:$\Delta_f H_m^{\ominus}(H^+)=0$。一些物质在298.15 K 的 $\Delta_f H_m^{\ominus}$ 值可从书后的附录中查到。

(2) 由标准摩尔生成焓计算化学反应的标准摩尔焓变

根据盖斯定律,对任一化学反应:$aA+cC=dD+eE$,各物质标准摩尔生成焓 $\Delta_f H_m^{\ominus}$ 与反应标准摩尔焓变 $\Delta_r H_m^{\ominus}$ 的关系如下:

$$\Delta_r H_m^{\ominus}=[d\Delta_f H_m^{\ominus}(D)+e\Delta_f H_m^{\ominus}(E)]-[a\Delta_f H_m^{\ominus}(A)+c\Delta_f H_m^{\ominus}(C)]$$

$$=\sum \nu_B \Delta_f H_m^{\ominus}(B) \qquad\qquad\qquad\qquad (2-5)$$

式中,ν_B 为化学计量数,对反应物 ν_B 取"-",对产物 ν_B 取"+"。

此式表明,一定温度下化学反应的标准摩尔焓变,等于同样条件下各反应物和产物的

标准摩尔生成焓与其化学计量数的乘积之和。

化学反应的标准摩尔焓变 $\Delta_r H_m^{\ominus}$ 随温度的变化不大，近似计算时可认为 $\Delta_r H_m^{\ominus}$ 与温度无关。即

$$\Delta_r H_m^{\ominus}(T) \approx \Delta_r H_m^{\ominus}(298.15 \text{ K}) \tag{2-6}$$

【例 2-2】　煤的气化技术由下列热化学反应组成。已知 298.15 K 和标准态下：

(1) $C(石墨,s) + H_2O(g) = CO(g) + H_2(g)$　　　　$\Delta_r H_{m,1}^{\ominus} = +131.30 \text{ kJ} \cdot \text{mol}^{-1}$

(2) $CO(g) + H_2O(g) = CO_2(g) + H_2(g)$　　　　$\Delta_r H_{m,2}^{\ominus} = -41.17 \text{ kJ} \cdot \text{mol}^{-1}$

(3) $CO(g) + 3H_2(g) = CH_4(g) + H_2O(g)$　　　　$\Delta_r H_{m,3}^{\ominus} = -206.10 \text{ kJ} \cdot \text{mol}^{-1}$

试运用盖斯定律计算反应：

(4) $2C(石墨,s) + 2H_2O(g) = CH_4(g) + CO_2(g)$ 的 $\Delta_r H_{m,4}^{\ominus}$，并将计算结果与用标准摩尔生成焓法计算的结果相比较。

解：方法一：根据盖斯定律，(4) = 2×(1) + (2) + (3)，故

$\Delta_r H_{m,4}^{\ominus} = 2 \times \Delta_r H_{m,1}^{\ominus} + \Delta_r H_{m,2}^{\ominus} + \Delta_r H_{m,3}^{\ominus}$

$\qquad = [2 \times 131.30 + (-41.17) + (-206.10)] \text{ kJ} \cdot \text{mol}^{-1} = 15.33 \text{ kJ} \cdot \text{mol}^{-1}$

方法二：根据公式 $\Delta_r H_m^{\ominus} = \sum \nu_B \Delta_f H_m^{\ominus}(B)$

$$2C(石墨,s) + 2H_2O(g) = CH_4(g) + CO_2(g)$$

$\Delta_f H_m^{\ominus} / \text{ kJ} \cdot \text{mol}^{-1}$　　　　0　　　　-241.818　　-74.81　　-393.5

$\Delta_r H_m^{\ominus} = \Delta_f H_m^{\ominus}(CH_4,g) + \Delta_f H_m^{\ominus}(CO_2,g) - 2 \times \Delta_f H_m^{\ominus}(C,石墨) - 2 \times \Delta_f H_m^{\ominus}(H_2O,g)$

$\qquad = [(-74.81) + (-393.5) - 2 \times 0 - 2 \times (-241.818)] \text{ kJ} \cdot \text{mol}^{-1} = 15.33 \text{ kJ} \cdot \text{mol}^{-1}$

结论：两种方法的计算结果完全一致。

【例 2-3】　利用标准摩尔生成焓数据，计算清洁燃料甲醇汽油的成分甲醇 $CH_3OH(l)$ 在空气或氧气中完全燃烧反应的标准摩尔焓变 $\Delta_r H_m^{\ominus}(298.15 \text{ K})$。

解：写出有关的反应方程式，并在各物质下面标出其标准摩尔生成焓 $\Delta_f H_m^{\ominus}$。

$$2CH_3OH(l) + 3O_2(g) == 2CO_2(g) + 4H_2O(l)$$

$\Delta_f H_m^{\ominus} / \text{ kJ} \cdot \text{mol}^{-1}$　　　　-238.66　　　0　　　-393.5　　-285.83

$\Delta_r H_m^{\ominus} = 4 \times \Delta_f H_m^{\ominus}(H_2O,l) + 2 \times \Delta_f H_m^{\ominus}(CO_2,g) - 2 \times \Delta_f H_m^{\ominus}(CH_3OH,l) - 3 \times \Delta_f H_m^{\ominus}(O_2,g)$

$\qquad = [4 \times (-285.83) + 2 \times (-393.5) - 2 \times (-238.66) - 3 \times 0] \text{ kJ} \cdot \text{mol}^{-1}$

$\qquad = -1\ 453 \text{ kJ} \cdot \text{mol}^{-1}$

2.2.3.3　标准摩尔燃烧焓与反应的标准摩尔焓变

(1) 标准摩尔燃烧焓

热力学规定，在指定温度和标准态下，1 mol 某物质完全燃烧生成稳定产物时反应的焓变称为该物质的标准摩尔燃烧焓(standard molar enthalpy of combustion)，用符号 $\Delta_c H_m^{\ominus}$ 表示，下标"c"表示"燃烧"(combustion)，单位为 kJ $\cdot$ mol^{-1}。常用的是 298.15 K 时的标准摩尔燃烧焓数据。完全燃烧是指物质中各元素均氧化为稳定的氧化产物，如 $C \rightarrow CO_2(g)$，$H \rightarrow H_2O(l)$，$N \rightarrow N_2(g)$，$S \rightarrow SO_2(g)$ 等。由定义可知，上述燃烧产物及 $O_2(g)$ 的标准摩尔燃烧焓均为零。

（2）由标准摩尔燃烧焓计算化学反应的标准摩尔焓变

根据盖斯定律，同样可推导出各物质标准摩尔燃烧焓 $\Delta_c H_m^{\ominus}$ 与反应标准摩尔焓变 $\Delta_r H_m^{\ominus}$ 的关系，对任一化学反应：

$$aA + cC \Longrightarrow dD + eE$$

$$\Delta_r H_m^{\ominus} = [a\Delta_c H_m^{\ominus}(A) + c\Delta_c H_m^{\ominus}(C)] - [d\Delta_c H_m^{\ominus}(D) + e\Delta_c H_m^{\ominus}(E)]$$

$$= -\sum \nu_B \Delta_c H_m^{\ominus}(B) \tag{2-7}$$

2.2.3.4　键能与反应的标准摩尔焓变

化学反应的本质是原子或原子团的重新组合，反应过程就是旧键的断裂（吸收能量）和新键的形成（释放能量）的过程，反应过程能量的变化是这种过程的本质反映，化学反应焓变就是这种吸收和释放能量的总和。这是化学反应焓变的微观本质，也是反应热效应的由来，因此可由化学键的键能估算化学反应的热效应（本节不再赘述）。

2.3　化学反应方向

2.3.1　自发过程

自然界发生的一切变化都有一定的方向性。如高处的水会自动地流向低处，当两个温度不同的物体接触时，高温物体上的热量必定自发地流向低温物体，直至两物体的温度相等为止。这种在一定条件下不需借助外力就能自动进行的过程，称为自发过程（spontaneous process），对于化学反应则称为自发反应（spontaneous reaction）。只有借助外力做功才能进行的过程称为非自发过程（nonspontaneous process）。由此可知，自发过程与非自发过程是一个互逆的过程；二者都可进行，区别就在于自发过程可以自动进行，而非自发过程则需要借助外力才能进行。在条件发生变化时，自发过程与非自发过程可以发生转化。

如何判断给定条件下化学反应自发的方向和限度，具有重要的实际意义，可为人类研究和利用化学反应带来极大的帮助。曾经有人把热效应看作是化学反应的第一驱动力，认为在恒温恒压下，放热反应（即 $\Delta_r H < 0$）能自发进行，吸热反应（即 $\Delta_r H > 0$）不能自发进行。这种以反应焓变作为判断反应方向的依据，简称焓变判据。实验表明，许多 $\Delta_r H < 0$ 的反应确实可以自发进行。但是有些吸热反应或过程如 N_2O_5 在常温下自发分解、硝酸钾溶于水以及冰的融化等，在一定的温度下都能自发进行，这说明反应的热效应不是判断化学反应自发性的唯一标准，一定还有其他的因素在起作用。经研究发现有两个重要规律同时控制化学反应的方向：① 能量倾向于降低，例如放热反应；② 混乱度倾向于增加。因此，为描述混乱度的大小，需引入一个新的热力学状态函数——熵。

2.3.2　熵和熵变

2.3.2.1　混乱度和熵

系统混乱的程度称为混乱度（randomness）。系统的变化总是倾向于取得最大的混乱度。如往一杯水中滴入几滴蓝墨水,蓝墨水就会自发地逐渐扩散到整杯水中,这个过程不能自发地逆向进行。热力学上用一个新的状态函数熵(entropy)来表示系统的混乱度,即系统的熵是系统内物质微观粒子的混乱度或无序度的量度,用符号 S 表示,单位为 J·K^{-1}。系统的混乱度越大,熵值就越大。熵与焓一样,也是状态函数,且具有加和性。熵值的增加表示系统混乱度增加。

每种物质在给定条件下都有一定的熵值。影响物质熵值大小的因素有物质的聚集状态、温度、分子的大小、硬度等。同一物质,聚集状态不同,其熵值也不同,熵值大小为:$S(g) > S(l) > S(s)$;聚集状态相同的同一物质,温度越高,熵值越大;不同物质,熵值的大小与分子的组成和结构有关。一般来说,分子越大,结构越复杂,混乱度就越大,熵值也越大。

热力学中规定:在绝对零度(0 K)时,任何纯物质的完美晶体的熵值为零。即

$$S(0\ \text{K}) = 0 \tag{2-8}$$

这就是热力学第三定律(third law of thermodynamics)。此时系统处于完全有序的排列状态,温度升高,熵值增大。若温度从 0 K 升高到任一温度 T,此过程的熵变即为该物质在温度 T 时的熵值。

$$\Delta S = S(T) - S(0\ \text{K}) = S(T) - 0 = S(T)$$

1 mol 某纯物质在标准态下的熵值称为该物质的标准摩尔熵(standard molar entropy),符号为 $S_m^{\ominus}(T)$,单位为 J·mol^{-1}·K^{-1}。常用的为 298.15 K 的数据,一些物质在 298.15 K 的 $S_m^{\ominus}$ 值可从书后的附录中查到。

注意:单质在 298.15 K 时的标准摩尔熵值不为零。某一化合物的标准摩尔熵不等于由指定单质生成 1 mol 化合物时的反应熵变。对于水合离子,规定处于标准状态下水合 H$^+$ 的标准摩尔熵值为零,通常选定温度为 298.15 K,即 $S_m^{\ominus}(\text{H}^+, \text{aq}, 298.15\ \text{K}) = 0$。

2.3.2.2　化学反应的熵变

由于 S 是状态函数,其改变量只取决于系统的始态和终态,因此化学反应熵变与反应焓变的计算原则相同,应用各物质的标准摩尔熵 $S_m^{\ominus}$ 的数值可以算出化学反应的标准摩尔熵变(change of standard molar entropy)$\Delta_r S_m^{\ominus}$。

对任一化学反应:$a\text{A} + c\text{C} = d\text{D} + e\text{E}$,各物质的标准摩尔熵 $S_m^{\ominus}$ 与反应的标准摩尔熵变 $\Delta_r S_m^{\ominus}$ 的关系为:

$$\begin{aligned}\Delta_r S_m^{\ominus} &= [d S_m^{\ominus}(\text{D}) + e S_m^{\ominus}(\text{E})] - [a S_m^{\ominus}(\text{A}) + c S_m^{\ominus}(\text{C})] \\ &= \sum \nu_B S_m^{\ominus}(\text{B}) \end{aligned} \tag{2-9}$$

【例 2-4】 计算 $\text{CaCO}_3(\text{s}) = \text{CaO}(\text{s}) + \text{CO}_2(\text{g})$ 在 298.15 K 时的标准摩尔熵变。

解:查表得　　　　　　　$\text{CaCO}_3(\text{s}) =\!= \text{CaO}(\text{s}) + \text{CO}_2(\text{g})$

$S_m^{\ominus}$/ J·mol^{-1}·K^{-1}　　　　　92.9　　　39.75　　　213.74

$\begin{aligned}\Delta_r S_m^{\ominus} &= \sum \nu_B S_m^{\ominus}(\text{B}) = [S_m^{\ominus}(\text{CaO, s}) + S_m^{\ominus}(\text{CO}_2, \text{g})] - [S_m^{\ominus}(\text{CaCO}_3, \text{s})] \\ &= (39.75 + 213.74 - 92.9)\ \text{J·mol}^{-1}\text{·K}^{-1} \\ &= 160.6\ \text{J·mol}^{-1}\text{·K}^{-1} \end{aligned}$

可见,此反应为熵值增加的反应。从反应方程式也可以看出,反应后气体分子数增加,混乱度增大,所以熵值增加。利用物质熵值的变化规律,可初步估算过程的熵变情况。

① 对于物理或化学变化过程,气体分子数增加,熵值增加;气体分子数减少,熵值减少。

② 对不涉及气体分子数变化的过程,液体物质(或溶质的粒子数)增多,则熵值增大,如固态熔化、晶体溶解等均为熵增过程。

③ 对于同一个反应,温度升高时,反应物和产物的熵同时相应增加,因此标准摩尔熵变$\Delta_r S_m^{\ominus}$随温度的变化较小,在计算中将其近似看作一个常量,即

$$\Delta_r S_m^{\ominus}(T) \approx \Delta_r S_m^{\ominus}(298.15 \text{ K}) \tag{2-10}$$

2.3.2.3　熵增加原理(热力学第二定律)

热力学第二定律(second law of thermodynamics)的一种表述为:孤立系统的任何自发过程,总是向着熵值增大的方向进行,这就是熵增加原理。即

$$\Delta S_{\text{孤立系统}} > 0 \tag{2-11}$$

真正的孤立系统并不存在,故单独的 ΔS 或 ΔH 都不能作为反应自发性的普遍判据。反应的自发性与熵变、焓变和温度都有关系,因此引入一个新的热力学函数——吉布斯自由能。

2.3.3　吉布斯自由能和化学反应自发过程的判断

2.3.3.1　吉布斯自由能(简称自由能)

1878 年,美国科学家吉布斯(J. W. Gibbs)提出了一个综合焓、熵和温度的新的状态函数,称为吉布斯自由能(Gibbs free energy),或称吉布斯函数,用符号 G 表示,单位为 J 或 kJ。定义式为

$$G = H - TS \tag{2-12}$$

吉布斯自由能 G 与 H 和 S 一样,也为具有加和性的状态函数。G 的绝对值无法确定。

2.3.3.2　反应自发性的判断

恒温恒压下,化学反应的吉布斯自由能变为

$$\Delta_r G = \Delta_r H - T\Delta_r S \tag{2-13}$$

上式称为吉布斯-赫姆霍兹(Gibbs-Helmholtz)公式。

吉布斯提出:恒温恒压只做体积功的封闭系统内,可以用系统的吉布斯自由能变 $\Delta_r G$ 来判断反应或过程的自发性。即

$$\Delta_r G < 0 \quad 反应正向自发$$
$$\Delta_r G = 0 \quad 反应达平衡$$
$$\Delta_r G > 0 \quad 反应逆向自发$$

上式说明,在恒温恒压的封闭系统内,系统不做非体积功的前提下,任何自发反应总是向着吉布斯自由能减小的方向进行,直至 G 降低到最小值,这就是最小自由能原理。

$\Delta_r G$ 作为反应自发性的判据,包含 $\Delta_r H$ 和 $T\Delta_r S$ 两项影响因素。按 $\Delta_r H$、$\Delta_r S$ 及温度

T 对 $\Delta_r G$ 的影响，可归纳为以下四种情况，见表 2-1。

表 2-1　　　　　　　　　恒压下 $\Delta_r H$、$\Delta_r S$ 及温度 T 对 $\Delta_r G$ 及反应方向的影响

反应实例	$\Delta_r H$	$\Delta_r S$	$\Delta_r G = \Delta_r H - T\Delta_r S$	正反应的自发性
$2H_2O_2(l) = 2H_2O(l) + O_2(g)$	－	＋	－	任何温度下正向自发
$2CO(g) = 2C(s) + O_2(g)$	＋	－	＋	任何温度下正向非自发
$CaCO_3(s) = CaO(s) + CO_2(g)$	＋	＋	升温有利于 $\Delta_r G$ 变负	高温 $(T > \Delta_r H/\Delta_r S)$ 自发
$HCl(g) + NH_3(g) = NH_4Cl(s)$	－	－	降温有利于 $\Delta_r G$ 变负	低温 $(T < \Delta_r H/\Delta_r S)$ 自发

2.3.3.3　化学反应标准摩尔吉布斯自由能变的计算

由以上讨论可知，只要计算出给定条件下化学反应的自由能变数值，就可据此判断其自发进行的方向。标准态下反应进度 $\xi = 1$ mol 时化学反应的吉布斯自由能变称为该反应的标准摩尔吉布斯自由能变，用符号 $\Delta_r G_m^{\ominus}(T)$ 表示，单位 kJ·mol^{-1}。

（1）利用标准摩尔生成吉布斯自由能计算

热力学规定：在指定温度和标准态下，由元素指定单质生成 1 mol 某物质时的吉布斯自由能变叫作该物质的标准摩尔生成吉布斯自由能（standard molar Gibbs free energy of formation），用符号 $\Delta_f G_m^{\ominus}(T)$ 表示，单位 kJ·mol^{-1}。298.15 K 时温度 T 可以省略，简写为 $\Delta_f G_m^{\ominus}$。显然，元素指定单质的标准摩尔生成吉布斯自由能为零。一些物质在 298.15 K 时的标准摩尔生成吉布斯自由能数据见附录。

使用标准摩尔生成吉布斯自由能数据 $\Delta_f G_m^{\ominus}$ 计算化学反应的标准摩尔吉布斯自由能变 $\Delta_r G_m^{\ominus}$ 的方法，类似于由标准摩尔生成焓计算反应的标准摩尔焓变。

对任一化学反应：　　　　　　　　　$a\mathrm{A} + c\mathrm{C} = d\mathrm{D} + e\mathrm{E}$

$$\Delta_r G_m^{\ominus} = [d\Delta_f G_m^{\ominus}(\mathrm{D}) + e\Delta_f G_m^{\ominus}(\mathrm{E})] - [a\Delta_f G_m^{\ominus}(\mathrm{A}) + c\Delta_f G_m^{\ominus}(\mathrm{C})]$$
$$= \sum \nu_B \Delta_f G_m^{\ominus}(\mathrm{B}) \tag{2-14}$$

【例 2-5】　计算 298.15 K 时反应 $2H_2O_2(l) = 2H_2O(l) + O_2(g)$ 的 $\Delta_r G_m^{\ominus}$，并判断该条件下反应的自发性。

解：查表　　　　　　　　$2H_2O_2(l) = 2H_2O(l) + O_2(g)$

$\Delta_f G_m^{\ominus}$ / kJ·mol^{-1}　　　－120.35　　　－237.129　　　　0

由式（2-14）得

$$\Delta_r G_m^{\ominus} = [\Delta_f G_m^{\ominus}(O_2, g) + 2 \times \Delta_f G_m^{\ominus}(H_2O, l)] - [2 \times \Delta_f G_m^{\ominus}(H_2O_2, l)]$$
$$= [0 + 2 \times (-237.129) - 2 \times (-120.35)] \text{ kJ·mol}^{-1}$$
$$= -233.56 \text{ kJ·mol}^{-1}$$

因为 $\Delta_r G_m^{\ominus} < 0$，所以该反应在常温下可正向自发进行。

（2）吉布斯-赫姆霍兹方程的应用

在恒温下，由吉布斯-赫姆霍兹公式

$$\Delta G = \Delta H - T\Delta S \tag{2-15}$$

$$\Delta_r G_m = \Delta_r H_m - T\Delta_r S_m \tag{2-16}$$

$$\Delta_r G_m^\ominus = \Delta_r H_m^\ominus - T\Delta_r S_m^\ominus \tag{2-17}$$

以上三式均称为吉布斯-赫姆霍兹方程。

当反应系统的温度改变不太大时，$\Delta_r H_m^\ominus(T)$ 和 $\Delta_r S_m^\ominus(T)$ 可近似用 $\Delta_r H_m^\ominus(298.15\ \text{K})$ 和 $\Delta_r S_m^\ominus(298.15\ \text{K})$ 代替。故有

$$\Delta_r G_m^\ominus(T) \approx \Delta_r H_m^\ominus(298.15\ \text{K}) - T\Delta_r S_m^\ominus(298.15\ \text{K}) \tag{2-18}$$

【例 2-6】 通过计算说明，在 298.15 K 和标准态下，赤铁矿(Fe_2O_3)能否转化为磁铁矿(Fe_3O_4)？实现该转化的最低温度为多少？

分析：本题第一问是通过计算赤铁矿转化为磁铁矿反应的 $\Delta_r G_m^\ominus$，判断反应在 298.15 K 的标准态下自发进行的方向；第二问是计算反应自发进行的最低温度 T。

解：首先写出转化方程式并配平

$$6Fe_2O_3(s) = 4Fe_3O_4(s) + O_2(g)$$

查表 $\quad \Delta_f G_m^\ominus / \text{kJ} \cdot \text{mol}^{-1} \qquad\quad -742.2 \qquad -1\,015.4 \qquad 0$

$\qquad\quad \Delta_f H_m^\ominus / \text{kJ} \cdot \text{mol}^{-1} \qquad\quad -824.2 \qquad -1\,118.4 \qquad 0$

$\qquad\quad S_m^\ominus / \text{J} \cdot \text{mol}^{-1} \cdot \text{K}^{-1} \qquad\quad 87.4 \qquad\quad 146.4 \qquad 205.138$

$$\Delta_r G_m^\ominus(298.15\ \text{K}) = [(-1\,015.4) \times 4 + 0 - (-742.2) \times 6]\ \text{kJ} \cdot \text{mol}^{-1}$$
$$= 391.6\ \text{kJ} \cdot \text{mol}^{-1}$$

$\Delta_r G_m^\ominus(298.15\ \text{K}) > 0$，故 298.15 K 和标准态下，赤铁矿($Fe_2O_3$)不能转化为磁铁矿($Fe_3O_4$)。要想实现转化，必须满足条件

$$\Delta_r G_m^\ominus(T) \approx \Delta_r H_m^\ominus(298.15\ \text{K}) - T\Delta_r S_m^\ominus(298.15\ \text{K}) < 0$$

计算得 $\quad \Delta_r H_m^\ominus(298.15\ \text{K}) = [(-1\,118.4) \times 4 + 0 - (-824.2) \times 6]\ \text{kJ} \cdot \text{mol}^{-1}$
$$= 471.6\ \text{kJ} \cdot \text{mol}^{-1}$$

$\Delta_r S_m^\ominus(298.15\ \text{K}) = [146.4 \times 4 + 205.138 - 87.4 \times 6]\ \text{J} \cdot \text{mol}^{-1} \cdot \text{K}^{-1}$
$$= 266.3\ \text{J} \cdot \text{mol}^{-1} \cdot \text{K}^{-1}$$

对于(＋,＋)型反应，正向自发进行的温度为

$$T \geqslant \Delta_r H_m^\ominus(298.15\ \text{K}) / \Delta_r S_m^\ominus(298.15\ \text{K})$$

代入数据得

$$T \geqslant \Delta_r H_m^\ominus(298.15\ \text{K}) / \Delta_r S_m^\ominus(298.15\ \text{K})$$
$$= 471.6\ \text{kJ} \cdot \text{mol}^{-1} / 266.34\ \text{J} \cdot \text{mol}^{-1} \cdot \text{K}^{-1}$$
$$= 1\,770\ \text{K}$$

即在标准态下，温度在 1 770 K 以上时，赤铁矿(Fe_2O_3)可以转化为磁铁矿(Fe_3O_4)。

计算结果说明温度对于化学反应自发进行方向的影响。根据最小自由能原理，当系统在温度 T 时达到平衡，则有：$\Delta_r G_m^\ominus(T) = 0$，此时 $\Delta_r H_m^\ominus(298.15\ \text{K}) = T\Delta_r S_m^\ominus(298.15\ \text{K})$。当温度发生变化时，平衡将发生移动，反应方向有可能发生逆转，这时的温度 T 称为转变温度，用 $T_{转}$ 表示

$$T_{转} = \Delta_r H_m^\ominus(298.15\ \text{K}) / \Delta_r S_m^\ominus(298.15\ \text{K}) \tag{2-19}$$

2.4 化学反应限度

在上一节内容中介绍了如何判断化学反应自发性的问题,本节讨论自发反应进行的限度即化学平衡问题,它们对于实际生产过程具有重要的指导意义。

2.4.1 可逆反应与化学平衡

在同一条件下,既能向正反应方向进行,也能向逆反应方向进行的反应称为可逆反应(reversible reaction)。如在密闭容器中,氢气和碘蒸气的混合气体在一定温度下生成碘化氢气体;同时碘化氢气体又发生分解,生成氢气和碘蒸气。

$$H_2(g) + I_2(g) \rightleftharpoons 2HI(g)$$

几乎所有的化学反应都是可逆的,只是可逆的程度不同而已。也有极少数的反应在一定条件下逆反应进行的程度极其微小,可以忽略不计,这样的反应称为不可逆反应(non-reversible reaction)。例如:

$$HCl + NaOH \longrightarrow NaCl + H_2O$$

任意可逆反应,若在一定条件下正反应速率和逆反应速率相等,各反应物、生成物的浓度不再随时间的变化而改变,这时反应所处的状态称为化学平衡状态(chemical equilibrium state),习惯上称为化学平衡(chemical equilibrium)。

化学平衡具有以下特征:

① 只有在恒温下封闭系统中进行的可逆反应,才能建立化学平衡,这是建立化学平衡的前提。

② 动态平衡。系统达平衡时,反应仍在进行,只是正逆反应速率相等。这是化学平衡建立的条件。

③ 可逆反应进行的最大限度。达平衡时各物质的浓度或分压都不再随时间而改变,这是建立化学平衡的标志。

④ 相对的、暂时的、有条件的平衡。一旦外界条件(如浓度、温度或气体压力)改变时,原有的平衡会被破坏,将在新的条件下建立新的平衡。

⑤ 当系统达到化学平衡时,其吉布斯自由能不再变化,即 $\Delta_r G_m = 0$。

2.4.2 化学平衡常数

2.4.2.1 实验平衡常数

实验表明,在一定温度下,可逆反应处于平衡状态时,各生成物平衡浓度(或平衡分压)幂的乘积与反应物平衡浓度(或平衡分压)幂的乘积之比为一个常数,称为化学平衡常数(chemical equilibrium constant)。其中,以浓度表示的称为浓度平衡常数(K_c),以分压表示的称为压力平衡常数(K_p)。对于任一可逆反应

$$aA(g) + bB(g) \rightleftharpoons dD(g) + eE(g)$$

$$K_c = \frac{[D]^d \times [E]^e}{[A]^a \times [B]^b} \tag{2-20}$$

$$K_p = \frac{p_D^d \times p_E^e}{p_A^a \times p_B^b} \tag{2-21}$$

由于 K_c 和 K_p 都是将实验测定值直接代入平衡常数表达式中计算所得,因此它们均属实验平衡常数,其数值和量纲随浓度或分压的单位不同而不同。这给平衡计算带来很多麻烦,也不便于和其他热力学函数相联系。为此本书使用标准平衡常数(standard equilibrium constant)$K^{\ominus}$,简称平衡常数(equilibrium constant)。

2.4.2.2 标准平衡常数

根据热力学函数计算得出的平衡常数称为标准平衡常数,又称热力学平衡常数,用符号 $K^{\ominus}$ 表示。其表示方法与实验平衡常数相似,但表达式中各物质的浓度或分压分别用相对浓度($c/c^{\ominus}$)或相对分压($p/p^{\ominus}$)来代替,其中 $c^{\ominus}=1\ \text{mol} \cdot \text{dm}^{-3}$,$p^{\ominus}=100\ \text{kPa}$。因此标准平衡常数是无量纲或量纲为1的量。对于任一可逆反应

$$a\text{A(aq)}+b\text{B(aq)} \Longleftrightarrow d\text{D(aq)}+e\text{E(aq)}$$

若为溶液中反应

$$K^{\ominus} = \frac{\{[D]/c^{\ominus}\}^d\ \{[E]/c^{\ominus}\}^e}{\{[A]/c^{\ominus}\}^a\ \{[B]/c^{\ominus}\}^b} \tag{2-22}$$

若为气体反应 $\qquad a\text{A(g)}+b\text{B(g)} \Longleftrightarrow d\text{D(g)}+e\text{E(g)}$

$$K^{\ominus} = \frac{\{p_D/p^{\ominus}\}^d\ \{p_E/p^{\ominus}\}^e}{\{p_A/p^{\ominus}\}^a\ \{p_B/p^{\ominus}\}^b} \tag{2-23}$$

对于多相反应 $\qquad a\text{A(g)}+b\text{B(aq)} \Longleftrightarrow d\text{D(aq)}+e\text{E(s)}$

$$K^{\ominus} = \frac{\{[D]/c^{\ominus}\}^d}{\{p_A/p^{\ominus}\}^a\ \{[B]/c^{\ominus}\}^b} \tag{2-24}$$

在书写标准平衡常数表达式时,应注意以下几点:

① 代入标准平衡常数表达式中的数值为平衡状态下各物质的相对浓度或相对分压。若某物质是气体,则以相对分压来表示;若是溶液中的溶质,则以相对浓度来表示。稀溶液的溶剂、纯固体或纯液体的浓度不出现在表达式中。

② 标准平衡常数 $K^{\ominus}$ 的数值与系统的浓度无关,仅是温度的函数。一定温度下,标准平衡常数 $K^{\ominus}$ 的数值越大,说明反应正向进行的程度越完全。

③ 在水溶液中进行的反应,水的浓度可视为常数,在标准平衡常数表达式中不写出。例如:

$$\text{Cr}_2\text{O}_7^{2-}\text{(aq)}+3\text{H}_2\text{S(g)}+8\text{H}^+\text{(aq)} \Longleftrightarrow 2\text{Cr}^{3+}\text{(aq)}+3\text{S}\downarrow+7\text{H}_2\text{O}$$

$$K^{\ominus} = \frac{\{[\text{Cr}^{3+}]/c^{\ominus}\}^2}{\{[p(\text{H}_2\text{S})]/p^{\ominus}\}^3\ \{[\text{H}^+]/c^{\ominus}\}^8\{[\text{Cr}_2\text{O}_7^{2-}]/c^{\ominus}\}}$$

在非水溶液中进行的反应,则水的浓度不可视为常数,在标准平衡常数表达式中必须标出。例如:

$$\text{C}_2\text{H}_5\text{OH(l)}+\text{CH}_3\text{COOH(l)} \Longleftrightarrow \text{CH}_3\text{COOC}_2\text{H}_5\text{(l)}+\text{H}_2\text{O(l)}$$

$$K^{\ominus} = \frac{\{[\text{CH}_3\text{COOC}_2\text{H}_5]/c^{\ominus}\}\{[\text{H}_2\text{O}]/c^{\ominus}\}}{\{[\text{C}_2\text{H}_5\text{OH}]/c^{\ominus}\}\{[\text{CH}_3\text{COOH}]/c^{\ominus}\}}$$

④ 标准平衡常数表达式及数值与化学反应计量式相对应。同一化学反应,以不同的计量式表示时,其标准平衡常数的数值也不同,但相互之间有一定的关系。例如:

$$2SO_2(g)+O_2(g) \rightleftharpoons 2SO_3(g) \qquad K_1^\ominus = \frac{\{[p(SO_3)]/p^\ominus\}^2}{\{[p(SO_2)]/p^\ominus\}^2\{[p(O_2)]/p^\ominus\}}$$

$$SO_2(g)+0.5O_2(g) \rightleftharpoons SO_3(g) \qquad K_2^\ominus = \frac{\{[p(SO_3)]/p^\ominus\}}{\{[p(SO_2)]/p^\ominus\}\{[p(O_2)]/p^\ominus\}^{1/2}}$$

$$2SO_3(g) \rightleftharpoons 2SO_2(g)+O_2(g) \qquad K_3^\ominus = \frac{\{[p(SO_2)]/p^\ominus\}^2\{[p(O_2)/p^\ominus]\}}{\{[p(SO_3)]/p^\ominus\}^2}$$

$$K_1^\ominus = (K_2^\ominus)^2 = 1/K_3^\ominus$$

2.4.2.3 多重平衡规则

如果一个化学反应式是相同温度下几个相关化学反应式的代数和(或差),则其平衡常数等于几个相关反应平衡常数的乘积或商,这就是多重平衡规则(multiple equilibrium rule)。应用多重平衡规则,可以由已知反应的平衡常数计算某个未知反应的平衡常数。例如:

$$SO_2(g)+0.5O_2(g) \rightleftharpoons SO_3(g) \qquad\qquad K_1^\ominus$$

$$NO_2(g) \rightleftharpoons NO(g)+0.5O_2(g) \qquad\qquad K_2^\ominus$$

两式相加得 $\quad SO_2(g)+NO_2(g) \rightleftharpoons SO_3(g)+NO(g) \qquad K_3^\ominus$

由多重平衡规则 $\qquad\qquad K_3^\ominus = K_1^\ominus \times K_2^\ominus$

注意:所有平衡常数必须在同一温度下才能进行相关计算,因为 $K^\ominus$ 随温度变化而变化。

2.4.3 吉布斯自由能与化学平衡

2.4.3.1 化学反应等温式

利用 $\Delta_r G_m^\ominus$ 只能判断化学反应在标准状态下能否自发进行,但是通常情况下,反应系统处于非标准态,应该用 $\Delta_r G_m$ 来判断反应的方向。根据化学热力学推导可得恒温恒压条件下,反应在任意状态下的 $\Delta_r G_m$ 与 $\Delta_r G_m^\ominus$ 的关系:

对于任一可逆反应 $\qquad\qquad aA+bB \rightleftharpoons dD+eE$

化学反应等温方程式为

$$\Delta_r G_m = \Delta_r G_m^\ominus + RT\ln Q \qquad\qquad (2\text{-}25)$$

式(2-25)称为范特霍夫等温方程式。式中的 Q 为反应商(reaction quotient)。反应商 Q 的数学表达式与标准平衡常数 $K^\ominus$ 的表达式相同,但其中气体分压或溶质浓度均为非平衡状态时的气体分压或溶质浓度($Q=K^\ominus$ 时例外)。若为气相反应,则

$$Q = \frac{(p_D/p^\ominus)^d (p_E/p^\ominus)^e}{(p_A/p^\ominus)^a (p_B/p^\ominus)^b}$$

若为溶液中反应,则:$Q = \dfrac{(c_D/c^\ominus)^d (c_E/c^\ominus)^e}{(c_A/c^\ominus)^a (c_B/c^\ominus)^b}$

2.4.3.2 化学反应的标准摩尔吉布斯自由能变 $\Delta_r G_m^\ominus(T)$ 与标准平衡常数 $K^\ominus$ 的关系

根据最小自由能原理,当反应达到平衡时,$\Delta_r G_m = 0$,$Q = K^\ominus$,则有

$$0 = \Delta_r G_m^{\ominus} + RT \ln K^{\ominus}$$

$$\Delta_r G_m^{\ominus} = -RT \ln K^{\ominus} = -2.303 \, RT \lg K^{\ominus} \tag{2-26}$$

式(2-26)表明标准平衡常数 $K^{\ominus}$ 和反应的标准摩尔吉布斯自由能变 $\Delta_r G_m^{\ominus}(T)$ 之间的关系。将式(2-26)代入式(2-25),可得 $\Delta_r G_m$、$K^{\ominus}$ 和 Q 之间的关系式

$$\Delta_r G_m = RT \ln Q/K^{\ominus} \tag{2-27}$$

2.4.3.3　平衡常数的计算和应用

(1) 判断反应进行的程度

标准平衡常数 $K^{\ominus}$ 的数值大小反映出给定条件下化学反应进行的程度。$K^{\ominus}$ 值越大,正反应进行得越完全;$K^{\ominus}$ 值越小,正反应进行得越不完全。

【例 2-7】　计算 298.15 K 时反应 $2SO_2(g) + O_2(g) \Longleftrightarrow 2SO_3(g)$ 的 $K^{\ominus}$,并判断反应正向进行的程度。已知 $\Delta_f G_m^{\ominus}(SO_2) = -300.19 \, kJ \cdot mol^{-1}$,$\Delta_f G_m^{\ominus}(SO_3) = -371.06 \, kJ \cdot mol^{-1}$。

解:该反应的 $\Delta_r G_m^{\ominus}$ 为

$$\Delta_r G_m^{\ominus} = 2 \times \Delta_f G_m^{\ominus}(SO_3) - 2 \times \Delta_f G_m^{\ominus}(SO_2)$$
$$= 2 \times (-371.06 \, kJ \cdot mol^{-1}) - 2 \times (-300.19 \, kJ \cdot mol^{-1}) = -141.74 \, kJ \cdot mol^{-1}$$

由式(2-26)得

$$\ln K^{\ominus} = \frac{-\Delta_r G_m^{\ominus}}{RT} = \frac{141.74 \times 10^3 \, J \cdot mol^{-1}}{8.314 \, J \cdot mol^{-1} \cdot K^{-1} \times 298.15 \, K} = 57.2$$

$$K^{\ominus} = 6.9 \times 10^{24}$$

$K^{\ominus}$ 很大,说明 298.15 K 时反应正向进行得很完全。

化学反应的进行程度也可用化学反应达平衡时反应物的转化率来表示,某反应物的转化率是指平衡时反应物已经转化的量(或浓度)占反应物初始量(或浓度)的百分率。即

$$转化率\, \alpha = \frac{反应物已转化的量}{该反应物的初始量} \times 100\% \tag{2-28}$$

平衡时的转化率为该条件下反应的最大转化率。转化率越大,表示达到平衡时反应进行的程度越完全。

(2) 计算平衡系统组成

已知平衡常数 $K^{\ominus}$,可根据平衡常数与平衡浓度或平衡分压之间的关系计算平衡系统的组成和转化率,或已知平衡系统的组成可计算 $K^{\ominus}$。解题思路如下:

① 写出给定条件下的化学反应计量方程式;

② 找出起始浓度(或起始分压)和平衡浓度(或平衡分压);

③ 将平衡浓度(或平衡分压)代入 $K^{\ominus}$ 的表达式中,计算所求物理量。

【例 2-8】　将 $2.0 \, mol \cdot dm^{-3}$ 的 CO 和 $3.0 \, mol \cdot dm^{-3}$ 的 H_2O 放入 1 L 容器中,使其在 1 103 K 达到平衡。已知该温度下反应 $CO(g) + H_2O(g) \Longleftrightarrow CO_2(g) + H_2(g)$ 的 $K^{\ominus} = 1.0$,求达平衡时各物质的浓度以及 CO 的转化率?

解:设反应过程中消耗 CO 为 $x \, mol \cdot dm^{-3}$

$$CO(g) + H_2O(g) \Longleftrightarrow CO_2(g) + H_2(g)$$

开始浓度/mol·dm^{-3}	2.0	3.0	0	0
变化浓度/mol·dm^{-3}	$-x$	$-x$	$+x$	$+x$
平衡浓度/mol·dm^{-3}	$2.0-x$	$3.0-x$	x	x

$$K^{\ominus}=\frac{[CO_2][H_2]}{[CO][H_2O]}=\frac{x^2}{(2.0-x)(3.0-x)}=1.0$$

解方程得　$x=1.2\ mol·dm^{-3}$

各物质的平衡浓度分别为：

$[CO]=2.0-x=2.0-1.2=0.8\ mol·dm^{-3}$

$[H_2O]=3.0-x=3.0-1.2=1.8\ mol·dm^{-3}$

$[CO_2]=[H_2]=x=1.2\ mol·dm^{-3}$

$$CO\ 的转化率=\frac{1.2}{2.0}\times100\%=60\%$$

（3）预测反应进行的方向

由式(2-27)$\Delta_r G_m=RT\ln Q/K^{\ominus}$，根据最小自由能原理，可知

① $Q<K^{\ominus}$，$\Delta_r G_m<0$，反应正向进行；

② $Q=K^{\ominus}$，$\Delta_r G_m=0$，反应处于平衡状态；

③ $Q>K^{\ominus}$，$\Delta_r G_m>0$，反应逆向进行。

这就是化学反应自发进行方向的反应商判据。由此可判断指定浓度或分压条件下反应自发进行的方向。

【例 2-9】　已知 298.15 K 时反应 $2SO_2(g)+O_2(g)\rightleftharpoons2SO_3(g)$ 的 $K^{\ominus}=6.9\times10^{24}$，判断 $p(SO_3)=1\times10^5\ Pa$，$p(SO_2)=0.25\times10^5\ Pa$，$p(O_2)=0.25\times10^5\ Pa$ 时反应进行的方向？

解：由已知得

$$Q=\frac{[p(SO_3)/p^{\ominus}]^2}{[p(SO_2)/p^{\ominus}]^2[p(O_2)/p^{\ominus}]}$$

代入数据得　$Q=\dfrac{[1\times10^5/(1\times10^5)]^2}{[0.25\times10^5/(1\times10^5)]^2[0.25\times10^5/(1\times10^5)]}=64$

$Q=64<K^{\ominus}$，反应正向进行。

2.4.4　化学平衡的移动

一切平衡都是相对的、暂时的和有条件的。当外界条件发生改变时，平衡就会被破坏而变为非平衡状态。此时反应将向某一方向移动直到建立起新的平衡。这种因外界条件改变而使可逆反应由原来的平衡状态改变为新的平衡状态的过程称为化学平衡的移动(shift of chemical equilibrium)。这里所说的外界条件主要指浓度、压力和温度。

2.4.4.1　浓度对化学平衡的影响

一定温度下，改变反应物或生成物的浓度，可以改变反应商 Q 值的大小，根据式(2-27)可以判断平衡移动的方向。温度一定时，对于已达平衡的体系，$Q=K^{\ominus}$，$\Delta_r G_m=0$，反应处于平衡状态。当增加反应物的浓度或减少产物的浓度，Q 数值变小，使得 $Q<K^{\ominus}$，平衡将向正

反应方向移动,直到建立新的平衡,即直到 $Q=K^\ominus$ 为止。若减少反应物浓度或增加生成物浓度,此时 Q 的数值增加,$Q>K^\ominus$,平衡将向逆反应方向移动,直到 $Q=K^\ominus$ 为止。以上讨论可归纳如下:

$Q<K^\ominus$ 时,$\Delta_r G_m<0$,平衡向正向移动;

$Q=K^\ominus$ 时,$\Delta_r G_m=0$,反应处于平衡状态;

$Q>K^\ominus$ 时,$\Delta_r G_m>0$,平衡向逆向移动。

在实验室或化工生产中,为了提高反应物(原料)的转化率,可根据具体情况采用增加或降低某一物质的浓度或分压,使反应 $Q<K^\ominus$,使平衡向正向移动。

【例 2-10】 将例 2-8 中反应开始时 H_2O 的浓度提高到 $6.0\ mol \cdot dm^{-3}$,其他条件相同,求此时 CO 的转化率? 并与例 2-8 相比较转化率的大小。

解:设反应过程中消耗 CO 为 $y\ mol \cdot dm^{-3}$

$$CO(g)+H_2O(g) \Longrightarrow CO_2(g)+H_2(g)$$

开始浓度/mol·dm⁻³	2.0	6.0	0	0
变化浓度/mol·dm⁻³	$-y$	$-y$	$+y$	$+y$
平衡浓度/mol·dm⁻³	$2.0-y$	$6.0-y$	y	y

$$K^\ominus=\frac{[CO_2][H_2]}{[CO][H_2O]}=\frac{y^2}{(2.0-y)(6.0-y)}=1.0$$

解方程得　$y=1.5\ mol \cdot dm^{-3}$

$$CO\ 的转化率=\frac{1.5}{2.0}\times100\%=75\%$$

与例 2-8 相比较,转化率由 60% 提高到 75%。

2.4.4.2　压力对化学平衡的影响

对于只有液体或固体参加的反应,压力的改变对平衡的影响很小;对于有气态物质参加或生成的可逆反应,改变压力可能使平衡发生移动。根据理想气体状态方程 $pV=nRT$ 可以导出 $p=cRT$,因此前面讨论的浓度对平衡的影响同样适用于各物质分压对平衡的影响。即保持温度、体积不变的条件下,增大反应物的分压或减小生成物的分压,Q 减小,$Q<K^\ominus$,平衡向正向移动。反之,减小反应物的分压或增大生成物的分压,Q 增大,$Q>K^\ominus$,平衡向逆向移动。

(1) 改变系统总压力对平衡移动的影响

对于气相反应

$$aA(g)+bB(g) \Longrightarrow dD(g)+eE(g)$$

反应达平衡时　　$$K^\ominus=\frac{\{[p_D]/p^\ominus\}^d\ \{[p_E]/p^\ominus\}^e}{\{[p_A]/p^\ominus\}^a\ \{[p_B]/p^\ominus\}^b}$$

对反应方程式两边气体分子总数相等的反应,由于系统总压的变化,同等程度地改变反应物和生成物的分压,Q 值不变,Q 仍等于 $K^\ominus$,故对平衡不产生影响。

对反应方程式两边气体分子总数不相等的反应,增加系统总压力,平衡向气体分子总数减小的方向移动;减小系统总压力,平衡向气体分子总数增加的方向移动。

（2）加入惰性气体对平衡移动的影响

若向反应系统加入不参与反应的惰性气体,对平衡的影响有以下两种情况:

① 在恒温恒容条件下,引入惰性气体,尽管总压增大,但各反应物和生成物的分压 p_B 不变,$Q=K^\ominus$,平衡不移动。

② 在恒温恒压条件下,反应达平衡后引入惰性气体,为了维持恒压,必须增大系统的体积,导致各反应物和生成物的分压均下降,相当于"稀释",平衡向气体分子总数增加的方向移动。

【例 2-11】 在 1 000 ℃及总压为 3 000 kPa 下,反应 $CO_2(g)+C(s)\Longrightarrow 2CO(g)$ 达平衡时,CO_2 的摩尔分数为 0.17。求当总压减至 2 000 kPa 时,CO_2 的摩尔分数为多少? 由此可得出什么结论。

解:设达到新平衡时 CO_2 的摩尔分数为 x,CO 的摩尔分数为 $1-x$,根据分压定律,有

$$p(CO_2)=p_\text{总}x(CO_2)=2\ 000x\ \text{kPa}$$

$$p(CO)=p_\text{总}x(CO)=2\ 000(1-x)\ \text{kPa}$$

$$CO_2(g)+C(s)\Longrightarrow 2CO(g)$$

平衡分压 kPa　　　　　　　$2\ 000x$　　　　　　$2\ 000(1-x)$

将以上各值代入平衡常数表达式

$$K^\ominus=\frac{\{[p(CO)]/p^\ominus\}^2}{\{[p(CO_2)]/p^\ominus\}}=\frac{\{2\ 000(1-x)/100\}^2}{2\ 000x/100}$$

若已知 $K^\ominus$,即可求得 x。因为系统的温度不变,压力改变时 $K^\ominus$ 值不变,故 $K^\ominus$ 值可由原来的平衡系统求得。

原来的平衡系统中　　　　$p(CO_2)=p_\text{总}x(CO_2)=3\ 000\times 0.17\ \text{kPa}=510\ \text{kPa}$

$$p(CO)=p_\text{总}x(CO)=3\ 000(1-0.17)\ \text{kPa}=2\ 490\ \text{kPa}$$

$$K^\ominus=\frac{\{[p(CO)]/p^\ominus\}^2}{\{[p(CO_2)]/p^\ominus\}}=\frac{(2\ 490/100)^2}{510/100}=122$$

将 $K^\ominus$ 值代入上式,得

$$\frac{\{2\ 000(1-x)/100\}^2}{2\ 000x/100}=122$$

求得　　　　　　　　　　　　$x=0.126\approx 0.13$

CO_2 的摩尔分数从 0.17 降为 0.13,说明反应向正向移动。再一次证实降低系统总压力时,平衡向气体分子总数增加的方向移动。

2.4.4.3　温度对化学平衡的影响

温度对化学平衡的影响与浓度或压力对化学平衡的影响有本质的区别,温度的改变导致平衡常数发生变化,从而使化学平衡发生移动。对于给定反应,在一定温度下有

$$\Delta_r G_m^\ominus=-RT\ln K^\ominus \text{ 和 } \Delta_r G_m^\ominus=\Delta_r H_m^\ominus-T\Delta_r S_m^\ominus$$

将两式合并,得

$$\ln K=\frac{\Delta_r S_m^\ominus}{R}-\frac{\Delta_r H_m^\ominus}{RT} \tag{2-29}$$

设在温度 T_1 和 T_2 时的平衡常数分别为 $K_1^\ominus$ 和 $K_2^\ominus$,假设 $\Delta_r H_m^\ominus$ 和 $\Delta_r S_m^\ominus$ 不随温度的改

变而改变,则有

$$\ln K_1^{\ominus} = \frac{\Delta_r S_m^{\ominus}}{R} - \frac{\Delta_r H_m^{\ominus}}{RT_1}$$

$$\ln K_2^{\ominus} = \frac{\Delta_r S_m^{\ominus}}{R} - \frac{\Delta_r H_m^{\ominus}}{RT_2}$$

两式相减,得

$$\ln \frac{K_2^{\ominus}}{K_1^{\ominus}} = \frac{\Delta_r H_m^{\ominus}}{R}\left(\frac{1}{T_1} - \frac{1}{T_2}\right)$$

$$\ln \frac{K_2^{\ominus}}{K_1^{\ominus}} = \frac{\Delta_r H_m^{\ominus}}{R} \cdot \frac{T_2 - T_1}{T_1 T_2} \tag{2-30}$$

式(2-30)表明温度对平衡常数 $K^{\ominus}$ 的影响:对于放热反应,$\Delta_r H_m^{\ominus} < 0$,升高温度时,$T_2 > T_1$,有 $K_2^{\ominus} < K_1^{\ominus}$,平衡向逆向(向左)移动;对于吸热反应,$\Delta_r H_m^{\ominus} > 0$,升高温度时,$T_2 > T_1$,有 $K_2^{\ominus} > K_1^{\ominus}$,平衡向正向(向右)移动。

由此可以得出结论:升高系统温度,平衡向吸热反应方向移动;降低系统温度,平衡向放热反应方向移动。

【例 2-12】 已知 298.15 K 时反应

$$2SO_2(g) + O_2(g) \rightleftharpoons 2SO_3(g)$$

的 $K^{\ominus} = 6.9 \times 10^{24}$,$\Delta_r H_m^{\ominus} = -197.78 \text{ kJ} \cdot \text{mol}^{-1}$,求该反应 723.15 K 时的 $K^{\ominus}$。

解:根据式(2-30)可得

$$\ln \frac{K_2^{\ominus}}{K_1^{\ominus}} \approx \frac{\Delta_r H_m^{\ominus}(298.15 \text{ K})}{R} \cdot \frac{T_2 - T_1}{T_1 T_2}$$

将 $T_1 = 298.15$ K,$K_1^{\ominus} = 6.9 \times 10^{24}$,$\Delta_r H_m^{\ominus} = -197.78 \text{ kJ} \cdot \text{mol}^{-1}$,$T_2 = 723.15$ K,$R = 8.314 \text{ J} \cdot \text{mol}^{-1} \cdot \text{K}^{-1}$代入上式,可得

$$\lg \frac{K^{\ominus}(723.15 \text{ K})}{6.9 \times 10^{24}} \approx \frac{-197.78 \text{ kJ} \cdot \text{mol}^{-1}}{2.303 \times 8.314 \text{ J} \cdot \text{mol}^{-1} \cdot \text{K}^{-1}}\left(\frac{723.15 \text{ K} - 298.15 \text{ K}}{298.15 \text{ K} \times 723.15 \text{ K}}\right) = -20.36$$

$$\lg K^{\ominus}(723.15 \text{ K}) = -20.36 + \lg 6.9 \times 10^{24} = -20.36 + 0.84 + 24 = 4.48$$

$$K^{\ominus}(723.15 \text{ K}) = 3.02 \times 10^4$$

$$K^{\ominus}(723.15 \text{ K}) < K^{\ominus}(298.15 \text{ K})$$

说明对于放热反应($\Delta_r H_m^{\ominus} = -197.78 \text{ kJ} \cdot \text{mol}^{-1}$),温度升高平衡向逆向(吸热方向)移动。

2.4.4.4　催化剂对化学平衡的影响

对于可逆反应,催化剂虽能改变反应速率,但反应前后催化剂的组成、质量不变,因此无论是否使用催化剂,反应的始态、终态是相同的,反应的吉布斯自由能变相等。这说明催化剂不会影响化学平衡状态。但催化剂的加入可以在不升高温度的条件下,大大缩短达平衡所需的时间,这在许多化工生产中非常重要。

2.4.4.5　化学平衡移动原理(吕·查德里原理)

综合浓度、压力和温度对化学平衡移动的影响,1887 年,法国科学家吕·查德里(Le Chatelier)归纳总结出一条普遍规律:当系统达到平衡后,若改变平衡状态的任一条件(如浓

度、温度、压力），平衡就向着能减弱其改变的方向移动。这条规律称为吕·查德里（Le Chatelier）原理。此原理既适用于化学平衡系统，也适用于物理平衡系统。但是值得注意的是，平衡原理只适用于已达平衡系统，不适用于非平衡系统。

本 章 小 结

1. 热力学基本概念

系统和环境、状态和状态函数、热力学能、功、热、焓、熵、吉布斯自由能等，热力学第一定律及其应用。

2. 反应热和反应焓变

（1）恒容反应热：$Q_V = \Delta U$

（2）恒压反应热：$Q_p = \Delta H$

（3）化学反应标准摩尔焓变的计算

① 盖斯定律：任何一个化学反应，不管是一步完成的，还是多步完成的，其热效应总是相同的。利用盖斯定律可以从已知反应的热效应数据计算未知反应的热效应。

② 由标准摩尔生成焓计算化学反应的标准摩尔焓变

对任一化学反应：
$$aA + cC \Longrightarrow dD + eE$$

$$\Delta_r H_m^{\ominus} = [d \Delta_f H_m^{\ominus}(D) + e \Delta_f H_m^{\ominus}(E)] - [a \Delta_f H_m^{\ominus}(A) + c \Delta_f H_m^{\ominus}(C)]$$
$$= \sum \nu_B \Delta_f H_m^{\ominus}(B)$$
$$\Delta_r H_m^{\ominus}(T) \approx \Delta_r H_m^{\ominus}(298.15 \text{ K})$$

3. 化学反应方向

（1）熵与熵变

① 熵增加原理（热力学第二定律）：孤立系统的任何自发过程，总是向着熵值增大的方向进行。

② 化学反应标准摩尔熵变的计算

对任一化学反应：
$$aA + cC \Longrightarrow dD + eE$$
$$\Delta_r S_m^{\ominus} = [d S_m^{\ominus}(D) + e S_m^{\ominus}(E)] - [a S_m^{\ominus}(A) + c S_m^{\ominus}(C)]$$
$$= \sum \nu_B S_m^{\ominus}(B)$$

（2）吉布斯自由能与吉布斯自由能变

① 最小自由能原理：在恒温恒压的封闭系统内，系统不做非体积功的前提下，任何自发反应总是向着吉布斯自由能减小的方向进行。

② 化学反应标准摩尔吉布斯自由能变的计算

对任一化学反应：
$$aA + cC \Longrightarrow dD + eE$$
$$\Delta_r G_m^{\ominus}(298.15 \text{ K}) = [d \Delta_f G_m^{\ominus}(D) + e \Delta_f G_m^{\ominus}(E)] - [a \Delta_f G_m^{\ominus}(A) + c \Delta_f G_m^{\ominus}(C)]$$
$$= \sum \nu_B \Delta_f G_m^{\ominus}(B)$$
$$\Delta_r G_m^{\ominus}(T) \approx \Delta_r H_m^{\ominus}(298.15 \text{ K}) - T \Delta_r S_m^{\ominus}(298.15 \text{ K})$$

（3）化学反应自发方向的判断

反应自发性方向的判据（恒温恒压、$W_{有用}=0$）

$\Delta_r G_m < 0$　　自发过程，反应正向进行

$\Delta_r G_m > 0$　　非自发过程，反应逆向进行

$\Delta_r G_m = 0$　　平衡状态

4. 化学反应限度

（1）化学平衡常数：表达式的正确书写及注意事项，多重平衡规则的应用。

（2）化学平衡常数与吉布斯自由能变的关系

$$\Delta_r G_m^{\ominus} = -RT\ln K^{\ominus}$$

（3）化学平衡的移动

① 化学反应等温式：$\Delta_r G_m = \Delta_r G_m^{\ominus} + RT\ln Q$

② 浓度或压力对化学平衡的影响

$Q < K^{\ominus}$ 时，$\Delta_r G_m < 0$，平衡向正向移动；

$Q = K^{\ominus}$ 时，$\Delta_r G_m = 0$，反应处于平衡状态；

$Q > K^{\ominus}$ 时，$\Delta_r G_m > 0$，平衡向逆向移动。

③ 温度对化学平衡的影响

$$\ln \frac{K_2^{\ominus}}{K_1^{\ominus}} = \frac{\Delta_r H_m^{\ominus}}{R} \cdot \frac{T_2 - T_1}{T_1 T_2}$$

【知识延伸】

趣话火柴

　　火柴是根据物体摩擦生热的原理，利用强氧化剂和还原剂的化学活性制造出的一种能摩擦发火的取火工具。现代火柴的始祖是英国药剂师沃克。他把氯酸钾和三硫化锑用树胶粘在小木棒端部做药头，装在盒内，盒侧面粘有砂纸。手持小木棒将药头在砂纸上用力擦划，能发火燃烧，这种一擦即着的火柴称为摩擦火柴。几年后法国的索利埃以黄磷代替三硫化锑掺入药头中，制成黄磷火柴。这种火柴使用方便，缺点是发火太灵敏，容易引起火灾，而且在制造和使用过程中，因黄磷有剧毒，严重危害人们的健康。后来人们以三硫化四磷取代黄磷用于火柴制造，但仍不如安全火柴安全。

　　安全火柴药头中以硫黄取代三硫化四磷，一般的摩擦热不足以使药头起反应，只有在火柴盒侧面的磷层上擦划时，摩擦热先使硫与氯酸钾发生反应，放出较多的热能，促使药头中的化学物质产生反应而发火。反应方程式为：

$$2KClO_3 + 3S \xrightarrow{\quad\quad} 2KCl + 3SO_2 \qquad \Delta_r H_m^{\ominus} = -1\,137\ kJ \cdot mol^{-1}$$

　　若火柴头与摩擦表面没有接触，火柴就不会燃烧。安全火柴的优点在于把红磷与氧化剂分开，不仅较为安全，而且所用化学物质无毒性，所以被称为安全火柴。20 世纪初，现代火柴传入中国，被称为洋火、番火等。

现在,火柴都是以自动化机器制造,每小时生产量达 200 万根,并把火柴装进盒子备用。标准火柴的制作是先把原木切成小木条,每根厚约 2.5 mm,再把小木条切成火柴枝,浸于碳酸铵中,这是为了确保火柴枝不会网烧。

火柴枝由机器插入一条不停移动的有孔长钢带,末端浸在热石蜡中;石蜡渗入木材的纤维,可助火焰由火柴头外层烧至火柴枝顶端。然后,火柴浸在制造火柴头的混合物中。火柴头干后,火柴枝被击落,掉在输送带上的火柴盒内匣里。安全火柴的火柴头主要由氧化剂($KClO_3$)、易燃物(如硫等)和黏合剂组成。火柴盒侧面主要由红磷、三硫化二锑和黏合剂组成。当划火柴时,火柴头和火柴盒侧面摩擦发热,放出的热量使 $KClO_3$ 分解,产生少量的氧气,使红磷发火,从而引起火柴头上易燃物(如硫)燃烧,这样火柴便划着了。

除了日常使用的普通火柴外,还有各种不同用途的特种火柴。如抗风防水火柴,药头中含有比普通火柴多 15% 左右的氧化剂,且表面沾有一层防潮薄膜,适用于地质、水文、气象、航海、渔猎等野外作业人员使用。高温火柴的药头分内外两层,内层是抗风防水火柴的药料,外层采用四氧化三铁和铝、镁粉等原料,用硝化纤维黏合而成。燃烧时能产生 1 200 ℃ 以上的高温,可供引燃熔接剂之用,故又称焊接火柴。信号火柴燃烧后能发出不同颜色的持续火光,照度达 80~800 支烛光,可供铁路车辆或航海船舶夜间信号联络之用。多次燃烧火柴能反复发火,多次燃烧,已研制成能反复擦燃 600 次以上的火柴。感光火柴燃烧时发光,照亮物体后能使照相胶片感光,可代替闪光灯供摄影使用。

(摘自 https://baike.baidu.com/item,有删减)

习　题

一、选择题(将正确的答案填入括号内)

1. 热力学第一定律的数学表达式 $\Delta U = Q + W$ 只适用于(　　)。

　　A. 孤立系统　　　　B. 封闭系统　　　　C. 敞开系统　　　　D. 无法确定

2. 有关热力学标准状态的定义,下列叙述正确的是(　　)。

　　A. 对于某气体而言,其压力为 100 kPa,温度为 298.15 K

　　B. 对于某气体而言,其压力为 100 kPa

　　C. 对于某气体而言,其压力为 100 kPa,温度为 273.15 K

　　D. 对于混合气体而言,其总压力为 100 kPa,温度为 298.15 K

3. 下列各物质的标准摩尔生成焓为零的是(　　)。

　　A. HI(g)　　　　　B. Br_2(g)　　　　C. C(金刚石)　　　　D. C(石墨)

4. 下列反应中符合 $\Delta_r H_m^{\ominus} = \Delta_f H_m^{\ominus}$ (AgBr,s)的是(　　)。

　　A. $Ag^+(aq) + Br^-(aq) = AgBr(s)$ 　　　　　　B. $2Ag(s) + Br_2(g) = 2AgBr(s)$

　　C. $Ag(s) + \frac{1}{2}Br_2(l) = AgBr(s)$ 　　　　　　D. $Ag(s) + \frac{1}{2}Br_2(g) = AgBr(s)$

5. 给定可逆反应,当温度由 T_1 升至 T_2 时,平衡常数 $K_2^{\ominus} > K_1^{\ominus}$,则该反应的(　　)。

　　A. $\Delta_r H_m^{\ominus} > 0$ 　　　　B. $\Delta_r H_m^{\ominus} < 0$ 　　　　C. $\Delta_r H_m^{\ominus} = 0$ 　　　　D. 无法确定

6. 298.15 K 时,下列各物质具有最低标准摩尔熵值的是(　　　)。

  A. $HI(g)$ B. $Br_2(g)$ C. $CCl_4(l)$ D. $C(石墨)$

7. 等温等压只做体积功的条件下,反应自发进行的判据是(　　　)。

  A. $\Delta_r H_m^{\ominus} < 0$ B. $\Delta_r S_m^{\ominus} < 0$ C. $\Delta_r G < 0$ D. $\Delta_r G_m^{\ominus} < 0$

8. 298.15 K 时,下列各物质的标准摩尔熵值大小比较中正确的是(　　　)。

  A. $I_2(g) > Br_2(g) > I_2(s) > Br_2(l)$ B. $I_2(g) > I_2(s) > Br_2(g) > Br_2(l)$

  C. $I_2(g) > Br_2(g) > Br_2(l) > I_2(s)$ D. $I_2(s) > Br_2(l) > Br_2(g) > I_2(g)$

9. 已知 $\Delta_f G_m^{\ominus}(NO,g) = 86.5 \text{ kJ} \cdot \text{mol}^{-1}$, $\Delta_f G_m^{\ominus}(NO_2,g) = 51.3 \text{ kJ} \cdot \text{mol}^{-1}$,判断反应:
① $N_2(g) + O_2(g) = 2NO(g)$, ② $2NO(g) + O_2(g) = 2NO_2(g)$ 的自发性,结论正确的是
(　　　)。

  A. ②自发,①不自发   B. ①和②都不自发

  C. ①自发,②不自发   D. ①和②都自发

10. 某反应在任意温度下都不能自发进行,则该反应的(　　　)。

  A. $\Delta_r H_m^{\ominus} > 0$, $\Delta_r S_m^{\ominus} < 0$ B. $\Delta_r H_m^{\ominus} < 0$, $\Delta_r S_m^{\ominus} < 0$

  C. $\Delta_r H_m^{\ominus} > 0$, $\Delta_r S_m^{\ominus} > 0$ D. $\Delta_r H_m^{\ominus} < 0$, $\Delta_r S_m^{\ominus} > 0$

二、判断题(对的填"√",错的填"×")

1. 反应 $H_2(g) + Br_2(g) = 2HBr(g)$ 和 $H_2(g) + Br_2(l) = 2HBr(g)$ 的 $\Delta_r H_m^{\ominus}$ 相同。(　　　)

2. 放热反应均是自发反应。(　　　)

3. $\Delta_r S_m$ 为负值的反应均不能自发进行。(　　　)

4. 铁在潮湿空气中生锈是自发反应。(　　　)

5. 因为 $\Delta_r G_m^{\ominus} = -RT \ln K^{\ominus}$,所以温度升高,平衡常数减小。(　　　)

6. 同一系统同一状态可能有多个热力学能值。(　　　)

7. 恒容下全部是气体的反应系统达到平衡时,加入惰性气体后平衡不发生移动。(　　　)

8. 在任何条件下,化学平衡常数都是一个恒定值。(　　　)

9. 在 298.15 K 时,最稳定纯态单质的 $\Delta_f H_m^{\ominus}$、$\Delta_f G_m^{\ominus}$、$S_m^{\ominus}$ 均为零。(　　　)

10. 某反应在低温下为自发反应,其逆反应在高温下为自发反应,则正反应一定是:
$\Delta_r H_m^{\ominus} < 0$, $\Delta_r S_m^{\ominus} < 0$。(　　　)

三、填空题(将正确答案填在横线上)

1. 同一物质,聚集状态不同,熵值大小次序为:$S_m^{\ominus}(g)$_____$S_m^{\ominus}(l)$_____$S_m^{\ominus}(s)$。

2. $C(石墨) \rightleftharpoons C(金刚石)$ 的 $\Delta_r H_m^{\ominus} = 1.9 \text{ kJ} \cdot \text{mol}^{-1}$,则随温度升高,该反应的 $\Delta_r G_m^{\ominus}$ 值将变_____(大、小);反应 $Mg(s) + 1/2O_2(g) = MgO(s)$ 的 $\Delta_r H_m^{\ominus} = -602 \text{ kJ} \cdot \text{mol}^{-1}$,则随温度升高,该反应的 $\Delta_r G_m^{\ominus}$ 值将变_____(大、小)。

3. 已知反应 $CuS(s) + H_2(g) = Cu(s) + H_2S(g)$ 在 298.15 K 时 $\Delta_r G_m^{\ominus} = 20.04 \text{ kJ} \cdot \text{mol}^{-1}$,在 1 025.15 K 时 $\Delta_r G_m^{\ominus} = -10.34 \text{ kJ} \cdot \text{mol}^{-1}$,则该反应的 $\Delta_r S_m^{\ominus} = $_____$\text{J} \cdot \text{mol}^{-1} \cdot \text{K}^{-1}$,$\Delta_r H_m^{\ominus} = $_____$\text{kJ} \cdot \text{mol}^{-1}$。

4. 已知 $Hg(l) = Hg(g)$ 的 $\Delta_r S_m^{\ominus} = 99.1 \text{ J} \cdot \text{mol}^{-1} \cdot \text{K}^{-1}$,$\Delta_r H_m^{\ominus} = 61.4 \text{ kJ} \cdot \text{mol}^{-1}$,则据

此可以估算 Hg(l)的沸点为 $t_b =$ _____ ℃。

5. 已知尿素分解反应的 $\Delta_r H_m^{\ominus} = 88.8$ kJ·mol^{-1}，在 303.15 K 时 $K^{\ominus} = 4.0$，则在 298.15 K 时该反应的 $K^{\ominus} =$ _____，$\Delta_r G_m^{\ominus} =$ _____ kJ·mol^{-1}，$\Delta_r S_m^{\ominus} =$ _____ J·mol^{-1}·K^{-1}。

四、计算题

1. 通过吸收气体中含有的少量乙醇可使 $K_2Cr_2O_7$ 酸性溶液变色(从橙红色变为绿色)，以检验汽车驾驶员是否酒后驾车(违反交通规则)。其化学反应可表示为

$$2\,Cr_2O_7^{2-}(aq) + 16H^+(aq) + 3C_2H_5OH(l) = 4\,Cr^{3+}(aq) + 11H_2O(l) + 3CH_3COOH(l)$$

试利用标准摩尔生成焓数据求该反应的 $\Delta_r H_m^{\ominus}$(298.15 K)。

2. 铝热反应方程式为：$2Al(s) + Fe_2O_3(s) = Al_2O_3(s) + 2Fe(s)$，试计算：

(1) 298.15 K 时该反应的 $\Delta_r H_m^{\ominus}$。

(2) 在此反应中若用去 267.0 g 铝，问能释放出多少热量？

3. 用锡石(SnO_2)制取金属锡，有建议可用下列几种方法：

(1) 单独加热矿石，使之分解；

(2) 用碳(以石墨计)还原矿石(加热产生CO_2)；

(3) 用 $H_2(g)$ 还原矿石(加热产生水蒸气)。

今希望加热温度尽可能低一些。试利用标准热力学数据通过计算，说明采用何种方法为宜。

4. 高炉炼铁以焦炭和铁矿石(Fe_2O_3)为原料，利用标准热力学数据计算说明，还原剂主要是 CO，而不是焦炭。

5. 汽车内燃机内因燃料燃烧温度达到 1 300 ℃，试利用标准热力学数据计算此温度时反应 $\frac{1}{2}N_2(g) + \frac{1}{2}O_2(g) = NO(g)$ 的 $\Delta_r G_m^{\ominus}$ 和 $K^{\ominus}$。

6. 利用标准热力学数据计算反应 $NO(g) + CO(g) = CO_2(g) + \frac{1}{2}N_2(g)$ 在 298.15 K 时的 $\Delta_r H_m^{\ominus}$、$\Delta_r S_m^{\ominus}$ 和 $\Delta_r G_m^{\ominus}$，并分析利用该反应净化汽车尾气中 NO 和 CO 的可能性。

7. 某温度时 8.0 mol SO_2 和 4.0 mol O_2 在密闭容器中反应生成 SO_3 气体，测得起始时和平衡时(温度不变)系统的总压力分别为 300 kPa 和 220 kPa。试求该温度时反应 $2SO_2(g) + O_2(g) \rightleftharpoons 2SO_3(g)$ 的标准平衡常数 $K^{\ominus}$ 和 SO_2 的转化率 α。

8. 密闭容器中反应 $H_2O(g) + CO(g) \rightleftharpoons CO_2(g) + H_2(g)$，在 476 ℃时的平衡常数 $K^{\ominus} = 2.6$。试求：

(1) 当 H_2O 和 CO 的物质的量之比为 1 时，CO 的转化率是多少？

(2) 当 H_2O 和 CO 的物质的量之比为 3 时，CO 的转化率是多少？

(3) 根据计算结果，得到什么结论？

第3章 化学动力学初步

化学热力学可以预测化学反应进行的方向以及进行的限度，但不能确定化学反应进行的快慢（即化学反应速率的大小）。例如，下列两个反应：

$$2Na(s)+2H_2O(l)\!=\!=\!2Na^+(aq)+2OH^-(aq)+H_2(g) \qquad \Delta_rG_m^\ominus=-364.0 \text{ kJ} \cdot \text{mol}^{-1}$$

$$H_2(g)+1/2O_2(g)\!=\!=\!H_2O(l) \qquad\qquad\qquad\qquad \Delta_rG_m^\ominus=-237.2 \text{ kJ} \cdot \text{mol}^{-1}$$

$\Delta_rG_m^\ominus<0$，在 298.15 K 的标准态下，理论上均应正向自发进行。但我们熟知钠和水反应剧烈，甚至燃烧，而将 $H_2(g)$ 和 $O_2(g)$ 在常温常压下混合放置多年，却看不到有水生成。这种热力学上可以自发进行，而实际上反应速率很慢的例子并非个别。因此，对一个化学反应，不仅要从热力学上研究其可能自发进行的方向和限度，而且也要从动力学上研究化学反应的速率及其影响因素。

3.1 概述

研究化学反应速率无论对化工生产还是对人类的生活都具有十分重要的意义。通过动力学研究可以控制反应条件，提高主反应的速率，抑制或减慢副反应的速率，为工业生产选择最适宜的操作条件，还可提供如何避免危险品的爆炸、金属的腐蚀、塑料及橡胶制品的老化等方面的知识等。

3.1.1 化学反应速率的表示方法

化学反应速率（reaction rate）是衡量化学反应进行快慢的物理量，是指一定条件下反应物转变为生成物的速率。化学反应速率常用单位时间内反应物浓度的减少或生成物浓度的增加来表示，取正值，符号为 v，浓度的单位是 $\text{mol} \cdot \text{dm}^{-3}$，时间的单位常用 s（秒），因此反应速率的单位一般为 $\text{mol} \cdot \text{dm}^{-3} \cdot \text{s}^{-1}$。

（1）平均速率

对于在恒容条件下进行的均相反应，平均速率（average rate）是指在一定时间间隔 Δt 内，反应物浓度或生成物浓度随时间变化的平均值。平均速率反映的是某一段时间内的平均反应情况。

对于任意化学反应：$a\text{A}+b\text{B}=d\text{D}+e\text{E}$，以各种物质表示的平均速率为：

$$\bar{v}(\text{A})=-\frac{\Delta c(\text{A})}{\Delta t} \qquad \bar{v}(\text{B})=-\frac{\Delta c(\text{B})}{\Delta t} \qquad \bar{v}(\text{D})=\frac{\Delta c(\text{D})}{\Delta t} \qquad \bar{v}(\text{E})=\frac{\Delta c(\text{E})}{\Delta t}$$

由于化学计量数 a、b、d、e 不一定相等,因而用不同物质表示同一个反应的速率也不一定相等。但一个反应的速率只有一个,为此,可以用比速率 $\bar{v}$ 表示一个反应的速率:

$$\bar{v}=-\frac{\Delta c(\mathrm{A})}{a\Delta t}=-\frac{\Delta c(\mathrm{B})}{b\Delta t}=\frac{\Delta c(\mathrm{D})}{d\Delta t}=\frac{\Delta c(\mathrm{E})}{e\Delta t}$$

（2）瞬时速率

瞬时反应速率(instantaneous rate)是指某反应在某一时刻的真实速率。它等于时间间隔趋于无限小($\Delta t\rightarrow0$)时的平均速率的极限值。即

$$v=\lim_{\Delta t\rightarrow0}\frac{\Delta c}{\Delta t}=\frac{\mathrm{d}c}{\mathrm{d}t}$$

瞬时速率可以用作图法或微分法求出。例如 $N_2O_5(\mathrm{g})$ 分解反应的速率可利用作图法进行求算。以浓度为纵坐标,以时间为横坐标作 c-t 图,在时间 t 处作该点的切线,求得该切线的斜率即为该反应物在时间 t 处的瞬时反应速率。

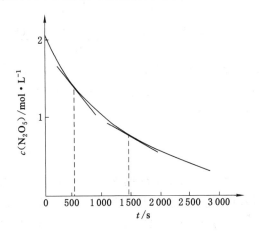

图 3-1　瞬时反应速率的作图求法

同样,对于同一反应的瞬时速率,用反应系统中不同物质表示时,其数值也可能不同。

【例 3-1】　在合成氨反应中,N_2 和 H_2 的起始浓度分别为 $1\ \mathrm{mol\cdot dm^{-3}}$ 和 $3\ \mathrm{mol\cdot dm^{-3}}$,反应进行 2 s 后,$NH_3$ 的浓度为 $0.4\ \mathrm{mol\cdot dm^{-3}}$,求参加反应的各物质的平均速率及比速率。

解:　　　　　　　　　　　$N_2(\mathrm{g})+3H_2(\mathrm{g})\!=\!\!=\!\!=\!2NH_3(\mathrm{g})$

起始浓度/$\mathrm{mol\cdot dm^{-3}}$ 　　　1　　　3　　　　0

2 s 时浓度/$\mathrm{mol\cdot dm^{-3}}$ 　　0.8　2.4　　0.4

变化浓度/$\mathrm{mol\cdot dm^{-3}}$ 　　　-0.2　-0.6　　0.4

$$\bar{v}(\mathrm{N_2})=-\frac{\Delta c(\mathrm{N_2})}{\Delta t}=\frac{0.2}{2}=0.1\ \mathrm{mol\cdot dm^{-3}\cdot s^{-1}}$$

同理　　$\bar{v}(\mathrm{H_2})=0.3\ \mathrm{mol\cdot dm^{-3}\cdot s^{-1}}$

$\bar{v}(\mathrm{NH_3})=0.2\ \mathrm{mol\cdot dm^{-3}\cdot s^{-1}}$

比速率 $\bar{v}=0.1\ \mathrm{mol\cdot dm^{-3}\cdot s^{-1}}$

（3）转化速率 J

目前，国际单位制推荐采用反应进度 ξ 随时间 t 的变化率来表示反应进行的快慢，即单位时间内的反应进度称为转化速率，符号 J，单位为 $mol \cdot s^{-1}$。对于反应：$0 = \sum \nu_B B$，有：

$$J = d\xi / dt = (1/\nu_B)(dn_B / dt)$$

对于任意化学反应： $aA + bB \rightleftharpoons dD + eE$

$$J = -\frac{1}{a}\frac{dn(A)}{dt} = -\frac{1}{b}\frac{dn(B)}{dt} = \frac{1}{d}\frac{dn(D)}{dt} = \frac{1}{e}\frac{dn(E)}{dt}$$

对于恒容、均相系统，体积 V 恒定，则 $dn_B / V = dc_B$，可得

$$J' = -\frac{1}{a}\frac{dc(A)}{dt} = -\frac{1}{b}\frac{dc(B)}{dt} = \frac{1}{d}\frac{dc(D)}{dt} = \frac{1}{e}\frac{dc(E)}{dt}$$

J' 的单位为 $mol \cdot dm^{-3} \cdot s^{-1}$。若时间和浓度的变化较大，则可用 $\frac{\Delta c}{\Delta t}$ 代表 $\frac{dc}{dt}$，则 J' 即表示反应的平均速率。

$$J' = -\frac{\Delta c(A)}{a\Delta t} = -\frac{\Delta c(B)}{b\Delta t} = \frac{\Delta c(D)}{d\Delta t} = \frac{\Delta c(E)}{e\Delta t}$$

显然，用反应进度定义的反应速率 J 和 J' 的具体数值与选择的物质无关，但是与化学计量式的写法有关。也就是说对应一个反应只有一个反应速率值。所以在表示反应速率时，必须写明相应的化学计量方程式。

3.1.2 反应机理

大量的实验事实表明，绝大多数化学反应并不是简单地一步就能完成的，而往往是分几步进行的。化学反应经历的途径叫作反应历程或反应机理（reaction mechanism）。反应机理是微观过程，属于分子反应动力学范畴。研究反应机理可以帮助人们揭示化学反应的本质。

（1）基元反应

由反应物分子经过一步反应就能转变为产物分子的反应称为基元反应（elementary reaction）。由一个基元反应构成的反应称为简单反应（simple reaction）。例如：

$$2NO_2(g) \rightleftharpoons 2NO(g) + O_2(g)$$

就是一个简单反应。反应机理是两个 NO_2 分子经过一步反应就变为产物 NO 和 O_2 分子。

（2）非基元反应

由两个或两个以上基元反应构成的反应称为非基元反应或复杂反应（complex reaction）。常见的反应大多数是复杂反应。例如反应 $2N_2O_5(g) = 4NO_2(g) + O_2(g)$ 由三个步骤完成：

$$N_2O_5(g) \xrightarrow{慢} N_2O_3(g) + O_2(g)$$

$$N_2O_3(g) \xrightarrow{快} NO_2(g) + NO(g)$$

$$N_2O_5(g) + NO(g) \xrightarrow{快} 3NO_2(g)$$

这三个基元反应的组合表示了总反应经历的途径。其中反应速率最慢的一步基元反应称为复杂反应的定速步骤或速率控制步骤。

化学动力学的重要任务,就是研究反应机理,确定反应历程,深入揭示反应速率的本质。

3.2　反应速率理论

3.2.1　碰撞理论

1918 年,路易斯(Lewis)在气体分子运动论的基础上,提出了反应速率的碰撞理论。其主要内容如下:

(1) 反应速率正比于反应物分子之间的碰撞次数。碰撞理论指出:反应物分子之间必须相互碰撞,才有可能发生化学反应。单位时间内碰撞次数越多,碰撞频率越快,反应速率越大。在一定温度下,反应物分子碰撞的频率又与反应物浓度成正比。

但反应物分子之间并不是每一次碰撞都能发生反应。绝大多数碰撞是无效的弹性碰撞,不能发生反应。对一般反应来说,事实上只有少数或极少数分子碰撞时能发生反应。能够发生化学反应的碰撞称作有效碰撞。

(2) 具有一定能量的分子间碰撞才能发生反应。在一定温度下,具有较高能量且能够发生有效碰撞的分子称为活化分子。活化分子所具有的平均能量(E^*)与反应物分子的平均能量(E)之差,称为反应的活化能,用 E_a 表示,单位 $kJ \cdot mol^{-1}$。

$$E_a = E^* - E$$

可见,反应物分子必须达到或超过一定的能量(活化能)时,才能发生反应。活化能可看作是反应物分子转化为生成物分子所要逾越的“能量障碍”。每个化学反应均有一定的 E_a 值,其大小主要由反应的本性决定,与反应物浓度无关,受温度影响很小。一定温度下,E_a 越大的反应,系统中活化分子数越少,因而有效碰撞次数越少,化学反应速率越慢;反之,反应速率就越快。

E_a 可以通过实验测出,属经验活化能。大多数反应的活化能在 $60 \sim 250$ $kJ \cdot mol^{-1}$ 之间。$E_a < 40$ $kJ \cdot mol^{-1}$ 的反应属于快反应,如酸碱中和反应;$E_a > 400$ $kJ \cdot mol^{-1}$ 的反应属于极慢反应。

(3) 反应物分子必须定向碰撞才可能发生反应。活化分子必须按适当的取向接触和碰撞,才可能发生反应。例如反应

$$NO_2(g) + CO(g) =\!=\!= NO(g) + CO_2(g)$$

只有当 CO 分子中的 C 原子与 NO_2 分子中的 O 原子迎头碰撞才有可能发生反应,而其他方位的碰撞都是无效碰撞。

碰撞理论比较直观,利用有效碰撞及活化能的概念,解释简单分子的化学反应较为成功,但由于碰撞理论简单地把分子看成是没有内部结构的刚性球体,忽略了分子的内部结构,故对一些分子结构复杂的反应常常不能给出合理解释。

3.2.2　过渡态理论

过渡态理论是在量子力学和统计力学的基础上提出的，又称为活化配合物理论。该理论认为：反应物分子相互靠近时，分子所具有的动能转变为分子间相互作用的势能，分子中原子间的距离发生了变化，旧键被削弱，同时新键开始形成。这时形成了一种过渡状态，即活化配合物。活化配合物势能较高，极不稳定，易分解为产物。反应过程可以表示如下：

$$A+B—C \Longleftrightarrow [A\cdots B\cdots C] \Longleftrightarrow A—B+C$$
$$\text{反应物}\qquad\text{活化配合物}\qquad\text{产物}$$
$$\text{过渡状态}$$

反应过程中的势能变化如图 3-2 所示。其中 $E(\text{I})$ 表示反应物分子的平均能量，E_{ac} 表示活化配合物的平均能量，$E(\text{II})$ 表示产物分子的平均能量。活化配合物的平均能量与反应物分子（或产物分子）的平均能量的差值称为活化能。E_{a1} 是正反应的活化能，E_{a2} 是逆反应的活化能。

$$E_{a1}=E_{ac}-E(\text{I})\qquad E_{a2}=E_{ac}-E(\text{II})$$

化学反应的热效应就是正、逆反应的活化能之差。即

$$\Delta H=E_{a1}-E_{a2}$$

对于可逆反应，$E_{a1}<E_{a2}$，$\Delta H<0$，反应放热；$E_{a1}>E_{a2}$，$\Delta H>0$，反应吸热。

过渡态理论很好地解释了化学反应的可逆性及反应中的能量变化，在化学反应速率及反应机理的研究中广泛应用。

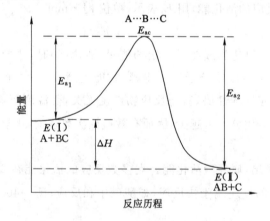

图 3-2　反应过程-势能图

3.3　影响化学反应速率的因素

化学反应速率首先取决于物质的本性。如一般溶液中的无机离子反应速率很快，而有机反应通常就要慢得多。而且不同物质间的反应速率相差很大，这与分子内化学键的强弱、分子的结构等都有密切的关系。化学反应速率的大小，还与外界条件如浓度、温度、催化剂等有关。

3.3.1 浓度(或压力)对反应速率的影响

(1) 基元反应与质量作用定律

在一定温度下,基元反应的反应速率与反应物浓度(以反应方程式中的计量系数为指数幂)的乘积成正比。对于任一基元反应

$$aA + bB = dD + eE$$

其反应速率方程为

$$v = kc^a(A)c^b(B) \tag{3-1}$$

这就是质量作用定律,也称为基元反应的速率方程。式中 k 为速率常数。其物理意义是:反应物浓度均是 $1 \ mol \cdot dm^{-3}$ 时的反应速率,所以又叫比速常数。在给定条件下,k 值越大,反应速率越快。k 的大小与反应的本性和温度有关,而与浓度无关。

例如,对于基元反应

$$2NO_2(g) = 2NO(g) + O_2(g)$$

其速率方程为

$$v = kc^2(NO_2)$$

其逆反应也必是基元反应

$$2NO(g) + O_2(g) = 2NO_2(g)$$

速率方程为

$$v = kc^2(NO)c(O_2)$$

(2) 非基元反应与速率方程

非基元反应的总反应式标出的只是反应物和最终产物,其速率方程需要通过实验才能确定。例如对于反应

$$2NO(g) + 2H_2(g) = N_2(g) + 2H_2O(l)$$

实验测得其速率方程为

$$v = kc^2(NO)c(H_2)$$

而不是

$$v = kc^2(NO)c^2(H_2)$$

研究确定该反应分两步进行

$$2NO(g) + H_2(g) = N_2(g) + H_2O_2(l) \qquad (1)(慢反应)$$
$$H_2O_2(l) + H_2(g) = 2H_2O(l) \qquad (2)(快反应)$$

显然,反应(1)为定速步骤,故反应速率与 H_2 浓度的一次方成正比。

在书写速率方程时,需要注意以下几点:

① 如果有固体或纯液体参加反应,不列入速率方程中。如

$$C(s) + O_2(g) = CO_2(g)$$
$$v = kc(O_2)$$

② 如果有气体参加反应,在速率方程中可以用气体的分压代替浓度。上述速率方程也可以写成

$$v' = k'p(O_2)$$

③ 对于基元反应,可以直接通过反应方程式写出速率方程;而对于非基元反应,必须通过实验才能确定速率方程。

（3）反应级数

反应速率方程中各反应物浓度的指数之和称为该反应的反应级数。对于速率方程:

$$v = kc^a(A)c^b(B)$$

反应总级数为 $n = (a+b)$,此反应称为 n 级反应。反应速率方程中各反应物浓度的指数称为该反应物的分级数。如上述速率方程对反应物 A 是 a 级,对反应物 B 是 b 级。反应级数可以取零、正整数或分数,其数值要由实验来确定。反应速率与反应物浓度无关,则此反应在动力学上就称为零级反应。

反应级数既适用于基元反应,也适用于非基元反应。只是基元反应的反应级数都是正整数,而非基元反应的反应级数则有可能不是正整数。反应级数不同,速率常数 k 的单位不同。

【例 3-2】　303 K 时,乙醛分解反应 $CH_3CHO(g) = CH_4(g) + CO(g)$ 的反应速率与乙醛浓度的关系如下:

$c(CH_3CHO)/\ mol \cdot dm^{-3}$	0.10	0.20	0.30	0.40
$v/mol \cdot dm^{-3} \cdot s^{-1}$	0.025	0.102	0.228	0.406

（1）写出该反应的速率方程;

（2）计算速率常数 k;

（3）求 $c(CH_3CHO) = 0.25\ mol \cdot dm^{-3}$ 时的反应速率。

解:（1）设该反应的速率方程为

$$v = kc^n(CH_3CHO)$$

在不同速率下有

$$\frac{v_1}{v_2} = \frac{kc_1^n}{kc_2^n}$$

消去 k 并两边取对数有

$$\ln\frac{v_1}{v_2} = n\ln\frac{c_1}{c_2}$$

将上述前两组数据代入,得

$$\ln\frac{0.025}{0.102} = n\ln\frac{0.1}{0.2}$$

解得

$$n = 2$$

可知该反应对乙醛为 2 级。故该反应的速率方程为

$$v = kc^2(CH_3CHO)$$

（2）将任一组实验数据（如第 3 组）代入速率方程,可求得 k 值:

$$0.228 = k(0.30)^2$$

$$k = 2.53\ mol^{-1} \cdot dm^3 \cdot s^{-1}$$

（3）将 $c(CH_3CHO) = 0.25\ mol \cdot dm^{-3}$ 代入,得

$$v = kc^2(CH_3CHO) = 2.53 \times (0.25)^2 = 0.158\ mol \cdot dm^{-3} \cdot s^{-1}$$

通过计算可以看出,在一定温度下,增大反应物浓度,化学反应速率加快。原因是对于给定温度下的化学反应,反应物中活化分子的百分数是一定的。增加反应物浓度时,单位体积内活化分子总数目增多,从而增加了单位时间内反应物分子有效碰撞的频率,故导致反应速率加大。对于零级反应,由于其反应级数为零,所以反应速率与浓度无关。

压力对反应速率的影响与其对化学平衡的影响一样,实质是看是否改变了浓度。此类影响只适用于讨论有气体参加或产生的反应。

3.3.2　温度对反应速率的影响

温度是影响反应速率的重要因素,要比浓度的影响大得多。绝大多数反应的速率随温度升高而增大,只有极少数反应(如 NO 氧化生成 NO_2)例外。在浓度一定时,温度升高,反应物分子所具有的能量增加,活化分子的百分数也随之增加,有效碰撞次数增多,因而加快了反应速率。温度的变化可影响速率常数 k 值大小,而浓度则无此影响。

(1) 范特霍夫规则

范特霍夫(J. H. Vant Hoff)根据实验结果总结出一条经验规律:在一定温度范围内,反应系统的温度每升高 10 K,反应速率(或速率常数)将增大到原来的 2～4 倍。即

$$k_{T+10K}/k_T \approx 2 \sim 4 \tag{3-2}$$

式中,k_T 为温度 T 时的速率常数,k_{T+10K} 为同一反应在温度($T+10$ K)时的速率常数。此比值也称为反应速率的温度系数。

(2) 阿伦尼乌斯方程

1889 年瑞典科学家阿伦尼乌斯在总结了大量实验数据的基础上,提出了反应速率常数随温度变化的定量关系式:

$$k = Ae^{-\frac{E_a}{RT}} \tag{3-3}$$

或

$$\ln k = -\frac{E_a}{RT} + \ln A \tag{3-4}$$

式中,E_a 是反应的活化能,R 为摩尔气体常数,A 称为指前因子,k 为速率常数。对指定反应,在一定温度范围内 A 和 E_a 可视为常数。e 为自然对数的底数(e＝2.718)。对给定反应,E_a、R、A 为常数,所以 $\ln k$ 与 $1/T$ 成线性关系。以 $\ln k$ 为纵坐标、$1/T$ 为横坐标作图可得一直线,如图 3-3 所示。

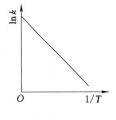

图 3-3　$\ln k$-$1/T$ 图

在不同温度 T_1、T_2 时有:

$$\ln k_1 = -\frac{E_a}{RT_1} + \ln A$$

$$\ln k_2 = -\frac{E_a}{RT_2} + \ln A$$

两式相减得:

$$\ln \frac{k_2}{k_1} = \frac{E_a}{R}\left(\frac{1}{T_1} - \frac{1}{T_2}\right) = \frac{E_a}{R}\left(\frac{T_2 - T_1}{T_1 T_2}\right) \tag{3-5}$$

上述式(3-3)、式(3-4)、式(3-5)是阿伦尼乌斯方程的不同形式。它们不仅适用于基元反应,也适用于非基元反应(此时 E_a 称为表观活化能)。若已知某反应两个温度下的速率常数,应用式(3-5)可求该反应的活化能 E_a;或已知活化能 E_a 和某温度 T_1 的速率常数 k_1,可求任意温度 T_2 时的速率常数 k_2。

【例 3-3】 某反应在 283 K 时的反应速率常数为 1.08×10^{-4} mol·dm^{-3}·s^{-1},333 K 时为 5.48×10^{-2} mol·dm^{-3}·s^{-1},试计算该反应在 303 K 时的速率常数。

解:此题应先计算出 E_a 值,再计算 $k_{303\,K}$。

由式(3-5)得

$$E_a = \frac{RT_1T_2\ln(k_2/k_1)}{T_2-T_1} = \frac{8.314 \times 283 \times 333\ln(5.48 \times 10^{-2}/1.08 \times 10^{-4})}{333-283} = 97.6 \text{ kJ·mol}^{-1}$$

同理可得

$$\ln\frac{k_{303\,K}}{1.08 \times 10^{-4}} = \frac{97.6 \times 10^3 \times (303-283)}{8.314 \times 283 \times 303}$$

$$k_{303\,K} = 1.67 \times 10^{-3} \text{ mol·dm}^{-3}\text{·s}^{-1}$$

由阿伦尼乌斯方程可以看出,k 与 T 成指数函数关系,温度 T 的微小变化将导致 k 值有较大变化,从而引起反应速率的较大变化。升高温度 T,k 增大;降低温度 T,k 减小。对于同一反应,升高一定温度,在高温区 k 值增加较少,在低温区 k 值增加较多。因此,对于原本反应温度不高的反应,可采用升温的方法提高反应速率。对于 E_a 不同的反应,升高相同的温度,E_a 大的反应速率常数 k 增大的倍数多。因此,升高温度对于速率慢的反应有明显的加速作用。

3.3.3 催化剂对反应速率的影响

(1) 催化剂和催化作用

催化剂是指能够显著改变反应速率,而其本身的数量和化学性质在反应前后基本保持不变的物质,工业上称为触媒。催化剂改变反应速率的作用称为催化作用。加快反应速率的催化剂称为正催化剂,如硫酸生产中使用的 V_2O_5;而减慢反应速率的催化剂则称为负催化剂或阻化剂,如防止橡胶、塑料老化的防老剂。若不特别说明,本书中所提到的催化剂均指正催化剂。

(2) 催化作用机理

催化剂之所以能加快反应速率,是因为它参与了变化过程,改变了反应的途径,降低了反应的活化能。如反应:$A+B \longrightarrow AB$ 在无催化剂时,活化能为 E_a;当加入催化剂 K 后,反应分两步进行(见图 3-4):

第一步:$A+K \longrightarrow AK$(活化能为 E_1)

第二步:$AK+B \longrightarrow AB+K$(活化能为 E_2)

由于 E_1、E_2 均小于 E_a,所以反应速率大大加

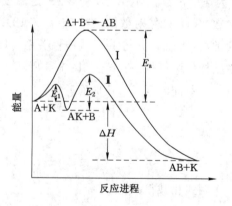

图 3-4　催化剂改变反应途径示意图

快了。

如合成氨反应：$$N_2(g)+3H_2(g)\!=\!\!=\!\!2NH_3(g)$$

无催化剂时，$E_a=326.4$ kJ·mol^{-1}；Fe 催化时，$E'_a=175.5$ kJ·mol^{-1}。

再如常温常压下反应 $H_2(g)+1/2O_2(g)=H_2O(l)$ 的速率非常慢，但加入催化剂可使其迅速反应生成水，工业上常利用此法除去氢气中的微量氧以获得纯净的氢气。

（3）催化剂的特点

① 催化剂不改变反应的焓变、方向和限度。使用催化剂不改变平衡常数 $K^{\ominus}$ 的数值，不影响反应物的转化率，只能加快反应的速率，缩短达到平衡所需的时间。催化剂仅仅改变反应的途径，不能改变反应的始态和终态，因此只能对热力学上可能发生的反应起作用。

② 催化剂对反应速率的影响主要体现在改变速率常数 k 上。对确定反应，温度一定时，不同的催化剂有不同的 k 值。

③ 对同一可逆反应，催化剂同等程度地降低正、逆反应的活化能，同等地加快正逆反应的速率。

④ 催化剂具有选择性。对于不同的反应要用不同的催化剂；对于同样反应物的系统，当存在许多平行反应时，如果选用不同的催化剂，可得到不同的反应产物。例如，乙醇在不同催化剂存在下受热，反应产物也不同：

$$C_2H_5OH \begin{cases} \xrightarrow{473\sim523\ \text{K},\text{Cu}} CH_3CHO+H_2 \\ \xrightarrow{623\sim633\ \text{K},\text{Al}_2\text{O}_3} C_2H_4+H_2O \\ \xrightarrow{673\sim773\ \text{K},\text{ZnO}\cdot\text{Cr}_2\text{O}_3} CH_3CHCHCH_3 \end{cases}$$

酶催化反应具有极高的选择性，一种酶只能催化一种反应，而对于其他反应不具活性。而且酶催化的效率之高也是一般的无机或有机催化剂所不能比拟的。

⑤ 催化剂具有一定的使用寿命，其长短随催化剂的种类和使用条件而异。某些杂质对催化剂的性能有很大的影响。有时少量其他物质的加入可以大大提高催化剂的催化效率，而其本身并没有催化能力，这种物质称助催化剂。如合成氨的铁催化剂中加入少量的 Al_2O_3，可使铁催化剂的催化效率大大提高。有时反应系统中某些杂质会严重降低甚至破坏催化剂的活性，这种现象称为催化剂的中毒。如将杂质除去后，催化剂的活性重新恢复，这种中毒为暂时性中毒，否则为永久性中毒。

（4）均相催化、多相催化和酶催化

按照催化剂与反应系统物质的相态，可将催化反应分为三类：

① 均相催化：催化剂与反应物系处于同一相中的催化反应，又称单相催化。如酯的水解反应，加入液相酸或碱催化剂，反应速率大大加快。

② 多相催化：催化剂与反应物系不属于同一物相的催化反应。反应是在相与相的界面上进行，如气-固相催化或液-固相催化，反应物系为气相或液相，催化剂为固相。由于多相催化与表面吸附有关，表面积越大催化效率越高。为此，催化剂往往制成极细的粉末，有时也将其附着于一些不活泼的多孔性物质上，这种多孔性物质称之为催化剂载体。

③ 酶催化：以酶为催化剂的反应。其特点是：a. 高效；b. 高选择性；c. 条件温和。

催化剂在现代化学、化工中起着极为重要的作用。据统计,化工生产中约有 85 % 的化学反应需要使用催化剂。尤其在当前的大型化工、石油化工中,很多化学反应用于生产都是在找到了优良的催化剂后才付诸实现的。

3.3.4　其他因素对反应速率的影响

在多相反应系统中,由于反应在相与相间的界面上进行,因此除了上述的几种影响因素外,反应速率还可能与反应物接触面积的大小和接触机会多少有关。

对于固液反应,化工生产上常把固态反应物先粉碎成小块或磨成粉末,将液态反应物处理成微小液滴,如喷雾淋洒等,增大相间的接触面,加快反应速率。

对于气液反应,可将液态反应物采用喷淋的方式,使其与气态反应物充分混合、接触。对于溶液中进行的多相反应则普遍采用搅拌、振荡的方法,强化扩散作用,增加反应物的碰撞频率并使生成物及时脱离反应界面。

此外,超声波、激光以及高能射线的作用,也能影响某些化学反应的反应速率。

综上所述,影响化学反应速率的因素除反应物的本性、反应温度、反应物的浓度和催化剂外,还包括反应物的接触面积、扩散等。

本 章 小 结

1. 重要的概念

化学反应速率概念、表示方法以及反应机理、基元反应、非基元反应等基本概念。

2. 反应速率理论

（1）碰撞理论：具有一定能量的分子按一定方向发生碰撞才能发生反应。反应速率正比于反应物分子间的碰撞次数。

（2）过渡态理论：反应物分子相互靠近时,形成能量较高、极不稳定的中间过渡状态,即活化配合物。活化配合物的平均能量与反应物分子（或产物分子）的平均能量的差值称为活化能。化学反应的热效应就是正、逆反应的活化能之差。

3. 影响化学反应速率的因素

（1）浓度对反应速率的影响

① 基元反应的速率方程（质量作用定律）

对于任一基元反应

$$a\mathrm{A}+b\mathrm{B}\mathop{=\!=}d\mathrm{D}+e\mathrm{E}$$

其速率方程为：

$$v=kc^a(\mathrm{A})c^b(\mathrm{B})$$

a 和 b 分别是反应物 A 和反应物 B 的级数,反应总级数为 $a+b$。k 为速率常数,其单位随反应级数不同而不同。

② 非基元反应的速率方程

对于任一非基元反应

$$aA + bB \Longrightarrow dD + eE$$

其速率方程为：

$$v = k\, c^x(A)c^y(B)$$

非基元反应的反应级数必须通过实验来确定。

（2）温度对反应速率的影响

① 范特霍夫规则

$$k_{T+10}/k_T \approx 2 \sim 4$$

② 阿伦尼乌斯方程

$$\ln \frac{k_2}{k_1} = \frac{E_a}{R}\left(\frac{1}{T_1} - \frac{1}{T_2}\right) = \frac{E_a}{R}\left(\frac{T_2 - T_1}{T_1 T_2}\right)$$

（3）催化剂对反应速率的影响

催化剂之所以能加快反应速率，是因为它参与了变化过程，改变了反应的途径，降低了反应的活化能。

【知识延伸】

最美味的反应——美拉德反应

美拉德反应是法国化学家 L. C. Maillard 在 1912 年提出的。该反应是广泛存在于食品工业的一种非酶褐变反应，是羰基化合物（包括醛、酮、还原糖类等）和氨基化合物（包括氨基酸、蛋白质、胺、肽等）间发生反应，经过复杂的反应历程最终生成棕色甚至是黑色的大分子物质类黑精，因此美拉德反应也被称为非酶褐变反应（nonenzymatic browning）。该反应的结果能使食品颜色加深并赋予食品一定的风味。比如面包外皮的金黄色、红烧肉的褐色及浓郁的香味，很大程度上都是由于美拉德反应的结果。

美拉德反应的反应机理较为复杂，目前尚不完全清楚。研究发现其与机体的生理和病理过程密切相关。越来越多的研究结果显示出美拉德反应作为与人类自身密切相关的研究具有重要的意义，目前研究焦点在蛋白质交联、类黑素、动力学以及丙烯酰胺等。

美拉德反应对食品的影响有如下几个方面：

① 香气和色泽的产生。美拉德反应能产生人们所需要或不需要的香气和色泽。例如亮氨酸与葡萄糖在高温下反应，能够产生令人愉悦的面包香。而在板栗、鱿鱼等食品生产储藏过程中和制糖生产中，就需要抑制美拉德反应以减少褐变的发生。

② 营养价值的降低。美拉德反应发生后，氨基酸与糖结合造成了营养成分的损失，蛋白质与糖结合，结合产物不易被酶利用，营养成分不易被消化。

③ 抗氧化性的产生。美拉德反应中产生的褐变色素对油脂类自动氧化表现出抗氧化性，这主要是由于褐变反应中生成醛、酮等还原性中间产物。

④ 有毒物质的产生。

影响美拉德反应的反应速率的因素主要有以下几个方面：

① 糖氨基结构:还原糖是美拉德反应的主要物质,五碳糖褐变速率是六碳糖的10倍。还原性单糖中,五碳糖褐变速率排序为:核糖＞阿拉伯糖＞木糖,六碳糖则为:半乳糖＞甘露糖＞葡萄糖。还原性双糖分子量较大,反应速率较慢。在羰基化合物中,α-乙烯醛褐变最慢,其次是α-双糖基化合物,酮类最慢。胺类褐变速率快于氨基酸。在氨基酸中,碱性氨基酸速率快(赖氨酸、精氨酸),氨基酸比蛋白质快。

② 温度:20～25 ℃氧化即可发生美拉德反应。一般温度每相差10 ℃,反应速率相差3～5倍。30 ℃以上速率加快,高于80 ℃时,反应速率受温度和氧气影响小。日常加热方式不同,如"煮""蒸""烧"等不同烹调方式,同样的反应物质产生不同香味。

③ 水分含量:在10%～15%时,反应易于发生,完全干燥的食品难以发生。

④ pH值:当pH值在3以上时,反应随pH值增加而加快。

⑤ 化学试剂:酸式亚硫酸盐抑制褐变,钙盐与氨基酸结合成不溶性化合物可抑制反应。

美拉德反应是一个十分复杂的反应过程,中间产物众多,最终产物结构十分复杂,完全抑制美拉德反应相当困难,又由于美拉德反应影响因素众多,有效抑制美拉德反应必须是多种因素协同作用的结果。如:使用不易褐变的原料、调节影响美拉德反应褐变速率的因素、降低温度、降低pH值、使用氧化剂、使用酶制剂,等等。

(摘自 https://baike.baidu.com/item,有删减)

习　题

一、选择题(将正确的答案填入括号内)

1. 某简单反应的速率常数的单位为 s^{-1},则该反应的级数为(　　)。

    A. 一级　　　　　　　B. 二级　　　　　　　C. 零级　　　　　　　D. 无法确定

2. 对一般反应,升高温度可以加快反应速率,主要是因为(　　)。

    A. 分子总数增加　　　　　　　　　　B. 活化分子百分数增加

    C. 反应的活化能降低　　　　　　　　D. 该反应过程是吸热的

3. 反应速率的质量作用定律适用于(　　)。

    A. 任意化学反应　　　　　　　　　　B. 反应方程式中化学计量数为1的反应

    C. 非基元反应　　　　　　　　　　　D. 基元反应

4. 基元反应 $2A(g)+B(g) \rightleftharpoons C(g)$ 为一吸热可逆反应,其正反应的活化能为 E_{a1},逆反应的活化能为 E_{a2},则(　　)。

    A. $E_{a1} > E_{a2}$　　　　　　　　　　B. $E_{a1} < E_{a2}$

    C. 正反应的热效应 $\Delta H = E_{a1} + E_{a2}$　　D. 逆反应的热效应 $\Delta H = E_{a1} + E_{a2}$

5. 化学反应的速率常数 k 的自然对数与热力学温度 T 的倒数作图,直线的斜率与下列各项中直接有关的是(　　)。

    A. 反应的活化能　　　B. 反应的温度　　　C. 反应的焓变　　　D. 无法确定

6. 某基元反应 $2A(g)+B(g)=C(g)$,将2 mol A(g)和1 mol B(g)放在1 L容器中混合,A与B开始反应的反应速率是A和B都消耗一半时反应速率的(　　)。

　　A. 0.25 倍　　　　　　B. 4 倍　　　　　　C. 8 倍　　　　　　D. 1 倍

7. 可逆反应 $2SO_2(g) + O_2(g) \Longleftrightarrow 2SO_3(g)$ 达平衡后，加入催化剂 V_2O_5，则 SO_2 的转化率将（　　）。

　　A. 增大　　　　　　B. 不变　　　　　　C. 减小　　　　　　D. 无法确定

8. NO 和 CO 都是汽车尾气里的有害物质，二者可以缓慢反应生成 N_2 和 CO_2：$NO(g) + CO(g) = CO_2(g) + \frac{1}{2}N_2(g)$。下列对该反应叙述中正确的是（　　）。

　　A. 使用催化剂一定能够加快反应速率

　　B. 改变压力对反应速率无影响

　　C. 冬天气温低，反应速率减慢，对人体危害更大

　　D. 外界条件对此反应的速率无影响

9. 下列关于催化剂的说法中正确的是（　　）。

　　A. 任何反应都需要催化剂

　　B. 催化剂能够改变反应的方向

　　C. 催化剂能够缩短反应达到平衡的时间而不能改变平衡状态

　　D. 催化剂不参加化学反应

10. 下列对于催化剂特性的描述中不正确的是（　　）。

　　A. 催化剂不能改变反应的始态和终态，也不能实现热力学上不可能进行的反应

　　B. 催化剂在反应前后的化学性质和物理性质都不变

　　C. 催化剂不能改变平衡常数

　　D. 催化剂同等程度地加快正逆反应的速率

二、判断题（对的填"√"，错的填"×"）

1. 非基元反应由多个基元反应组成。（　　）

2. 反应速率方程中浓度的指数等于反应方程式中反应物的系数，则该反应一定是基元反应。（　　）

3. 反应的速率常数大小取决于反应温度、催化剂和溶剂等，而与反应物或生成物的浓度无关。（　　）

4. 对于可逆反应：$C(s) + H_2O(g) \Longleftrightarrow CO(g) + H_2(g)$，$\Delta_r H_m^{\ominus} > 0$，无论是升高温度，还是加入催化剂都使 $v_{正}$ 增大，平衡向右移动。（　　）

5. 活化能越大的反应，反应速率也越快。（　　）

6. 在一定温度下，基元反应 $2NO(g) + Br_2(g) = 2NOBr(g)$ 的总体积扩大一倍，则正反应速率为原来的 8 倍（　　）

7. 在一定温度下，加入催化剂可以提高反应物的转化率。（　　）

8. 反应的级数取决于反应方程式中反应物的化学计量数（绝对值）。（　　）

9. 催化剂能改变反应历程，降低反应的活化能，但不能改变反应的 $\Delta_r G_m^{\ominus}$。（　　）

10. 根据质量作用定律，增大反应物的浓度，可以加快反应速率，所以反应的速率常数也增大。（　　）

三、填空题（将正确答案填在横线上）

1. 在化学反应中,反应物分子经过一步就能转变为产物分子的反应称为_____,反应物分子经过两步或多步反应得到产物分子的反应称为_____。

2. 对于可逆反应:$C(s)+CO_2(g) \rightleftharpoons 2CO(g)$,$\Delta_r H_m^{\ominus}>0$。若改变反应条件,将反应速率、速率常数以及平衡常数、平衡移动的方向等的改变情况填入表 3-1 中。

表 3-1

	$v_{正}$	$v_{逆}$	$k_{正}$	$k_{逆}$	$K^{\ominus}$	平衡移动方向
增加总压力						
升高温度						
加入催化剂						

四、计算题

1. 在工业废水中,硫化氢是一种常见的污染物,其中一种方法是用氯气处理废水。化学反应可表示为:

$$H_2S(aq)+Cl_2(aq) \rightleftharpoons S(s)+2H^+(aq)+2Cl^-(aq)$$

该反应的速率可假定与氯气无关,且为一级反应。在 298.15 K 时反应的速率常数为 3.5×10^{-2} s^{-1}。假定在某瞬时 H_2S 的浓度为 1.6×10^{-4} $mol \cdot dm^{-3}$,求此时 Cl^- 的生成速率。

2. 在某温度时,反应 $2NO(g)+O_2(g) \rightleftharpoons 2NO_2(g)$ 的实验数据如表 3-2 所示:

表 3-2

$c(NO)/mol \cdot dm^{-3}$	$c(O_2)/mol \cdot dm^{-3}$	$v(NO)/mol \cdot dm^{-3} \cdot s^{-1}$
0.010	0.010	2.5×10^{-3}
0.010	0.020	5.0×10^{-3}
0.030	0.020	4.5×10^{-2}

(1) 写出上述反应的速率方程;

(2) 计算该条件下的速率常数;

(3) 计算当 $c(NO)=0.015$ $mol \cdot dm^{-3}$、$c(O_2)=0.025$ $mol \cdot dm^{-3}$ 时的反应速率。

3. 某城市位于海拔高度较高的地理位置,水的沸点为 92 ℃。在海边城市 3 min 能煮熟的鸡蛋,在该城市却花了 4.5 min 才煮熟。试计算煮熟鸡蛋这一"反应"的活化能。

4. 反应 $2NO_2(g)=2NO(g)+O_2(g)$ 是一个基元反应,正反应的活化能 $E_{a(正)}$ 为 114 $kJ \cdot mol^{-1}$,$\Delta_r H_m^{\ominus}$ 为 113 $kJ \cdot mol^{-1}$。

(1) 写出正反应的反应速率方程式。

（2）在 398.15 K 时反应达到平衡，然后将系统温度升至 598.15 K，分别计算正、逆反应速率增加的倍数，说明平衡移动的方向。

5. 如果一反应的活化能为 117.15 kJ·mol^{-1}，问在什么温度时反应的速率常数 k' 值是 400 K 时速率常数 k 值的 2 倍？

6. 某反应在 298.15 K 时的速率常数为 $k_1 = 0.116$ s^{-1}，在 338.15 K 时的速率常数为 $k_2 = 4.87$ s^{-1}，求该反应的活化能及在 318 K 时的速率常数 k_3。

第 4 章　酸 碱 平 衡

人们对酸碱的认识经历了漫长的过程。随着科学的发展,人们提出了多种酸碱理论。其中比较重要的有阿伦尼乌斯的(S. A. Arrhenius)酸碱电离理论(1884 年)、布朗斯特(J. N. Bronsted)和劳莱(T. M. Lowry)的酸碱质子理论(1923 年)、路易斯(G. N. Lewis)的酸碱电子理论(1923 年)以及近几十年发展起来的软硬酸碱理论等。本章重点介绍酸碱质子理论,并根据化学平衡原理,介绍水溶液中弱电解质的解离平衡及有关计算、缓冲溶液的缓冲原理、pH 计算及缓冲溶液的选择和配制等。

4.1　酸碱理论概述

4.1.1　酸碱电离理论

1884 年,瑞典化学家阿伦尼乌斯提出了酸碱电离理论,认为酸(acid)是在水溶液中解离产生的阳离子全部是 H^+ 的物质;碱(base)是在水溶液中解离产生的阴离子全部是 OH^- 的物质;酸碱中和反应的实质是 H^+ 与 OH^- 结合生成 H_2O。

酸碱电离理论从物质的化学组成上揭示了酸碱的本质,是人类对酸碱的认识从现象到本质的飞跃,至今仍在化学各领域中被广泛使用。然而,电离理论也有局限性,它把酸和碱只限于水溶液中,把碱限制为氢氧化物,不能解释一些不含 OH^- 的分子或离子,如 NH_3 在水溶液中表现出来的碱性问题,所以有必要对酸碱理论进行补充和发展。

4.1.2　酸碱电子理论

1923 年,美国化学家 G. N. Lewis 在研究化学反应时,从电子对的给予和接受出发提出了酸碱电子理论。该理论认为凡能接受电子对的物质都是酸,凡能给出电子对的物质都是碱。酸碱反应的实质是碱提供电子对给酸生成酸碱配合物的过程。例如:

酸(电子对接受体)		碱(电子对给予体)		酸碱配合物
H^+	$+$	$: OH^-$	$\rightleftharpoons$	$H^+ \leftarrow : OH^-$
H^+	$+$	$: NH_3$	$\rightleftharpoons$	$H^+ \leftarrow : NH_3$
Ag^+	$+$	$2 : CN^-$	$\rightleftharpoons$	$[NC : \rightarrow Ag \leftarrow : CN]^-$
BF_3	$+$	$: F^-$	$\rightleftharpoons$	$[F : \rightarrow BF_3]^-$

酸碱电子理论扩大了酸碱的含义和范围,并且不受溶剂的约束,几乎包括了所有的无

机反应和有机反应。金属阳离子 M^{n+} 及缺电子分子(如 $AlCl_3$)都是酸,与 M^{n+} 结合的阴离子或中性分子都是碱。所以一切盐类(如 $MgCl_2$)、金属氧化物(如 CaO)及其他大多数无机物都是酸碱配合物。有机化合物如乙醇 CH_3CH_2OH 可看作是酸 $C_2H_5^+$ 和碱 OH^- 以配位键结合而成的酸碱配合物 $C_2H_5{\leftarrow}OH$。但该理论的缺点是没有酸碱强度的标度,使其推广应用受到限制。

4.1.3　软硬酸碱理论

1963 年,美国化学家皮尔逊(R. G. Pearson)根据 Lewis 的酸碱概念,提出软硬酸碱理论。该理论认为,Lewis 酸碱可分为硬酸、软酸、交界酸和硬碱、软碱、交界碱各三类。所谓硬酸是指碱金属、碱土金属和高价态轻过渡金属的正离子,如 B^{3+}、Al^{3+}、Fe^{3+} 等;它们电荷较高、半径较小、对外层电子抓得比较紧,因而不易变形;软酸则是指重过渡金属和低价态过渡金属的正离子,如 Cu^{2+}、Ag^+、Pb^{2+}、Hg^{2+} 等,它们电荷较少、半径较大、对外层电子抓得比较松而易变形;交界酸则是介于硬酸和软酸之间,如 Co^{2+}、Fe^{2+} 等。硬碱包括 H_2O、NH_3、F^- 等,电子对给予体都是吸引电子能力强、半径小、难被氧化、不易变形的原子;软碱则表现为电子对给予体的原子吸引电子能力弱、半径较大、易被氧化、容易变形,如 I^-、CN^-、SCN^- 等;介于硬碱和软碱之间的碱称为交界碱,如 NO_2^-、Br^- 等。

该理论根据实验事实总结出一条经验规律:"硬酸与硬碱结合,软酸与软碱结合,常常形成稳定的配合物",或简称为"硬亲硬,软亲软,软硬交界则不管"。这一规律称作软硬酸碱原则,简称为 SHAB(Soft and Hard Acid and Base)原则。应用软硬酸碱规则可对化合物的稳定性、自然界中矿物的存在形式及金属催化剂中毒现象等给出较为合理的解释。例如,在矿物中,Mg^{2+}、Ca^{2+}、Fe^{3+}、Al^{3+} 等金属离子为硬酸,成矿时与硬碱 F^-、O^{2-}、SO_4^{2-}、CO_3^{2-} 等结合,大多以氧化物、氟化物、硫酸盐和碳酸盐等形式存在。Cu^{2+}、Ag^+、Pb^{2+}、Hg^{2+} 等软酸易与软碱 S^{2-} 结合,在自然界以硫化物形式存在。软硬酸碱规则在多个领域得到广泛应用,如在地球化学中可用于解释元素成矿的可能性,在药物化学中可用来进行药物设计。例如,由于 Se^{2-} 是比 S^{2-} 更软的碱,因而能从汞中毒患者中的蛋白质 S 原子上除去 Hg^{2+} 离子。

4.1.4　酸碱质子理论

(1) 酸碱定义

根据酸碱质子理论,凡是能给出质子(H^+)的物质都是酸;凡是能接受质子(H^+)的物质都是碱;既能给出质子,又能接受质子的物质是酸碱两性物质(amphoteric acid-base)。简言之,酸是质子的给予体,碱是质子的接受体。如 HCl、NH_4^+、H_3O^+ 是酸;Cl^-、NH_3、OH^- 是碱。H_2O、HCO_3^-、HSO_4^- 是酸碱两性物质。由此可见在质子理论中酸和碱可以是分子,也可以是离子。但是在质子理论中没有盐的概念,因为在质子理论中,组成盐的离子已变成了离子酸和离子碱。

(2) 共轭酸碱对

　　酸给出质子后余下的部分就是碱,碱接受质子后就成为酸。酸与碱的这种相互依存、相互转化的关系,称为共轭关系。酸失去质子后形成的碱称为该酸的共轭碱,碱结合质子后形成的酸称为该碱的共轭酸。

$$酸 \rightleftharpoons 质子 + 碱$$
$$（共轭酸）\qquad\qquad （共轭碱）$$
$$HCl \rightleftharpoons H^+ + Cl^-$$
$$HAc \rightleftharpoons H^+ + Ac^-$$
$$HCO_3^- \rightleftharpoons H^+ + CO_3^{2-}$$
$$H_2CO_3 \rightleftharpoons H^+ + HCO_3^-$$

　　共轭碱和共轭酸联系在一起称为共轭酸碱对。质子酸碱的强度是指酸给出质子的能力和碱接受质子的能力。给出质子能力强的物质是强酸,接受质子能力强的物质是强碱;反之,便是弱酸和弱碱。酸越强,对应的共轭碱的碱性越弱;酸越弱,对应的共轭碱的碱性越强;对于碱也是如此。例如 HAc 的酸性比 NH_4^+ 强,而 Ac^- 的碱性比 NH_3 弱。

　　讨论酸碱的相对强度必须以同一溶剂为比较标准。如在水溶液中,我们可以区分 HAc 和 HCl 给出质子能力的差别,这就是溶剂水的"区分效应"。如以液氨为溶剂,则很难区分二者的相对强弱,这称为液氨的"拉平效应"。溶剂的碱性越强时溶质表现出来的酸性越强。所以,区分强酸要选用较弱的碱,弱碱对强酸具有区分效应。同样,对碱来说,也存在溶剂的"区分效应"和"拉平效应"。

　　(3) 酸碱反应

　　根据质子理论,酸碱反应的实质就是两个共轭酸碱对之间质子的传递和转移的过程。

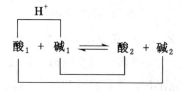

　　例如:

$$HCl + NH_3 \rightleftharpoons NH_4^+ + Cl^-$$
$$HAc + H_2O \rightleftharpoons H_3O^+ + Ac^-$$
$$NH_3 + H_2O \rightleftharpoons NH_4^+ + OH^-$$
$$Ac^- + H_2O \rightleftharpoons HAc + OH^-$$
$$NH_4^+ + H_2O \rightleftharpoons H_3O^+ + NH_3$$

　　质子理论不仅适用于水溶液中的酸碱反应,同样适用于气相和非水溶液中的酸碱反应。如 HCl 与 NH_3 的反应,无论在水溶液中,还是在气相中或苯溶液中,反应实质都是质子的转移反应,最终生成 NH_4Cl。因此均可表示为:

$$HCl + NH_3 \rightleftharpoons NH_4^+ + Cl^-$$

　　酸碱质子理论摆脱了酸碱反应必须在水中发生的局限性,解决了一些非水溶剂或气体间的酸碱反应,并把水溶液中进行的电离作用、中和作用及水解作用等系统地归纳为质子传递的酸碱反应。质子理论亦能像电离理论一样,应用平衡常数来定量地衡量在某溶剂中酸或碱的强度。因此酸碱质子理论具有更广泛的适用范围和更强的概括能力,并为 pH 值的计算带来许多便利。故本书有关 pH 值计算均以质子理论为依据。

4.2 弱电解质的解离平衡

4.2.1 一元弱电解质的解离平衡

除少数强酸、强碱外,大多数酸和碱在水溶液中存在解离平衡,称为弱酸或弱碱。弱酸、弱碱的解离平衡常数 $K^{\ominus}$ 称为解离常数(dissociation constant),分别用 $K_a^{\ominus}$ 和 $K_b^{\ominus}$ 表示,其大小可由热力学数据计算,也可通过实验进行测定。解离常数的大小表示弱电解质的相对强弱。其值越大,表明弱酸的酸性(或弱碱的碱性)越强。弱电解质的解离常数只与温度有关,与浓度和压力无关。但温度对解离常数的影响不大,所以在研究常温下的解离平衡时,不考虑温度对解离常数的影响。一些常见弱酸弱碱在水中的解离常数见附录。

4.2.1.1 水的解离平衡

纯水是一种弱电解质,存在下列解离平衡:

$$H_2O + H_2O \Longrightarrow OH^- + H_3O^+$$

或简写为:

$$H_2O \Longrightarrow OH^- + H^+$$

平衡常数表达式为:

$$K_w^{\ominus} = [c(H^+)/c^{\ominus}] \times [c(OH^-)/c^{\ominus}] \tag{4-1}$$

质子转移发生在两个相同分子之间,其平衡常数又叫质子自递常数。由于 H_3O^+ 与 OH^- 均为强酸和强碱,所以平衡强烈向左移动。该平衡常数常称为水的离子积,用符号 $K_w^{\ominus}$ 表示。室温下,$K_w^{\ominus} = 1.0 \times 10^{-14}$。$K_w^{\ominus}$ 与其他平衡常数一样,是温度的函数。由于水的解离过程是吸热的,所以随着温度的升高,$K_w^{\ominus}$ 的数值是增大的,见表 4-1。

表 4-1　　　　　　　　不同温度时水的 $K_w^{\ominus}$ 值

温度 T/K	273	283	293	295	298	313	333
$K_w^{\ominus}$	1.14×10^{-15}	2.92×10^{-15}	6.81×10^{-15}	1.00×10^{-14}	1.01×10^{-14}	2.92×10^{-14}	9.61×10^{-14}

室温下,纯水中 $c(H^+) = c(OH^-) = 1.0 \times 10^{-7}$ mol·dm^{-3};酸性溶液中 $c(H^+) > 1.0 \times 10^{-7}$ mol·dm^{-3};碱性溶液中 $c(H^+) < 1.0 \times 10^{-7}$ mol·dm^{-3}。

生产和科学实验中常用 pH 值或 pOH 值表示溶液的酸碱性:

$$pH = -\lg[c(H^+)/c^{\ominus}] = -\lg[H^+] \tag{4-2}$$

$$pOH = -\lg[c(OH^-)/c^{\ominus}] = -\lg[OH^-] \tag{4-3}$$

$$pK_w^{\ominus} = -\lg K_w^{\ominus} = -\lg[H^+] - \lg[OH^-] = pH + pOH = 14 \tag{4-4}$$

需要指出,pH 或 pOH 一般用于 $c(H^+) \leqslant 1.0$ mol·dm^{-3} 或 $c(OH^-) \leqslant 1.0$ mol·dm^{-3} 的溶液中,即 pH 值在 0~14 范围内。若 $c(H^+)$ 或 $c(OH^-)$ 在该范围外,则用物质的量浓度表

示更为方便。

在生产实际和科学实验中,严格控制溶液的 pH 值是许多化学反应顺利进行的条件。例如,在精制硫酸铜时,为除去粗硫酸铜溶液中的杂质 Fe^{3+},必须严格控制 pH＝4 左右,才能收到良好效果。在抗生素生产中,控制一定的 pH 值是微生物生长的主要条件之一。人体血液的 pH 值在 $7.35\sim7.45$ 之间,超出这一范围,就意味着中毒病变,如果 pH＞7.8 或 pH＜7.0,则会有重大疾病甚至死亡的危险。一些常见食品和饮料有其相应的 pH 值范围(见表 4-2),若超出范围就是变质而不可食用。因此,测定和控制溶液的 pH 值十分重要。

表 4-2　　　　　　　　　　一些常见食品和饮料的 pH 值

名称	pH	名称	pH
苹果	$3.0\sim5.0$	柠檬汁	$2.2\sim2.4$
梨	$3.2\sim5.0$	酒	$2.8\sim3.8$
杏	$3.4\sim4.0$	醋	3.0
桃	$3.2\sim3.9$	番茄汁	约 3.5
菠菜	5.7	牛奶	$6.3\sim6.6$
甘蓝	5.2	饮用水	$6.5\sim8.5$

4.2.1.2　弱酸、弱碱的解离平衡

（1）解离常数

以醋酸（HAc）为例,说明一元弱酸在水溶液中的解离平衡。

$$HAc+H_2O \rightleftharpoons H_3O^+ +Ac^-$$

可简写成

$$HAc \rightleftharpoons H^+ +Ac^-$$

在一定温度下,其标准平衡常数表达式为:

$$K_a^\ominus = \frac{[c(H^+)/c^\ominus]\times[c(Ac^-)/c^\ominus]}{c(HAc)/c^\ominus} \tag{4-5}$$

由于 $c^\ominus =1\ mol\cdot dm^{-3}$,不影响 $K_a^\ominus$ 值的计算,可省略 $c^\ominus$,上式简化为:

$$K_a^\ominus = \frac{[H^+]\times[Ac^-]}{[HAc]} \tag{4-6}$$

$K_a^\ominus$ 称为弱酸的解离平衡常数,简称为酸常数。同理,对于一元弱碱 $NH_3\cdot H_2O$ 在水溶液中的解离平衡为:

$$NH_3+H_2O \rightleftharpoons NH_4^+ +OH^-$$

在一定温度下,其标准平衡常数表达式为:

$$K_b^\ominus = \frac{[NH_4^+]\times[OH^-]}{[NH_3]} \tag{4-7}$$

根据酸碱质子理论,酸和碱是共轭关系,共轭酸碱对的解离常数之间存在一定关系。以 $HAc\text{-}Ac^-$ 为例推导如下:

对于酸 HAc 的解离:

$$HAc \rightleftharpoons H^+ +Ac^- \qquad\qquad K_a^\ominus =[H^+][Ac^-]/[HAc]$$

其共轭碱 Ac^- 的解离为：

$$Ac^- + H_2O \Longrightarrow HAc + OH^- \qquad K_b^\ominus = [HAc][OH^-]/[Ac^-]$$

两式相乘得：
$$K_a^\ominus \times K_b^\ominus = K_w^\ominus = 1.0 \times 10^{-14} \tag{4-8}$$

可见，某弱酸的酸性越强（$K_a^\ominus$ 越大），则其共轭碱的碱性越弱（$K_b^\ominus$ 越小）。将式（4-8）两边同时取负对数，可得：

$$pK_a^\ominus + pK_b^\ominus = pK_w^\ominus = 14 \tag{4-9}$$

式中，$pK_a^\ominus = -lg\ K_a^\ominus$，$pK_b^\ominus = -lg\ K_b^\ominus$。所以 $pK_a^\ominus$ 值的正值越大，对应酸的酸性越弱；$pK_b^\ominus$ 值的正值越大，对应碱的碱性越弱。

（2）解离度与稀释定律

弱电解质的解离程度也可用解离度来表示。弱电解质在水溶液中达到解离平衡后，已解离的弱电解质的浓度与其起始浓度之比，称作解离度（degree of dissociation），符号为 α。

$$\alpha = \frac{\text{平衡时已解离的弱电解质的浓度}}{\text{弱电解质的起始浓度}} \times 100\%$$

α 是表示弱电解质解离程度大小的特征常数，与温度和浓度以及解离常数 $K^\ominus$ 有关。α 越大，弱电解质的解离程度越大。一定温度下 $K^\ominus$ 与 α 的关系可用稀释定律来表示。以 HAc 为例说明，设 HAc 的起始浓度为 $c_a\ mol \cdot dm^{-3}$。

$$HAc \Longrightarrow H^+ + Ac^-$$

初始浓度/$mol \cdot dm^{-3}$ 　　　　c_a 　　0 　　0

平衡浓度/$mol \cdot dm^{-3}$ 　　$c_a - c_a\alpha$ 　$c_a\alpha$ 　$c_a\alpha$

$$K_a^\ominus = c_a\alpha^2/(1-\alpha)$$

当 $\alpha < 5\%$ 或 $c_a/K_a^\ominus \geqslant 400$ 时，$1 - \alpha \approx 1$，可得：

$$K_a^\ominus \approx c_a\alpha^2$$

$$\alpha = \sqrt{\frac{K_a^\ominus}{c_a}} \tag{4-10}$$

$$[H^+] = \sqrt{c_a \times K_a^\ominus} \tag{4-11}$$

同理，对一元弱碱，当 $\alpha < 5\%$ 或 $c_b/K_b^\ominus \geqslant 400$ 时，有：

$$\alpha = \sqrt{\frac{K_b^\ominus}{c_b}} \tag{4-12}$$

$$[OH^-] = \sqrt{c_b \times K_b^\ominus} \tag{4-13}$$

稀释定律：在一定温度下，弱电解质的解离度与其浓度的平方根成反比。溶液越稀，α 越大。

$K_a^\ominus$（或 $K_b^\ominus$）和 α 都可用来表示弱酸或弱碱的解离程度，但在一定温度下，$K_a^\ominus$（或 $K_b^\ominus$）为一定值，不随 c 而变，因此 $K_a^\ominus$（或 $K_b^\ominus$）更能深刻地反映弱电解质的本性，在实际应用中显得更为重要。

（3）利用解离常数的计算

在弱酸或弱碱溶液中，同时存在弱电解质的解离平衡和水的解离平衡，二者相互联系、相互影响。当 $K_a^\ominus$(或 $K_b^\ominus$)$\gg K_w^\ominus$,而 c 较大且 α 很小(一般满足 $c/K^\ominus \geq 400$ 或 $\alpha < 5\%$)时,可以忽略水的解离而按照式(4-11)或式(4-13)进行近似计算。

【例 4-1】 已知室温时 $K_a^\ominus(\text{HAc}) = 1.76 \times 10^{-5}$。分别计算 $c(\text{HAc}) = 0.10 \text{ mol} \cdot \text{dm}^{-3}$ 和 $c(\text{HAc}) = 0.01 \text{ mol} \cdot \text{dm}^{-3}$ 时溶液的 pH 值和解离度 α。

解:(1) 因为 $c_a/K_a^\ominus = 0.1/(1.76 \times 10^{-5}) = 5.68 \times 10^3 > 400$

所以可用式(4-11)计算

$$[\text{H}^+] = \sqrt{c_a \times K_a^\ominus} = \sqrt{0.1 \times 1.76 \times 10^{-5}} = 1.33 \times 10^{-3}$$

$$\text{pH} = -\lg[\text{H}^+] = -\lg(1.33 \times 10^{-3}) = 2.88$$

$$\alpha = [\text{H}^+]/c_a = (1.33 \times 10^{-3})/0.1 = 1.33\%$$

(2) 同理可得 $c_a/K_a^\ominus = 0.01/(1.76 \times 10^{-5}) = 568 > 400$

$$[\text{H}^+] = \sqrt{c_a \times K_a^\ominus} = \sqrt{0.01 \times 1.76 \times 10^{-5}} = 4.20 \times 10^{-4}$$

$$\text{pH} = -\lg[\text{H}^+] = -\lg(4.20 \times 10^{-4}) = 3.38$$

$$\alpha = [\text{H}^+]/c_a = (4.20 \times 10^{-4})/0.01 = 4.2\%$$

可以看出,当弱酸溶液被稀释时,α 增大,但是 H^+ 浓度反而降低,pH 值升高。

【例 4-2】 已知室温时 $K_b^\ominus(\text{NH}_3 \cdot \text{H}_2\text{O}) = 1.77 \times 10^{-5}$。实验测得某氨水溶液的 pH 值为 10.78,求此溶液的浓度 c 和解离度 α。

解:pH = 10.78,pOH = 14 - 10.78 = 3.22

则　 $[\text{OH}^-] = 6.0 \times 10^{-4}$

氨水溶液的解离平衡式为　　 $\text{NH}_3 \ + \ \text{H}_2\text{O} \rightleftharpoons \text{NH}_4^+ \ + \ \text{OH}^-$

平衡浓度/mol·dm^{-3}　　　 $c - 6.0 \times 10^{-4}$　　　　 6.0×10^{-4}　 6.0×10^{-4}

代入平衡常数表达式中,得

$$K_b^\ominus = \frac{[\text{NH}_4^+] \cdot [\text{OH}^-]}{[\text{NH}_3]} = \frac{(6.0 \times 10^{-4})^2}{c - 6.0 \times 10^{-4}} = 1.77 \times 10^{-5}$$

解得　 $c = 0.020 \text{ mol} \cdot \text{dm}^{-3}$

$$\alpha = [\text{OH}^-]/c = 6.0 \times 10^{-4} / 0.02 = 3.0\%$$

4.2.2　多元弱电解质的解离平衡

多元弱酸(弱碱)在水溶液中的解离是分步进行的,每步解离都有相应的解离平衡和解离平衡常数,分别以 $K_{a1}^\ominus$、$K_{a2}^\ominus$($K_{b1}^\ominus$、$K_{b2}^\ominus$)……表示。如 H_2S 为二元酸,在水溶液中的解离分两步进行。

第一步解离　　　　　　　　 $\text{H}_2\text{S} \rightleftharpoons \text{H}^+ + \text{HS}^-$

$$K_{a1}^\ominus = \frac{[\text{H}^+][\text{HS}^-]}{[\text{H}_2\text{S}]} = 9.1 \times 10^{-8}$$

第二步解离　　　　　　　　 $\text{HS}^- \rightleftharpoons \text{H}^+ + \text{S}^{2-}$

$$K_{a2}^\ominus = \frac{[\text{H}^+][\text{S}^{2-}]}{[\text{HS}^-]} = 1.1 \times 10^{-12}$$

$K_{a1}^\ominus$、$K_{a2}^\ominus$ 分别为 H_2S 的一级解离常数和二级解离常数。由于实验和推算方法不同,不同文献、手册提供的 $K_{a1}^{\ominus}$、$K_{a2}^{\ominus}$ 差别很大。由数值可以看出，$K_{a1}^{\ominus} \gg K_{a2}^{\ominus}$，表明二级解离比一级解离困难得多。故溶液中 $[H^+]$ 主要来源于第一步解离。在忽略水的解离的前提下，溶液中 $[H^+]$ 的计算就类似于一元弱酸，当 $c_a/K_{a1}^{\ominus} \geqslant 400$ 时，可作近似计算。

$$[H^+] = \sqrt{c_a \times K_{a1}^{\ominus}} \tag{4-14}$$

由于第二步解离非常小，可以认为溶液中 $[H^+] \approx [HS^-]$，则

$$[S^{2-}] \approx K_{a2}^{\ominus} \tag{4-15}$$

【例 4-3】 计算室温时，水中通入 CO_2 至饱和（H_2CO_3 溶液的浓度为 $0.04\ \text{mol} \cdot \text{dm}^{-3}$）时的 $[H^+]$、$[HCO_3^-]$、$[CO_3^{2-}]$ 及溶液的 pH 值。

解：查表得 H_2CO_3 的 $K_{a1}^{\ominus} = 4.30 \times 10^{-7}$，$K_{a2}^{\ominus} = 5.61 \times 10^{-11}$。

若忽略水的解离，由于 $K_{a1}^{\ominus} \gg K_{a2}^{\ominus}$，在计算 $[H^+]$ 时可按一元弱酸来处理。

$$H_2CO_3 \Longrightarrow H^+ + HCO_3^-$$

因为 $c_a/K_{a1}^{\ominus} = 0.04 /(4.30 \times 10^{-7}) = 9.30 \times 10^4 > 400$，所以

$$[H^+] = \sqrt{c_a \times K_{a1}^{\ominus}} = \sqrt{0.04 \times 4.3 \times 10^{-7}} = 1.31 \times 10^{-4}$$

$$[HCO_3^-] = [H^+] = 1.31 \times 10^{-4}$$

又 $$K_{a2}^{\ominus} = \frac{[H^+][CO_3^{2-}]}{[HCO_3^-]} = [CO_3^{2-}] = 5.61 \times 10^{-11}$$

得 $$[CO_3^{2-}] = 5.61 \times 10^{-11}$$

$$pH = -\lg[H^+] = -\lg(1.31 \times 10^{-4}) = 3.88$$

4.2.3 两性物质的解离平衡

既能给出质子又能接受质子的物质称为两性物质，较重要的有 $NaHCO_3$、NaH_2PO_4 及 Na_2HPO_4 等。这些物质水溶液的 pH 值决定于 HCO_3^-、$H_2PO_4^-$ 及 HPO_4^{2-} 等的解离。如 $NaHCO_3$ 水溶液的 pH 值计算如下：

$NaHCO_3$ 作为碱

$$HCO_3^- + H_2O \Longrightarrow H_2CO_3 + OH^- \qquad K_{b2}^{\ominus} = \frac{K_w^{\ominus}}{K_{a1}^{\ominus}} = 2.33 \times 10^{-8}$$

$NaHCO_3$ 作为酸

$$HCO_3^- \Longrightarrow H^+ + CO_3^{2-} \qquad K_{a2}^{\ominus} = 5.61 \times 10^{-11}$$

在两个平衡中，$K_{b2}^{\ominus} \gg K_{a2}^{\ominus}$，说明 HCO_3^- 获取质子的能力大于失去质子的能力，故溶液为碱性。达平衡时有

$$[H^+] = [CO_3^{2-}] \qquad [H_2CO_3] = [OH^-]$$

两式相加，得

$$[H^+] = [CO_3^{2-}] + [OH^-] - [H_2CO_3] \tag{4-16}$$

由于溶液中存在下列平衡：

$$H_2CO_3 \Longrightarrow H^+ + HCO_3^- \qquad [H_2CO_3] = \frac{[H^+][HCO_3^-]}{K_{a1}^{\ominus}}$$

$$HCO_3^- \rightleftharpoons H^+ + CO_3^{2-} \qquad [CO_3^{2-}] = K_{a2}^{\ominus} \frac{[HCO_3^-]}{[H^+]}$$

$$H_2O \rightleftharpoons H^+ + OH^- \qquad [OH^-] = \frac{K_w^{\ominus}}{[H^+]}$$

将以上 $[H_2CO_3]$、$[CO_3^{2-}]$ 和 $[OH^-]$ 各表达式代入式(4-16)得

$$[H^+] = K_{a2}^{\ominus} \frac{[HCO_3^-]}{[H^+]} + \frac{K_w^{\ominus}}{[H^+]} - \frac{[H^+][HCO_3^-]}{K_{a1}^{\ominus}} \tag{4-17}$$

将式(4-17)两边同乘以 $[H^+]K_{a1}^{\ominus}$,整理得

$$[H^+]^2 = \frac{K_{a1}^{\ominus}(K_{a2}^{\ominus}[HCO_3^-] + K_w^{\ominus})}{K_{a1}^{\ominus} + [HCO_3^-]} \tag{4-18}$$

一般情况下,$K_{a2}^{\ominus}[HCO_3^-] \gg K_w^{\ominus}$,$[HCO_3^-] \gg K_{a1}^{\ominus}$,则有

$$K_{a2}^{\ominus}[HCO_3^-] + K_w^{\ominus} \approx K_{a2}^{\ominus}[HCO_3^-], \quad K_{a1}^{\ominus} + [HCO_3^-] \approx [HCO_3^-]$$

上述式(4-18)可简化为

$$[H^+] = \sqrt{K_{a1}^{\ominus} K_{a2}^{\ominus}} \tag{4-19}$$

式(4-19)为常用的近似计算公式。必须注意,只有当两性物质溶液的浓度不很稀($c > 10^{-3} \text{mol} \cdot \text{dm}^{-3}$),$c \gg K_{a1}^{\ominus} \gg K_{a2}^{\ominus}$,$cK_{a2}^{\ominus} \gg K_w^{\ominus}$,$c/K_{a1}^{\ominus} > 10$,且水的解离可以忽略的情况下才能适用。否则可用式(4-18)直接计算 $[H^+]$。

4.2.4　酸碱平衡的移动

弱酸弱碱的解离平衡和其他化学平衡一样,也是一种动态平衡。当溶液的浓度、温度等条件改变时,也会引起解离平衡的移动,其移动规律同样服从吕·查德里原理。温度恒定时,影响弱酸弱碱解离平衡的主要因素有盐效应和同离子效应。

（1）盐效应

在弱电解质溶液中加入易溶强电解质时,使弱电解质的解离度增大的现象称为盐效应。如在弱电解质 HAc 溶液中加入强电解质 NaCl 后,溶液中的离子浓度增大,离子间相互牵制作用增强,从而阻碍了溶液中的 H^+ 和 Ac^- 结合生成弱电解质 HAc,结果表现为 HAc 的解离度增大。

（2）同离子效应

在弱电解质溶液中加入与其含有相同离子(阴离子或阳离子)的易溶强电解质,使弱电解质的解离度降低的现象,称为同离子效应。例如,在氨水中加入 NH_4Cl,溶液中的 NH_4^+ 浓度增大,使平衡向生成 NH_3 的方向移动,降低了氨水的解离度;又如,向 HAc 溶液中加入 NaAc,由于 Ac^- 浓度增大,使平衡向生成 HAc 的方向移动,结果降低了 HAc 的解离度。由此可见,在弱酸溶液中加入该酸的共轭碱,或在弱碱的溶液中加入该碱的共轭酸时,可使这些弱酸或弱碱的解离程度降低。

【例 4-4】　在 $0.10 \text{ mol} \cdot \text{dm}^{-3}$ HAc 溶液中加入一定量固体 NaAc,使 NaAc 的浓度等于 $0.10 \text{ mol} \cdot \text{dm}^{-3}$,求该溶液中的 $c(H^+)$ 和 HAc 的解离度,并与例 4-1 中 $0.10 \text{ mol} \cdot \text{dm}^{-3}$ HAc 溶液的解离度进行比较。

解：NaAc 为强电解质，完全解离后有 $c(Ac^-)=0.10$ mol·dm^{-3}，设平衡时 HAc 解离的 $c(H^+)=x$ mol·dm^{-3}

$$HAc \Longrightarrow H^+ \quad + \quad Ac^-$$

初始浓度 / mol·dm^{-3}　　　　　　0.10　　　　　　　　0.10

平衡浓度 / mol·dm^{-3}　　　　0.10$-x$　　x　　　　0.10$+x$

因为 $c_a/K_a^{\ominus}=0.10/(1.76\times10^{-5})>400$，且加上同离子效应的作用，HAc 解离的 $c(H^+)$ 就更小，故 $0.10\pm x\approx0.10$ 代入平衡常数表达式，解之得

$$c(H^+)=x=1.76\times10^{-5}(\text{mol·dm}^{-3})$$

$$\alpha=x/c_a=1.76\times10^{-5}/0.10\approx0.018\%$$

在例 4-1 中 $\alpha=1.33\%$，可见同离子效应的影响非常显著。

4.3　缓冲溶液

许多化学反应和生产过程需要在一定 pH 值范围内才能进行或进行得比较完全。实践证明，由共轭酸碱对组成的混合溶液的 pH 值在一定范围内，不因外加的少量酸或碱或稀释而发生显著变化。这种能抵抗外加少量强酸、强碱或稍加稀释而保持溶液 pH 值基本不变的作用称为缓冲作用，这种混合溶液称为缓冲溶液。组成缓冲溶液的共轭酸碱对（例如 HAc-NaAc 或 $NH_3·H_2O$-NH_4Cl），称为缓冲对。其中共轭酸可抵抗碱的加入，称抗碱成分，共轭碱可抵抗酸的加入，称抗酸成分。

4.3.1　缓冲溶液的作用原理

缓冲溶液的作用原理就是基于前面讨论过的同离子效应。现以 HAc 和 NaAc 的混合溶液为例加以说明。HAc 为弱电解质，只能部分解离，而 NaAc 为强电解质，几乎完全解离。

$$HAc \Longrightarrow H^+ + Ac^-$$
$$NaAc \Longrightarrow Na^+ + Ac^-$$

在 HAc 和 NaAc 的混合溶液中，由于同离子效应抑制了 HAc 的解离，所以溶液中存在大量的 HAc 和 Ac^-，而使 H^+ 浓度较小。当向该溶液中加入少量强酸时，大量的 Ac^- 立即与外加的 H^+ 结合成 HAc，使 HAc 的解离平衡向左移动，因此，溶液中的 H^+ 浓度不会显著增大，即对外来的酸具有缓冲作用；当加入少量强碱时，OH^- 与 H^+ 结合生成水，促使 HAc 的解离平衡向右移动，溶液中大量未解离的 HAc 就继续解离以补充消耗掉的 H^+，使 H^+ 浓度保持稳定，即对外来的碱具有缓冲作用。

将此缓冲溶液作适当稀释时，由于 $[HAc]$、$[Ac^-]$ 以同等倍数降低，其比值 $[HAc]/[Ac^-]$ 不变，则溶液中 H^+ 浓度几乎没有变化。

4.3.2　缓冲溶液 pH 的计算

缓冲溶液 pH 值可以根据共轭酸碱之间的平衡进行计算。以弱酸 HA 与其共轭碱 A^-

组成的缓冲溶液为例,设弱酸 HA 的初始浓度为 c(共轭酸),共轭碱 A^- 的初始浓度为 c(共轭碱),解离平衡时溶液中的 H^+ 浓度为 x mol·dm^{-3}。根据共轭酸碱之间的平衡,可得:

$$共轭酸 \rightleftharpoons H^+ + 共轭碱$$

平衡浓度　　　　c(共轭酸)$-x$　　　　x　　　　c(共轭碱)$+x$

由于同离子效应,可将共轭酸碱的平衡浓度近似等于其起始浓度,即 c(共轭酸)$-x\approx$ c(共轭酸),c(共轭碱)$+x\approx c$(共轭碱),不会产生太大误差。故有

$$[H^+]=x=K_a^{\ominus}\cdot\frac{c(共轭酸)}{c(共轭碱)} \tag{4-20}$$

对等式两边分别取负对数得

$$pH=pK_a^{\ominus}-\lg\frac{c(共轭酸)}{c(共轭碱)} \tag{4-21}$$

式(4-21)即为计算弱酸与其共轭碱组成的缓冲溶液 pH 值的公式。

同理可得弱碱与其共轭酸组成的缓冲溶液 pH 的计算公式

$$pOH=pK_b^{\ominus}-\lg\frac{c(共轭碱)}{c(共轭酸)} \tag{4-22}$$

$$pH=14-pOH=14-pK_b^{\ominus}+\lg\frac{c(共轭碱)}{c(共轭酸)} \tag{4-23}$$

由式(4-21)和(4-23)可见,缓冲溶液的 pH 值决定于 $pK_a^{\ominus}$ 或 $pK_b^{\ominus}$ 及缓冲对的比值,这个比值称为缓冲比。选定合适的缓冲对后,因 $pK_a^{\ominus}$ 或 $pK_b^{\ominus}$ 为常数,溶液的 pH 值变化主要由缓冲比决定。

4.3.3　缓冲容量和缓冲范围

缓冲溶液的缓冲能力是有一定限度的。当加入大量的酸或碱,共轭酸碱对中的一种消耗将尽时,就失去缓冲能力,从而引起 pH 值的较大变化。缓冲溶液缓冲能力的大小,可用缓冲容量来量度。缓冲容量就是使 1 dm^3 缓冲溶液的 pH 值改变一个单位时,所需外加强酸或强碱的物质的量。缓冲容量越大,此溶液的缓冲能力越强,根据缓冲溶液 pH 值计算公式可知,缓冲容量决定于缓冲溶液的总浓度和缓冲对的浓度比。

通过实验和计算可知:对组成相同、浓度不同的缓冲溶液,加入同样量的酸或碱时,其pH 值的改变不同。组成缓冲溶液的缓冲对浓度较大时,缓冲能力也较强,其缓冲容量就大。故缓冲溶液总浓度大一点可使其缓冲能力较强。但在不影响使用的情况下也无须过浓。一般各组分的浓度选在 $0.05\sim0.5$ mol·dm^3 之间。

不同的缓冲溶液有各自的缓冲范围,缓冲范围是指能够起缓冲作用的 pH 区间。在缓冲对的总浓度一定时,根据式(4-21),缓冲对的浓度比值接近于 1 时,缓冲能力较强。通常缓冲对的浓度比在 $0.1\sim10$ 范围之内。缓冲组分的比例离 1:1 越远,缓冲容量越小。缓冲对的有效缓冲范围在 $pK_a^{\ominus}$ 两侧各一个 pH(或 $pK_b^{\ominus}$ 两侧各一个 pOH)单位之内,即

$$pH\approx pK_a^{\ominus}\pm1 \qquad pOH\approx pK_b^{\ominus}\pm1$$

4.3.4　缓冲溶液的选择和配制

配制一定 pH 值的缓冲溶液,首先要选择合适的缓冲对,使其中弱酸的 $pK_a^{\ominus}$ 与所需要

的 pH(或弱碱的 $pK_b^\ominus$ 与所需要的 pOH)相等或相近,按 $pH = pK_a^\ominus \pm 1$(或 $pOH = pK_b^\ominus \pm 1$)进行计算。这样在调整所需要的 pH 值时可保证缓冲比不至于过大或过小。如欲配制 pH 值为 5 左右的缓冲溶液,可选择 HAc-NaAc 缓冲对,因其 $pK_a^\ominus = 4.75$。其次是利用缓冲液 pH 计算公式,调节缓冲对的浓度比达到所需 pH 值。最后是选择合适的浓度,使其具有足够的抗酸、抗碱成分,获得适当的缓冲容量。还要注意所选的缓冲溶液不能与反应系统中的反应物或生成物发生反应。

【例 4-5】 计算 HAc 和 NaAc 的浓度均为 $0.100\ mol \cdot dm^{-3}$ 的缓冲溶液的 pH 值。若在 $1\ dm^3$ 该缓冲溶液中加入 $0.005\ mol\ NaOH$(假定体积不变),溶液的 pH 值变为多少?

解:将 HAc 和 NaAc 的起始浓度代替平衡浓度进行近似计算,代入式(4-21)有

$$pH = -\lg(1.76 \times 10^{-5}) - \lg \frac{0.100}{0.100} = 4.76$$

加入的 NaOH 使 HAc 减少 0.005 mol 的同时产生 0.005 mol 的 NaAc,二者的浓度分别变为 $0.095\ mol \cdot dm^{-3}$ 和 $0.105\ mol \cdot dm^{-3}$,代入式(4-21)有

$$pH = -\lg(1.76 \times 10^{-5}) - \lg \frac{0.095}{0.105} = 4.80$$

可见,加入 0.005 mol 的 NaOH 使缓冲溶液的 pH 值改变了 0.04 个单位。

【例 4-6】 欲配制 pH=9.0 的缓冲溶液 $1.0\ dm^3$,应在 $0.5\ dm^3\ 0.20\ mol \cdot dm^{-3}$ 的氨水溶液中加入固体 $NH_4Cl(M = 53.5\ g \cdot mol^{-1})$多少克?

解:由题意得

$c(共轭酸) = c(NH_4Cl),c(共轭碱) = c(氨水) = 0.5 \times 0.20/1.0 = 0.10(mol \cdot dm^{-3})$

代入式(4-23)有

$$9.0 = 14 - 4.75 + \lg \frac{0.1}{c(NH_4Cl)}$$

解之得　$c(NH_4Cl) = 0.178\ mol \cdot dm^{-3}$

应加入固体 NH_4Cl 的质量为

$$m = 0.178\ mol \cdot dm^{-3} \times 1.0\ dm^3 \times 53.5\ g \cdot mol^{-1} = 9.52\ g$$

缓冲溶液在工农业生产、生物学、医学、化学等各领域都有重要应用。例如,金属器件进行电镀时,电镀液常用缓冲溶液来控制一定的 pH 值以使镀层光滑均匀。在土壤中,由于含有 H_2CO_3-$NaHCO_3$ 和 NaH_2PO_4-Na_2HPO_4 以及其他有机弱酸及其共轭碱所组成的复杂的缓冲系统,能使土壤维持一定的 pH 值,从而保证了植物的正常生长。人体的血液也依赖 H_2CO_3-$NaHCO_3$ 等多个缓冲对所形成的缓冲系统以维持血液的 pH 值在 7.4 附近,从而保证细胞正常的新陈代谢及整个机体的生存。如果酸碱度突然发生改变,就会引起"酸中毒"或"碱中毒",当 pH 值的改变超过 0.5 时,就可能会导致生命危险。

本 章 小 结

1. 酸碱理论

(1) 酸碱质子理论：凡是能给出质子(H^+)的物质都是酸；凡是能接受质子(H^+)的物质都是碱。酸与其共轭碱或碱与其共轭酸组成共轭酸碱对。

(2) 酸碱电子理论：凡能接受电子对的物质都是酸；凡能给出电子对的物质都是碱。

2. 弱电解质的解离平衡

(1) 一元弱酸

当 $\alpha < 5\%$ 或 $c_a/K_a^{\ominus} \geqslant 400$ 时，$\alpha = \sqrt{\dfrac{K_a^{\ominus}}{c_a}}$ 　　　　$[H^+] = \sqrt{c_a \times K_a^{\ominus}}$

(2) 一元弱碱

当 $\alpha < 5\%$ 或 $c_b/K_b^{\ominus} \geqslant 400$ 时，$\alpha = \sqrt{\dfrac{K_b^{\ominus}}{c_b}}$ 　　　　$[OH^-] = \sqrt{c_b \times K_b^{\ominus}}$

(3) 多元弱酸（碱）

多元弱酸（碱）在水溶液中是分步解离的，计算溶液酸碱度时以一级解离为主，计算方法和上述一元弱酸（碱）相同，只是将解离常数改为 $K_{a1}^{\ominus}$ 或 $K_{b1}^{\ominus}$。

(4) 两性物质

近似计算时与溶液浓度无关。

(5) 影响解离平衡的因素（一定温度下）

盐效应：使弱酸或弱碱的解离度略有增大；同离子效应：使弱酸或弱碱的解离度降低。

3. 缓冲溶液

一般由共轭酸碱对组成。

$$[H^+] = K_a^{\ominus} \frac{c(共轭酸)}{c(共轭碱)}$$

$$pH = pK_a^{\ominus} - \lg \frac{c(共轭酸)}{c(共轭碱)}$$

$$pOH = pK_b^{\ominus} - \lg \frac{c(共轭碱)}{c(共轭酸)}$$

$$pH = 14 - pOH = 14 - pK_b^{\ominus} + \lg \frac{c(共轭碱)}{c(共轭酸)}$$

【知识延伸】

代谢性酸中毒

代谢性酸中毒是最常见的一种酸碱平衡紊乱，是细胞外液 H^+ 增加或 HCO_3^- 丢失而引起的以原发性 HCO_3^- 降低（<21 mmol/L）和 pH 值降低（<7.35）为特征。在代谢性酸中毒

的临床判断中,阴离子间隙(AG)有重要的临床价值。按不同的 AG 值可分为高 AG 正常氯型及正常 AG 高氯型代谢性酸中毒。

1. 高 AG 正常氯性代谢性酸中毒

(1) 乳酸性酸中毒

乳酸性酸中毒是代谢性酸中毒的常见原因。正常乳酸是由丙酮酸在乳酸脱氢酶(LDH)的作用下,经 NADH 加氢转化而成,NADH 则转变为 NAD。乳酸也能在 LDH 作用下当 NAD 转化为 NADH 时转变为丙酮酸。因此决定上述反应方向的主要为丙酮酸和乳酸两者作为反应底物的浓度以及 NADH 和 NAD 的比例情况。正常葡萄糖酵解时可以产生 NADH,但是生成的 NADH 可以到线粒体而生成 NAD,另外丙酮酸在丙酮酸脱氢酶(PDH)作用下转化成乙酰辅酶 A,后者再通过三羧酸循环转化为 CO_2 及 H_2O。

正常人血乳酸水平甚低,为 $1\sim2$ mmol $\cdot$ L^{-1},当超过 4 mmol $\cdot$ L^{-1} 时称为乳酸性酸中毒。乳酸性酸中毒临床上分为 A、B 两型。

A 型为组织灌注不足或急性缺氧所致,如癫痫发作、抽搐、剧烈运动、严重哮喘等可以造成高代谢状态,组织代谢明显过高;或者在休克、心脏骤停、急性肺水肿、CO 中毒、贫血、严重低氧血症等时组织供氧不足,这些情况都可使 NADH 不能转化为 NAD,从而大量丙酮酸转化为乳酸,产生乳酸性酸中毒。

B 型为一些常见病、药物或毒物及某些遗传性疾病所致。如肝脏疾病,以肝硬化为最常见。由于肝实质细胞减少,乳酸转变为丙酮酸减少,导致乳酸性酸中毒。这型乳酸性酸中毒发展常较慢,但如果在合并有组织灌注不足等情况时,酸中毒可十分严重;如存在慢性酒精中毒则更易出现,可能是饮酒使肝糖原再生减少,乳酸利用障碍所致。在恶性肿瘤性疾病时,特别为巨大软组织肿瘤时常常可有不同程度的乳酸性酸中毒。如果肿瘤向肝脏转移,病情可以更为加重。化疗使肿瘤缩小或手术切除以后,乳酸性酸中毒可得到明显好转。部分药物包括双胍类降糖药物、果糖、甲醇、水杨酸以及异烟肼类等服用过多可造成本病,其机制是通过干扰组织对氧的利用、糖代谢紊乱等。

(2) 酮症酸中毒

酮症酸中毒为乙酰乙酸及 β-羟基丁酸在体内(特别是细胞外液)的积聚,还伴有胰岛素降低,胰高血糖素、可的松、生长激素、儿茶酚胺及糖皮质激素等不同程度的升高,是机体对饥饿的极端病理生理反应的结果。

糖尿病酮症酸中毒由胰岛素相对或绝对缺乏加上高胰高血糖素水平所致,常发生在治疗中突然停用胰岛素或伴有各种应激,如感染、创伤、手术及情感刺激等,使原治疗的胰岛素量相对不够。患者血糖、血酮明显增加,酮体的产生(特别是在肝脏)超过中枢神经及周围组织对酮体的利用。由于大量渗透性利尿,可出现血容量下降。

酒精性酮症酸中毒见于慢性酒精饮用者,停止进食时可出现,常有呕吐及脱水等诱因,其血糖水平一般低下,常同时伴有乳酸酸中毒、血皮质醇、胰高血糖素及生长激素增加等。

饥饿性酮症酸中毒为饥饿产生的中等度酮症酸中毒,在开始的 $10\sim14$ h,血糖由糖原分解所维持。随后糖异生即为葡萄糖主要来源,脂肪氧化分解(特别在肝脏)加速,导致酮症酸中毒。运动和妊娠可加速该过程。

（3）药物或毒物所致的代谢性酸中毒

该类药物或毒物主要为水杨酸类及醇类有机化合物，包括甲醇、乙醇、异丙醇等。大量服用水杨酸类，特别同时服用碱性药，可以使水杨酸从胃中大量吸收，造成酸中毒。甲醇中毒主要见于服用假酒者，饮入后在肝脏经乙醇脱氢酶转化成甲醛，再转变为甲酸。甲酸一方面可以直接引起代谢性酸中毒，另一方面也可以通过抑制线粒体呼吸链引起乳酸酸中毒。

（4）尿毒症性酸中毒

慢性肾功能衰竭患者当 GFR 降至 $20\sim30$ mL/min 以下时，高氯性代谢性酸中毒可转变为高 AG 性代谢性酸中毒，为尿毒症性有机阴离子不能经肾小球充分滤过而排泄以及重吸收有所增加所致。大多数患者血 HCO_3^- 水平多在 $12\sim18$ mmol/L 之间，这种酸中毒发展很慢。潴留的酸由骨中的储碱所缓冲，加上维生素 D 异常、PTH 及钙磷紊乱，可出现明显的骨病。

2. 正常 AG 高氯型代谢性酸中毒

正常 AG 高氯型代谢性酸中毒是主要因 HCO_3^- 从肾脏或肾外丢失，或者肾小管泌 H 减少，但肾小球滤过功能相对正常引起。无论是 HCO_3^- 丢失或肾小管单纯泌 H 减少，其结果都是使 HCO_3^- 过少，同时血中一般无其他有机阴离子的积聚，因此 Cl^- 水平相应上升，大多呈正常 AG 高氯型酸中毒。

代谢性酸中毒的治疗最重要的是针对其基本病因进行治疗，尤其是高 AG 正常氯性代谢性酸中毒。碱性药物治疗用于严重的正常 AG 高氯性代谢性酸中毒的患者。处理酸中毒时还要注意并发症的治疗。

（摘自 https://baike.baidu.com/item，有删减）

习　题

一、选择题（将正确答案的标号填入括号内）

1. 根据酸碱质子理论，下列物质中既能作为酸又能作为碱的是（　　）。

    A. NH_4^+ B. OH^- C. H^+ D. H_2O

2. 在某弱酸平衡系统中，下列参数中不受浓度影响的是（　　）。

    A. $b(H^+)$ B. α C. $K_a^\ominus$ D. $b(OH^-)$

3. NH_3 的共轭酸是（　　）。

    A. NH_2^- B. NH_4^+ C. H_3O^+ D. OH^-

4. 设氨水的浓度为 c，若将其稀释 1 倍，则溶液中 $c(OH^-)$ 为（　　）。

    A. $\dfrac{1}{2}c$ B. $\dfrac{1}{2\sqrt{K_b^\ominus \times c}}$ C. $\sqrt{K_b^\ominus \times c/2}$ D. $2c$

5. 对于弱电解质，下列说法正确的是（　　）。

    A. 弱电解质的解离常数不仅与温度有关，而且与浓度有关

    B. 溶液的浓度越大，达到平衡时解离出的离子浓度越高，它的解离度越大

C. 两弱酸,解离常数越小的,达到平衡时,其 pH 值越大,酸性越弱

D. 弱电解质的解离度不仅与温度有关,而且与浓度有关

6. 根据质子理论,下列物质中全部是两性物质的是(　　)。

A. Ac^-,CO_3^{2-},PO_4^{3-},H_2O 　　　　　　B. CO_3^{2-},CN^-,Ac^-,NO_3^-

C. HS^-,HCO_3^-,HPO_4^{2-},H_2O 　　　　　　D. H_2S,Ac^-,NH_4^+,H_2O

7. 下列浓度相同的溶液中,pH 值最低的是(　　)。

A. NH_4Cl 　　　　　B. $NaCl$ 　　　　　C. $NaOH$ 　　　　　D. $NaAc$

8. 已知 $K_a^{\ominus}(HA)=1.0\times10^{-7}$,则 0.1 mol·$dm^{-3}$ HA 溶液的 pH 是(　　)。

A. 7.0 　　　　　B. 6.0 　　　　　C. 8.0 　　　　　D. 4.0

9. 欲配制 pH＝10 的缓冲溶液,选取较为合适的缓冲对是(　　)。

A. HAc-NaAc 　　　　　　　　　　B. $NH_3 \cdot H_2O$-NH_4Cl

C. H_3PO_4-NaH_2PO_4 　　　　　　　　D. NaH_2PO_4-Na_2HPO_4

10. 下列共轭酸碱对组成的溶液中,缓冲容量最大的是(　　)。

A. 0.02 mol·dm^{-3} NH_3-0.18 mol·dm^{-3} NH_4Cl

B. 0.17 mol·dm^{-3} NH_3-0.03 mol·dm^{-3} NH_4Cl

C. 0.15 mol·dm^{-3} NH_3-0.05 mol·dm^{-3} NH_4Cl

D. 0.10 mol·dm^{-3} NH_3-0.10 mol·dm^{-3} NH_4Cl

二、判断题(对的在括号内填"√",错的在括号内填"×")

1. 向 1 dm^3 0.10 mol·dm^{-3}的氨水中加入 NH_4Cl 晶体,会使氨水的解离常数增大。(　　)

2. 根据稀释定律,醋酸的浓度越小,其解离度就越大,溶液中的 H^+ 浓度也越大。(　　)

3. 一元弱酸 HX 和 HY 的水溶液的 pH 值相等,则这两种酸的浓度必然相同。(　　)

4. 中和同浓度、等体积的 HCl 和 HAc 溶液所需的 NaOH 的量相同,则两种酸中的 H^+ 浓度也必然相等。(　　)

5. 弱电解质的解离常数 $K^{\ominus}$ 与溶液的温度有关,而与其浓度无关。(　　)

6. 弱电解质的解离度随弱电解质的浓度降低而增大。(　　)

7. 同离子效应使弱电解质溶液中的离子浓度都减小。(　　)

8. 将氨水溶液的浓度稀释一倍,溶液中OH^-浓度也减少到原来的 1/2。(　　)

9. NaH_2PO_4在缓冲对 H_3PO_4-NaH_2PO_4 中是碱,在 NaH_2PO_4-Na_2HPO_4 中是酸。(　　)

10. 由共轭酸碱对组成的缓冲溶液,若 c(共轭酸)＞c(共轭碱),则该缓冲溶液抵抗外来酸的能力大于抵抗外来碱的能力。(　　)

三、填空题

1. 在 1.0 mol·dm^{-3} HAc($K_a^{\ominus}=1.76\times10^{-5}$)溶液中加入 NaAc 固体(假设体积不变),则 HAc 的解离度将_____(升高、降低、不变),溶液的 pH 值将_____(升高、降低、不变),HAc 的 $K_a^{\ominus}$ 将_____(增大、减小、不变);若使溶液中 c(NaAc)＝c(HAc),则溶液的 pH 值将等于_____。

2. 已知氨水的 $K_b^{\ominus}=1.77\times10^{-5}$,则 0.1 mol·$dm^{-3}$ $(NH_4)_2SO_4$ 溶液中$[NH_4^+]=$

_____，[H$^+$]=_____，pH=_____，由此可知(NH$_4$)$_2$SO$_4$为_____(酸、碱)。

3. 已知碳酸的 $K_{a1}^{\ominus}=4.30\times10^{-7}$，$K_{a2}^{\ominus}=5.61\times10^{-11}$，在含有浓度均为 0.15 mol·dm^{-3}的HCO$_3^-$ 和CO$_3^{2-}$ 溶液中，[H$^+$]=_____，pH=_____。

四、计算题

1. 298 K 时 0.10 mol·dm^{-3} HAc 溶液的解离度为 1.33%，求 HAc 的 $K_a^{\ominus}$ 和溶液的 pH 值。

2. 计算下列溶液的 pH 值。

(1) 0.02 mol·dm^{-3} NaAc；

(2) 0.20 mol·dm^{-3} NH$_4$Cl。

3. 20 cm^3 0.4 mol·dm^{-3}的一元弱酸 HA 溶液($K_a^{\ominus}=1.0\times10^{-6}$)与 20 cm^3 0.2 mol·dm^{-3}的 NaOH 溶液混合，计算该混合液的 pH 值。

4. 已知氨水溶液的浓度为 0.20 mol·dm^{-3}。

(1) 求该溶液中的OH$^-$浓度、pH 值和氨的解离度。

(2) 在上述溶液中加入NH$_4$Cl 晶体，使其溶解后NH$_4$Cl 的浓度为 0.20 mol·dm^{-3}。求所得溶液的OH$^-$的浓度、pH 和氨的解离度。

5. 今有 125 cm^3 1.0 mol·dm^{-3}的 NaAc 溶液，欲配制 250 cm^3 pH 值为 5.0 的缓冲溶液，计算需加入 6.0 mol·dm^{-3}的 HAc 溶液的体积。

6. 欲配制 pH=9.0 的缓冲溶液，需向 500 cm^3 0.20 mol·dm^{-3}的氨水溶液中加入固体NH$_4$Cl(M=53.5 g·mol^{-1})多少克？

第 5 章　难溶电解质的沉淀-溶解平衡

酸碱平衡是水溶液中的单相离子平衡,而在含有固体难溶电解质的饱和溶液中,存在固体和溶液中相应离子的多相平衡,称为沉淀-溶解平衡(precipitation-dissolution equilibrium)。本章将根据化学平衡原理讨论难溶电解质沉淀-溶解平衡的规律及其应用。

5.1　溶度积规则

5.1.1　溶度积常数

不同电解质的溶解度大小有很大差别,在水中绝对不溶的物质是不存在的。通常把溶解度小于 $0.01\ g/(100\ g\ H_2O)$ 的电解质称为难溶电解质。难溶电解质在水中的溶解度虽然很小,但溶解部分是完全解离的。在水中加入难溶电解质固体(例如氯化银),会发生溶解-沉淀这一可逆过程。在一定温度下,当溶解与沉淀的速率相等时,在固体(如氯化银)和饱和溶液中相应的离子(如 Ag^+ 和 Cl^-)之间所建立的动态多相平衡称为沉淀-溶解平衡。

$$AgCl(s) \Longleftrightarrow Ag^+(aq) + Cl^-(aq)$$

一定温度下,其平衡常数表达式为

$$K_{sp}^{\ominus} = [c(Ag^+)/c^{\ominus}] \cdot [c(Cl^-)/c^{\ominus}]$$

若不考虑平衡常数的单位,则上式可以化简为

$$K_{sp}^{\ominus} = [Ag^+] \cdot [Cl^-]$$

上式表示当温度一定时,难溶电解质饱和溶液中各有关离子相对浓度幂的乘积为一常数,称为溶度积常数(solubility product constant),简称溶度积(solubility product),符号 $K_{sp}^{\ominus}$。它反映了难溶电解质在溶液中的溶解能力,其大小与物质的本性和温度有关,而与离子的浓度无关。

对于任一难溶电解质 A_mB_n 的沉淀-溶解平衡

$$A_mB_n(s) \Longleftrightarrow mA^{n+}(aq) + nB^{m-}(aq)$$

其溶度积表达式为

$$K_{sp}^{\ominus} = [A^{n+}]^m \cdot [B^{m-}]^n \tag{5-1}$$

$K_{sp}^{\ominus}$ 数值既可由实验测得,也可以由热力学数据来计算。298.15 K 时一些常见难溶电解质的溶度积常数见附录。同一类型的难溶电解质,可以用 $K_{sp}^{\ominus}$ 直接比较其溶解能力的大

小。$K_{sp}^{\ominus}$越大,难溶电解质在溶液中溶解的趋势越大,反之越小。不同类型的难溶电解质,不能用 $K_{sp}^{\ominus}$ 直接比较溶解能力。

5.1.2 溶度积与溶解度的相互换算

溶度积和溶解度(S)都可以用来表示难溶电解质的溶解能力大小,溶度积表示溶解作用进行的倾向,并不直接表示已溶解的量;溶解度表示沉淀溶解平衡时离子的浓度(饱和),单位为 $mol \cdot dm^{-3}$,是指实际溶解的量,二者之间可进行相互换算。另外,由于难溶电解质饱和溶液中的离子浓度很小,溶液的密度可近似等于水的密度,即 $1\ kg \cdot dm^{-3}$。

对于任一难溶电解质的沉淀-溶解平衡

$$A_mB_n(s) \Longrightarrow mA^{n+}(aq) + nB^{m-}(aq)$$

平衡浓度/$mol \cdot dm^{-3}$ $\qquad\qquad mS \qquad\qquad nS$

S 与 $K_{sp}^{\ominus}$ 的关系为

$$K_{sp}^{\ominus} = (mS)^m \cdot (nS)^n = m^m n^n \cdot S^{m+n}$$

对于 AB 型难溶电解质 $\qquad\qquad S = \sqrt{K_{sp}^{\ominus}} \qquad\qquad\qquad (5-2)$

对于 AB_2(或 A_2B)型难溶电解质

$$S = \sqrt[3]{\frac{K_{sp}^{\ominus}}{4}} \qquad\qquad\qquad (5-3)$$

【例 5-1】 已知 298.15 K 时,AgCl 和 Ag_2CrO_4 的 $K_{sp}^{\ominus}$ 分别为 1.77×10^{-10} 和 1.12×10^{-12},分别计算其溶解度。

解:(1) $\qquad\qquad AgCl(s) \Longrightarrow Ag^+(aq) + Cl^-(aq)$

平衡浓度/$mol \cdot dm^{-3}$ $\qquad\qquad\qquad S \qquad\qquad S$

$$S(AgCl)/c^{\ominus} = \sqrt{K_{sp}^{\ominus}(AgCl)} = \sqrt{1.77 \times 10^{-10}} = 1.33 \times 10^{-5}$$

AgCl 的溶解度为 $1.33 \times 10^{-5}\ mol \cdot dm^{-3}$。

(2) $\qquad\qquad Ag_2CrO_4(s) \Longrightarrow 2Ag^+(aq) + CrO_4^{2-}(aq)$

平衡浓度/$mol \cdot dm^{-3}$ $\qquad\qquad\qquad 2S \qquad\qquad S$

$$S(Ag_2CrO_4)/c^{\ominus} = \sqrt[3]{\frac{K_{sp}^{\ominus}}{4}} = \sqrt[3]{\frac{1.12 \times 10^{-12}}{4}} = 6.54 \times 10^{-5}$$

Ag_2CrO_4 的溶解度为 $6.54 \times 10^{-5}\ mol \cdot dm^{-3}$。

计算结果表明,AgCl 的 $K_{sp}^{\ominus}$ 虽比 Ag_2CrO_4 的 $K_{sp}^{\ominus}$ 大,但 AgCl 的溶解度却比 Ag_2CrO_4 的溶解度要小。因此不同类型的难溶电解质,不能利用 $K_{sp}^{\ominus}$ 进行溶解度的比较。

【例 5-2】 已知 298.15 K 时 $CaCO_3$ 的溶解度为 $7.04 \times 10^{-5}\ mol \cdot dm^{-3}$,求 $CaCO_3$ 的溶度积。

解:假设溶解的 $CaCO_3$ 完全解离,则有

$$CaCO_3(s) \Longrightarrow Ca^{2+}(aq) + CO_3^{2-}(aq)$$

平衡浓度/$mol \cdot dm^{-3}$ $\qquad\qquad\qquad S \qquad\qquad S$

$$K_{sp}^{\ominus}(CaCO_3) = S^2 = (7.04 \times 10^{-5}\ mol \cdot dm^{-3}/c^{\ominus})^2 = 4.96 \times 10^{-9}$$

5.1.3　溶度积规则

对于任一难溶电解质的沉淀-溶解平衡：

$$A_mB_n(s) \Longrightarrow mA^{n+}(aq) + nB^{m-}(aq)$$

任意状态下各有关离子相对浓度幂的乘积即为反应商 Q（或称离子积），其表达式与 $K_{sp}^{\ominus}$ 相同，即：

$$Q = [c(A^{n+})/c^{\ominus}]^m \times [c(B^{m-})/c^{\ominus}]^n$$

根据化学平衡移动原理，将 Q 与 $K_{sp}^{\ominus}$ 比较，可以判断沉淀的生成或溶解：

（1）$Q > K_{sp}^{\ominus}$，反应逆向进行，有沉淀生成，溶液过饱和。

（2）$Q = K_{sp}^{\ominus}$，处于沉淀-溶解平衡状态，溶液饱和。

（3）$Q < K_{sp}^{\ominus}$，反应正向进行，沉淀溶解，溶液不饱和。

以上规律即为溶度积规则（the rule of solubility product）。根据溶度积规则，可以判断系统中是否有沉淀生成或溶解，也可以通过控制离子浓度，使沉淀生成或溶解。

5.2　沉淀的生成和溶解

5.2.1　沉淀的生成

（1）沉淀生成的条件

根据溶度积规则，产生沉淀的唯一条件是 $Q > K_{sp}^{\ominus}$，即增大离子浓度可使反应向着生成沉淀的方向转化。一般采用加入沉淀剂（precipitator）的方法使沉淀析出。例如，在 $AgNO_3$ 溶液中加入 $NaCl$ 溶液，当 $Q > K_{sp}^{\ominus}$ 时，就有 $AgCl$ 沉淀析出。此外，由于溶液的 pH 值常常影响沉淀的溶解度，故可通过控制溶液的酸度，促使弱酸的难溶盐或难溶的氢氧化物沉淀的生成或溶解。

【**例 5-3**】　已知某溶液中 $c(SO_4^{2-}) = 0.001\ mol \cdot dm^{-3}$，欲使生成 $BaSO_4$ 沉淀，试计算所需加入的 Ba^{2+} 的最低浓度。已知 $K_{sp}^{\ominus}(BaSO_4) = 1.08 \times 10^{-10}$。

解：当 $Q > K_{sp}^{\ominus}(BaSO_4)$ 时，便有 $BaSO_4$ 沉淀析出，即

$$[c(Ba^{2+})/c^{\ominus}] \cdot [c(SO_4^{2-})/c^{\ominus}] > K_{sp}^{\ominus}$$

代入数据得

$$[c(Ba^{2+})/c^{\ominus}] > \frac{1.08 \times 10^{-10}}{1 \times 10^{-3}} = 1.08 \times 10^{-7}$$

计算表明，使 $BaSO_4$ 沉淀析出所需 Ba^{2+} 的最低浓度为 $1.08 \times 10^{-7}\ mol \cdot dm^{-3}$。

（2）同离子效应

在难溶电解质的饱和溶液中，加入含有相同离子的易溶强电解质时，难溶电解质的多相离子平衡就会发生移动。例如在 $BaSO_4$ 饱和溶液中，加入含有相同离子的 Na_2SO_4，由于 SO_4^{2-} 浓度增大，使 $Q > K_{sp}^{\ominus}(BaSO_4)$，平衡逆向移动，会使 $BaSO_4$ 沉淀析出。所以 $BaSO_4$ 在 Na_2SO_4 溶液中的溶解度比在纯水中要小。这种因加入与难溶电解质有相同离子的易溶强

电解质而使难溶电解质溶解度降低的现象,也称作同离子效应(common-ion effect)。

【例 5-4】 已知室温下 $BaSO_4$ 在纯水中的溶解度为 $S(BaSO_4)=1.04\times10^{-5}$ mol·dm^{-3},试计算 $BaSO_4$ 在 $c(BaCl_2)=0.001$ mol·dm^{-3} 的 $BaCl_2$ 溶液中的溶解度 $S'(BaSO_4)$。

解:由 $BaSO_4$ 在纯水中的溶解度可求得 $BaSO_4$ 的溶度积

$$BaSO_4(s)\Longrightarrow Ba^{2+}(aq)+SO_4^{2-}(aq)$$

$$K_{sp}^{\ominus}(BaSO_4)=S^2=(1.04\times10^{-5}\ \text{mol}\cdot dm^{-3}/c^{\ominus})^2=1.08\times10^{-10}$$

在 $c(BaCl_2)=0.001$ mol·dm^{-3} 的 $BaCl_2$ 溶液中,$c(Ba^{2+})=0.001$ mol·dm^{-3},根据平衡原理有

$$[c(Ba^{2+})/c^{\ominus}]=[0.001+S'(BaSO_4)]/c^{\ominus}\approx0.001,\ [c(SO_4^{2-})/c^{\ominus}]=S'(BaSO_4)/c^{\ominus}$$

$$K_{sp}^{\ominus}(BaSO_4)=[c(Ba^{2+})/c^{\ominus}]\cdot[c(SO_4^{2-})/c^{\ominus}]$$
$$=0.001\times[S'(BaSO_4)/c^{\ominus}]$$

解得 $\qquad\qquad S'(BaSO_4)/c^{\ominus}=1.08\times10^{-7}$

根据同离子效应,加入适当过量的沉淀剂使沉淀反应更完全,一般沉淀剂过量 20%～50% 为宜。沉淀完全指溶液中残留该离子的浓度 $c\leqslant1.0\times10^{-5}$ mol·dm^{-3}。某种离子沉淀完全时所需沉淀剂的浓度和该离子的起始浓度无关。

(3) 盐效应

如果在难溶电解质饱和溶液中加入不含有相同离子的某种强电解质,通常难溶电解质的溶解度比其在纯水中的溶解度有所增大。例如 AgCl 在 KNO_3 溶液中的溶解度大于它在纯水中的溶解度,并且随 KNO_3 浓度的增大,溶解度也增大。这种因加入易溶强电解质而使难溶电解质的溶解度增大的现象称作盐效应。

产生盐效应不仅局限于盐类,也可以是其他强电解质如强酸、强碱等,即溶液的 pH 值对溶解度或沉淀反应也有影响;某些沉淀剂若为强电解质也同样存在盐效应。因此,在加入沉淀剂时应适当过量。同离子效应的影响比盐效应的影响大得多。一般情况下,盐效应可以忽略不计。但是,若某难溶电解质的溶度积较大,溶液中各种离子的总浓度较大时,应考虑盐效应的影响。

【例 5-5】 计算 0.010 mol·dm^{-3} 的 Fe^{3+} 开始沉淀和沉淀完全时溶液的 pH 值。

解:(1) 开始沉淀时溶液的 pH

$$Fe(OH)_3(s)\Longrightarrow Fe^{3+}(aq)+3OH^-(aq)\qquad K_{sp}^{\ominus}=[Fe^{3+}][OH^-]^3$$

$$[OH^-]/c^{\ominus}=\sqrt[3]{\frac{K_{sp}^{\ominus}}{[Fe^{3+}]}}=\sqrt[3]{\frac{4.0\times10^{-38}}{0.01}}=1.6\times10^{-12}$$

所以 $\qquad\qquad pH=14-pOH=14-[-lg(1.6\times10^{-12})]=2.20$

(2) 沉淀完全时溶液的 pH

同理得 $\qquad [OH^-]/c^{\ominus}=\sqrt[3]{\frac{K_{sp}^{\ominus}}{[Fe^{3+}]}}=\sqrt[3]{\frac{4.0\times10^{-38}}{10^{-5}}}=1.6\times10^{-11}$

所以 $\qquad\qquad pH=14-pOH=14-[-lg(1.6\times10^{-11})]=3.20$

通过计算可得到如下结论:

① 金属氢氧化物的沉淀环境不一定是碱性环境。

② 不同金属氢氧化物的 $K_{sp}^{\ominus}$ 值不同,沉淀所需的 pH 值也不同。根据各种金属氢氧化物溶解度的差别,可通过控制 pH 值分离金属离子。

③ 不同起始浓度的相同金属离子,开始沉淀所需的 pH 值也不同。

④ 金属离子沉淀完全所需 pH 值只与 $K_{sp}^{\ominus}$ 有关,与起始浓度无关。

例如,生产实际中常需要提纯 Ni^{2+} 离子,其中的 Fe^{3+} 杂质需要除去,人们通过控制溶液的 pH 值使 Fe^{3+} 离子生成 $Fe(OH)_3$ 沉淀,Ni^{2+} 离子保留在溶液中得以提纯。

5.2.2　沉淀的溶解

根据溶度积规则,沉淀溶解的必要条件是 $Q < K_{sp}^{\ominus}$。因此,创造条件,降低溶液中离子的浓度可促使沉淀溶解。常用方法有以下几种:

(1) 生成弱电解质或气体

例如往含有 $CaCO_3$ 固体的饱和溶液中加入 HCl,能使 $CaCO_3$ 溶解,产生 CO_2 气体。

$$CaCO_3(s) + 2H^+(aq) = Ca^{2+}(aq) + CO_2(g) + H_2O(l)$$

由于 H^+ 与 CO_3^{2-} 生成 H_2CO_3,而 H_2CO_3 不稳定分解为 CO_2 和 H_2O,从而降低了溶液中 CO_3^{2-} 的浓度,使 Q 小于溶度积 $K_{sp}^{\ominus}(CaCO_3)$,促使平衡向溶解的方向进行。

(2) 氧化还原反应法

一些溶解度很小的硫化物如 CuS、PbS 等,既难溶于水,又难溶于非氧化性的酸如盐酸,但能溶于氧化性酸(如 HNO_3)中。例如:

$$3PbS(s) + 8HNO_3(稀) = 3Pb(NO_3)_2(aq) + 3S(s) + 2NO(g) + 4H_2O(l)$$

这是由于 HNO_3 将 S^{2-} 氧化成 S,使 S^{2-} 浓度降低,从而 $Q < K_{sp}^{\ominus}$,导致硫化物溶解。

(3) 生成配合物

当难溶电解质中的金属离子能与某些试剂(配位剂)形成配离子时,降低了金属离子的浓度,使 $Q < K_{sp}^{\ominus}$,促使沉淀溶解。例如,照相底片上未曝光的 AgBr,可用 $Na_2S_2O_3$ 溶液溶解。反应式为:

$$AgBr(s) + 2S_2O_3^{2-}(aq) = [Ag(S_2O_3)_2]^{3-}(aq) + Br^-(aq)$$

再如,从矿石中提取金属金,加入配位剂可使金通过氧化-配位共同作用溶解:

$$4Au(s) + 8CN^-(aq) + 2H_2O(l) + O_2(g) = 4[Au(CN)_2]^-(aq) + 4OH^-(aq)$$

5.3　分步沉淀和沉淀的转化

5.3.1　分步沉淀

如果溶液中含有两种或两种以上的离子,且都能与加入的沉淀剂发生沉淀反应,此时沉淀反应是同时进行,还是按一定的先后顺序进行? 例如,在含有相同浓度的 Cl^- 和 I^- 的溶液中,逐滴加入 $AgNO_3$ 溶液,可以看到开始仅生成 AgI 沉淀,只有当 $AgNO_3$ 加到一定量后,才会生成 AgCl 沉淀。这种在溶液中离子先后沉淀的现象称为分步沉淀。分步沉淀的先后次序可以根据溶度积规则来进行判断。

【例 5-6】　某混合溶液中 $c(Cl^-)=c(I^-)=0.010\ mol \cdot dm^{-3}$，逐滴加入 $AgNO_3$ 溶液，试计算哪种离子先生成沉淀？当第二种离子开始生成沉淀时，溶液中第一种离子还剩多少？已知 $K_{sp}^{\ominus}(AgCl)=1.77\times10^{-10}$，$K_{sp}^{\ominus}(AgI)=8.30\times10^{-17}$。

解：反应式为：
$$AgCl(s) \Longrightarrow Ag^+(aq)+Cl^-(aq)$$
$$AgI(s) \Longrightarrow Ag^+(aq)+I^-(aq)$$

当 AgCl 开始沉淀时

$$c(Ag^+)/c^{\ominus}=\frac{K_{sp}^{\ominus}(AgCl)}{c(Cl^-)/c^{\ominus}}=\frac{1.77\times10^{-10}}{0.01}=1.77\times10^{-8}$$

生成 AgCl 沉淀时所需 Ag^+ 浓度为 $c(Ag^+)=1.77\times10^{-8}\ mol \cdot dm^{-3}$

当 AgI 开始沉淀时

$$c(Ag^+)/c^{\ominus}=\frac{K_{sp}^{\ominus}(AgI)}{c(I^-)/c^{\ominus}}=\frac{8.30\times10^{-17}}{0.01}=8.30\times10^{-15}$$

生成 AgI 沉淀时所需 Ag^+ 浓度为 $c(Ag^+)=8.30\times10^{-15}\ mol \cdot dm^{-3}$

所以 AgI 先沉淀，AgCl 后沉淀。

当 AgCl 沉淀开始生成时，溶液中 $c(Ag^+)=1.77\times10^{-8}\ mol \cdot dm^{-3}$，此时溶液中剩余的 I^- 浓度为：

$$c(I^-)/c^{\ominus}=\frac{K_{sp}^{\ominus}(AgI)}{c(Ag^+)/c^{\ominus}}=\frac{8.30\times10^{-17}}{1.77\times10^{-8}}=4.69\times10^{-9}$$

计算表明，当 AgCl 开始沉淀时，溶液中剩余的 I^- 浓度为 $4.69\times10^{-9}\ mol \cdot dm^{-3}$，远远小于 $10^{-5}\ mol \cdot dm^{-3}$，$I^-$ 已沉淀完全。所以控制 Ag^+ 浓度即可达到分离 I^- 和 Cl^- 的目的。

分步沉淀的顺序既与溶度积大小有关，又与难溶电解质类型、溶液中相应的离子浓度有关。对于相同类型的两种难溶电解质，二者的溶度积相差越大，分离的效果越好。

5.3.2　沉淀的转化

在有沉淀的溶液中加入适当的试剂，生成另一种沉淀的过程，叫作沉淀的转化。一般来说，溶解度大的难溶电解质易转化为溶解度小的难溶电解质。难溶电解质的溶解度相差越大，转化越完全。沉淀转化在工业上应用很广，例如工业上的锅炉用水，日久锅炉内壁会产生锅垢，如不及时清除，传热不匀，容易发生危险，燃料耗费也多。锅垢的主要成分是既不溶于水，又难溶于酸的 $CaSO_4$，很难除去。可以加入一种试剂如 Na_2CO_3 溶液，将 $CaSO_4$ 转化为疏松而且可溶于酸的 $CaCO_3$ 沉淀后，就容易清除了。其转化程度可从反应平衡常数值看出：

$$CaSO_4(s)+CO_3^{2-}(aq) \Longrightarrow CaCO_3(s)+SO_4^{2-}(aq)$$

$$K^{\ominus}=\frac{c(SO_4^{2-})}{c(CO_3^{2-})}=\frac{c(SO_4^{2-}) \cdot c(Ca^{2+})}{c(CO_3^{2-}) \cdot c(Ca^{2+})}=\frac{K_{sp}^{\ominus}(CaSO_4)}{K_{sp}^{\ominus}(CaCO_3)}=\frac{7.1\times10^{-5}}{4.96\times10^{-9}}=1.43\times10^4$$

$K^{\ominus}$ 值很大，说明沉淀转化得很完全。

本 章 小 结

1. 溶度积原理

（1）溶度积常数

对于任一难溶电解质 $A_m B_n$ 的沉淀-溶解平衡

$$A_m B_n(s) \Longleftrightarrow m A^{n+}(aq) + n B^{m-}(aq)$$

其溶度积表达式为

$$K_{sp}^{\ominus} = [A^{n+}]^m \cdot [B^{m-}]^n$$

（2）溶度积 $K_{sp}^{\ominus}$ 与溶解度 S 的关系

AB 型难溶电解质：$S = \sqrt{K_{sp}^{\ominus}}$

AB_2（或 A_2B）型难溶电解质：$S = \sqrt[3]{\dfrac{K_{sp}^{\ominus}}{4}}$

（3）溶度积规则

对于任一难溶电解质 $A_m B_n$ 的沉淀-溶解平衡

$$A_m B_n(s) \Longleftrightarrow m A^{n+}(aq) + n B^{m-}(aq)$$

$Q > K_{sp}^{\ominus}$，反应逆向进行，有沉淀生成，溶液过饱和。

$Q = K_{sp}^{\ominus}$，处于沉淀-溶解平衡状态，溶液饱和。

$Q < K_{sp}^{\ominus}$，反应正向进行，沉淀溶解，溶液不饱和。

根据溶度积规则，可以判断系统中是否有沉淀生成或溶解，也可以通过控制离子浓度，使沉淀生成或溶解。

2. 沉淀的生成和溶解

（1）沉淀的生成

同离子效应：使难溶电解质溶解度降低，沉淀更完全（$c \leqslant 1.0 \times 10^{-5}$ mol·dm^{-3}）。

盐效应：使难溶电解质溶解度增大。

（2）沉淀的溶解

常用方法有：生成弱电解质、氧化还原反应、生成配离子等。

（3）溶液的酸碱度对沉淀的生成和溶解有较大影响，可通过控制溶液 pH 值分离金属离子。

3. 分步沉淀和沉淀的转化

（1）分步沉淀

当溶液中同时存在几种离子时，加入沉淀剂后，离子积先达到溶度积的先沉淀，后达到的后沉淀。

（2）沉淀的转化

一般溶解度大的难溶电解质易转化为溶解度小的难溶电解质。

【知识延伸】

"吃"矿石的微生物

如何把废矿、贫矿变"废"为宝？怎样能从根本上降低冶金业的污染？科学家们说，不妨试试这一招——微生物冶金。

这里所讲的微生物冶金，是指用含微生物的浸取液与矿石进行作用从而获取有价值金属的过程，也叫微生物浸矿。这些微生物以矿石为食，通过氧化获取能量；这些矿石由于被氧化，从不溶于水变成可溶于水，人们就能够从溶液中提取出矿物。微生物冶金主要应用于溶浸贫矿、废矿、尾矿和大冶炉渣等，以回收某些贵重金属和稀有金属。

这些靠"吃矿石"为生的微生物大多为嗜酸细菌，大约有 $0.5 \sim 2.0 \ \mu m$ 长、$0.5 \ \mu m$ 宽，短杆状，有的在菌体一端还生长有细长的鞭毛。只能在显微镜下才能看到这些微生物，它们靠黄铁矿、砷黄铁矿和其他金属硫化矿物为生。参与微生物冶金的微生物主要有氧化硫酸硫杆菌、氧化亚铁酸硫杆菌、排硫杆菌、脱氮硫杆菌和一些异养菌（如芽孢杆菌属、土壤杆菌属）等。浸矿的细菌不能利用有机物质，只能利用空气中二氧化碳为碳源，以无机氮为氮源，通过氧化 Fe^{2+} 为 Fe^{3+} 或氧化元素硫为硫酸获取生长所需的能量。在自然界中，它们生活在 pH 值为 $1.5 \sim 4.5$ 的酸性矿水中，有的菌株能在 pH 值小于 1 的硫酸溶液中生长，是目前所知最耐酸的微生物。

这些嗜酸细菌和其他靠"吃矿石"为生的细菌是如何"冶金"的呢？有人发现，细菌能把金属从矿石中溶浸出来，是由于其生命活动中生成的代谢物的间接作用。也就是说，通过细菌作用产生硫酸和硫酸铁，然后通过硫酸或硫酸铁作为溶剂浸提出矿石中的有用金属。在这个过程中，细菌得到了所需要的能量，而硫酸铁可将矿石氧化，使其中的铜、镍或铀等转变为可溶性化合物而从矿石中溶解出来，而被包裹在矿石中的金、银也可以在矿石溶解后浸出。有的研究者认为微生物冶金的原理是细菌对矿石具有直接浸提作用，也就是说细菌对矿石存在着直接氧化的能力，细菌与矿石之间通过物理化学接触把金属溶解出来。有的研究者还发现，某些靠有机物生活的细菌，可以产生一种有机物，与矿石中的金属成分嵌合，从而使金属从矿石中溶解出来。电子显微镜照片也证实：氧化硫酸硫杆菌在硫结晶的表面集结后，对矿石侵蚀有痕迹。此外，微生物菌体在矿石表面能产生各种酶，也支持了细菌直接作用浸矿的学说。

目前，生物冶金已成功地用于铜矿、金矿及重要元素铀的冶炼。采用传统方法冶炼，成本高、污染大、效率低。而目前我国正进入快速工业化阶段，矿产资源储量增长速度远远赶不上金属产量，对国外矿产资源的依赖程度越来越高，其中铜精矿 80% 依赖进口。微生物冶金新工艺不仅可高效利用贫矿、表外矿、尾矿，而且将大幅度减少电、煤、油等消耗和废气、废水排放。就铜而言，因为显著提高了原生硫化矿的浸出率，新工艺使可利用资源量大幅扩大，使我国铜储量的保证年限从 10 年延长至 50 年。

但是，微生物冶金法仍处于发展之中，它还必须克服自身的一些局限性，如反应速度慢，细菌对环境的适应性差，超出一定温度范围则细菌难以成活，经不起搅拌，对矿石中有毒金属离子耐受性差,等等。为此,一些科学家正在从遗传工程方面开展工作,试图通过基因工程得到性能优良的菌种。

这些"吃矿石"的小小微生物拥有惊人的大能量,相信在不远的将来,微生物冶金一定会得到更加广泛的应用。

（摘自:化学加网）

习　题

一、选择题（将正确答案的标号填入括号内）

1. 相同温度下,下列物质在饱和水溶液中溶解度最大的是（　　）。

　　A. $AgCl$($K_{sp}^{\ominus}=1.77\times10^{-10}$)　　　　　　　B. Ag_2CrO_4($K_{sp}^{\ominus}=1.12\times10^{-12}$)

　　C. $Mg(OH)_2$($K_{sp}^{\ominus}=1.80\times10^{-11}$)　　　　　D. $FePO_4$($K_{sp}^{\ominus}=1.30\times10^{-22}$)

2. 已知室温下 CuI 的溶解度为 1.127×10^{-6} $mol\cdot dm^{-3}$,则 CuI 的溶度积为（　　）。

　　A. 1.27×10^{-12}　　　　　　　　　　　　B. 4×10^{-8}

　　C. 3.2×10^{-13}　　　　　　　　　　　　D. 8×10^{-12}

3. 在含有 $Mg(OH)_2$ 沉淀的饱和溶液中,加入 NH_4Cl 固体后,则 $Mg(OH)_2$ 沉淀将（　　）。

　　A. 溶解　　　　　　　B. 增多　　　　　　　C. 不变　　　　　　　D. 无法判断

4. 下列溶液中 $BaSO_4$ 的溶解度最大的是（　　）。

　　A. 0.1 $mol\cdot dm^{-3}$ 的 Na_2SO_4　　　　　　B. 0.1 $mol\cdot dm^{-3}$ 的 $NaCl$

　　C. 0.1 $mol\cdot dm^{-3}$ 的 $BaCl_2$　　　　　　　D. 纯水

5. 已知室温下 $AgCl$ 在纯水中的溶解度是 1.33×10^{-5} $mol\cdot dm^{-3}$,则其在 0.01 $mol\cdot dm^{-3}$ $AgNO_3$ 溶液中的溶解度（单位 $mol\cdot dm^{-3}$）是（　　）。

　　A. 1.33×10^{-5}　　　B. 1.77×10^{-10}　　　C. 1.77×10^{-12}　　　D. 1.77×10^{-8}

6. 已知室温下 $Fe(OH)_2$ 的 $K_{sp}^{\ominus}=4.87\times10^{-17}$,则此时 $Fe(OH)_2$ 饱和溶液的 pH 值为（　　）。

　　A. 5.51　　　　　　　B. 5.71　　　　　　　C. 6.29　　　　　　　D. 8.29

7. 已知室温下 $AgCl$ 的 $K_{sp}^{\ominus}=1.77\times10^{-10}$,欲使 Ag^+ 为 2.0×10^{-4} $mol\cdot dm^{-3}$ 的溶液产生 $AgCl$ 沉淀,所需 Cl^- 的最低浓度（$mol\cdot dm^{-3}$）为（　　）。

　　A. 8.8×10^{-6}　　　B. 8.8×10^{-7}　　　C. 3.6×10^{-6}　　　D. 3.6×10^{-14}

8. 已知室温下 PbI_2 的 $K_{sp}^{\ominus}=8.4\times10^{-9}$,现将 0.01 $mol\cdot dm^{-3}$ $Pb(NO_3)_2$ 溶液和 0.001 $mol\cdot dm^{-3}$ KI 溶液等体积混合,则（　　）。

　　A. 有 PbI_2 沉淀　　　　　　　　　　　B. 无 PbI_2 沉淀

　　C. 开始无沉淀,稍后产生 PbI_2 沉淀　　　D. 刚好达饱和状态

9. 对于分步沉淀,下列叙述正确的是（　　）。

　　A. 被沉淀离子浓度小的先沉淀　　　　　　B. 沉淀时所需沉淀剂少的先沉淀

C. 被沉淀离子浓度大的先沉淀　　　　　D. 溶解度小的先沉淀

10. 已知 A^{2+} 和 B^- 可形成相应的难溶化合物,则产生沉淀的条件是(　　　)。

A. $c(A^{2+}) \cdot c^2(B^-) > K_{sp}^{\ominus}$　　　　　　　　B. $c(A^{2+}) \cdot c^2(B^-) < K_{sp}^{\ominus}$

C. $c(A^{2+}) \cdot c(B^-) > K_{sp}^{\ominus}$　　　　　　　　D. $c(A^{2+}) \cdot c(B^-) < K_{sp}^{\ominus}$

二、判断题(对的在括号内填"√",错的在括号内填"×")

1. 凡是溶度积相等的难溶电解质,它们的溶解度必相同。(　　)

2. 因为难溶化合物在水中的溶解度很小,所以它们的溶液都是不饱和的。(　　)

3. 通常情况下,平衡常数 $K_a^{\ominus}$、$K_b^{\ominus}$、$K_{sp}^{\ominus}$ 都与溶液的浓度无关。(　　)

4. 若溶液中含有多种可被沉淀离子,当逐滴慢慢滴加沉淀剂时,一定是浓度大的离子首先被沉淀。(　　)

5. 为了使某种离子沉淀更完全,所加沉淀剂越多越好。(　　)

6. 在含有 $0.1\ mol \cdot dm^{-3}\ Fe^{3+}$ 的溶液中,缓慢加入 NaOH 溶液,只有在溶液呈现碱性时,才会产生 $Fe(OH)_3$ 沉淀。(　　)

7. 已知室温下 $K_{sp}^{\ominus}(AgCl) = 1.77 \times 10^{-10}$,$K_{sp}^{\ominus}(Ag_2CrO_4) = 1.12 \times 10^{-12}$,则 AgCl 的溶解度必大于 Ag_2CrO_4 的溶解度。(　　)

8. 在洗涤 $BaSO_4$ 沉淀时,不用蒸馏水而用稀硫酸,可减少沉淀的损失。(　　)

9. 已知室温下 PbI_2 和 $CaCO_3$ 的 $K_{sp}^{\ominus}$ 近似相等,则由 PbI_2 和 $CaCO_3$ 各自形成的饱和溶液中,Pb^{2+} 和 Ca^{2+} 的浓度近似相等。(　　)

10. 已知室温下 $Fe(OH)_2$ 的 $K_{sp}^{\ominus} = 4.87 \times 10^{-17}$,则意味着所有含固体 $Fe(OH)_2$ 的溶液中,$c(OH^-) = 2c(Fe^{2+})$,且 $c(Fe^{2+}) \times c^2(OH^-) = 4.87 \times 10^{-17}$。(　　)

三、填空题(将正确答案填在横线上)

1. 已知室温下 $K_{sp}^{\ominus}(AgCl) = 1.77 \times 10^{-10}$,则 AgCl 在纯水中的溶解度 S 为_____,AgCl 在 $0.01\ mol \cdot dm^{-3}\ AgNO_3$ 溶液中的溶解度 S' 为_____。

2. 一定温度下,某难溶电解质 A_3B_2 在纯水中的溶解度 $S = 1.0 \times 10^{-6}\ mol \cdot dm^{-3}$,则在此饱和溶液中 $c(A^{2+}) =$_____,$c(B^{3-}) =$_____,$K_{sp}^{\ominus}(A_3B_2) =$_____。加入少量 A^{2+} 后,Q _____ $K_{sp}^{\ominus}$,A_3B_2 的溶解度_____(增大、减小),这种现象称为_____。

3. 已知室温下 $K_{sp}^{\ominus}(AgCl) = 1.77 \times 10^{-10}$,若将 $10\ cm^3$ $0.01\ mol \cdot dm^{-3}\ NaCl$ 溶液与 $20\ cm^3$ $0.01\ mol \cdot dm^{-3}\ AgNO_3$ 溶液混合,则 Q _____ $K_{sp}^{\ominus}$,溶液中_____(有、无) AgCl 沉淀生成。

4. 已知室温下 $K_{sp}^{\ominus}(AgCl) = 1.77 \times 10^{-10}$,$K_{sp}^{\ominus}(Ag_2CrO_4) = 1.12 \times 10^{-12}$,向含有相同浓度的 Cl^- 和 CrO_4^{2-} 的溶液中逐滴加入 $AgNO_3$ 溶液,则先生成_____沉淀,后生成_____沉淀。

四、计算题

1. 已知 298.15 K 时 CaF_2 的 $K_{sp}^{\ominus} = 5.3 \times 10^{-9}$,计算:

(1) CaF_2 在纯水中的溶解度($mol \cdot dm^{-3}$);

(2) CaF_2 饱和溶液中 Ca^{2+} 和 F^- 的浓度($mol \cdot dm^{-3}$);

(3) CaF_2 在 0.01 mol·dm^{-3} NaF 溶液中的溶解度(mol·dm^{-3});

(4) CaF_2 在 0.01 mol·dm^{-3} $CaCl_2$ 溶液中的溶解度(mol·dm^{-3})。

2. 工业废水的排放标准规定,Cd^{2+} 的浓度降到 0.100 mg·dm^{-3} 以下即可排放。若用加消石灰中和沉淀法除去 Cd^{2+},按理论计算废水溶液的 pH 值至少应为多少?

3. 欲使 0.020 8 dm^3 海水试样中的 Mg^{2+} 沉淀出来,需加 0.100 mol·dm^{-3} 的 NaOH 溶液 0.021 4 dm^3。计算海水试样中的 Mg^{2+} 浓度。已知 $Mg(OH)_2$ 的 $K_{sp}^{\ominus} = 1.80 \times 10^{-11}$。

4. 镁乳液是固体 $Mg(OH)_2$ 在水中的悬浮体,计算该饱和溶液的 pH 值。

5. 某混合溶液中含有 0.010 mol·dm^{-3} 的 Fe^{3+} 和 0.050 mol·dm^{-3} 的 Zn^{2+},若欲将两者分离,应如何控制溶液的 pH 值。已知 $Fe(OH)_3$ 的 $K_{sp}^{\ominus} = 4.0 \times 10^{-38}$,$Zn(OH)_2$ 的 $K_{sp}^{\ominus} = 1.2 \times 10^{-17}$。

第6章　氧化还原平衡与电化学基础

化学反应按参加反应的物质之间有无电子得失（或偏移）进行划分，可以分为氧化还原反应和非氧化还原反应两大类。氧化还原反应是普遍存在的一类化学反应，如土壤中某些元素存在状态的转化，动植物体内的代谢过程，煤、石油、天然气的燃烧，金属的腐蚀与防腐以及工业上金属冶炼、电解、新物质的制备等反应都涉及氧化还原反应。利用电化学的原理和实验方法研究氧化还原反应，便产生了相应的交叉学科——电化学。电化学是研究化学反应的能量与电能之间相互转化规律的一个化学分支。化学能转变为电能可以通过原电池来实现，而电能转变为化学能可以通过电解或电镀来完成。本章在氧化还原反应基本知识的基础上，进一步讨论氧化还原平衡的规律和电化学基础知识。

6.1　氧化还原反应概述

6.1.1　氧化数

判断一个反应是否为氧化还原反应，如果仅按有无电子得失或偏移来判断，有时会遇到困难。对一些复杂的化合物，如 Fe_3O_4、$Na_2S_4O_6$、$KMnO_4$、$CH\equiv CH$ 等，很难判断反应过程中有无电子得失或偏移。为克服这一困难，1970 年国际纯粹和应用化学联合会（IUPAC）规定了氧化数（oxidation number，又称氧化值）的概念。氧化数是指某元素一个原子的荷电数，这种荷电数可由假设把每个化学键中的电子指定给电负性更大的原子而求得。因此，氧化数是元素原子在化合状态时的形式电荷数。

确定元素氧化数的一般规则如下：

① 单质中，例如 Cu、H_2、Cl_2、P_4、S_8 等，元素的氧化数为零。

② 氧在一般化合物中的氧化数为 -2；在过氧化物（如 H_2O_2、Na_2O_2 等）中为 -1；在超氧化合物（如 KO_2）中为 $-1/2$；在氟化物（如 OF_2）中为 $+2$。氢在化合物中的氧化数一般为 $+1$，但在金属氢化物（如 NaH、CaH_2 等）中为 -1。

③ 单原子离子的氧化数等于它所带的电荷数。例如，在氯化钙中，Cl^- 的氧化数为 -1，Ca^{2+} 的氧化数为 $+2$。

④ 共价化合物中，共用电子对偏向于电负性较大的元素原子，原子的表观电荷数即为其氧化数。例如，在硫化氢中，H 的氧化数为 $+1$，S 的氧化数为 -2。

⑤ 中性分子中，各元素原子氧化数的代数和为零。多原子离子中各元素的氧化数之和

等于该离子所带电荷数。

　　根据这些规则,就可以方便地确定化合物或离子中某元素原子的氧化数。例如:NH_4^+ 中 N 的氧化数为 -3;$S_2O_3^{2-}$ 中 S 的氧化数为 $+2$;$S_4O_8^{2-}$ 中 S 的氧化数为 $+2.5$;$Cr_2O_7^{2-}$ 中 Cr 的氧化数为 $+6$;Fe_3O_4 中 Fe 的氧化数为 $+8/3$。

　　需要指出的是氧化数和化合价是两个不同的概念,它们之间既有联系又有区别。氧化数是人为规定的形式电荷,它可以是整数,也可以是小数或分数。而化合价是指某元素一个原子与其他元素原子相化合的能力,它只能是整数。如上述 Fe_3O_4 中 Fe 的氧化数为 $+8/3$,而 Fe 的化合价为 $+2$ 和 $+3$ 两种价态。

6.1.2　氧化还原反应

　　在氧化还原反应中,参加反应的物质之间有电子的得失或偏移,必然导致反应前后元素原子的氧化数发生变化。氧化数升高的过程称为氧化,氧化数降低的过程称为还原。反应中氧化数升高的物质是还原剂(reducing agent),氧化数降低的物质是氧化剂(oxidizing agent)。例如溶液中 Fe^{3+} 把 Cu 单质氧化成 Cu^{2+} 的反应就是典型的氧化还原反应:

$$Fe^{3+} + Cu \longrightarrow Cu^{2+} + Fe^{2+}$$

其中 Cu 为还原剂,反应中失去电子氧化数升高被氧化,Fe^{3+} 为氧化剂,反应中得到电子氧化数降低被还原。

　　在一些氧化还原反应中,氧化剂和还原剂是同一种物质,这类氧化还原反应称为自身氧化还原反应。如氯酸钾的分解反应:

$$2KClO_3 \xrightarrow{\ \Delta\ } 2KCl + 3O_2$$

　　在自身氧化还原反应中,如果是同一元素的一部分原子做氧化剂,一部分原子做还原剂,这类反应称歧化反应。如草酸的分解反应:

$$H_2C_2O_4 \xrightarrow{\ \Delta\ } CO_2 + CO + H_2O$$

6.1.3　氧化还原反应方程式的配平

　　氧化还原反应往往比较复杂,配平这类反应方程式不像其他反应那样容易。最常用的配平方法有氧化数法和离子-电子法。

　　(1) 氧化数法

　　配平原则:氧化还原反应中还原剂的氧化数升高总和等于氧化剂的氧化数降低总和,且反应前后各元素原子总数相等。

　　配平步骤:以 $KMnO_4$ 和 H_2S 在稀 H_2SO_4 溶液中的反应为例。

　　① 根据实验事实和反应规律写出反应物和生成物的化学式,标出氧化数有变化的元素,计算出反应前后氧化数的变化值:

$$\overset{+7}{K}MnO_4 + \overset{-2}{H_2S} + H_2SO_4 \longrightarrow \overset{+2}{Mn}SO_4 + \overset{0}{S} + K_2SO_4 + H_2O$$

（上方：$(-5)\times 2$；下方：$(+2)\times 5$）

② 根据氧化数升高总和等于氧化数降低总和的原则,找出最小公倍数,在氧化剂、还原剂以及氧化还原产物前面分别乘上适当的系数:

$$2KMnO_4 + 5H_2S + H_2SO_4 \longrightarrow 2MnSO_4 + 5S + K_2SO_4 + H_2O$$

③ 用观察法配平氧化数未改变的元素原子数目。要使方程式两边的 SO_4^{2-} 数目相等,左边需要 3 分子 H_2SO_4。方程式左边已有 16 个 H 原子,所以右边还需有 8 个 H_2O 才能使方程式两边的 H 原子数相等,最后将箭头改为等号。配平后的方程式如下:

$$2KMnO_4 + 5H_2S + 3H_2SO_4 \Longrightarrow 2MnSO_4 + 5S + K_2SO_4 + 8H_2O$$

某些氧化还原反应中,有时会出现几种原子同时被氧化的情况,用氧化数法配平非常方便。

【例 6-1】 用氧化数法配平 Cu_2S 和 HNO_3 的反应:

$$\begin{array}{c} \overset{(+1)\times2\times3}{\overbrace{\qquad\qquad}} \quad \overset{(-3)\times10}{\overbrace{\qquad\qquad}} \\ \overset{+1\ -2}{Cu_2S} + \overset{+5}{HNO_3} \longrightarrow \overset{+2}{Cu}(NO_3)_2 + H_2\overset{+6}{S}O_4 + \overset{+2}{N}O \\ \underset{(+8)\times3}{\underbrace{\qquad\qquad\qquad}} \end{array}$$

根据元素氧化数升高和降低必须相等的原则,反应中最小公倍数是 30,暂且在 Cu_2S 和 HNO_3 的前面分别乘上系数 3 和 10:

$$3Cu_2S + 10HNO_3 \longrightarrow 6Cu(NO_3)_2 + 3H_2SO_4 + 10NO$$

方程式中 Cu、S 的原子数都已配平,对于 N 原子,生成 6 个 $Cu(NO_3)_2$ 需消耗 12 个 HNO_3,故 HNO_3 的系数应为 22:

$$3Cu_2S + 22HNO_3 \longrightarrow 6Cu(NO_3)_2 + 3H_2SO_4 + 10NO$$

最后配平方程式两边 H 和 O 原子个数:

$$3Cu_2S + 22HNO_3 \Longrightarrow 6Cu(NO_3)_2 + 3H_2SO_4 + 10NO + 8H_2O$$

（2）离子-电子法

配平原则:氧化剂得电子总数必须等于还原剂失电子总数,反应前后各元素的原子总数必须相等。

配平步骤:以 H_2O_2 在酸性介质中氧化 I^- 的反应为例。

① 根据实验事实或反应规律,写出一个没有配平的离子反应式:

$$H_2O_2 + I^- \longrightarrow H_2O + I_2$$

② 将离子反应式拆为两个半反应式,并利用半反应两边原子数和电荷数相等的原则分别配平:

$$2I^- - 2e \longrightarrow I_2 \qquad\qquad 氧化半反应$$

$$2H^+ + H_2O_2 + 2e \longrightarrow 2H_2O \qquad\qquad 还原半反应$$

③ 根据还原半反应和氧化半反应得失电子总数必须相等的原则,将两式分别乘以适当系数;再将两个半反应式相加,整理并核对方程式两边的原子数和电荷数,就得到配平的离子反应方程式:

$$H_2O_2 + 2H^+ + 2e \longrightarrow 2H_2O \quad \Big| \times 1$$

$$+) \qquad\qquad 2I^- - 2e \longrightarrow I_2 \quad \Big| \times 1$$

$$H_2O_2 + 2I^- + 2H^+ === 2H_2O + I_2$$

配平半反应方程式时,如果半反应式两边的氧原子数目不相等,可以根据反应介质的酸碱性,分别在半反应式两边添加适当数目的 H^+ 或 OH^- 或 H_2O,利用 H_2O 的解离平衡使两边的 H 和 O 原子数目相等。配平时须注意,在酸性介质条件下,方程式两边不能出现 OH^-;在碱性介质条件下,方程式两边不能出现 H^+。

不同介质条件下配平氧原子的经验规则见表 6-1。

表 6-1　　　　　　　　　　不同介质条件下配平氧原子的经验规则

介质条件	反应物中多一个氧原子	反应物中少一个氧原子
酸　性	$+2H^+ \longrightarrow H_2O$	$+H_2O \longrightarrow 2H^+$
碱　性	$+H_2O \longrightarrow 2OH^-$	$+2OH^- \longrightarrow H_2O$
中　性	$+H_2O \longrightarrow 2OH^-$	$+H_2O \longrightarrow 2H^+$

由于大部分氧化还原反应在水溶液中进行,反应系统中各物质多以离子形式存在,所以用离子-电子法配平方程式比较方便,而且非氧化还原部分的一些物质(如电解质和水分子等),无需知道其元素的氧化数,可以很方便地添入反应式中,并能直接书写出离子反应方程式。

【例 6-2】　用离子-电子法配平下列反应式(在碱性介质中):

$$ClO^- + CrO_2^- \longrightarrow Cl^- + CrO_4^{2-}$$

解:将离子反应式拆为两个半反应式,并分别配平:

氧化半反应　　　　$CrO_2^- + 4OH^- - 3e \longrightarrow CrO_4^{2-} + 2H_2O$

还原半反应　　　　$ClO^- + H_2O + 2e \longrightarrow Cl^- + 2OH^-$

利用得失电子总数相等的原则,将两式分别乘以适当系数并相加:

$$ClO^- + H_2O + 2e \longrightarrow Cl^- + 2OH^- \quad \Big| \times 3$$

$$+) \quad CrO_2^- + 4OH^- - 3e \longrightarrow CrO_4^{2-} + 2H_2O \quad \Big| \times 2$$

$$3ClO^- + 2CrO_2^- + 2OH^- === 3Cl^- + 2CrO_4^{2-} + H_2O$$

上述两种配平方法各有优缺点。氧化数法配平简单迅速,应用范围较广,并且不限于水溶液中的氧化还原反应。离子-电子法对水溶液中有介质参加的复杂反应配平比较方便,它反映了水溶液中发生的氧化还原反应的实质,但对于气相或固相氧化还原反应式的配平则无能为力。

6.2 原电池与电极电势

6.2.1 原电池

在 $CuSO_4$ 溶液中插入锌片,可以观察到 $CuSO_4$ 溶液的蓝色逐渐变浅,同时锌片上有紫红色的铜析出,反应的离子方程式为:

$$Zn(s)+Cu^{2+}(aq)\longrightarrow Zn^{2+}(aq)+Cu(s) \quad \Delta_r G_m^{\ominus}=-212.6 \text{ kJ} \cdot \text{mol}^{-1}$$

如果该反应系统所做的非体积功全部是电功,这意味着系统每进行 1 mol 的化学反应,最多可以对环境做 212.6 kJ 电功。如何实现将该反应系统的化学能转变为电能呢?可采用图 6-1 的装置来实现。

在两个分别装有 $ZnSO_4$ 和 $CuSO_4$ 溶液的烧杯中,分别插入 Zn 片和 Cu 片,两个烧杯用盐桥(一个倒置的 U 形管,管内充满含饱和 KCl 溶液的琼脂胶冻)连接起来,再用导线连接两个金属片,中间串联一个电流计,可以观察到

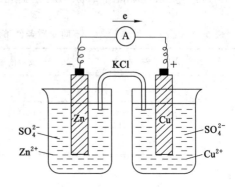

图 6-1　铜-锌原电池装置

电流计指针发生了偏转,说明导线中有电流通过,反应系统对外做了电功。由电流计指针偏转的方向可知,电子从 Zn 极流向 Cu 极,即电流是从 Cu 极(电子流入的电极)流向 Zn 极(电子流出的电极)。

随着反应的进行,Zn 不断失电子,Zn 氧化成 Zn^{2+} 进入溶液中,电子定向地由 Zn 片沿导线流向 Cu 片,形成电子流。溶液中的 Cu^{2+} 不断从 Cu 片获得电子还原成 Cu,在正极上沉积,导致 $ZnSO_4$ 溶液由于 Zn^{2+} 增多而带正电荷,而 $CuSO_4$ 溶液由于 Cu^{2+} 减少,SO_4^{2-} 过剩而带负电荷,阻碍了电子继续从负极流向正极。盐桥的作用是通过 K^+ 向 $CuSO_4$ 溶液迁移,Cl^- 向 $ZnSO_4$ 溶液迁移,使两侧溶液维持电中性,使反应能持续进行下去。

这种能使氧化还原反应产生电流(或者化学能转化成电能)的装置,称为原电池(primary cells)。人们利用原电池原理已经设计出多种化学电源,如铅酸电池、锌锰电池、镍氢电池、锂电池等。

在原电池中,电子流出的电极称为负极(negative electrode),负极上发生氧化反应;电子流入的电极称为正极(positive electrode),正极上发生还原反应。正、负电极上发生的反应又称电极反应。

在 Cu-Zn 原电池中:

电极反应　　　　　　　负极(Zn) $Zn(s)-2e \longrightarrow Zn^{2+}(aq)$　　氧化反应

　　　　　　　　　　＋)正极(Cu) $Cu^{2+}(aq)+2e \longrightarrow Cu(s)$　　还原反应

原电池反应　　　　　　$Zn(s)+Cu^{2+}(aq)=\!=\!=Zn^{2+}(aq)+Cu(s)$

由此可见,图 6-1 装置中发生的电池反应与 Zn 和 $CuSO_4$ 溶液直接接触所发生的氧化还原反应实质是一样的,所不同的只是在原电池装置中,氧化反应和还原反应同时在两个不同的区域分别进行,电子经由导线进行传递而形成电流。这正是原电池利用氧化还原反应能产生电流的原因所在。

理论上讲,所有能自发进行的氧化还原反应都可以设计成原电池。原电池除了用装置图表示外,也可以用原电池符号表示。

原电池符号的书写规则:

① 负极(一)写在左侧,正极(十)写在右侧;

② "|"表示两相界面,"‖"表示盐桥;

③ 溶液要注明浓度($c = 1 \text{ mol} \cdot \text{L}^{-1}$ 可省略),气体注明分压($p = 100 \text{ kPa}$ 可省略),同一聚集状态的两种物质之间用","隔开。

④ 如电极反应中无金属导体,需要加惰性电极,如 C(石墨)、Pt 等。

如 Cu—Zn 原电池可以用电池符号表示为:

$$(-) \text{ Zn} | \text{ZnSO}_4(c_1) \parallel \text{CuSO}_4(c_2) | \text{Cu } (+)$$

再如反应 $3(NH_4)_2S_2O_8 + 2Fe = 3(NH_4)_2SO_4 + Fe_2(SO_4)_3$ 组装成原电池的电池符号表示为:

$$(-) \text{ Fe} | \text{Fe}^{3+}(c_1) \parallel \text{S}_2\text{O}_8^{2-}(c_2), \text{SO}_4^{2-}(c_3) | \text{Pt } (+)$$

每个原电池都由两个"半电池"组成,如 Cu—Zn 原电池由 Zn—$ZnSO_4$、Cu—$CuSO_4$ 组成。每个"半电池"又由同一元素处于不同氧化数的两种物质构成,其中处于低氧化数的物质称为还原态物质,处于高氧化数的物质称为氧化态物质。由同一元素的氧化态物质和其对应的还原态物质所构成的整体,称为氧化还原电对(oxidation-reduction couples),表示为氧化态/还原态(Ox/Red),如 Cu^{2+}/Cu、Zn^{2+}/Zn、PbO_2/Pb^{2+}、Cl_2/Cl^- 等。

氧化态物质和还原态物质在一定条件下,可以相互转化:

$$氧化态 + ne \Longrightarrow 还原态$$

$$Zn^{2+} + 2e \Longrightarrow Zn$$

$$4H^+ + PbO_2 + 2e \Longrightarrow Pb^{2+} + 2H_2O$$

$$Cl_2 + 2e \Longrightarrow 2Cl^-$$

此类氧化还原半反应在电化学中又称为电极反应或半电池反应。

6.2.2 电极电势的产生

原电池装置中有电流产生,说明两个电极间存在电势差。电学中规定,电流由正极流向负极,正极电势高,负极电势低,电极电势是怎样产生的呢? 为什么在原电池中电子自发地从负极流向正极? 电极电势产生的微观机理十分复杂,1889 年,德国化学家能斯特(H. W. Nernst)提出了双电层理论,用以说明金属及其盐溶液之间电势差的形成和原电池产生电流的机理。

双电层理论认为,由于金属晶体是由金属原子、金属离子和自由电子组成的,当把金属插入其盐溶液中时,在金属及其盐溶液的接触界面上会发生两种相反的过程:一种是金属表面的金属阳离子受极性水分子的吸引而进入溶液形成水合金属离子的过程,极板上有电子剩余,相当于金属原子失电子而溶解;另一种是溶液中水合金属离子受到自由电子的吸引,结合电子而沉积在金属表面上的过程,当溶解和沉积的速率相等时,即达到平衡状态:

$$M(s) \Longleftrightarrow M^{n+}(aq) + ne$$

显然,金属越活泼或溶液中金属离子的浓度越小,溶解的趋势就越大;达到平衡时金属表面因聚集了自由电子而带负电荷,由于正、负电荷相互吸引,溶液中靠近金属附近的盐溶液则带正电荷,这样在金属与其盐溶液的接触界面上形成了正负双电层结构,如图6-2(a)所示。相反,金属越不活泼或溶液中金属离子浓度越大,金属离子沉积的趋势就越大,达到平衡时金属表面因聚集了金属离子而带正电荷,金属附近的溶液则带负电荷,构成了图6-2(b)所示的双电层结构。这种由于双电层的形成在金属和其盐溶液之间产生的电势差,叫作金属的电极电势。

电极电势的大小除与电极材料有关外,还与温度、介质以及离子浓度等因素有关。当外界条件一定时,电极电势的大小只取决于电极材料。

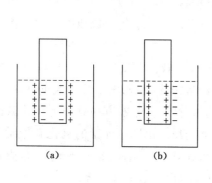

图 6-2   双电层结构

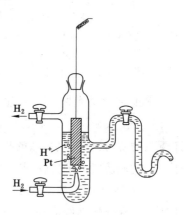

图 6-3   标准氢电极

6.2.3 电极电势的测定

（1）标准氢电极

目前还无法测定电极电势的绝对值,但我们可以选择某种电极作为参比标准,将其他电极与之比较,求出各电极电势的相对值。通常选择标准氢电极作为参比标准,标准氢电极(standard hydrogen electrode)结构如图6-3所示。将镀有蓬松铂黑的铂片插入 H^+ 浓度为 $1\ mol \cdot L^{-1}$ 的溶液中,一定温度下不断通入压力为 $100\ kPa$ 的纯 H_2,使铂黑吸附 H_2 并达到饱和,这样的电极作为标准氢电极,其电极反应:

$$2H^+(aq) + 2e \Longleftrightarrow H_2(g)$$

此状态下 H_2 与 H^+ 溶液之间的电势差称为标准氢电极的电极电势。国际上规定标准氢电极在任何温度下的电极电势均为 $0\ V$,即 $\varphi^{\ominus}(H^+/H_2) = 0\ V$。标准状态下将待测电极与标准氢电极组成原电池,测得该原电池的电动势,确定正、负电极,从而可计算其他待测电极的标准电极电势。

（2）标准电极电势

热力学标准状态下，物质皆为纯净物，组成电对的有关物质浓度为 $1\ mol \cdot L^{-1}$，有关气体的分压为 $100\ kPa$，某电极的电极电势称为该电极的标准电极电势（standard electrode potential），以符号 $\varphi^{\ominus}$ 表示。

例如，欲测锌电极的标准电极电势，可将标准锌电极与标准氢电极组成原电池：

$$(-)\ Zn\,|\,Zn^{2+}(1\ mol \cdot L^{-1})\ \|\ H^{+}(1\ mol \cdot L^{-1})\,|\,H_2(100\ kPa)\,|\,Pt\ (+)$$

$298.15\ K$ 时电池的标准电动势为 $0.761\,8\ V$。从电流的方向可判断电子由锌电极流向氢电极。所以锌电极做负极，发生氧化反应；氢电极做正极，发生还原反应。

电池电动势用符号 E 表示，其数值等于正、负两电极的电极电势之差，$E = \varphi_{正} - \varphi_{负}$。

因为锌电极和氢电极都处于标准态，此时的电动势称标准电动势，用 $E^{\ominus}$ 表示：

$$E^{\ominus} = \varphi^{\ominus}_{正} - \varphi^{\ominus}_{负} = \varphi^{\ominus}(H^{+}/H_2) - \varphi^{\ominus}(Zn^{2+}/Zn)$$
$$= 0.761\,8\ V$$

所以　　　　　　　　　　$\varphi^{\ominus}(Zn^{2+}/Zn) = -0.761\,8\ V$

同理可测得 $298.15\ K$ 时铜电极的标准电极电势为 $+0.341\,9\ V$。"+"号表示与标准氢电极组成原电池时，标准铜电极为正极。本书中表示电极电势时经常省略"+"。

理论上用上述方法可以测出所有电对的标准电极电势，但由于标准氢电极要求 H_2 纯度高、压力稳定，且铂在溶液中易吸附其他组分而中毒失去活性，因此在实际工作中常用制备容易、使用方便、电极电势稳定的甘汞电极、银-氯化银电极等代替标准氢电极作为参比标准进行测定，这类电极称为参比电极（reference electrode）。

（3）参比电极

① 甘汞电极

甘汞电极（calomel electrode）的构造如图 6-4 所示。内玻璃管中封接一根铂丝，铂丝插入厚度为 $0.5 \sim 1\ cm$ 的纯 Hg 中，下置一层 Hg_2Cl_2（甘汞）和 Hg 的糊状物，外玻璃管中装入 KCl 溶液。电极下端与待测溶液接触的部分是熔结陶瓷芯或玻璃砂芯类多孔物质。甘汞电极的电极反应为：

$$Hg_2Cl_2(s) + 2e \Longleftrightarrow 2Hg(l) + 2Cl^{-}(aq)$$

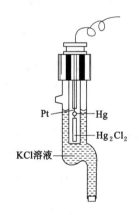

甘汞电极的电极电势随 KCl 溶液浓度的不同而不同，常用的参比电极有饱和甘汞电极、KCl 溶液浓度分别为 $1\ mol \cdot L^{-1}$ 和 $0.1\ mol \cdot L^{-1}$ 的甘汞电极，$298.15\ K$ 时，这三种甘汞电极的电极电势分别为 $+0.241\,2\ V$、$+0.280\,1\ V$ 和 $+0.333\,7\ V$。

图 6-4　甘汞电极

② 银-氯化银电极

在银丝表面镀上一层 $AgCl$，浸在一定浓度的 KCl 溶液中，即构成银-氯化银电极，其电极反应为：

$$AgCl(s) + e \Longleftrightarrow Ag(s) + Cl^{-}(aq)$$

与甘汞电极相似，银-氯化银电极的电极电势同样取决于内参比 KCl 溶液的浓度。$298.15\ K$ 时，KCl 溶液为饱和溶液或 KCl 浓度为 $1\ mol \cdot L^{-1}$ 所对应的银-氯化银电极的电极电势分别为$+0.200\ 0$ V 和$+0.222\ 4$ V。

许多氧化还原电对的$\varphi^{\ominus}$都已测得或者从理论上计算出来,将其按一定顺序排列在一起就是标准电极电势表。书后附录列出了 298.15 K 时一些常用氧化还原电对的标准电极电势$\varphi_A^{\ominus}$(酸性溶液中)和$\varphi_B^{\ominus}$(碱性溶液中)。

由标准电极电势表中的数据可以看出,$\varphi^{\ominus}$代数值越小,表明该电对中所对应的还原态物质的还原能力越强,氧化态物质的氧化能力越弱;$\varphi^{\ominus}$代数值越大,表示该电对中的对应氧化态物质的氧化能力越强,还原态物质的还原能力越弱。因此,电极电势是表示物质氧化还原能力相对大小的一个物理量。

使用标准电极电势表时应注意以下几点:

① 电极电势属于强度性质,不随化学反应方程式的写法不同而改变。例如:

$$Cu^{2+}+2e \Longrightarrow Cu \qquad \varphi^{\ominus}(Cu^{2+}/Cu)=+0.341\ 9\ V$$
$$2Cu^{2+}+4e \Longrightarrow 2Cu \qquad \varphi^{\ominus}(Cu^{2+}/Cu)=+0.341\ 9\ V$$
$$Cu-2e \Longrightarrow Cu^{2+} \qquad \varphi^{\ominus}(Cu^{2+}/Cu)=+0.341\ 9\ V$$

② $\varphi^{\ominus}$是水溶液系统中电对的标准电极电势。对于非标准态或非水溶液系统,不能用$\varphi^{\ominus}$比较物质的氧化还原能力大小。

③ 电极电势与反应速率无关。

④ 该表数据为 298.15 K 时的$\varphi^{\ominus}$,因为电极电势随温度变化不大,所以室温范围内都可以使用此数据。

⑤ 同一物质在某一电对中是氧化态,在另一电对中则可能是还原态。查阅标准电极电势数据时,要注意电对的具体存在形式、状态和介质等条件。

6.2.4 电极电势的影响因素——能斯特方程

标准电极电势只能表示标准状态下物质的氧化还原能力,但实际反应往往发生在非标准状态下,如合成氨反应在 200～500 大气压下进行,MnO_2和浓盐酸反应制备Cl_2,因此有必要进一步讨论电对在非标准状态下的电极电势。实际上,电极电势的大小不仅取决于电极的本性,还与氧化态和还原态物质的浓度、气体的分压以及反应的温度等因素有关。1889 年能斯特首先提出电极电势与浓度、压力以及温度之间的关系方程——能斯特方程。

对于一个任意给定的电极,电极反应通式为:

$$a\ 氧化态+ne \Longrightarrow b\ 还原态$$

或写成

$$aOx+ne \Longrightarrow bRed$$

则

$$\varphi=\varphi^{\ominus}+\frac{RT}{nF}\ln\frac{[c(氧化态)/c^{\ominus}]^a}{[c(还原态/c^{\ominus}]^b}$$

由于$c^{\ominus}=1$ mol $\cdot$ L^{-1},上式可简写成

$$\varphi=\varphi^{\ominus}+\frac{RT}{nF}\ln\frac{[氧化态]^a}{[还原态]^b} \qquad (6-1)$$

此式称为能斯特方程(Nernst equation),式中φ表示电对在非标准状态下的电极电势,$\varphi^{\ominus}$表示电对的标准电极电势,R 是摩尔气体常数,F 是法拉第常数(96 485 C $\cdot$ mol^{-1}),n 是

电极反应中转移的电子数，a、b 为电极反应中各物质相应的计量系数。

当温度为 298.15 K 时，将各常数值代入上式，并将自然对数换成常用对数，即得：

$$\varphi = \varphi^{\ominus} + \frac{0.059\ 2\ \text{V}}{n} \lg \frac{[氧化态]^a}{[还原态]^b} \tag{6-2}$$

应用能斯特方程式时，应注意：

① 组成电对的物质为纯固体或纯液体时，不列入方程式中。如果是气体物质，用相对压力 $p/p^{\ominus}$ 表示。

例如：

$$Br_2(l) + 2e \Longleftrightarrow 2Br^-$$

$$\varphi(Br_2/Br^-) = \varphi^{\ominus}(Br_2/Br^-) + \frac{0.059\ 2\ \text{V}}{2} \lg \frac{1}{[Br^-]^2}$$

$$2H^+ + 2e \Longleftrightarrow H_2(g)$$

$$\varphi(H^+/H_2) = \varphi^{\ominus}(H^+/H_2) + \frac{0.059\ 2\ \text{V}}{2} \lg \frac{[H^+]^2}{p(H_2)/p^{\ominus}}$$

② 在电极反应中，所有参与反应的物种浓度，都应表示在能斯特方程式中，并非专指氧化数有变化的物质。

例如：

$$MnO_4^- + 8H^+ + 5e \Longleftrightarrow Mn^{2+} + 4H_2O$$

$$\varphi(MnO_4^-/Mn^{2+}) = \varphi^{\ominus}(MnO_4^-/Mn^{2+}) + \frac{0.059\ 2\ \text{V}}{5} \lg \frac{c(MnO_4^-)c^8(H^+)}{c(Mn^{2+})}$$

【例 6-3】 试计算 $[Cl^-] = 0.100\ \text{mol·L}^{-1}$，$p(Cl_2) = 300\ \text{kPa}$ 时，Cl_2/Cl^- 电对的电极电势。

解：电极反应

$$Cl_2(g) + 2e \Longleftrightarrow 2Cl^-$$

查表得 $\varphi^{\ominus}(Cl_2/Cl^-) = 1.358\ \text{V}$，故

$$\varphi(Cl_2/Cl^-) = \varphi^{\ominus}(Cl_2/Cl^-) + \frac{0.059\ 2\ \text{V}}{2} \lg \frac{p(Cl_2)}{p^{\ominus}[Cl^-]^2}$$

$$= 1.358\ \text{V} + \frac{0.059\ 2\ \text{V}}{2} \lg \frac{300}{100 \times (0.100)^2}$$

$$= 1.431\ \text{V}$$

【例 6-4】 计算 $[Cr_2O_7^{2-}] = [Cr^{3+}] = 1\ \text{mol·L}^{-1}$、$[H^+] = 10\ \text{mol·L}^{-1}$ 酸性介质中 $Cr_2O_7^{2-}/Cr^{3+}$ 电对的电极电势。

解：在酸性介质中电极反应 $Cr_2O_7^{2-} + 14H^+ + 6e \Longleftrightarrow 2Cr^{3+} + 7H_2O$

查表得 $\varphi^{\ominus}(Cr_2O_7^{2-}/Cr^{3+}) = 1.33\ \text{V}$，故

$$\varphi(Cr_2O_7^{2-}/Cr^{3+}) = \varphi^{\ominus}(Cr_2O_7^{2-}/Cr^{3+}) + \frac{0.059\ 2\ \text{V}}{6} \lg \frac{[Cr_2O_7^{2-}][H^+]^{14}}{[Cr^{3+}]^2}$$

$$= 1.33\ \text{V} + \frac{0.059\ 2\ \text{V}}{6} \lg \frac{1 \times 10^{14}}{1^2} = 1.468\ \text{V}$$

由此可见，含氧酸盐的氧化能力随介质酸度的增加而增强。

【例 6-5】 在含有 Cu^{2+} 和 Cu^+ 的溶液中，加入 KI 达到平衡时 $c(I^-) = c(Cu^{2+}) = 1.0$

$mol \cdot L^{-1}$,求 $\varphi(Cu^{2+}/Cu^+)$,已知 $k_{sp}^{\ominus}(CuI)=1.1\times10^{-12}$。

解:电极反应 $Cu^{2+}+e \Longrightarrow Cu^+$ $\varphi^{\ominus}(Cu^{2+}/Cu^+)=0.153\ V$

加入 KI 后 $Cu^++I^- \Longrightarrow CuI(s)$

则 $c(Cu^+)=k_{sp}^{\ominus}(CuI)/c(I^-)=1.1\times10^{-12}/1.0$

$$=1.1\times10^{-12}\ mol \cdot L^{-1}$$

$$\varphi(Cu^{2+}/Cu^+)=\varphi^{\ominus}(Cu^{2+}/Cu^+)+0.059\ 2\ V\ lg[c(Cu^{2+})/c(Cu^+)]$$

$$=0.153\ V+0.059\ 2\ V\ lg[1.0/k_{sp}^{\ominus}(CuI)]$$

$$=0.153\ V+0.059\ 2\ V\ lg\ (1.0/1.1\times10^{-12})$$

$$=0.859\ V$$

可见,由于 CuI 沉淀的生成,Cu^+ 浓度减少,$\varphi(Cu^{2+}/Cu^+)$ 升高,Cu^{2+} 的氧化能力增大。相反,如果电对中氧化态生成沉淀,则使电对的电极电势降低,且生成的沉淀越难溶解,电对的电极电势降低越多,其氧化能力越弱。上述电对的电极电势实际上是下列电对的标准电极电势:

$$Cu^{2+}+I^-+e \Longrightarrow CuI(s)$$

此时 $\varphi(Cu^{2+}/Cu^+)=\varphi^{\ominus}(Cu^{2+}/CuI)=\varphi^{\ominus}(Cu^{2+}/Cu^+)+0.059\ 2\ V\ lg[1/k_{sp}^{\ominus}(CuI)]$

同理,可以利用 $\varphi^{\ominus}(Ag^+/Ag)$,计算 AgCl/Ag、AgBr/Ag 和 AgI/Ag 等难溶盐电对的 $\varphi^{\ominus}$ 数值,或者利用它们的 $\varphi^{\ominus}$,计算难溶盐的 $k_{sp}^{\ominus}$。

6.3 电极电势的应用

电极电势是电化学中一个重要的物理量,它除了可以比较氧化剂和还原剂的相对强弱以外,还可以用来计算原电池的电动势 E,判断氧化还原反应进行的方向和限度,计算未知电对的标准电极电势,判断歧化反应能否进行等。

6.3.1 比较氧化剂与还原剂的相对强弱

电极电势代数值的大小反映了氧化还原电对中氧化态的氧化能力(或还原态的还原能力)的相对强弱。φ 越大,表示电对中氧化态物质得电子能力越强,即氧化能力越强,而对应的还原态物质失电子能力越弱,即还原能力越弱,反之亦然。若参加反应的各物质处在标准状态下,则用 $\varphi^{\ominus}$ 比较,非标准状态下的反应用 φ 进行比较。

【例 6-6】 比较标准态下,下列电对物质氧化还原能力的相对大小。

$\varphi^{\ominus}(MnO_4^-/Mn^{2+})=1.51V$ $\varphi^{\ominus}(Fe^{3+}/Fe^{2+})=0.771\ V$ $\varphi^{\ominus}(Cu^{2+}/Cu)=0.341\ 9\ V$

解:因为 $\varphi^{\ominus}(MnO_4^-/Mn^{2+})>\varphi^{\ominus}(Fe^{3+}/Fe^{2+})>\varphi^{\ominus}(Cu^{2+}/Cu)$,

所以电对中氧化态物质的氧化能力顺序为:$MnO_4^->Fe^{3+}>Cu^{2+}$,

还原态物质的还原能力顺序为:$Cu>Fe^{2+}>Mn^{2+}$。

6.3.2 判断原电池的正、负极,计算原电池的电动势 $E^{\ominus}$

在组成原电池的两个电对中,φ 较大的电对做原电池的正极,φ 较小的电对做原电池的负极。原电池的电动势等于正极的电极电势减去负极的电极电势：

$$E = \varphi_正 - \varphi_负$$

【**例 6-7**】 计算下列原电池的电动势，并指出其正、负极：

$$Zn | Zn^{2+}(0.100 \ mol \cdot L^{-1}) \| Cu^{2+}(2.00 \ mol \cdot L^{-1}) | Cu$$

解：首先，根据能斯特方程式分别计算两电极的电极电势：

$$\varphi(Zn^{2+}/Zn) = \varphi^{\ominus}(Zn^{2+}/Zn) + \frac{0.059\ 2\ V}{2} lg[Zn^{2+}]$$

$$= -0.761\ 8\ V + \frac{0.059\ 2\ V}{2} lg\ 0.100$$

$$= -0.791\ 4\ V$$

$$\varphi(Cu^{2+}/Cu) = \varphi^{\ominus}(Cu^{2+}/Cu) + \frac{0.059\ 2\ V}{2} lg[Cu^{2+}]$$

$$= 0.341\ 9\ V + \frac{0.059\ 2\ V}{2} lg\ 2.00$$

$$= 0.350\ 8\ V$$

故 Zn^{2+}/Zn 做负极；Cu^{2+}/Cu 做正极。

所以原电池电动势为

$$E = \varphi_正 - \varphi_负 = \varphi(Cu^{2+}/Cu) - \varphi(Zn^{2+}/Zn)$$

$$= 0.350\ 8\ V - (-0.791\ 4\ V)$$

$$= 1.142\ 2\ V$$

6.3.3 判断氧化还原反应的方向

由化学热力学可知，在恒温恒压条件下，反应总是朝着吉布斯自由能减少的方向进行。如利用自发过程对外做有用功（非体积功），系统所能做的最大非体积功等于系统的吉布斯自由能变，即 $\Delta_r G_m = W_{max}$。将自发进行的氧化还原反应设计成原电池，在恒温、恒压条件下，该原电池所做的最大非体积功即为电功，$W_{max} = W_电$。如果在 1 mol 的反应中有 n mol 电子通过电动势为 E 的原电池电路，则电池反应的摩尔吉布斯自由能变与电池电动势 E 之间存在以下关系：

$$\Delta_r G_m = W_{max} = -nFE \tag{6-3}$$

如果氧化还原反应发生在标准状态下，则有

$$\Delta_r G_m^{\ominus} = W_{max} = -nFE^{\ominus} \tag{6-4}$$

此关系式把热力学和电化学联系起来，测出原电池电动势 E，就可以计算氧化还原反应的 $\Delta_r G_m$。反之，已知某氧化还原反应的 $\Delta_r G_m$，便可求出该反应所构成原电池的 E。另外利用 $\Delta_r G_m$ 和 E 的关系，可以推导出利用电动势或电极电势判断氧化还原反应方向的判据：

$\Delta_r G_m < 0$，$E_{电池} > 0$ 或 $\varphi_正 > \varphi_负$　反应正向进行

$\Delta_r G_m > 0$，$E_{电池} < 0$ 或 $\varphi_正 < \varphi_负$　反应逆向进行

$\Delta_r G_m = 0$，$E_{电池} = 0$ 或 $\varphi_正 = \varphi_负$　反应达平衡状态

【**例 6-8**】 判断下列反应在标准状态下进行的方向：

$$2Fe^{3+}+Sn^{2+} \rightleftharpoons 2Fe^{2+}+Sn^{4+}$$

解：查表可知

$$\varphi^{\ominus}(Sn^{4+}/Sn^{2+})=0.151 \text{ V} \qquad \varphi^{\ominus}(Fe^{3+}/Fe^{2+})=0.771 \text{ V}$$

Fe^{3+} 被还原，铁电对做原电池正极，Sn^{2+} 被氧化，锡电对做原电池负极。

$$E^{\ominus}=\varphi_{\text{正}}^{\ominus}-\varphi_{\text{负}}^{\ominus}=0.771 \text{ V}-0.151 \text{ V}=0.620 \text{ V}>0$$

所以反应自发向右进行。

另外，也可以根据电极电势代数值的相对大小预测氧化还原反应进行的方向。由于 $\varphi^{\ominus}(Fe^{3+}/Fe^{2+})=0.771 \text{ V}>\varphi^{\ominus}(Sn^{4+}/Sn^{2+})=0.151 \text{ V}$，说明 Fe^{3+} 比 Sn^{4+} 氧化性更强，即 Fe^{3+} 结合电子的倾向较大；Sn^{2+} 比 Fe^{2+} 还原性更强，即 Sn^{2+} 给出电子的倾向较大，所以反应自发向右进行。由此可以得出规律：氧化还原反应总是自发地由较强的氧化剂与较强的还原剂相互作用，向着生成较弱的还原剂和较弱的氧化剂方向进行。

【例 6-9】　判断反应 $MnO_2(s)+4HCl \rightleftharpoons MnCl_2+Cl_2+ H_2O$

(1) 标准状态下能否向右进行？

(2) 实验室为什么能用浓盐酸制取氯气？

解：(1) 查表得

$$MnO_2+4H^++2e \rightleftharpoons Mn^{2+}+2H_2O \qquad \varphi^{\ominus}(MnO_2/Mn^{2+})=1.208 \text{ V}$$

$$Cl_2+2e \rightleftharpoons 2Cl^- \qquad \varphi^{\ominus}(Cl_2/Cl^-)=1.358 \text{ V}$$

由于 $\qquad\qquad\qquad \varphi^{\ominus}(MnO_2/Mn^{2+})<\varphi^{\ominus}(Cl_2/Cl^-)$

所以标准状态下反应不能向右进行。

(2) 对于浓 HCl，$c(H^+)=c(Cl^-)=c(HCl)=12 \text{ mol} \cdot L^{-1}$，其他物质均为标准态

$$\varphi(MnO_2/Mn^{2+})=\varphi^{\ominus}(MnO_2/Mn^{2+})+\frac{0.059\,2 \text{ V}}{2}\lg\frac{c^4(H^+)}{c(Mn^{2+})}$$

$$=1.208 \text{ V}+\frac{0.059\,2 \text{ V}}{2}\lg 12^4$$

$$=1.336 \text{ V}$$

$$\varphi(Cl_2/Cl^-)=\varphi^{\ominus}(Cl_2/Cl^-)+\frac{0.059\,2 \text{ V}}{2}\lg\frac{p(Cl_2)/p^{\ominus}}{c^2(Cl^-)}=1.35\,8 \text{ V}+\frac{0.059\,2 \text{ V}}{2}\lg\frac{1}{12^2}$$

$$=1.296 \text{ V}$$

由于 $\qquad\qquad\qquad \varphi(MnO_2/Mn^{2+})>\varphi(Cl_2/Cl^-)$

所以反应向右自发进行，即实验室可以用浓盐酸与 MnO_2 反应制取氯气。

6.3.4　判断氧化还原反应进行的程度

从化学热力学可知，化学反应平衡常数的大小用来衡量一个化学反应进行的程度。对于一个氧化还原反应，其标准吉布斯自由能变 $\Delta_r G_m^{\ominus}$ 与标准平衡常数 $K^{\ominus}$ 及标准电动势 $E^{\ominus}$ 之间存在如下关系：

$$\Delta_r G_m^{\ominus}=-RT\ln K^{\ominus} \qquad \Delta_r G_m^{\ominus}=-nFE^{\ominus}=-nF(\varphi_{\text{正}}^{\ominus}-\varphi_{\text{负}}^{\ominus})$$

两式合并可得：

$$E^{\ominus} = \frac{RT\ln K^{\ominus}}{nF} \tag{6-5}$$

将温度 298.15 K 时,将 R、F 值代入上式,并将自然对数换成常用对数,可得

$$\lg K^{\ominus} = \frac{n(\varphi_{\text{正}}^{\ominus} - \varphi_{\text{负}}^{\ominus})}{0.059\,2\ \text{V}} = \frac{nE^{\ominus}}{0.059\,2\ \text{V}} \tag{6-6}$$

从上式可以看出,氧化还原反应平衡常数 $K^{\ominus}$ 的大小与两电对标准电极电势的差值有关,差值越大,$K^{\ominus}$ 越大,该反应进行得越完全。应用上述公式时应注意,同一个氧化还原反应的计量方程式写法不同,反应中转移的电子总数 n 就不同,对应的平衡常数也就不同。

【例 6-10】　计算下列反应的标准平衡常数 $K^{\ominus}$,判断反应进行的程度?

$$MnO_4^- + 5Fe^{2+} + 8H^+ \Longleftrightarrow Mn^{2+} + 5Fe^{3+} + 4H_2O$$

解:将上述氧化还原反应设计构成一个原电池,则 MnO_4^-/Mn^{2+} 电对做正极,MnO_4^- 为氧化剂;Fe^{3+}/Fe^{2+} 电对做负极,Fe^{2+} 为还原剂,$n=5$。

$$\begin{aligned}
\lg K^{\ominus} &= \frac{n(\varphi_{\text{正}}^{\ominus} - \varphi_{\text{负}}^{\ominus})}{0.059\,2\ \text{V}} \\
&= \frac{5\times[\varphi^{\ominus}(MnO_4^-/Mn^{2+}) - \varphi^{\ominus}(Fe^{3+}/Fe^{2+})]}{0.059\,2\ \text{V}} \\
&= \frac{5\times(1.51 - 0.771)}{0.059\,2\ \text{V}} \\
&= 62.42 \\
K^{\ominus} &= 2.6\times10^{62}
\end{aligned}$$

标准平衡常数很大,说明该反应进行得非常完全。

6.3.5　元素电势图及其应用

很多元素有多种氧化数,可以组成多个不同的氧化还原电对。为表示同一元素不同氧化态物质的氧化还原能力以及它们相互之间的关系,拉提默(W. M. Latimer)把同一元素的不同氧化态物质按照氧化数从高到低排列起来,并在两种氧化态物质间的连线上标出相应电对的标准电极电势值,得到元素标准电极电势图,简称元素电势图。

例如:酸性溶液中锰的元素电势图表示如下:

处于中间氧化态的物质既可以做氧化剂,又可以做还原剂。元素电势图清楚地表明了同种元素的不同氧化态物质氧化还原能力的相对大小。其主要应用如下:

(1)判断歧化反应能否发生

例如,铜的元素电势图为:

因为 $\varphi^\ominus(Cu^+/Cu) > \varphi^\ominus(Cu^{2+}/Cu^+)$，所以 Cu^+ 在水溶液中不稳定，能自发发生如下的歧化反应，生成 Cu^{2+} 和 Cu：

$$2Cu^+ \Longrightarrow Cu^{2+} + Cu$$

由此可推出歧化反应发生的规律：元素电势图 $A \xrightarrow{\varphi^\ominus_左} B \xrightarrow{\varphi^\ominus_右} C$ 中，若 $\varphi^\ominus_右 > \varphi^\ominus_左$，则中间氧化态的 B 就容易发生歧化反应：

又如，氧在酸性介质中的元素电势图：

$$\varphi^\ominus_A/V \quad O_2 \xrightarrow{0.695} H_2O_2 \xrightarrow{1.776} H_2O$$
$$\xrightarrow{1.229}$$

$\varphi^\ominus(H_2O_2/H_2O) > \varphi^\ominus(O_2/H_2O_2)$，所以 H_2O_2 在酸性介质中不稳定容易发生歧化反应。

$$2H_2O_2 \Longrightarrow O_2 + 2H_2O$$

而根据铁在酸性介质中的元素电势图：

$$\varphi^\ominus_A/V \quad Fe^{3+} \xrightarrow{0.771} Fe^{2+} \xrightarrow{-0.447} Fe$$

$\varphi^\ominus(Fe^{2+}/Fe) < \varphi^\ominus(Fe^{3+}/Fe^{2+})$，$Fe^{2+}$ 不能发生歧化反应，但其逆反应可自发进行。即

$$Fe^{3+} + Fe \Longrightarrow Fe^{2+}$$

该反应常被用来稳定亚铁离子的水溶液，在 Fe^{2+} 盐的溶液中加入少量金属铁，防止 Fe^{2+} 被空气中的 O_2 氧化成 Fe^{3+}。

(2) 计算某电对的标准电极电势

对于如下的元素电势图：

$$A \xrightarrow[n_1]{\varphi^\ominus_1} B \xrightarrow[n_2]{\varphi^\ominus_2} C \xrightarrow[n_3]{\varphi^\ominus_3} D$$
$$\xrightarrow[n]{\varphi^\ominus}$$

式中的 n_1、n_2、n_3、n 分别代表各电对内转移的电子数，且 $n = n_1 + n_2 + n_3$。由式(6-4) $\Delta_r G^\ominus_m = -nFE^\ominus$ 以及 $\Delta_r G^\ominus_m$ 具有加和性的特征，可推出 $\Delta_r G^\ominus_m = \Delta_r G^\ominus_m(1) + \Delta_r G^\ominus_m(2) + \Delta_r G^\ominus_m(3)$，很容易导出下列计算公式：

$$\varphi^\ominus = \frac{n_1 \varphi^\ominus_1 + n_2 \varphi^\ominus_2 + n_3 \varphi^\ominus_3}{n} \tag{6-7}$$

根据式(6-7)，利用一些已知电对的标准电极电势，可以计算某些未知电对的标准电极电势。

【例 6-11】 根据碱性介质中溴的元素电势图：

$$\varphi^\ominus_B/V \quad BrO_3^- \xrightarrow{?} BrO^- \xrightarrow{0.45} Br_2 \xrightarrow{1.066} Br^-$$
$$\xrightarrow{0.52}$$
$$\xrightarrow{?}$$

计算 $\varphi^\ominus(BrO_3^-/Br^-)$ 和 $\varphi^\ominus(BrO_3^-/BrO^-)$ 值。

解：根据式(6-7)，则有：

$$\varphi^{\ominus}(\mathrm{BrO_3^-/Br^-}) = \frac{5 \times \varphi^{\ominus}(\mathrm{BrO_3^-/Br_2}) + 1 \times \varphi^{\ominus}(\mathrm{Br_2/Br^-})}{6}$$

$$= \frac{5 \times 0.52 + 1 \times 1.066}{6} = 0.61 \text{ V}$$

同理可知 $5\varphi^{\ominus}(\mathrm{BrO_3^-/Br_2}) = 4 \times \varphi^{\ominus}(\mathrm{BrO_3^-/BrO^-}) + 1 \times \varphi^{\ominus}(\mathrm{BrO^-/Br_2})$

$$\varphi^{\ominus}(\mathrm{BrO_3^-/BrO^-}) = \frac{5 \times \varphi^{\ominus}(\mathrm{BrO_3^-/Br_2}) - \varphi^{\ominus}(\mathrm{BrO^-/Br_2})}{4}$$

$$= \frac{5 \times 0.52 - 0.45}{4} = 0.54 \text{ V}$$

另外，在生产实践中，有时要对一个复杂系统中的某一组分进行选择性氧化（或还原）处理，需要对系统中各组分有关电对的电极电势进行比较，选择出合适的氧化剂或还原剂。

【例 6-12】 现有含 $\mathrm{Cl^-}$、$\mathrm{Br^-}$、$\mathrm{I^-}$ 三种离子的混合溶液。欲使 $\mathrm{I^-}$ 氧化为 $\mathrm{I_2}$，而不使 $\mathrm{Br^-}$、$\mathrm{Cl^-}$ 发生氧化，在常用的氧化剂 $\mathrm{Fe_2(SO_4)_3}$ 和 $\mathrm{KMnO_4}$ 中，应选择哪一种做氧化剂？

解：查表得 $\varphi^{\ominus}(\mathrm{I_2/I^-}) = 0.535 \text{ V}$，$\varphi^{\ominus}(\mathrm{Fe^{3+}/Fe^{2+}}) = 0.771 \text{ V}$，$\varphi^{\ominus}(\mathrm{Br_2/Br^-}) = 1.065$ V，$\varphi^{\ominus}(\mathrm{Cl_2/Cl^-}) = 1.358 \text{ V}$，$\varphi^{\ominus}(\mathrm{MnO_4^-/Mn^{2+}}) = 1.51 \text{ V}$

所选择氧化剂的 $\varphi^{\ominus}$ 必须在 $0.535 \sim 1.065$ V 之间，所以，电对 $\mathrm{Fe^{3+}/Fe^{2+}}$ 可满足要求。

由电对电极电势值可以看出，如果选择 $\mathrm{KMnO_4}$ 做氧化剂，酸性介质中 $\mathrm{MnO_4^-}$ 会将 $\mathrm{I^-}$、$\mathrm{Br^-}$、$\mathrm{Cl^-}$ 氧化成 $\mathrm{I_2}$、$\mathrm{Br_2}$、$\mathrm{Cl_2}$。故应该选用 $\mathrm{Fe_2(SO_4)_3}$ 做氧化剂才能符合要求。

6.4 电解及其应用

6.4.1 电解

原电池是把化学能转化为电能的装置，其逆过程则是电解过程，即把电能转化为化学能的过程，靠外加电能迫使自发的氧化还原反应逆向进行。例如，$2\mathrm{H_2} + \mathrm{O_2} \Longleftrightarrow \mathrm{H_2O}$ 为自发反应，其逆反应非自发，可以通过外加电源迫使 $\mathrm{H_2O}$ 分解成 $\mathrm{H_2}$ 和 $\mathrm{O_2}$，即氢氧燃料电池。实现电解的装置称为电解池（electrolytic cell），由两个电极、电解质溶液和外接电源所组成，电极用导线和直流电源相连接。电解池中与外电源负极相连接的一极称为阴极（cathode），与电源正极相连接的一极称为阳极（anode）。电解池的阴极是富电子的，因而阴极上溶液的离子或分子接受电子发生还原反应。阳极是缺电子的，阳极上溶液的离子或分子失去电子发生氧化反应。以水的电解为例，水本身存在微弱的电离，即 $\mathrm{H_2O} \Longleftrightarrow \mathrm{H^+} + \mathrm{OH^-}$，在外电场作用下，电解池中 $\mathrm{H^+}$ 和 $\mathrm{OH^-}$ 分别向阴极和阳极移动得到及失去电子的过程称为放电。

阳极：$4\mathrm{OH^-} - 4\mathrm{e} \Longleftrightarrow \mathrm{O_2(g)} + 2\mathrm{H_2O(l)}$

阴极：$4\mathrm{H^+} + 4\mathrm{e} \Longleftrightarrow 2\mathrm{H_2(g)}$

总反应：$4\mathrm{OH^-} + 4\mathrm{H^+} \Longleftrightarrow 2\mathrm{H_2O(l)} + 2\mathrm{H_2(g)} + \mathrm{O_2(g)}$

电解氯化铜时，以炭棒为电极，$\mathrm{Cl^-}$ 在阳极失去电子，$\mathrm{Cu^{2+}}$ 在阴极得到电子，其电解反应如下：

阳极：$2Cl^- - 2e \Longleftrightarrow Cl_2(g)$

阴极：$Cu^{2+} + 2e \Longleftrightarrow Cu(s)$

总反应：$2Cl^- + Cu^{2+} \Longleftrightarrow Cl_2(g) + Cu(s)$

6.4.2　电镀

电镀是应用电解原理在某些金属表面镀上一薄层其他金属或合金的过程。电镀的目的主要是使金属增强抗腐蚀能力，提高导电性、润滑性、耐热性、表面硬度及增加表面美观。

镀层通常是一些在空气或溶液中耐腐蚀的金属（如铬、锌、镍、银）或合金。电镀时，将需要镀层的金属零件作为阴极，而用作镀层的金属作为阳极，两极置于预镀金属的盐溶液中，外接直流电源。

以镀锌为例说明电镀的原理，以金属锌做阳极，被镀零件做阴极，在锌盐溶液中进行电解。电镀用的锌盐通常不能直接用简单锌离子的盐溶液，如果用 $ZnSO_4$ 溶液做电镀液，由于 Zn^{2+} 浓度较大，镀层会粗糙、薄厚不均，且镀层与基体金属结合力差。工业上电镀液通常由氧化锌、氢氧化钠和添加剂等配制而成。ZnO 在 $NaOH$ 溶液中形成 $Na_2[Zn(OH)_4]$，其反应方程式为：

$$2NaOH + ZnO + H_2O \Longleftrightarrow Na_2[Zn(OH)_4]$$

$$[Zn(OH)_4]^{2-} \Longleftrightarrow Zn^{2+} + 4OH^-$$

随着电解的进行，Zn^{2+} 不断放电，同时 $[Zn(OH)_4]^{2-}$ 不断解离，保证电镀液中 Zn^{2+} 浓度基本稳定，才能使镀层细致光滑。两极反应如下：

$$阳极：Zn(s) - 2e \Longleftrightarrow Zn^{2+}$$

$$阴极：Zn^{2+} + 2e \Longleftrightarrow Zn(s)$$

镀锌有时加入氰化物，它与 Zn^{2+} 离子有很强的配位能力，生成 $[Zn(CN)_4]^{2-}$ 配离子，从而降低 Zn^{2+} 浓度，使镀层更加光亮、致密、美观。但氰化物有剧毒，其废液易造成环境污染。近年来正在进行各种"无氰电镀"的研究，其研究成果在许多工厂投入了应用。

6.4.3　电解抛光

利用金属表面微观凸点在特定电解液中，控制适当电流密度下，首先发生阳极溶解的原理进行抛光的一种电解加工称为电解抛光，又称电抛光。电抛光是金属表面或半导体表面的精加工方法之一，用以提高金属表面光洁度，特别适用于形状复杂的表面和内表面加工，光洁度可在原有的基础上提高1～2级。电解抛光时，将待抛光金属（如钢铁）做阳极，以铅板做阴极，在含有磷酸、硫酸和铬酐(CrO_3)的电解液中进行电解，其阳极反应为：

阳极：$\qquad\qquad\qquad Fe - 2e \Longleftrightarrow Fe^{2+}$

生成的 Fe^{2+} 与溶液中的 $Cr_2O_7^{2-}$ 发生氧化还原反应：

$$6Fe^{2+} + Cr_2O_7^{2-} + 14H^+ \Longleftrightarrow 6Fe^{3+} + 2Cr^{3+} + 7H_2O$$

生成的 Fe^{3+} 进一步与溶液中的 HPO_4^{2-} 和 SO_4^{2-} 生成 $Fe_2(HPO_4)_3$ 和 $Fe_2(SO_4)_3$ 等盐。随着这些盐的浓度在阳极附近不断地增加，在金属表面就会形成有黏性的液膜。工件的表面本来是粗糙的,液膜在不平的表面上分布不均匀,凸起部分液膜较薄,凹陷部分液膜较厚。由于液膜的导电性不好,因而阳极表面各处的电阻有所不同,凸起部分的电阻较小,电流密度较大,这样就使凸起部分比凹陷部分溶解较快,于是粗糙的表面得以平整。这种液膜还有另一个作用,就是在阳极溶解的同时,在其表面形成一层氧化物薄膜,使金属处于轻微的钝化状态,使阳极溶解不致过快。

阴极主要是氢离子和铬酸根离子的还原反应:

$$2H^+ + 2e \Longrightarrow H_2(g)$$
$$Cr_2O_7^{2-} + 14H^+ + 6e \Longrightarrow 2Cr^{3+} + 7H_2O$$

电抛光工艺一般都采用直流电源,但目前在某些电解液中,采用低压交流电抛光工件时,其工件同时做阴、阳两极,尤其对铸铁件的抛光,能得到较好的表面光洁度。此外,直流电抛光失效的电解液,还可供交流电抛光用。由于含铬酐的电解液对环境有毒,改用无毒物质做电解液进行抛光已引起广泛关注。目前,生产上用 $KClO_3$ 或 $NaClO_3$ 做抛光电解液,其抛光效果比较好。

6.5　金属腐蚀与防护

6.5.1　金属的腐蚀

金属在周围环境的作用下,由于发生化学或电化学作用而引起材料退化与破坏叫作金属腐蚀。如钢铁在潮湿空气中生锈,加热锻造时产生的氧化皮,金属银失去光泽,地下金属管道遭受腐蚀而穿孔等。金属腐蚀是个很普遍的现象,大量的金属物件和装备因腐蚀而报废。据统计,全世界每年由于腐蚀而遭受破坏报废的金属设备和材料的重量约为金属年产量的 20%~30%。因此,研究金属材料的腐蚀,弄清腐蚀发生的原因及采取有效的防护措施,对于延长设备寿命、降低成本、提高劳动生产力都具有重要意义。

按照金属腐蚀的机理不同,可分为化学腐蚀和电化学腐蚀。

(1) 化学腐蚀

金属与环境介质直接作用发生化学反应而造成的腐蚀,称为化学腐蚀。金属在高温下和干燥的气体接触,或与非电解质液体(如苯、石油)接触都会发生化学腐蚀。其腐蚀过程是腐蚀介质直接同金属表面的原子相互作用而形成腐蚀产物,反应进行过程中没有电流产生。如铁制品生锈($Fe_2O_3 \cdot xH_2O$),铝制品表面出现白斑(Al_2O_3),铜制品表面产生铜绿$[Cu_2(OH)_2CO_3]$,银器表面变黑(生成 Ag_2S 或 Ag_2O)等都属于金属腐蚀,其中用量最大的金属——铁制品的腐蚀最为常见。

化学腐蚀受温度影响很大。在干燥空气及低温条件下,金属的氧化过程很慢,接近停止状态,而在较高温度下,大多数金属的氧化速率会加快。如家用燃气灶,由于经常升温加热,腐蚀很快,而放在南极的食品罐头瓶,即使过 100 年仍能保存完好。

(2) 电化学腐蚀

电化学腐蚀是金属与电解质溶液发生电化学作用而引起的破坏。电化学腐蚀更常见,危害更严重。尤其是在现代工业发达的社会中,空气中含有更多的 CO_2、SO_2、H_2S 等气体,它们溶解在空气中的水雾中,或者与水蒸气一起被金属表面吸附后形成酸性溶液,充当原电池的电解质溶液,不分场合、地点和时间,形成无数个原电池,日夜不停地发生原电池反应。如在铜板上有一些铁的铆钉,长期暴露在潮湿的空气中,铆钉的部位特别容易生锈。这是因为铜板暴露在潮湿空气中时表面会凝结一层薄薄的水膜,空气里的 CO_2、工厂区的 SO_2 等酸性气体溶解到薄层中形成电解质溶液,于是形成了原电池,其反应如下:

铁做负极,发生氧化反应:$Fe - 2e \Longrightarrow Fe^{2+}$

铜做正极,发生还原反应:$2H^+ + 2e \Longrightarrow H_2$

电化学腐蚀根据其电解质溶液酸碱性的不同分为吸氧腐蚀和析氢腐蚀。

酸性介质:$2H^+ + 2e \Longrightarrow H_2$ 析氢腐蚀

微酸性、碱性介质:$O_2 + 2H_2O + 4e \Longrightarrow 4OH^-$ 吸氧腐蚀

Fe^{2+} 进一步反应:

$$2OH^- + Fe^{2+} \Longrightarrow Fe(OH)_2$$

$$4Fe(OH)_2 + O_2 + 2H_2O \Longrightarrow 4Fe(OH)_3$$

$Fe(OH)_3$ 和其脱水产物 Fe_2O_3 为铁锈的主要成分。

由于 O_2 的氧化能力比 H^+ 强,故在大气中金属的电化学腐蚀一般是以吸氧腐蚀为主。只要是处在天然的大气环境中,总会含有一定的水汽和氧气,就可能发生吸氧腐蚀。而析氢腐蚀只有当环境中酸性较强时才会发生,而且在发生析氢腐蚀时,一般也同时伴有吸氧腐蚀,后者甚至比前者更甚。

6.5.2　金属腐蚀的防护

金属腐蚀的问题,除从金属材料本身着手外,还应考虑金属材料所处的环境,根据其腐蚀机理不同,采取相应的防腐措施,目前常采用的有以下几种方法。

(1) 改善金属本身性能

根据不同的用途选择不同的材料组成耐蚀合金,或在金属中添加合金元素,提高其耐蚀性。比如,在钢中加入镍制成不锈钢可以增强钢铁防腐蚀的能力。

(2) 增加防护层

在金属表面覆盖各种保护层,把被保护金属与腐蚀性物质隔开,是防止金属腐蚀的有效方法。工业使用的保护层有非金属保护层和金属保护层两大类,通常采用以下方法形成保护层:

① 金属的磷化处理。钢铁制品去油、除锈后,放入特定组成的磷酸盐溶液中浸泡,即可在金属表面形成一层不溶于水的磷酸盐薄膜,这种过程叫作磷化处理。磷化膜呈暗灰色至黑灰色,厚度一般为 $5\sim20~\mu m$,在大气中有较好的耐蚀性。膜是微孔结构,对油漆等的吸附能力强,如用作油漆底层,耐腐蚀性可进一步提高。

② 金属的氧化处理。将钢铁制品加到 NaOH 和 $NaNO_2$ 的混合溶液中,加热处理,其表面即可形成一层厚度为 $0.5~\mu m$ 左右的蓝色氧化膜(主要成分 Fe_3O_4),以达到钢铁防腐蚀

的目的,此过程称为发蓝处理。这种氧化膜具有较大的弹性和润滑性,不影响零件的精度。故精密仪器和光学仪器的部件,弹簧钢、薄钢片、细钢丝等常经过发蓝处理。

③ 非金属涂层。将耐腐蚀的物质如油漆、搪瓷、玻璃、沥青、塑料、橡胶等涂在要保护的金属表面上。近年发展起来的塑料涂层,比喷漆效果更佳,附着力更强,覆盖层致密光洁、色泽艳丽、兼具防腐与装饰的双重功能,在防腐工艺中得到了广泛的应用。另外,由于搪瓷涂层具备极好的耐腐蚀、耐冲击性能,良好的装饰性,广泛用于石油化工、医药、仪器等工业部门和日常生活用品中。

④ 金属保护层。将一种金属镀在被保护的金属制品表面上所形成的保护镀层,前一种金属称为镀层金属。金属镀层的形成,除电镀、化学镀外,还有热浸镀、热喷镀、渗镀、真空镀等方法。金属镀层作为保护层的例子很多,如大家所熟悉的白铁(镀锌铁)和马口铁(镀锡铁)。因为两种金属的化学特性不同,其防腐蚀能力与用途也不一样。马口铁一般用于食品与饮料包装(如易拉罐等),有很好的防腐蚀作用,且对人体无毒无害。白铁硬度较大,抗大气腐蚀能力比较强,多用于建筑材料,如彩板、彩钢。马口铁不能用白铁替代,因为锌易溶于酸,所以白铁不能用于碳酸和果汁饮料的包装。

（3）电化学保护

电化学保护是金属腐蚀防护的重要方法之一,其原理是利用外部电流使被腐蚀金属电势发生变化从而减缓或抑制金属腐蚀。电化学保护可分为阴极保护和阳极保护两种方法。

① 阴极保护

阴极保护是一种用于防止金属在介质中腐蚀的电化学保护技术。电化学腐蚀通常是阳极(活泼金属)被腐蚀,可借助于外加的阳极(较活泼的金属)或直流电源将金属设备作为阴极保护起来,故称阴极保护法。常用的有牺牲阳极法和外加电流法。

在牺牲阳极法中,把较活泼的金属(如 Mg、Al、Zn 等)或合金与被保护的金属连接,这时较活泼的金属或合金成为腐蚀电池的阳极而被腐蚀,使被保护金属免遭腐蚀,如图 6-5 所示。牺牲阳极的面积通常是被保护金属表面积的 $1\%\sim5\%$,分布在被保护金属表面上。此种保护法常用于蒸汽锅炉内壁、海船外壳、石油输送管道和海底设备等。

在外加电流法中,被保护金属与另一附加电极作为电解池的两个电极。外加直流电源的负极接被保护金属,另用一废钢铁做正极。在外接电源的作用下阴极受到保护,如图 6-6 所示。此种保护法主要用于地下的管道和金属设备、某些冷凝器、热交换器等的防腐。

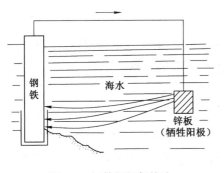

图 6-5　牺牲阳极保护法

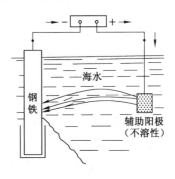

图 6-6　外加电流保护法

② 阳极保护

与阴极保护法正好相反，被保护的金属连接到电源的正极，通以适当的电流，使金属表面形成耐腐蚀性的钝化膜并维持其钝化状态，以减小金属溶解的速率，这种方法称为阳极保护法。阳极保护法是一门较新的防腐技术，其优点是耗电小，适用于某些强腐蚀性和氧化性介质，如不锈钢的浓硫酸系统、碳钢的氨水贮槽等的防腐，应用范围不如阴极保护法广泛。

（4）添加缓蚀剂

缓蚀剂是指添加到腐蚀性介质中，能阻止金属腐蚀或降低金属腐蚀速率的物质。添加缓蚀剂法是一种常用的防腐蚀措施，其添加量一般在 $0.1\%\sim1\%$ 之间。缓蚀剂的种类很多，习惯上常根据缓蚀剂化学组成，把缓蚀剂分为无机缓蚀剂和有机缓蚀剂两类。

无机缓蚀剂的作用主要是在金属表面形成氧化膜或难溶物质。具有氧化性的含氧酸盐，如 K_2CrO_4、$K_2Cr_2O_7$、$NaNO_3$、$NaNO_2$ 等做缓蚀剂时，在溶液中能使钢铁钝化形成钝化膜 Fe_2O_3，使金属表面与介质隔开，从而减缓腐蚀。非氧化性的无机缓蚀剂，如 $NaOH$、Na_2CO_3、Na_2SiO_3、Na_3PO_4 等，能与金属表面阳极溶解下来的金属离子发生作用，生成难溶物，覆盖在金属表面上形成保护膜。

无机缓蚀剂通常是在碱性或中性介质中使用。酸性介质中，通常使用有机缓蚀剂，如萘胺、乌洛托品、琼脂、亚硝酸二异丙胺、醛类等。有机缓蚀剂对金属的缓蚀作用是由于金属刚开始溶解时表面带负电，能将缓蚀剂的正离子或分子吸附在表面上，覆盖了金属表面或活性部位，从而起到保护金属的作用。

由于缓蚀剂在使用过程中无须专门设备，无须改变金属构件的性质，因而具有经济、适应性强等优点，广泛应用于酸洗冷却水系统、油田注水等。

总之，金属的防护方法很多，究竟采用哪一种还应从金属的性质、对防护的要求和经济核算等方面考虑，也可以几种方法同时采用。另外，金属腐蚀也有其有利的一面，可以利用腐蚀原理为生产服务。例如，在电子工业中，印刷电路板的制造需要利用金属腐蚀。在一个表面敷有铜箔的玻璃丝绝缘板上，把需要的图形用感光胶保护，其余部分的铜箔用三氯化铁溶液腐蚀，就可以得到线条清晰的印刷电路板。

本 章 小 结

1. 重要的基本概念

氧化数、氧化和还原、氧化剂和还原剂、氧化还原电对、电极与电极反应、原电池与电池反应、电极电势、电动势、元素电势图、电解、金属腐蚀、阴极保护法等。

2. 氧化还原反应方程式的配平

氧化数法和离子-电子法的配平原则和配平步骤。

3. 原电池和电极电势

原电池是能使自发进行的氧化还原反应产生电流（或者化学能转化成电能）的装置，其组成包括：半电池、外电路和盐桥，可以简单用原电池符号表示。

φ 是电化学中非常重要的物理量,用来衡量物质氧化还原能力的大小。$\varphi^{\ominus}$ 是指电极反应处于标准状态下的 φ。非标准电极电势 φ 和 $\varphi^{\ominus}$ 的关系用 Nernst 方程来表示:

$$\varphi = \varphi^{\ominus} + \frac{0.059\ 2\ \text{V}}{n} \lg \frac{[\text{氧化态}]^a}{[\text{还原态}]^b}$$

电极电势的应用范围很广,总结如下:

(1) 比较氧化剂与还原剂的相对强弱。φ 代数值越大,表示电对中对应氧化态物质的氧化能力越强;φ 代数值越小,表示电对中对应还原态物质的还原能力越强。

(2) 判断原电池的正、负极,计算原电池的电动势 E。在组成原电池的两个电对中,φ 代数值较大的做原电池的正极,φ 代数值较小的做原电池的负极。

$$E = \varphi_{\text{正}} - \varphi_{\text{负}}$$

(3) 判断氧化还原反应的方向和限度。由热力学函数可得到 $\Delta_r G_m = W_{\max} = -nFE$,$\lg K^{\ominus} = \frac{n(\varphi_{\text{正}}^{\ominus} - \varphi_{\text{负}}^{\ominus})}{0.059\ 2\ \text{V}} = \frac{nE^{\ominus}}{0.059\ 2\ \text{V}}$,推出利用 E 或 φ 判断氧化还原反应方向的判据:$\Delta_r G_m < 0$,$E_{\text{电池}} > 0$ 或 $\varphi_{\text{正}} > \varphi_{\text{负}}$,反应正向进行;$\Delta_r G_m > 0$,$E_{\text{电池}} < 0$ 或 $\varphi_{\text{正}} < \varphi_{\text{负}}$,反应逆向进行;$\Delta_r G_m = 0$,$E_{\text{电池}} = 0$ 或 $\varphi_{\text{正}} = \varphi_{\text{负}}$,反应达平衡状态;$E^{\ominus}$ 越大,反应进行越完全。

(4) 利用元素标准电势图判断歧化反应能否进行,并可计算未知电对的 $\varphi^{\ominus}$。

4. 电解及其应用

电解是把电能转化为化学能的装置,靠外加电能迫使自发的氧化还原反应逆向进行。电解的主要应用有电镀、电抛光等。

5. 金属腐蚀与防护

根据金属腐蚀的机理不同,金属腐蚀分为化学腐蚀和电化学腐蚀。电化学腐蚀是在电解质溶液中发生的,由于介质的酸碱性不同,又分为析氢腐蚀和吸氧腐蚀,金属在大气中主要发生吸氧腐蚀。金属防腐的方法主要有组成合金法、增加防护层法、阴极保护法和缓蚀剂法。

【知识延伸】

化学电源

化学电源(chemical power source),又称电池,是一种能将化学能直接转变成电能的装置,例如干电池、蓄电池、燃料电池。由于化学电源具有能量转换效率高、性能可靠、工作时没有噪声、携带和使用方便、对环境适应性强、工作范围广等优点,广泛应用于国民经济、科学技术、军事和日常生活等各方面。

1. 干电池

干电池也称一次电池,只能放电一次。常用的有锌锰干电池、锌汞电池、镁锰干电池等。锌锰干电池由于使用方便、价格低廉,至今仍是干电池中使用最广,产值、产量最大的电池。它以锌皮做负极,插在电池中心的石墨体和 MnO_2 做正极。两极之间填有 $ZnCl_2$、

NH_4Cl 及淀粉糊状物。电池符号可表示为：

$$(-)\ Zn\,|\,ZnCl_2、NH_4Cl（糊状）\,\|\,MnO_2\,|\,C(石墨)（+）$$

负极：$Zn-2e \rightleftharpoons Zn^{2+}$

正极：$2MnO_2+2NH_4^{+}+2e \rightleftharpoons Mn_2O_3+2NH_3+H_2O$

锌锰干电池的电动势为 1.5 V，与电池体积大小无关。其缺点是产生的氨气（NH_3）被石墨吸附，导致电动势下降较快。现在常用高导电的糊状 KOH 代替 NH_4Cl，正极材料改用钢筒，MnO_2 层紧靠钢筒，称碱性锌锰干电池，其放电是普通锌锰干电池的 5～7 倍。

2. 蓄电池

蓄电池是放电后能通过充电使其复原的电池，也称二次电池。根据所用电解质的酸碱性不同分为酸性蓄电池和碱性蓄电池。

铅酸蓄电池由两组铅锑合金格板做电极，其中一组格板的空穴中填充海绵状金属铅做负极，另一组格板的空穴中填充二氧化铅做正极，两组格板相间浸泡在电解质稀硫酸中，铅酸蓄电池放电时相当于一个原电池的作用，电极反应为：

负极：$Pb+SO_4^{2-}-2e \rightleftharpoons PbSO_4$

正极：$PbO_2+SO_4^{2-}+4H^{+}+2e \rightleftharpoons PbSO_4+2H_2O$

放电后，正负极板上都沉积一层 $PbSO_4$，放电到一定程度之后必须进行充电，充电是放电的逆反应。正常情况下，铅酸蓄电池的电动势是 2.1 V。铅酸蓄电池具有充放电可逆性好、放电电流大、稳定可靠、价格便宜等优点，缺点是笨重，常用作汽车和柴油机车的启动电源，坑道、矿山和潜艇的动力电源以及变电站的备用电源等。

镍镉电池是常见的碱性二次电池。它的体积、电压都和干电池差不多，使用寿命比铅酸蓄电池长得多，可反复充放电上千次，但价格较贵。其电极反应为：

负极：$Cd+2OH^{-}-2e \rightleftharpoons Cd(OH)_2$

正极：$2NiO(OH)+2H_2O+2e \rightleftharpoons Ni(OH)_2+2OH^{-}$

鉴于镍镉电池存在严重的镉污染问题，氢镍电池是近年来开始采用的一种新型充电电池，其原电池符号为：$(-)\ Ti\text{-}Ni\,|\,H_2(p)\,\|\,KOH(c_1)\,|\,NiO(OH)(s)\,|\,C(石墨)（+）$。因其具有环保和循环寿命长的优点，有望成为航天、电子、通讯等领域中应用最广的高能电池之一。

3. 锂离子电池

锂离子电池也是一种充电电池，广泛用于手机和笔记本电脑中。其正极材料多采用锂铁磷酸盐，负极多采用石墨，电解质溶液采用 $LiClO_4$、$LiPF_6$、$LiBF_4$ 等锂盐为溶质，溶剂为乙烯碳酸酯等有机溶剂，电极反应如下：

负极：$Li_xC_6-xe \rightleftharpoons xLi+6C$

正极：$Li_{1-x}FePO_4+xLi+xe \rightleftharpoons LiFePO_4$

锂离子电池能量密度大，自放电小，没有记忆效应，工作温度范围宽（-20～60 ℃），循环性能优越，使用寿命长，不含有毒有害物质，被称为绿色电池。

4. 燃料电池

燃料电池与前几类电池的主要差别在于：它不是把还原剂、氧化剂全部贮藏在电池内，而是在工作时不断从外界输入氧化剂和还原剂，同时将电极反应产物不断排出电池。燃料电池是直接将燃烧反应的化学能转化为电能的装置，能量转化率高，可达 80% 以上，且具有节约燃料、污染小的优点。

燃料电池以还原剂（氢气、煤气、天然气、甲醇等）为负极反应物，以氧化剂（氧气、空气等）为正极反应物，电极材料多采用多孔碳、多孔镍、铂、钯等贵重金属，电解质则有碱性、酸性、熔融盐和固体电解质等数种。

以碱性氢氧燃料电池为例，负极常采用多孔性金属镍，用它来吸附氢气。正极常用多孔性金属银，用它吸附空气。电解质则由浸有 KOH 溶液的多孔性塑料制成，其电极反应为：

负极反应：$H_2 + 2OH^- - 2e \Longrightarrow 2H_2O$

正极反应：$1/2O_2 + H_2O + 2e \Longrightarrow 2OH^-$

氢氧燃料电池的标准电动势为 1.229 V。目前已应用于航天、军事通讯、电视中继站等领域，随着成本的下降和技术的提高，可望得到进一步的商业化使用。

5. 海洋电池

1991 年，我国首创以铝-空气-海水为能源的新型电池，称之为海洋电池。它是一种无污染、长效、稳定可靠的电源，以铝合金为电池负极，金属（Pt、Fe）网为正极，海水为电解质溶液，利用海水中的溶解氧与铝反应产生电能。由于海水中只含有 0.5% 的溶解氧，科学家把正极制成仿鱼鳃的网状结构，以增大表面积，吸收海水中的微量溶解氧。这些氧在海水电解液作用下与铝反应，源源不断地产生电能，其电极反应为：

负极（Al）：$4Al - 12e \Longrightarrow 4Al^{3+}$

正极（Pt 或 Fe 等）：$3O_2 + 6H_2O + 12e \Longrightarrow 12OH^-$

海洋电池本身不含电解质溶液和正极活性物质，不放入海洋时，铝极不会在空气中被氧化，可以长期储存。当把电池放入海水中，便可供电，其能量比干电池高 20～50 倍。海洋电池没有怕压部件，在海洋下任何深度都可以正常工作，是海洋用电设施的能源新秀。

6. 微生物电池

微生物燃料电池是可以将有机物中的化学能直接转化为电能的装置。它的发展不仅可以缓解日益紧张的能源危机以及传统能源所带来的温室效应，同时也可以处理生产和生活中的各种污水。随着研究的深入，微生物燃料电池已可以利用各种污水中所富含有机物质进行电能的生产。因微生物燃料电池也是一种无污染、清洁的新型能源技术，其研究和开发必将受到越来越多的关注。

习　题

一、选择题（将正确答案的序号填入括号内）

1. 下列化合物中,碳原子的氧化数为 -2 的是(　　)。

 A. $CHCl_3$ B. C_2H_2 C. C_2H_4 D. C_2H_6

2. 在半电池 $Cu|Cu^{2+}$ 溶液中,加入氨水后,可使 $\varphi(Cu^{2+}/Cu)$ 值(　　)。

 A. 增大   B. 减小   C. 不变   D. 等于零

3. 在标准状态下,下列反应均向正反应方向进行:

$$Cr_2O_7^{2-}+6Fe^{2+}+14H^+ \Longleftrightarrow 2Cr^{3+}+6Fe^{3+}+7H_2O$$

$$2Fe^{3+}+Sn^{2+} \Longleftrightarrow 2Fe^{2+}+Sn^{4+}$$

它们中间最强的氧化剂和最强的还原剂是下列哪一组? (　　)

 A. Sn^{2+} 和 Fe^{3+} B. $Cr_2O_7^{2-}$ 和 Sn^{2+}

 C. Cr^{3+} 和 Sn^{4+} D. $Cr_2O_7^{2-}$ 和 Fe^{3+}

4. 欲使 $(-)Pt\ |\ Fe^{2+}(c_1),Fe^{3+}(c_2)\ \|\ MnO_4^-(c_3),Mn^{2+}(c_4),H^+(c_5)\ |\ Pt(+)$ 原电池的正极电极电势增大,应选用的方法是(　　)。

 A. 增大 Fe^{3+} 的浓度   B. 增大 MnO_4^- 浓度,减小 H^+ 的浓度

 C. 减小 MnO_4^- 浓度,增大 H^+ 的浓度   D. 增大 MnO_4^- 的浓度和 H^+ 的浓度

5. 下列电极中,$\varphi^{\ominus}$ 值最高的是(　　)。

 A. $AgBr/Ag$ B. Ag^+/Ag C. AgI/Ag D. $AgCl/Ag$

6. 下列电极的电极电势与介质酸度无关的为(　　)。

 A. O_2/H_2O B. MnO_4^-/Mn^{2+} C. S/H_2S D. $AgCl/Ag$

7. 根据标准电极电势判断,下列各组物质能共存的是(　　)。

 A. Fe^{3+} 与 Cu B. Fe^{3+} 和 Fe

 C. $Cr_2O_7^{2-}$（酸性）与 Fe^{2+} D. MnO_4^-（酸性）与 Fe^{3+}

8. 下列说法正确的是(　　)。

 A. 在氧化还原反应中,两个电对 $\varphi^{\ominus}$ 值相差越大,反应进行得越快;

 B. 原电池反应中,做负极的物质 $\varphi^{\ominus}$ 值必须小于零;

 C. 某物质的 φ 代数值越小,说明它的还原性越强;

 D. $\varphi^{\ominus}$ 值越大则电对中氧化型物质的氧化能力越强。

9. 关于标准电极电势,下列叙述正确的是(　　)。

 A. $\varphi^{\ominus}$ 值都是利用原电池装置测定的;

 B. 同一元素有多种氧化态时,不同氧化态组成电对的 $\varphi^{\ominus}$ 值不同;

 C. 电对中有气态物质时,$\varphi^{\ominus}$ 值指气体在 273 K 和 100 kPa 下的电极电势值;

 D. 对某一氧化还原电对,当氧化态和还原态浓度相等时 $\varphi=\varphi^{\ominus}$

10. 某电池反应 $A+B^{2+} \Longleftrightarrow A^{2+}+B$ 的 $K^{\ominus}$ 为 10^4,该电池在 298.15 K 时 $E^{\ominus}$

是( )。

A. 0.118 V   B. −0.24 V   C. 0.108 V   D. 0.24 V

11. 已知 $\varphi^{\ominus}(Ni^{2+}/Ni) = -0.257$ V，实测 $\varphi(Ni^{2+}/Ni) = -0.201$ V，下列表述正确的为( )。

A. Ni^{2+} 浓度大于 1 mol·L^{-1} B. Ni^{2+} 浓度小于 1 mol·L^{-1}

C. Ni^{2+} 浓度等于 1 mol·L^{-1} D. 无法确定

12. 选择一种合适的氧化剂能使 Sn^{2+} 和 Fe^{2+} 变成 Sn^{4+} 和 Fe^{3+}，而不能把 Cl^- 变成 Cl_2。已知 $\varphi^{\ominus}(Fe^{3+}/Fe^{2+}) = 0.771$ V，$\varphi^{\ominus}(Sn^{4+}/Sn^{2+}) = 0.154$ V，$\varphi^{\ominus}(Cl_2/Cl^-) = 1.36$ V，则下列电对较合适的是( )。

A. $\varphi^{\ominus}(Cu^{2+}/Cu) = 0.342$ V   B. $\varphi^{\ominus}(Br_2/Br^-) = 1.087$ V

C. $\varphi^{\ominus}(MnO_4^-/Mn^{2+}) = 1.51$ V   D. $\varphi^{\ominus}(I_2/I^-) = 0.535$ V

13. 根据 $\varphi^{\ominus}$ 值判断，298.15 K 下，下列反应标准状态下自发进行程度最大的是( )。

A. $2Fe^{3+} + Cu \Longrightarrow 2Fe^{2+} + Cu^{2+}$ B. $Cu^{2+} + Fe \Longrightarrow Fe^{2+} + Cu$

C. $Fe^{2+} + Zn \Longrightarrow Fe + Zn^{2+}$ D. $2Fe^{3+} + Fe \Longrightarrow 3Fe^{2+}$

14. 下列哪种方法不能减轻金属的腐蚀作用？( )

A. 增加金属的纯度   B. 增加金属表面的光洁度

C. 增加金属环境的湿度   D. 降低金属环境的湿度

15. 有一个原电池由两个氢电极组成，其中一个是标准氢电极，为得到最大的电动势，另一个电极浸入的酸性溶液 $[p(H_2) = 100$ kPa$]$ 应为哪个？( )

A. 0.1 mol·L^{-1} HCl   B. 0.1 mol·L^{-1} HAc + 0.1 mol·L^{-1} NaAc

C. 0.1 mol·L^{-1} HAc   D. 0.1 mol·L^{-1} H_3PO_4

16. 埋在地下的铸铁输油管道，在下列各种情况下被腐蚀的速度最慢的是( )。

A. 在含铁元素较多的酸性土壤中   B. 在潮湿疏松透气的土壤中

C. 在干燥致密不透气的土壤中   D. 含碳粒较多、潮湿透气的中性土壤中

二、填空题

1. 完成并配平下列化学反应方程式（酸性介质）

$2Mn^{2+} + \underline{\hspace{1.5em}} PbO_2 + \underline{\hspace{1.5em}} \Longrightarrow 2MnO_4^- + \underline{\hspace{1.5em}} Pb^{2+} + 2H_2O$

2. 标准氢电极中，$p(H_2) = \underline{\hspace{3em}}$ kPa，$c(H^+) = \underline{\hspace{3em}}$ mol·L^{-1}。

3. 在标准状态下，将反应 $Cr_2O_7^{2-} + 6Fe^{2+} + 14H^+ \Longrightarrow 2Cr^{3+} + 6Fe^{3+} + 7H_2O$ 组成原电池，则原电池符号为 $\underline{\hspace{6em}}$，$E^{\ominus} = \underline{\hspace{2em}}$ V，$\Delta_r G_m^{\ominus} = \underline{\hspace{2em}}$ kJ·mol^{-1}。

4. 将反应 $3S_2O_8^{2-} + 2Fe \Longrightarrow 6SO_4^{2-} + 2Fe^{3+}$ 设计成原电池，负极反应为 $\underline{\hspace{5em}}$，正极反应为 $\underline{\hspace{4em}}$，写出原电池符号 $\underline{\hspace{6em}}$。

5. $KMnO_4$ 分别在酸性，碱性和中性介质中与 Na_2SO_3 反应，$KMnO_4$ 被还原的产物分别是 $\underline{\hspace{3em}}$、$\underline{\hspace{3em}}$ 和 $\underline{\hspace{3em}}$。

6. 已知元素电势图 $Cu^{2+} \xrightarrow{0.153} Cu^+ \xrightarrow{0.521} Cu$，若将硫酸亚铜晶体溶于水，$\underline{\hspace{3em}}$（能或不能）发生歧化反应，其离子反应式为 $\underline{\hspace{6em}}$。

7. 有下列几种物种：I^-、Br^-、Cl^- 和 S^{2-}。

(1) 当_____存在时，Ag^+ 的氧化能力最强；

(2) 当_____存在时，Ag 的还原能力最强。

三、判断题（对的在括号内填"√"，错的在括号内填"×"）

1. 凡是氧化数降低的物质都是还原剂。（　　　）

2. 在电池反应中，电动势越大的反应速率越快。（　　　）

3. 已知某电池反应 $A+\dfrac{1}{2}B^{2+} \Longleftrightarrow A^+ + \dfrac{1}{2}B$，而当反应式改写为 $2A+B^{2+} \Longleftrightarrow 2A^+ + B$ 时，此反应的 $E^\ominus$ 不变，而 $\Delta_r G_m^\ominus$ 改变。（　　　）

4. 对于电极反应：$MnO_4^- + 8H^+ + 5e \Longleftrightarrow Mn^{2+} + 4H_2O$，其能斯特方程表达式为

$$\varphi_{MnO_4^-/Mn^{2+}} = \varphi_{MnO_4^-/Mn^{2+}}^\ominus + \frac{0.059\ 2\ V}{5}\lg\frac{c(MnO_4^-)}{c(Mn^{2+})}。（　　　）$$

5. pH 值的改变可能改变电对的电极电势而不能改变电对的标准电极电势。（　　　）

6. 氧化还原反应进行的方向，总是电极电势较高电对中的氧化态物质氧化电极电势较低电对中的还原态物质。（　　　）

7. 镀层破坏后，白铁（镀锌的铁）比马口铁（镀锡的铁）更易腐蚀。（　　　）

8. 钢铁表面常易锈蚀生成 $Fe_2O_3 \cdot H_2O$。（　　　）

9. 防止钢铁锈蚀，在排放海水的钢铁阀门上用导线连接一块石墨并浸入海水中。（　　　）

10. 对于电池反应 $Cu^{2+} + Zn \Longleftrightarrow Cu + Zn^{2+}$，增加系统 Cu^{2+} 的浓度必将使电池的 E 增大，根据电动势与平衡常数的关系可知，电池反应的 $K^\ominus$ 也必将增大。（　　　）

11. 在电解时，因为阳极发生氧化反应，因此阳极应接在电源的负极上。（　　　）

12. 普通碳钢在中性或弱酸性水溶液中主要发生吸氧腐蚀，而在酸性较强的水溶液中主要发生析氢腐蚀。（　　　）

四、计算及问答题

1. 用氧化数法配平下列反应方程式

(1) $Cu + HNO_3(稀) \longrightarrow Cu(NO_3)_2 + NO\uparrow$

(2) $Zn + H_2SO_4(浓) \longrightarrow ZnSO_4 + H_2S\uparrow$

(3) $KClO_3 + FeSO_4 + H_2SO_4 \longrightarrow KCl + Fe_2(SO_4)_3$

2. 用离子-电子法配平下列反应的离子方程式：

(1) $Cr_2O_7^{2-} + H_2S + H^+ \longrightarrow Cr^{3+} + S\downarrow$

(2) $ClO_3^- + Fe^{2+} + H^+ \longrightarrow Cl^- + Fe^{3+}$

(3) $MnO_4^- + SO_3^{2-} + OH^- \longrightarrow MnO_4^{2-} + SO_4^{2-}$

(4) $Zn + ClO^- + OH^- \longrightarrow Zn(OH)_4^{2-} + Cl^-$

3. 计算 298.15 K 时下列原电池的电动势，指出正、负极，写出原电池的电池反应：

(1) $Ag|Ag^+(0.1\ mol \cdot L^{-1}) \parallel Cu^{2+}(0.01\ mol \cdot L^{-1})|Cu$

(2) $Zn|Zn^{2+}(1.0\ mol \cdot L^{-1}) \parallel HAc(0.1\ mol \cdot L^{-1})|H_2(100\ kPa)|Pt$

4. 判断下列反应能否自发进行：

$$Pb^{2+}(0.10\ mol \cdot L^{-1}) + Sn(s) \rightleftharpoons Pb(s) + Sn^{2+}(1.0\ mol \cdot L^{-1})$$

5. 试根据标准电极电势，判断下列反应进行的方向：

$$MnO_4^- + Fe^{2+} + H^+ \rightleftharpoons Mn^{2+} + Fe^{3+}$$

（1）将该氧化还原反应设计构成一个原电池，用电池符号表示该原电池的组成，计算其标准电动势。

（2）当氢离子浓度为 $10\ mol \cdot L^{-1}$，其他各离子浓度均为 $1.0\ mol \cdot L^{-1}$ 时，计算该电池的电动势。

（3）计算此反应的标准平衡常数。

6. 已知下列电对的电极电势：

$$Ag^+ + e \rightleftharpoons Ag \qquad\qquad \varphi^\ominus = 0.799\ 6\ V$$
$$AgBr(s) + e \rightleftharpoons Ag + Br^- \qquad\qquad \varphi^\ominus = 0.071\ V$$

试计算 AgBr 的溶度积常数。

7. 根据铬在酸性介质中的元素电势图：

$$\varphi_A^\ominus / V \qquad Cr_2O_7^{2-} \xrightarrow{\ 1.33\ } Cr^{3+} \xrightarrow{\ -0.407\ } Cr^{2+} \xrightarrow{\ -0.74\ } Cr$$

计算 $\varphi^\ominus(Cr_2O_7^{2-}/Cr^{2+})$ 和 $\varphi^\ominus(Cr^{3+}/Cr)$。

第7章　原子结构和元素周期表

物质在不同条件下表现出来的各种性质,不论是物理性质还是化学性质,都与其原子内部结构有关。研究表明,原子是由带正电荷的原子核和带负电荷并在核外高速运动的电子所组成的。在化学反应中,原子核并没有发生变化,只是核外电子的运动状态发生变化。电子属于微观粒子,微观粒子的运动规律不能用经典理论而只能用量子力学理论来描述。

本章着重介绍原子核外电子的运动规律及元素的性质随原子结构变化呈周期性变化的规律。

7.1　核外电子的运动状态

7.1.1　氢原子光谱和玻尔模型

当一束白光通过棱镜时,不同频率的光由于折射率不同,经过棱镜投射到屏上,可得到红、橙、黄、绿、青、蓝、紫连续分布的带状光谱。这种光谱称为连续光谱。

各种气态原子在高温火焰、电火花或电弧作用下,气态原子也会发光,但产生不连续的线状光谱,这种光谱称为原子光谱。不同的原子具有自己特征的谱线位置。

最简单的原子光谱是氢原子光谱。它是由低压氢气放电管中发出的光通过棱镜后得到的光谱,如图 7-1 所示。在可见光区可观察到四条分立的谱线,分别是 H_α、H_β、H_γ、H_δ,并称之为巴尔麦线系。以后发现氢原子在红外区和紫外区也存在若干线系。从谱线的位置可以确定发射光的波长和频率,从而确定发射光的能量。

对于氢原子光谱为线状光谱的实验事实,经典的电磁学理论无法合理解释。氢原子光谱的规律性引起了人们的关注,推动了近代原子结构理论的发展。

1900 年,德国物理学家普朗克(M. Plank)首先提出了能量量子化概念,他认为,物质吸收或辐射的能量是不连续的,这个最小的基本量被称为能量子或量子。量子的能量与辐射的频率成正比。

$$E = h\nu$$

式中,E 为量子的能量;ν 为频率;h 为普朗克常数,其数值为 6.626×10^{-34} J·s。

物质吸收或辐射的能量为:

$$E = nh\nu \tag{7-1}$$

式中,n 为正整数,$n = 1, 2, 3, \cdots$。

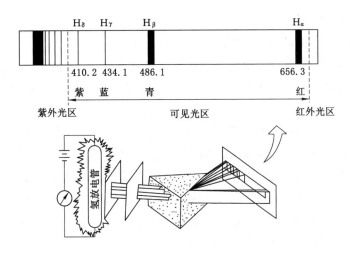

图 7-1　氢原子光谱

1913 年,丹麦物理学家玻尔(N. Bohr)在前人工作的基础上,运用普朗克能量量子化的概念,提出了关于原子结构的假设,即玻尔原子模型,对氢原子光谱的产生和现象给予了很好的说明。其基本内容如下:

(1) 定态轨道概念

氢原子中电子是在氢原子核的势能场中运动,其运动轨道不是任意的,电子只能在以原子核为中心的某些能量(E_n)确定的圆形轨道上运动。这些轨道的能量状态不随时间改变,称为定态轨道。

(2) 轨道能级的概念

电子在不同轨道运动时,电子的能量是不同的。离核越近的轨道上,电子被原子核束缚越牢,能量越低;离核越远的轨道上,能量越高。轨道的这些不同的能量状态,称为能级。在正常状态下,电子尽可能处于离核较近、能量较低的轨道上,这时原子(或电子)所处的状态称为基态。在高温火焰、电火花或电弧作用下,原子中处在基态的电子因获得能量,能跃迁到离核较远、能量较高的空轨道上去运动,这时原子(或电子)所处的状态称为激发态。

(3) 激发态原子发光的原因

激发态原子由于具有较高的能量,所以它是不稳定的。处在激发态的电子随时都有可能从能级较高($E_{较高}$)的轨道跃入能级较低($E_{较低}$)的轨道(甚至使原子恢复为基态)。这时释放出的能量为:

$$\Delta E = E_{较高} - E_{较低} = h\nu$$

这份能量以光的形式释放出来($\Delta E = h\nu$,ν 即为发射光的频率),故激发态原子能发光。由于各轨道的能量都有不同的确定值,各轨道间的能级差也就有不同的确定值,所以电子从一定的高能量轨道跃入一定的低能量轨道时,只能放射出具有固定能量、波长、频率的光来。

不同元素的原子,由于原子的大小、核电荷数和核外电子数不同,电子运动轨道的能量就有差别,所以原子发光时都有各自特征的光谱。

（4）轨道能量量子化概念

原子光谱都是不连续的线状光谱，亦即激发态原子发射光的能量值是不连续的，轨道间能量差值是不连续的，轨道能量是不连续的。在物理学里，如果某一物理量的变化是不连续的，就说这一物理量是量子化的。那么，轨道能量或者说电子在各轨道上所具有的能量就是量子化的。

由此可见，玻尔模型成功地解释了氢原子光谱的不连续性，而且还提出了原子轨道能级的概念，明确了原子轨道能量量子化的特性。然而玻尔模型还存在着局限性，它不能解释多电子原子发射的原子光谱，也不能解释氢原子光谱的精细结构等。究其原因，在于玻尔模型虽然引入了量子化的概念，但未能摆脱经典力学的束缚。因为微观粒子的运动规律已不再遵循经典力学的运动规律，它除了能量量子化外，还具有波粒二象性的特征，在描述其运动状态时，应运用量子力学的运动规律。

7.1.2　核外电子运动的波粒二象性

光在传播的过程中会产生干涉、衍射等现象，具有波的特性；而光在与实物作用时所表现的特性，如光的吸收、发射等又具有粒子的特性，这就是光的波粒二象性。

1924 年德布罗依（Louis de Broglie）在光的波粒二象性的启发下，大胆地预言了微观粒子的运动也具有波粒二象性，并导出了德布罗依关系式：

$$\lambda = \frac{h}{p} = \frac{h}{mv} \tag{7-2}$$

式中，波长 λ 代表物质的波动性；动量 p、质量 m、速率 v 代表物质的粒子性。德布罗依关系式通过普朗克常数将物质的波动性和粒子性定量地联系在一起。

1927 年戴维逊（C. J. Devisson）和盖末（L. H. Germer）用电子衍射实验证实了德布罗依的设想：当电子射线通过晶体粉末，投射到感光胶片时，如同光的衍射一样，也会出现明暗相间的衍射环纹（图 7-2），说明电子运动时确有波动性。后来还发现，质子、中子等射线都有衍射现象，从而证实了粒子运动的确具有波动性。一般将实物粒子产生的波称为物质波或德布罗依波。当然实物粒子的波动性不同于经典力学中波的概念。

图 7-2　电子衍射图

那么物质波究竟是一种怎样的波呢？

电子衍射实验表明，用较强的电子流可在短时间内得到电子衍射环纹；若用很弱的电子流，只要时间足够长，也可以得到衍射环纹。假设用极弱电流进行衍射实验，电子是逐个通过晶体粉末的，在屏幕上只能观察到一些分立的点，这些点的位置是随机的。经过足够长时间，有大量的电子通过晶体粉末后，在屏幕上就可以观察到明暗相间的衍射环纹。

由此可见，实物粒子的波动性是大量粒子统计行为形成的结果，它服从统计规律。在屏幕衍射强度大的地方(明条纹处),波的强度大,电子在该处出现的机会多或概率高;衍射强度小的地方(暗条纹处),波的强度小,电子在该处出现的机会少或概率低。因此实物粒子的波动性实际上是统计规律上呈现的波动性,又称为概率波。

7.1.3　核外电子运动状态的近代描述

7.1.3.1　薛定谔方程

1926 年,奥地利物理学家薛定谔(E. Schrodinger),根据波粒二象性的概念提出了一个描述微观粒子运动的基本方程——薛定谔方程。它是量子力学的基本方程,是一个二阶偏微分方程,形式如下:

$$\frac{\partial^2 \Psi}{\partial^2 x} + \frac{\partial^2 \Psi}{\partial^2 y} + \frac{\partial^2 \Psi}{\partial^2 z} + \frac{8\pi^2 m}{h^2}(E - V)\Psi = 0 \tag{7-3}$$

式中,Ψ 为波函数;E 为系统的总能量;V 为系统的势能;h 为普朗克常数;m 为微粒的质量;x、y、z 为微粒的空间坐标。对氢原子体系来说,波函数 Ψ 是描述氢核外电子运动状态的数学表示式,是空间坐标的函数,$\Psi = f(x, y, z)$;E 为电子的总能量;V 为电子的势能(亦即核对电子的吸引能);m 为电子的质量。所谓解薛定谔方程就是解出其中的波函数 Ψ 和与之对应的能量 E,以了解电子运动的状态和能量的高低。由于具体求薛定谔方程的过程涉及较深的数理知识,超出了本课程的要求,在本书不做详细的介绍,只是定性地介绍用量子力学讨论原子结构的思路。解一个体系(例如氢原子体系)的薛定谔方程,一般可以同时得到一系列的波函数 Ψ_{1s}、Ψ_{2s}、Ψ_{2px}、$\cdots$、Ψ_i 和相应的一系列能量值 E_{1s}、E_{2s}、E_{2px}、$\cdots$、E_i。方程式的每一个合理的解 Ψ_i 就代表体系中电子的一种可能的运动状态。由此可见,在量子力学中是用波函数和与其对应的能量来描述微观粒子运动状态的。

为求解方便,需要把直角坐标 (x, y, z) 变换为极坐标 (r, θ, ψ),并令:$\Psi(r, \theta, \psi) = R(r)Y(\theta, \psi)$,即把含有三个变量的偏微分方程分离成两个较易求解的方程的乘积。

7.1.3.2　波函数和原子轨道

(1) 波函数 Ψ 与原子轨道的关系

既然波函数 Ψ 是描述电子运动状态的数学表达式,而且又是空间坐标 r、θ、ψ 的函数,那么,其空间图像可以形象地理解为电子运动的空间范围,即所谓原子轨道。亦即波函数的空间图像就是原子轨道;原子轨道的数学表达式就是波函数。为此,波函数与原子轨道常作同义语混用。

(2) 波函数的径向分布和角度分布

波函数表示式为 $\Psi(r, \theta, \psi) = R(r)Y(\theta, \psi)$,其中 $R(r)$ 称为波函数 Ψ 的径向分布部分,与离核的远近有关;$Y(\theta, \psi)$ 称为波函数 Ψ 的角度分布部分。从径向分布与角度分布这两方面去研究波函数的图像,比较容易且有实际意义。

在此只介绍波函数 Ψ 的角度分布——原子轨道的角度分布图。将波函数 Ψ 的角度分布 Y 随 θ、ψ 变化作图,所得的图像就称为原子轨道的角度分布图。薛定谔的贡献之一,就是将 100 多种元素的原子轨道的角度分布图归纳为 4 类,用光谱学的符号可表示为 s、p、d、f(图 7-3)。f 原子轨道角度分布图较复杂,在此不作介绍。

图中的"＋""－"号不表示正、负电荷,而是表示 Y 是正值还是负值(或者说表示原子轨道角度分布图的对称关系;符号相同,表示对称性相同;符号相反,表示对称性不同或反对称)。这类图形的正、负号在讨论到化学键的形成时有意义。

7.1.3.3　概率密度和电子云

(1) $|\Psi|^2$ 值表示电子出现的概率密度

在原子内核外某处空间电子出现的概率密度(ρ)是和电子波函数在该处的强度的绝对值平方成正比,$\rho \propto |\Psi|^2$。但在研究 ρ 时,有实际意义的只是它在空间各处的相对密度,而不是其绝对值本身,故作图时可不考虑 ρ 与 $|\Psi|^2$ 之间的比例常数,因而电子在原子内核外某处出现的概率密度可直接用 $|\Psi|^2$ 来表示。

(2) $|\Psi|^2$ 的空间图像即为电子云

如果以小黑点疏密来表示概率密度大小的话,所得的图像就叫电子云。而概率密度 $\rho \propto |\Psi|^2$,若以 $|\Psi|^2$ 作图,应得到电子云的近似图像。电子云的图像常常也是分别从角度分布和径向分布两方面来描述。

(3) 电子云角度分布图

将 $|\Psi|^2$ 的角度分布部分 Y^2 随 θ,ψ 变化作图,所得的图像就称为电子云角度分布图(图7-4)。

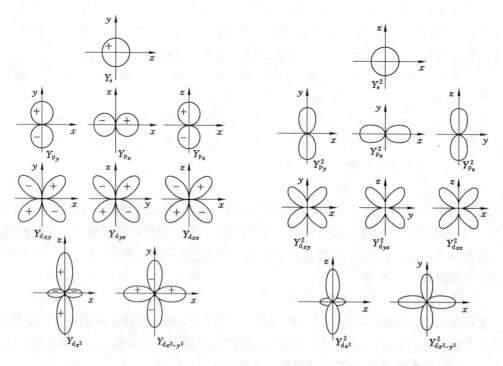

图 7-3　s、p、d 原子轨道角度分布图　　　　图 7-4　s、p、d 电子云角度分布图

从图 7-4 可以看出,电子云的角度分布图与相应的原子轨道角度分布图基本相似,但有两点不同:① 原子轨道分布图带有正、负号,而电子云角度分布图均为正值(习惯不标出正号);② 电子云角度分布图比原子轨道角度分布图要"瘦"些,这是因为 Y 值是小于 1 的,

所以 Y^2 值就更小些。

从以上介绍可以看出,目前各种原子轨道和电子云的空间图像,既不是通过实验,也不是直接观察得到的,而是根据量子力学的计算得到的数据绘制出来的。

7.1.3.4 量子数

要描述地球上一个物体的位置,只要知道物体所处的经度、纬度和海拔高度就可以了。但是,要描述原子中各电子的运动状态(例如电子云或原子轨道离核远近、形状、方位等),却需要主量子数、副量子数、磁量子数和自旋量子数这四个量子数才能确定。

(1) 主量子数(n)

如前所述轨道能量是量子化的概念,可以推理出核外电子是按能级的高低分层分布的。这种不同能级的层次习惯上称为电子层。若从统计观点来说,电子层是按电子出现概率较大的区域离核的远近来划分的。主量子数正是描述电子层能量的高低次序和电子云离核远近的参数。

主量子数的取值范围为除零以外的正整数,例如 $n=1,2,3,4$ 等正整数。$n=1$ 表示能量最低、离核最近的第一电子层,$n=2$ 表示能量次低、离核次近的第二电子层,其余类推。在光谱学上另用一套拉丁字母表示电子层,其对应关系如表 7-1 所示。

表 7-1

主量子数(n)	1	2	3	4	5	6	…
电子层	K	L	M	N	O	P	…

一般来说,n 越大,电子云离核平均距离越远,电子层能级越高。

(2) 副(角)量子数(l)

在分辨力较高的分光镜下,可以观察到一些元素原子光谱的一条谱线往往是由两条、三条或更多的非常靠近的细谱线构成的。这说明在某一个电子层内电子的运动状态和所具有的能量还稍有所不同,或者说在某一电子层内还存在着能量差别很小的若干个亚层。因此,除主量子数外,还要多用一个量子数来描述核外电子的运动状态和能量,这个量子数称为副(角)量子数。

副量子数的取值范围为 $l=0,1,2,\cdots,n-1$ 的正整数。例如 $n=1,l=0$;$n=2,l=0,1$。其余类推。l 的每一个数值表示一个亚层。l 的取值与光谱学规定的亚层符号之间的对应关系如表 7-2 所示。

表 7-2

副量子数(l)	0	1	2	3	4	5	…
亚层符号	s	p	d	f	g	h	…

如 $l=0$ 表示 s 亚层,$l=1$ 表示 p 亚层等。

另外,l 的每一个数值还可以表示一种形状的电子云。$l=0$ 表示圆球形的 s 电子云;

$l=1$ 表示哑铃形的 p 电子云；$l=2$ 表示花瓣形的 d 电子云等。

（3）磁量子数（m）

实验发现，激发态原子在外磁场作用下，原来的一条谱线会分裂成若干条，这说明在同一亚层中往往还包含着若干个空间伸展方向不同的原子轨道。磁量子数就是用来描述原子轨道或电子云在空间的伸展方向的。

磁量子数的取值范围是 $m=0,\pm1,\pm2,\cdots,\pm l$ 的整数。例如 $l=0,m=0$；$l=1,m=0$，±1，其余类推。

m 的每一个数值表示具有某种空间伸展方向的一个原子轨道。一个亚层中，m 有几个可能的取值，这亚层就有几个不同伸展方向的同类原子轨道。例如：

$l=0$ 时，$m=0$，表示 s 亚层只有一个轨道，即 s 轨道。

$l=1$ 时，$m=-1,0,+1$ 三个取值，表示 p 亚层有三个分别以 y、z、x 轴为对称轴的 p_y、p_z、p_x 原子轨道，这三个轨道的伸展方向相互垂直。

$l=2$ 时，$m=-2,-1,0,+1,+2$ 五个取值，表示 d 亚层有五个不同伸展方向的 d_{xy}、d_{yz}、d_{z^2}、d_{xz}、$d_{x^2-y^2}$ 轨道。

l、m 取值与轨道名称对应关系见表 7-3。

表 7-3　　　　　　　　　　l、m 取值与轨道名称对应关系

l	0	1	1	2	2	2
m	0	0	±1	0	±1	±2
原子轨道名称	s	p_z	p_x、p_y	d_{z^2}	d_{xz}、d_{yz}	$d_{x^2-y^2}$、d_{xy}

$l=0$ 的轨道都称为 s 轨道，其中按 $n=1,2,3,4\cdots$ 依次称为 1s,2s,3s,4s$\cdots$ 轨道。s 轨道内的电子称为 s 电子。

$l=1,2,3$ 的轨道依次分别称为 p、d、f 轨道，其中按 n 值分别称为 np、nd、nf 轨道。轨道内电子依次称为 p、d、f 电子。

在没有外加磁场情况下，同一亚层的原子轨道，能量是相等的，叫等价轨道。

n、l、m 可以确定原子轨道的能量和形状，故常用这 3 个量子数做 Ψ 的脚标以区别不同的波函数。例如，Ψ_{100} 表示 $n=1$、$l=0$、$m=0$ 的波函数。

（4）自旋量子数（m_s）

实验证明，电子除绕核运动外，还有绕自身的轴旋转的运动，称自旋。为描述核外电子的自旋状态，引入第四个量子数——自旋量子数（m_s）。根据量子力学的计算规定，m_s 值只可能是两个数值，即 $+1/2$ 和 $-1/2$。其中每一个数值表示电子的一种自旋方向，即顺时针和逆时针方向。

综上所述，要描述原子中每个电子的运动状态，量子力学认为需要用四个量子数才能完全表达清楚。例如，若已知核外某电子的四个量子数为：$n=2,l=1,m=-1,m_s=+1/2$。那么，就可以指在第二电子层 p 亚层 p_y 轨道上自旋方向以（$+1/2$）为特征的那一个电子。

研究表明，在同一原子中不可能有运动状态完全相同的电子存在。也就是说，同一原子中,各个电子的四个量子数不可能完全相同。按此推论,每一个轨道只能容纳两个自旋方向相反的电子。

7.2　原子核外电子排布和元素周期表

7.2.1　核外电子排布原理

多电子原子的核外电子,是如何排布在由四个量子数所确定的各种可能的运动状态中的呢? 根据原子光谱实验的结果和对元素周期律的分析,归纳、总结出核外电子排布的一般规律。

(1) 泡利(Pauli)不相容原理

在同一原子中,不可能有四个量子数完全相同的电子存在。每一个轨道内最多只能容纳两个自旋方向相反的电子。

(2) 能量最低原理

多电子原子处在基态时,核外电子的排布在不违反泡利不相容原理的前提下,总是尽可能先占有能量最低的轨道。只有当能量最低的轨道占满后,电子才依次进入能量较高的轨道。这就是所谓能量最低原理。

(3) 洪德(Hund)规则

原子中在同一亚层的等价轨道上排布电子时,将尽可能单独分占不同的轨道,而且自旋方向相同(或称自旋平行)。这样排布时,原子的能量较低,体系较稳定。

那么,哪些轨道能量较高,哪些轨道能量较低呢? 这就需要进一步了解原子的能级。

7.2.2　多电子原子轨道的能级

在讲玻尔原子模型时,已经有了轨道能级的初步概念;在讲四个量子数时,更进一步了解到原子轨道的能量主要与主量子数(n)有关。对多电子原子来说,原子轨道的能量还与副量子数(l)有关。

原子中各原子轨道能级的高低主要根据光谱实验确定,但也有从理论上去推算的。原子轨道能级的相对高低情况,如果用图示法近似表示,这就是近似能级图。1939 年鲍林(Pauling)对周期系中各元素原子的原子轨道能级进行分析、归纳,总结出多电子原子中原子轨道能级图[无机化学中比较实用的是鲍林(Pauling)近似能级图],以表示各原子轨道之间能量的相对高低顺序(图 7-5)。

图中每一个小圆圈代表一个原子轨道。每个小圆圈所在的位置的高低就表示这个轨道能量的高低(但并未按真实比例绘出)。图中还根据各轨道能量大小的相互接近情况,把原子轨道划分为若干个能级组(图中虚线方框内各原子轨道的能量较接近,构成一个能级组)。以后会了解"能级组"与元素周期表的"周期"是相对应的。

从图 7-5 中可以看出,同一原子同一电子层内,各亚层能级的相对大小为:

$$E_{ns} < E_{np} < E_{nd} < E_{nf}$$

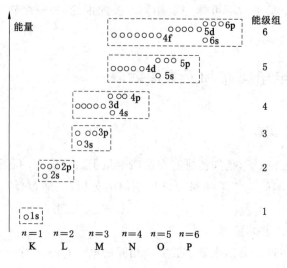

图 7-5　鲍林近似能级图

同一原子不同电子层的同类型亚层之间,能级相对大小为:

$$E_{1s}<E_{2s}<E_{3s}<E_{4s}<E_{5s}<E_{6s}<\cdots$$

$$E_{2p}<E_{3p}<E_{4p}<E_{5p}<E_{6p}<\cdots$$

$$E_{3d}<E_{4d}<E_{5d}<\cdots$$

$$E_{4f}<E_{5f}<\cdots$$

同一原子内,不同类型的亚层之间,有能级交错现象。例如:

$$E_{4s}<E_{3d}<E_{4p},E_{5s}<E_{4d}<E_{5p},E_{6s}<E_{4f}<E_{5d}<E_{6p}$$

7.2.3　核外电子的排布和元素周期律

(1)核外电子填入轨道的顺序

核外电子的分布是客观事实,不存在人为地向核外原子轨道填入电子以及填充电子的先后次序问题。核外电子排布作为研究原子核外电子运动状态的一种科学假想,对了解原子电子层的结构是非常有益的。

多电子原子的核外电子遵循泡利不相容原理、洪德规则和能量最低原理,按照近似能级图依次分布在各个原子轨道上。例如 $_{21}Sc$ 原子的电子排布式为:

$$1s^2 2s^2 2p^6 3s^2 3p^6 3d^1 4s^2$$

在书写电子排布式时,注意按主量子数从左到右、依次增加的次序,把 n 相同的能级写在一起使电子排布式呈现按 n 分层的形式。基态原子的电子分布式除了用上述电子排布式表示以外,还可以将内层用相应稀有气体的电子层构型代替,例如:$_3Li$ 可写成$[He]2s^1$,$_{16}S$可写成$[Ne]3s^2 3p^4$。$[He]$、$[Ne]$等称为原子实。

根据原子核外电子排布情况,又可归纳出一条特殊规律,就是对于同一电子亚层,当电子全充满(p^6、d^{10}、f^{14})、半充满(p^3、d^5、f^7)和全空(p^0、d^0、f^0)时,原子结构是比较稳定的,此规律又称洪德规则特例。亚层全充满排布的例子如 $_{29}Cu$,它的电子排布式是$[Ar]3d^{10} 4s^1$,而

不是 $[Ar]3d^9 4s^2$；亚层半充满排布的例子如 $_{24}Cr$，它的电子排布式是 $[Ar]3d^5 4s^1$，而不是 $[Ar]3d^4 4s^2$。

（2）核外电子的排布

表 7-4 列出了原子序数 1～109 各元素基态原子内的电子分布。

表 7-4 基态原子的电子分布

周期	原子序数	元素符号	电子层																	
			K	L		M			N				O				P			Q
			1s	2s	2p	3s	3p	3d	4s	4p	4d	4f	5s	5p	5d	5f	6s	6p	6d	7s
一	1	H	1																	
	2	He	2																	
二	3	Li	2	1																
	4	Be	2	2																
	5	B	2	2	1															
	6	C	2	2	2															
	7	N	2	2	3															
	8	O	2	2	4															
	9	F	2	2	5															
	10	Ne	2	2	6															
三	11	Na	2	2	6	1														
	12	Mg	2	2	6	2														
	13	Al	2	2	6	2	1													
	14	Si	2	2	6	2	2													
	15	P	2	2	6	2	3													
	16	S	2	2	6	2	4													
	17	Cl	2	2	6	2	5													
	18	Ar	2	2	6	2	6													
四	19	K	2	2	6	2	6		1											
	20	Ca	2	2	6	2	6		2											
	21	Sc	2	2	6	2	6	1	2											
	22	Ti	2	2	6	2	6	2	2											
	23	V	2	2	6	2	6	3	2											
	24	Cr	2	2	6	2	6	5	1											
	25	Mn	2	2	6	2	6	5	2											
	26	Fe	2	2	6	2	6	6	2											

周期	原子序数	元素符号	K 1s	L 2s	L 2p	M 3s	M 3p	M 3d	N 4s	N 4p	N 4d	N 4f	O 5s	O 5p	O 5d	O 5f	P 6s	P 6p	P 6d	Q 7s
四	27	Co	2	2	6	2	6	7	2											
	28	Ni	2	2	6	2	6	8	2											
	29	Cu	2	2	6	2	6	10	1											
	30	Zn	2	2	6	2	6	10	2											
	31	Ga	2	2	6	2	6	10	2	1										
	32	Ge	2	2	6	2	6	10	2	2										
	33	As	2	2	6	2	6	10	2	3										
	34	Se	2	2	6	2	6	10	2	4										
	35	Br	2	2	6	2	6	10	2	5										
	36	Kr	2	2	6	2	6	10	2	6										
五	37	Rb	2	2	6	2	6	10	2	6			1							
	38	Sr	2	2	6	2	6	10	2	6			2							
	39	Y	2	2	6	2	6	10	2	6	1		2							
	40	Zr	2	2	6	2	6	10	2	6	2		2							
	41	Nb	2	2	6	2	6	10	2	6	4		1							
	42	Mo	2	2	6	2	6	10	2	6	5		1							
	43	Tc	2	2	6	2	6	10	2	6	5		2							
	44	Ru	2	2	6	2	6	10	2	6	7		1							
	45	Rh	2	2	6	2	6	10	2	6	8		1							
	46	Pd	2	2	6	2	6	10	2	6	10		0							
	47	Ag	2	2	6	2	6	10	2	6	10		1							
	48	Cd	2	2	6	2	6	10	2	6	10		2							
	49	In	2	2	6	2	6	10	2	6	10		2	1						
	50	Sn	2	2	6	2	6	10	2	6	10		2	2						
	51	Sb	2	2	6	2	6	10	2	6	10		2	3						
	52	Te	2	2	6	2	6	10	2	6	10		2	4						
	53	I	2	2	6	2	6	10	2	6	10		2	5						
	54	Xe	2	2	6	2	6	10	2	6	10		2	6						
六	55	Cs	2	2	6	2	6	10	2	6	10		2	6			1			
	56	Ba	2	2	6	2	6	10	2	6	10		2	6			2			
	57	La	2	2	6	2	6	10	2	6	10		2	6	1		2			
	58	Ce	2	2	6	2	6	10	2	6	10	1	2	6	1		2			
	59	Pr	2	2	6	2	6	10	2	6	10	3	2	6			2			
	60	Nd	2	2	6	2	6	10	2	6	10	4	2	6			2			

续表 7-4

周期	原子序数	元素符号	电子层 K	L		M			N				O				P			Q
			1s	2s	2p	3s	3p	3d	4s	4p	4d	4f	5s	5p	5d	5f	6s	6p	6d	7s
六	61	Pm	2	2	6	2	6	10	2	6	10	5	2	6			2			
	62	Sm	2	2	6	2	6	10	2	6	10	6	2	6			2			
	63	Eu	2	2	6	2	6	10	2	6	10	7	2	6			2			
	64	Gd	2	2	6	2	6	10	2	6	10	7	2	6	1		2			
	65	Tb	2	2	6	2	6	10	2	6	10	9	2	6			2			
	66	Dy	2	2	6	2	6	10	2	6	10	10	2	6			2			
	67	Ho	2	2	6	2	6	10	2	6	10	11	2	6			2			
	68	Er	2	2	6	2	6	10	2	6	10	12	2	6			2			
	69	Tm	2	2	6	2	6	10	2	6	10	13	2	6			2			
	70	Yb	2	2	6	2	6	10	2	6	10	14	2	6			2			
	71	Lu	2	2	6	2	6	10	2	6	10	14	2	6	1		2			
	72	Hf	2	2	6	2	6	10	2	6	10	14	2	6	2		2			
	73	Ta	2	2	6	2	6	10	2	6	10	14	2	6	3		2			
	74	W	2	2	6	2	6	10	2	6	10	14	2	6	4		2			
	75	Re	2	2	6	2	6	10	2	6	10	14	2	6	6		2			
	76	Os	2	2	6	2	6	10	2	6	10	14	2	6	7		2			
	77	Ir	2	2	6	2	6	10	2	6	10	14	2	6	9		2			
	78	Pt	2	2	6	2	6	10	2	6	10	14	2	6	10		1			
	79	Au	2	2	6	2	6	10	2	6	10	14	2	6	10		1			
	80	Hg	2	2	6	2	6	10	2	6	10	14	2	6	10		2			
	81	Tl	2	2	6	2	6	10	2	6	10	14	2	6	10		2	1		
	82	Pb	2	2	6	2	6	10	2	6	10	14	2	6	10		2	2		
	83	Bi	2	2	6	2	6	10	2	6	10	14	2	6	10		2	3		
	84	Po	2	2	6	2	6	10	2	6	10	14	2	6	10		2	4		
	85	At	2	2	6	2	6	10	2	6	10	14	2	6	10		2	5		
	86	Rn	2	2	6	2	6	10	2	6	10	14	2	6	10		2	6		
七	87	Fr	2	2	6	2	6	10	2	6	10	14	2	6	10		2	6		1
	88	Ra	2	2	6	2	6	10	2	6	10	14	2	6	10		2	6		2
	89	Ac	2	2	6	2	6	10	2	6	10	14	2	6	10		2	6	1	2
	90	Th	2	2	6	2	6	10	2	6	10	14	2	6	10		2	6	2	2
	91	Pa	2	2	6	2	6	10	2	6	10	14	2	6	10	2	2	6	1	2
	92	U	2	2	6	2	6	10	2	6	10	14	2	6	10	3	2	6	1	2
	93	Np	2	2	6	2	6	10	2	6	10	14	2	6	10	4	2	6	1	2

周期	原子序数	元素符号	电子层																		
			K	L		M			N				O				P			Q
			1s	2s	2p	3s	3p	3d	4s	4p	4d	4f	5s	5p	5d	5f	6s	6p	6d	7s
七	94	Pu	2	2	6	2	6	10	2	6	10	14	2	6	10	6	2	6		2
	95	Am	2	2	6	2	6	10	2	6	10	14	2	6	10	7	2	6	1	2
	96	Cm	2	2	6	2	6	10	2	6	10	14	2	6	10	7	2	6		2
	97	Bk	2	2	6	2	6	10	2	6	10	14	2	6	10	9	2	6		2
	98	Cf	2	2	6	2	6	10	2	6	10	14	2	6	10	10	2	6		2
	99	Es	2	2	6	2	6	10	2	6	10	14	2	6	10	11	2	6		2
	100	Fm	2	2	6	2	6	10	2	6	10	14	2	6	10	12	2	6		2
	101	Md	2	2	6	2	6	10	2	6	10	14	2	6	10	13	2	6		2
	102	No	2	2	6	2	6	10	2	6	10	14	2	6	10	14	2	6		2
	103	Lr	2	2	6	2	6	10	2	6	10	14	2	6	10	14	2	6	1	2
	104	Rf	2	2	6	2	6	10	2	6	10	14	2	6	10	14	2	6	2	2
	105	Db	2	2	6	2	6	10	2	6	10	14	2	6	10	14	2	6	3	2
	106	Sg	2	2	6	2	6	10	2	6	10	14	2	6	10	14	2	6	4	2
	107	Bh	2	2	6	2	6	10	2	6	10	14	2	6	10	14	2	6	5	2
	108	Hs	2	2	6	2	6	10	2	6	10	14	2	6	10	14	2	6	6	2
	109	Mt	2	2	6	2	6	10	2	6	10	14	2	6	10	14	2	6	7	2

从表 7-4 中可看出两点：

① 原子的最外电子层最多只能容纳 8 个电子(第一电子层只能容纳 2 个电子)根据泡利原理，1 个 s 轨道和 3 个 p 轨道一共能容纳 8 个电子。若 $n \geqslant 4$，随着原子序数的增加，电子在填满 $(n-1)s^2(n-1)p^6$ 后，根据近似能级图，只能先填入 ns 轨道，然后才填入 $(n-1)d$ 轨道，这时已开辟了一个新的电子层。即使 $(n-1)d$ 轨道填入电子，第 $(n-1)$ 电子层内的电子总数大于 8，但这时第 $(n-1)$ 电子层已经不再是最外电子层，而成了次外电子层了。由此说明原子的最外电子层上的电子数是不会超过 8 个的。

② 次外电子层最多只能容纳 18 个电子，若 $n \geqslant 6$，随着原子序数的增加，电子在填入 $(n-2)f$ 轨道之前，根据近似能级图，只能先填入 ns 轨道，这时又多开辟了一个新的电子层。即使 $(n-2)f$ 轨道填入电子，第 $(n-2)$ 电子层上的电子总数大于 18，但这时第 $(n-2)$ 电子层已经不再是次外层电子层，而变为外数第三电子层了。由此说明原子的次外电子层上的电子数不会超过 18 个。

以上电子层结构的两个特点，都是由于原子轨道能级交错的结果。

（3）元素周期律与核外电子排布的关系

① 原子序数。由原子的核电荷数或者核外电子总数而定。

② 周期。各周期内所包含的元素数目与相应能级组内轨道所能容纳的电子数是相等

的。另外,元素在周期表中的周期数等于该元素原子的电子层数(Pd 除外)。

③ 区。根据元素原子外围电子构型的不同,可以把周期表中的元素所在的位置分成 s、p、d、ds 和 f 五个区(图 7-6)。

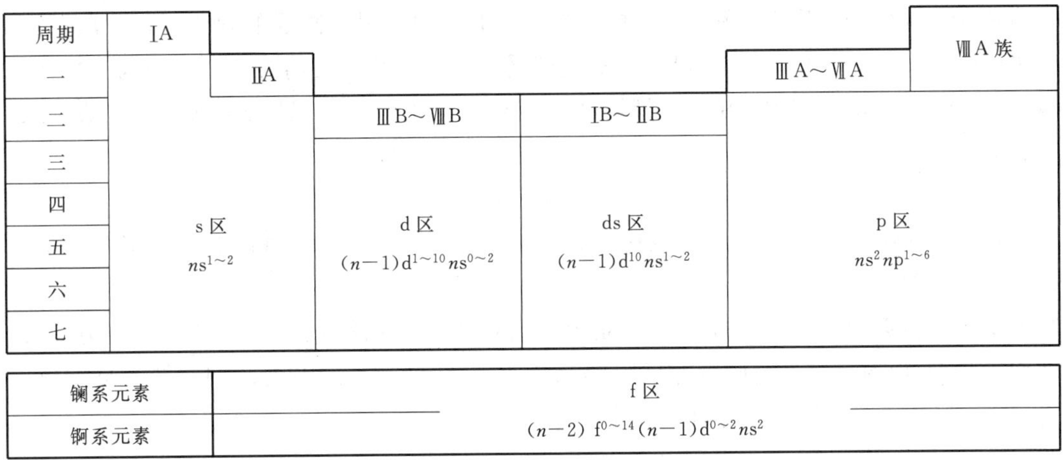

周期	IA					
一		IIA				VIIIA 族
二			IIIB~VIIIB	IB~IIB	IIIA~VIIA	
三						
四	s 区		d 区	ds 区	p 区	
五	ns$^{1\sim2}$		$(n-1)$d$^{1\sim10}n$s$^{0\sim2}$	$(n-1)$d^{10}ns$^{1\sim2}$	ns^2np$^{1\sim6}$	
六						
七						

镧系元素	f 区
锕系元素	$(n-2)$f$^{0\sim14}(n-1)$d$^{0\sim2}n$s^2

图 7-6　周期表中元素的分区

④ 族。如果元素原子最后填入电子的亚层为 s 或 p 亚层的,该元素便属主族元素;如果最后填入电子的亚层为 d 或 f 亚层的,该元素便属副族元素,又称过渡元素(其中填入 f 亚层的又称内过渡元素)。书写时,以 A 表示主族元素,以 B 表示副族元素。

由此可见,元素在周期表中的位置(周期、区、族),是由该元素原子核外电子的排布所决定的。

各区元素原子核外电子层排布的特点,以及各区元素原子发生化学反应时有可能失去电子的亚层,如表 7-5 所示。

表 7-5　　　　　　　　　　　各区元素原子核外电子排布特点

区	原子外围电子构型	最后填入电子的亚层	化学反应时可能参与成键的电子层	包括哪些元素
s	ns$^{1\sim2}$	最外层的 s 亚层	最外层的 s 亚层	IA、IIA
p	ns^2np$^{1\sim6}$	最外层的 p 亚层	最外层	IIIA~VIIA 族
d	$(n-1)$d$^{1\sim10}n$s$^{0\sim2}$	一般为次外层的 d 亚层	最外层的 s 亚层 次外层的 d 亚层	IIIB~VIIIB (过渡元素)
ds	$(n-1)$d^{10}ns$^{1\sim2}$	一般为次外层的 d 亚层	最外层的 s 亚层 次外层的 d 亚层	IB、IIB
f	$(n-2)$f$^{0\sim14}(n-1)$d$^{0\sim2}n$s^2	一般为外数第三层的 f 亚层(有个别例外)	最外层的 s 亚层 次外层的 d 亚层 外数第三层的 f 亚层	镧系元素 锕系元素 (内过渡元素)

7.2.4　屏蔽效应和钻穿效应

对于多电子原子来说,核外某电子 i 不但受到原子核的引力,还受到其他电子的斥力。这种由于其他电子的斥力存在,使得原子核对某电子的吸引力减弱的现象叫作屏蔽效应。例如$_{19}$K 的原子核有 19 个质子,其 $4s^1$ 价电子受到的核电荷引力约为 2.2 个正电子所带电荷,其余 16.8 个电荷均为内层电子所屏蔽。屏蔽效应的大小,可以用屏蔽常数(σ) 表示,其定义式为:

$$Z^* = Z - \sigma \tag{7-4}$$

式中,Z^* 为有效核电荷数;Z 为核电荷数。由式(7-4),屏蔽常数可理解为被抵消了的那一部分核电荷数。

对于离核近的电子层内的电子,其他电子层对其屏蔽作用小(Z^* 大),受核场引力较大,故势能较低;而对外层电子而言,由于 σ 大,Z^* 小,故势能较高。因此,对于 l 值相同的电子来说,n 值越大,能量越高。例如:

$$E_{1s} < E_{2s} < E_{3s} < E_{4s} < E_{5s} < E_{6s}$$

在同一电子亚层中,屏蔽常数(σ)的大小与原子轨道的几何形状有关,其大小次序为 $s < p < d < f$。因此,若 n 值相同,l 值越大的电子,其能量越高。例如:

$$E_{3s} < E_{3p} < E_{3d}$$

屏蔽效应造成能级分裂,使 n 相同的轨道能量不一定相同,只有 n 与 l 的值都相同的轨道才是等价的。

外层电子有机会出现在原子核附近的现象叫作钻穿。同一电子层的电子,钻穿能力的大小次序是 $s > p > d > f$。例如,钻穿能力 4s 电子 $>$ 4p 电子 $>$ 4d 电子 $>$ 4f 电子。钻穿能力强的电子受到原子核的吸引力较大,因此能量较低。例如:

$$E_{3s} < E_{3p} < E_{3d}$$
$$E_{4s} < E_{4p} < E_{4d} < E_{4f}$$

由于钻穿而使电子的能量发生变化的现象叫作钻穿效应。

7.3　元素性质的周期性

原子电子层结构的周期性,决定了原子半径、电离能、电子亲和能和电负性等元素性质的周期性。

7.3.1　原子半径

根据量子力学的原子模型可知核外电子的运动是按概率分布的,由于原子本身没有鲜明的界面,因此,原子核到最外电子层的距离,实际上是难以确定的。通常所说的原子半径(atomic radius),是根据该原子存在的不同形式来定义的。常用的有以下三种:

① 共价半径。两个相同原子形成共价键时,其核间距离的一半,称为该原子的共价半径。如把 Cl—Cl 分子的一半(99 pm) 定为 Cl 原子的共价半径。

② 金属半径。金属单质的晶体中,两个相邻金属原子核间距离的一半,称为金属原子的金属半径。如把金属铜中两个相邻 Cu 原子核间距的一半(128 pm) 定为 Cu 原子的半径。

③ 范德华半径。在分子晶体中,分子之间是以范德华力(即分子间力)结合的。例如稀有气体晶体,相邻分子核间距的一半,称为该原子的范德华半径。例如氖(Ne)的范德华半径为 160 pm。

图 7-7 列出了元素的原子半径(金属原子取金属半径,非金属原子取共价半径,稀有气体原子取范德华半径)。

单位:pm

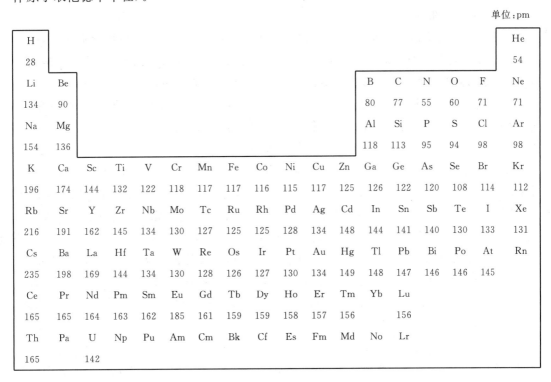

图 7-7　元素的原子半径

从图 7-7 中可看出各元素的原子半径在周期和族中变化的大致情况。

① 原子半径在周期中的变化

同一周期的主族元素从左向右过渡时,核的最外电子层每增多一个电子,核中相应地增多一个单位正电荷。核电荷增多,外层电子因受核的引力增强而有向核靠近的倾向,但外层电子的增多又加剧了电子之间的相互排斥而有离核的倾向。两者相比之下,由于核对外层电子引力增强的因素起主导作用,因此同一周期的主族元素,自左向右,随着核电荷数增多,原子半径变化的总趋势是逐渐减小的。

同一周期的 d 区过渡元素,从左向右过渡时,新增加的电子填入次外层的 $(n-1)d$ 轨道上,部分地抵消了核电荷对外层电子 ns 的引力,因此,随着核电荷的增加,原子半径只是略有减小。而且,从 IB 族元素起,由于次外层的 $(n-1)d$ 轨道已经全充满,较为显著地抵消核电荷对外层 ns 电子的引力,因此,原子半径反而有所增大。

同一周期的 f 区内过渡元素,从左向右过渡时,由于新增加的电子填入外数第三层的 $(n-2)$f 轨道上,其结果与 d 区元素基本相似,只是原子半径减小的平均幅度更小。例如镧系元素从镧(La)到镥(Lu),中间经历了 13 种元素,原子半径只收缩了约 13 pm,这个变化叫作镧系收缩。镧系收缩的幅度虽然很小,但它收缩的影响却很大,使镧系后面的过渡元素铪(Hf)、钽(Ta)、钨(W)的原子半径与其同族相应的锆(Zr)、铌(Nb)、钼(Mo)的原子半径极为接近,造成 Zr 与 Hf、Nb 与 Ta、Mo 与 W 的性质十分相似,在自然界往往共生,分离时比较困难。

② 原子半径在族中的变化

主族元素从上往下过渡时,尽管核电荷数增多,但是电子层数增多的因素起主导作用,因此原子半径是显著增大的。但副族元素除钪(Sc)外,从上往下过渡时,一般增大幅度较小,尤其是第五周期和第六周期的同族元素之间,原子半径非常接近。

原子半径越大,核对外层电子的吸引越弱,原子就越易失去电子;相反,原子半径越小,核对外层电子的引力越强,原子就越易得到电子。但必须注意,原子难失去电子,不一定就容易得到电子。例如,稀有气体得失电子都不容易。

综上所述,除稀有气体外,一般来说,如果有效核电荷数越少,原子半径越大,最外层电子数越少,原子核对外层电子吸引力越弱,原子就越容易失去电子,元素的金属性也就越强;反之,如果核电荷数越多,原子半径越小,最外层电子数越多,原子核对外层电子吸引力越强,原子越容易得到电子,元素的非金属性就越强。

同一周期的元素,从左向右过渡时,随着有效核电荷数逐渐增多,原子半径逐渐减小,最外层电子数逐渐增多,元素的金属性逐渐减弱,非金属性逐渐增强。但其中副族元素原子最外层电子数只有 1～2 个,都是金属元素,从左向右过渡时,由于原子半径只是略为减小,因此金属性减弱的变化极为微小。

同一族的元素,最外层的电子数一般都是相同的,从上往下过渡时,尽管核电荷数是增多的,但原子半径增大的因素起主要作用,因此,元素金属性一般都是增强的。但其中副族元素从上往下过渡时,由于原子半径变化幅度较小,尤其是第五、六周期元素的原子半径更为接近,因此元素的金属性强弱变化不明显。

7.3.2　电离能和电子亲和能

原子失去电子的难易可用电离能(ionization energy,用 I 表示)衡量,结合电子的难易可用电子亲和能(electron affinity,用 E 表示)来定性地比较。

(1) 电离能(I)

气态原子要失去电子变为气态阳离子(即电离),必须克服核电荷对电子的引力而消耗能量,这种能量称为电离能(I),其单位 kJ · mol^{-1}。

从基态(能量最低的状态)的中性气态原子失去一个电子形成 +1 价气态阳离子所需要的能量,称为原子的第一电离能(I_1);由 +1 价气态阳离子再失去一个电子形成 +2 价气态阳离子所需要的能量,称为原子的第二电离能(I_2);其余依次类推。例如:

$$Mg(g) - e \longrightarrow Mg^+(g)$$

$$I_1 = \Delta H_1 = 737.7 \text{ kJ} \cdot \text{mol}^{-1}$$

$$\text{Mg}^+(\text{g}) - \text{e} \longrightarrow \text{Mg}^{2+}(\text{g})$$

$$I_2 = \Delta H_2 = 1\,450.7 \text{ kJ} \cdot \text{mol}^{-1}$$

镁的电离能数据如表 7-6 所示。

表 7-6　　　　　　　　　　　　　　　　镁的电离能数据

第 n 电离能	I_1	I_2	I_3	I_4	I_5	I_6	I_7	I_8
$I_n/\text{kJ} \cdot \text{mol}^{-1}$	737.7	1 450.7	7 732.8	10 540	13 628	17 995	21 704	25 656

从表 7-8 可以看出：

①　　　　　　　　　　　　　　　$I_1 < I_2 < I_3 < I_4 < I_5 < \cdots$

这是由于随着离子的正电荷增多,对电子的吸引力增强,因而外层电子更难失去的缘故。

②　　　　　　　　　　　　　　　$I_1 < I_2 < I_3 \ll I_4 < \cdots$

这是因为电离前两个电子是镁原子最外层的 3s 电子,而从第三个电子起,都是内层电子,不易失去,这也是为什么镁形成 Mg^{2+} 的缘故。

显然,元素原子的电离能越小,原子就越易失去电子,该元素的金属性就越强;反之,元素原子的电离能越大,原子越难失去电子,该元素的金属性越弱。这样,就可以根据原子的电离能来判断原子失去电子的难易程度,进而比较元素金属性的相对强弱。一般情况下,只要应用第一电离能数据即可达到目的。因此,通常说的电离能,如果没有特别说明,指的就是第一电离能。

元素原子的电离能可以通过实验测出。图 7-8 为各元素原子第一电离能。

H 131														单位: kJ·mol⁻¹				He 237
Li 520	Be 900											B 801	C 108	N 140	O 131	F 168	Ne 208
Na 496	Mg 738											Al 578	Si 786	P 101	S 100	Cl 125	Ar 152
K 419	Ca 590	Sc 631	Ti 658	V 650	Cr 653	Mn 717	Fe 759	Co 758	Ni 737	Cu 746	Zn 906	Ga 578	Ge 762	As 944	Se 940	Br 114	Kr 135
Rb 403	Sr 550	Y 616	Zr 660	Nb 664	Mo 685	Tc 702	Ru 711	Rh 720	Pd 805	Ag 731	Cd 868	In 558	Sn 708	Sb 832	Te 869	I 100	Xe 117
Cs 376	Ba 503	La 538	Hf 654	Ta 761	W 770	Re 760	Os 840	Ir 880	Pt 870	Au 890	Hg 100	Tl 589	Pb 716	Bi 703	Po 812	At 917	Rn 103
Fr 386	Ra 509	Ac 490															

Ce 528	Pr 523	Nd 530	Pm 536	Sm 543	Eu 547	Gd 592	Tb 564	Dy 572	Ho 581	Er 589	Tm 597	Yb 603	Lu 524
Th 590	Pa 570	U 590	Np 600	Pu 585	Am 578	Cm 581	Bk 601	Cf 608	Es 619	Fm 627	Md 635	No 642	Lr

图 7-8　元素原子的第一电离能

从图 7-8 可看出,同一周期主族元素,从左向右过渡时,电离能逐渐增大。这是由于同一周期从左向右过渡时,元素的核电荷数逐渐增多,原子半径逐渐减小,核对外层电子的吸引力逐渐增强,失去电子从容易逐渐变得困难的缘故。这表明同一周期从左向右过渡时,元素的金属性逐渐减弱。副族元素从左向右由于原子半径减小的幅度很小,核对外层电子的吸引力略为增强,因而电离能总的看只是稍微增大,而且个别处变化还不十分规律,造成副族元素金属性强弱的变化不明显。

同一主族元素从上往下过渡时,电离能逐渐减小。这是由于从上往下核电荷数虽然增多,但电子层数也相应增多,原子半径增大的因素起主要作用,使核对外层电子的吸引力减弱,因而逐渐容易失去电子的缘故。这表明同一主族元素从上往下元素的金属性逐渐增强。副族元素从上往下原子半径只是略为增大,而且第五、六周期元素的原子半径又非常接近,核电荷数增多的因素起了作用,第四周期与第六周期同族元素的电离能相比较,总的趋势是增大的,但其间的变化没有较好的规律。

值得注意的是,电离能的大小只能衡量气态原子失去电子变为气态离子的难易程度,至于金属在溶液中发生化学反应形成阳离子的倾向,应该根据金属的电极电势来进行估量。

(2) 电子亲和能(Y)

与电离能恰好相反,电子亲和能是指一个基态的气态原子得到一个电子形成 -1 价阴离子所释放出来的能量。按结合电子数目,有一、二、三电子亲和能之分。例如,氧原子的 $Y_1 = -141 \text{ kJ} \cdot \text{mol}^{-1}$,$Y_2 = 780 \text{ kJ} \cdot \text{mol}^{-1}$,这是由于 O^- 对再结合的电子有排斥作用。第一电子亲和能(Y_1)的代数值越小,表示元素原子结合电子的能力越强,即元素的非金属性越强。由于电子亲和能的测定比较困难,所以目前测得的数据较少,有些数据还只是计算值,故应用受到限制,表 7-7 提供了一些元素原子的电子亲和能数据。

表 7-7 一些元素原子的电子亲和能[①] $kJ \cdot mol^{-1}$

H						He
-72.0						$(+20)$
Li	B	C	N	O	F	Ne
-59.8	-23	-122	0	-141	-322	$(+29)$
Na	Al	Si	P	S	Cl	Ar
-52.9	-44	-120	-74	-200	-348	$(+35)$
K	Ga	Ge	As	Se	Br	Kr
-48.4	-36	-116	-77	-195	-324	$(+39)$
Rb	In	Sn	Sb	Te	I	Xe
-46.9	-34	-121	-101	-183	-295	$(+40)$
Cs	Tl	Pb	Bi	Po	At	Rn
-45.5	-48	-100	-100	(-174)	(-270)	$(+20)$

注:① 括号中的数字是计算值。

从表 7-7 可以看出，无论是在周期或族中，元素电子亲和能的代数值一般都是随着原子半径的增大而增加的。这是由于随着原子半径增加，核对电子的引力逐渐减小的缘故。故周期元素从左向右过渡时，其电子亲和能总的变化趋势是增大，表明元素的非金属性逐渐增强；主族元素从上往下过渡时，其电子亲和能总的变化趋势是减小的，表明元素的非金属性逐渐减弱。

7.3.3　电负性

前面已经提及，某原子难失去电子，不一定就容易得到电子；反之，某原子难得到电子，也不一定就容易失去电子。因此，严格来说，电离能只能用来衡量元素金属性的相对强弱，电子亲和能只能用来定性地比较元素非金属性的相对强弱。为了能比较全面地描述不同元素原子在分子中吸引电子的能力，鲍林提出了元素电负性（electronegativity，用字母 x 表示）的概念。所谓元素的电负性是指分子中元素原子吸引电子的能力。他指定最活泼的非金属元素氟的电负性值 $x_F = 4.0$，然后通过计算得到其他元素的电负性值（图 7-9）。

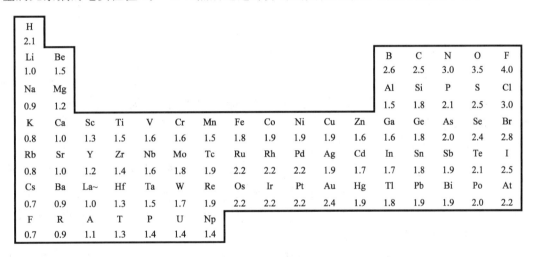

图 7-9　元素的电负性（L. Pauling）

根据元素的电负性，可以衡量元素金属性和非金属性的相对强弱。元素的电负性值越大，表示该元素的非金属性越强，金属性越弱；元素的电负性值越小，表示该元素的非金属性越弱，金属性越强。从表 7-12 中可见，元素的电负性呈周期性变化。同一周期从左向右元素的电负性逐渐增大，表示元素的金属性逐渐减弱，非金属性逐渐增强。在同一主族中，从上往下元素的电负性逐渐减小，表示元素的非金属性逐渐减弱，金属性逐渐增强。至于副族元素，电负性变化不甚规律，以至金属性的变化也没有明显的规律。

需要说明两点：电负性是一个相对值，本身没有单位；自从 1932 年鲍林提出电负性概念以后，有不少人对这个问题进行探讨，由于计算方法不同，现在已经有几套元素电负性数据，因此，使用数据时要注意出处，并尽量采用同一套电负性数据。

7.3.4　价电子和价电子层结构

元素原子参加化学反应时,通常通过得失电子或共用电子等方式达到最外层为2、8或18个电子的较稳定结构。

在化学反应中参与形成化学键的电子称为价电子。价电子所在的亚层统称为价层。原子的价电子层结构是指价层的电子排布式,它能反映出该元素原子的电子层结构的特征。但价层上的电子并不一定都是价电子,例如,$_{29}$Cu 的价电子层结构为 $3d^{10}4s^1$,其中 10 个 3d 电子并不都是价电子。有时价电子层结构的表示形式会与外围电子构型不同,例如,$_{35}$Br 的价电子层结构为 $4s^2 4p^5$,而其外围电子构型为 $3d^{10}4s^2 4p^5$。

价电子的数目取决于原子的外围电子构型。对于 s 区、p 区元素来说,外围电子构型为 $ns^{1\sim2}$、$ns^2 np^{1\sim6}$[或$(n-1)d^{10}ns^2 np^{1\sim6}$],它们次外电子层已经排满,所以,最外层电子是价电子。对于 d 区元素,外围电子构型为 $(n-1)d^{1\sim10}ns^{1\sim2}$,未充满的次外层 d 电子也可能是价电子。

本 章 小 结

1.重要的基本概念

波函数、原子轨道、概率密度、电子云、电子层、能级、能级组、周期、族、区、电离能、电子亲和能和电负性等。

2.核外电子的运动状态

围绕原子核运动的电子具有能量量子化、波粒二象性和统计性特征,其运动规律用波函数(原子轨道)描述。波函数由 3 个量子数来确定,主量子数 n、角量子数 l、磁量子数 m 分别确定原子轨道的能量、基本形状和空间取向等特征。此外,自旋量子数 m_s,有两个取值分别代表两种不同的自旋状态。

波函数的平方表示电子在核外空间某单位体积内出现的概率大小,即概率密度,用小黑点疏密的程度描述原子核外电子的概率密度分布规律的图形叫电子云。

3.多电子原子的电子排布方式和周期律

多电子原子的轨道能量由 n,l 决定,并随 n,l 值的增大而升高。n,l 都不同的轨道能级可能出现交错。

多电子原子核外排布的一般规律:泡利不相容原理、能量最低原理、洪德规则和洪德规则特例。元素原子核外电子构型按周期表可分割为 5 个区,各区原子核外电子构型具有明显特征。

元素性质随原子外层电子数周期性变化,主要表现:

(1) 元素的氧化数

主族元素:同周期从左向右最高氧化数逐渐升高,并等于最外层电子数,即等于所属族的族数。

副族元素:第Ⅲ副族至第Ⅶ副族同周期从左向右最高氧化数也逐渐升高。一般等于最外层 s 电子和次外层 d 电子之和,等于所属族的族数。第Ⅰ、第Ⅱ副族和第Ⅷ副族有例外。

（2）原子的电离能

主族元素的原子电离能按周期表呈周期性变化。同一周期中的元素,从左到右原子的电离能逐渐变大,元素的金属性逐渐减弱。同一主族元素,从上到下,原子的电离能逐渐变小,元素的金属性逐渐增大。

（3）元素的电负性

主族元素的电负性值具有明显的周期性变化规律。而副族的电负性的值彼此比较接近。元素的电负性数值越大,表明原子在分子中吸引电子的能力越强。

【知识延伸】

元素周期表的发现和发展

1. 萌芽

1789 年,拉瓦锡出版了已知的 33 种化学元素（部分为单质和化合物）的列表,将其分组成气体、金属、非金属矿物和稀土四组。这应该是世界上第一张有关元素的分类表格。

之后,道尔顿、德贝赖纳、迈尔等众多科学家做出了积极的努力和探索。

2. 突破

门捷列夫在尚库尔图瓦、奥德林、迈尔、纽兰兹、欣里希斯等科学家所列的元素表的基础上,经过苦苦探索元素的原子量和元素性质之间的关系规律,取得了突破性进展,完成了从感性认识到理性认识的飞跃:1868 年《化学原理》一书的写作成了他发现元素周期表的先声,这代表着他进行了"在原子量和化学性质相似性基础上构筑元素体系的尝试";1869 年 2 月 17 日,做成了最初的元素周期表,发表了第一篇论文,明确地使用周期性一词;1869 年 8 月,在科学院的研究报告中讨论了周期表上元素的位置与原子体积之间的关系,并在《化学原理》第二版中出现了第二张元素周期表;接着,他将研究工作系统地整理了 4 篇论文,并根据这些成果完成了《化学原理》全书的编著。至 1906 年,他又发表了 5 张元素周期表。因此,说门捷列夫获得发现元素周期表的崇高荣誉是实至名归和不容怀疑的。

3. 发展

自门捷列夫 1869 年的元素周期表出现至今,约有 700 多个不同版本出版。除了众多矩形变化的形式外,其他像一个圆环、立方体、圆柱、楼房、螺旋形、双纽线、八角形的棱镜、金字塔、球体或三角形的应有尽有。这些替代品的开发往往是为突出或强调元素的化学或物理性质,没有传统元素周期表展现元素性质规律的明显特点。无机化学家的周期表强调趋势、模式、不寻常的化学关系和属性。

4. 展望

超重元素（superheavy elements）指原子序数大于等于 104 的元素,它们的 6d 亚层被填入电子。对超重元素进行合成方面的研究有助于探索原子核质量存在的极限,最终确定化学元素周期表的边界,同时也是对原子核壳模型理论正确与否的实际检验。根据核结构的

"液滴模型",当质子增加时核内的凝聚力不再能平衡 Coulomb 斥力,重元素的稳定性降低,原子核迅速分裂,形成了一个不稳定的核素海洋。然而,按原子核"壳层模型"预期,一个后于双幻数铅同位素$_{208}$Pb 的第二个闭合双壳层应出现在质子数 114、中子数 184 处,远远超过"液滴模型"的不稳定区域。Myers 和 Swialeeki 首先用半经验公式讨论了这个区域的宏观稳定性;Nilsson 用计算变形核能级方法改进了理论模型并提出宏观-微观理论;在此基础上,Strutinski 等进行了新的理论计算,并将壳层效应附加于原子核液滴模型理论。1967年,科学家们预言在闭合双壳层 $Z=114$ 和 $N=184$ 附近存在一个超重核素的"稳定岛"。理论上超重核素的半衰期最长可达 10^{15} 年。为了跨过不稳定核素的"海洋"真正登上"稳定岛",科学家采用重离子作为入射粒子有效地引发合适的核反应。现在,104～118 号元素皆已被成功合成出,并得到了 IUPAC 的承认和命名,七个周期的元素周期表已完整了。但是,确切地说目前只是刚刚踏上超重元素"稳定岛"的边缘地带,还没有完全进入"稳定岛"。一个带有幻想式的大远景周期表中包含了 218 种元素。

5. 新元素介绍

据报道,2015 年 12 月 30 日,IUPAC 与 IUPAP 组建的联合工作组确认人工合成了 113号、115 号、117 号和 118 号 4 个新元素。2016 年 6 月 8 日,IUPAC 经过审核后公布了 113号、115 号、117 号、118 号元素发现者提出的推荐名,推荐名供公众审查与查阅,审查期为 5个月。2016 年 11 月 30 日,IUPAC 正式公布 113 号元素名为 nihonium,符号为 Nh,源于日本国(简称日本)的国名 Nihon;115 号元素名为 moscovium,符号为 Mc,源于莫斯科市的市名 Moscow;117 号元素名为 tennessine,符号为 Ts,源于美国田纳西州的州名 Tennessee;118 号元素名为 oganesson,元素符号为 Og,源于俄罗斯核物理学家尤里·奥加涅相(Yuri Oganessian)。

全国科技名词委联合国家语言文字工作委员会召开 113 号、115 号、117 号、118 号元素中文定名会,形成了《113 号、115 号、117 号、118 号元素中文定名方案》。该方案经上报教育部批准后正式公布。

(摘自:中国科学网)

习　题

一、选择题(将正确答案的标号填入括号内)

1. 某原子在第三电子层有 10 个电子,其电子构型可能是(　　　)。

　　A. $3s^2 3p^3 3d^5$ 　　　　　　　　　　　B. $3d^{10}$

　　C. $3s^2 3p^6 3d^2 4s^2$ 　　　　　　　　　D. $3s^2 3p^6 4s^2$

2. 用量子数确定轨道时,下列各组量子数合理的是(　　　)。

　　A. $n=3$　$l=3$　$m=-1$ 　　　　　　B. $n=2$　$l=2$　$m=-1$

　　C. $n=2$　$l=1$　$m=0$ 　　　　　　　D. $n=3$　$l=0$　$m=+1$

3. 如果一个原子电子层的主量子数是 3,则它(　　　)。

　　A. 有 s 轨道和 p 轨道 　　　　　　　　B. 有 s 轨道

C. 有 s、p 和 d 轨道   D. 有 s、p、d 和 f 轨道

4. 下列量子数中不合理的是(　　)。

     A. $n=1,l=0,m=0,m_s=-1/2$ B. $n=2,l=1,m=1,m_s=+1/2$

     C. $n=4,l=3,m=0,m_s=1/2$ D. $n=3,l=0,m=-1,m_s=1/2$

5. 第三周期只有 8 个元素的原因是(　　)。

     A. $E_{3d}>E_{4s}$ B. $E_{3p}>E_{4s}$

     C. $E_{3d}<E_{4s}$ D. $E_{3p}<E_{4s}$

6. 某元素的最外层只有一个 $l=0$ 的电子,则该元素不可能是哪个区的元素(　　)。

     A. s 区元素   B. p 区元素   C. d 区元素   D. ds 区元素

7. 下列元素中外层电子构型为 ns^2np^5 的是哪个(　　)。

     A. Na   B. Mg   C. Si   D. F

8. 已知某元素+2 价离子的电子分布式为 $1s^2 2s^2 2p^6 3s^2 3p^6 3d^{10}$,该元素在周期表中所属的分区为(　　)。

     A. p 区   B. f 区   C. d 区   D. ds 区

9. 下列原子中哪个的第 I 电离能最大(　　)。

     A. Al   B. K   C. B   D. Cl

10. 下列哪组是电负性减小的顺序(　　)。

     A. K Na Li   B. N P S   C. Cl C N   D. B Mg K

11. 按照量子力学模型,下列各组量子数(n,l,m 和 m_s)的组合不可能存在的是(　　)。

     A. $2,2,0,+1/2$ B. $3,1,1,-1/2$

     C. $3,2,-2,+1/2$ D. $6,4,4,+1/2$

12. 下列叙述中最符合泡利(Pauli)不相容原理的是 (　　)。

     A. 简并轨道上的电子尽可能分占不同的轨道,且自旋方向相同

     B. 在同一原子中,不能有两个电子具有一组相同的量子数

     C. 原子中的一个电子需要用四个不同的量子数描述

     D. 在 s 亚层中均有 2 个自旋方向相反的电子存在

13. $l=1$ 的原子轨道中,等价轨道数共是(　　)。

     A. 1   B. 3   C. 5   D. 7

14. n 为主量子数,原子中某电子层填充的最多电子数是(　　)。

     A. $2n$ B. $2n+2$ C. $2n^2+2$ D. $2n^2$

15. 在基态砷(As)原子中符合量子数 $n=4,l=1,m=0$ 的电子总数为(　　)。

     A. 1 个   B. 2 个   C. 3 个   D. 4 个

16. 若将基态 $_7$N 的电子排布式表示成 $1s^2 2s^2 2p_x^2 2p_y^1$,这种表示法违背了(　　)。

     A. 泡利(Pauli)不相容原理   B. 洪德(Hund)规则

     C. 鲍林(Pauling)近似能级图   D. 斯莱特(Slater)规则

17. 下列有关叙述正确的是(　　)。

     A. 氢原子中只有一个电子,所以氢原子核外只有一个原子轨道

　　B. 主量子数为 2 时,有 2s,2p 两个原子轨道

　　C. 第四周期基态原子中最多可有 6 个成单电子

　　D. 3d 能级对应的量子数为 $n=3,l=3$

二、判断题(对的在括号内填"√",错的在括号内填"×")

1. 电子具有波粒二象性,就是说它一会儿是粒子,一会儿是电磁波。(　　)

2. 当原子中电子从高能级跃迁至低能级时,两能级间能量相差越大,则辐射出的电磁波的波长越长。(　　)

3. 电子云的黑点表示电子可能出现的位置,疏密程度表示电子出现在该范围的概率大小。(　　)

4. 当主量子数 $n=2$ 时,角量子数 l 只能取 1。(　　)

5. p 轨道的角度分布图为"8"形,这表明电子是沿"8"轨迹运动的。(　　)

6. 同一电子层中,3 个 p 轨道的能量、形状都相同,不同的是在空间的取向。(　　)

7. 价电子层排布含 ns^2 的元素都是碱土金属元素。(　　)

8. 多电子原子轨道的能级只与主量子数 n 有关。(　　)

三、填空题(将正确答案填在横线上)

1. O 原子的电子排布式为＿＿＿＿＿＿＿＿。

2. 基态 Zn 原子中的电子符合下列量子数的各有多少个电子?

(1) $l=1$

(2) $m=-1$

(3) $m_s=-1/2$

(4) $l=2$ 和 $m=0$

3. 第 I 电离能最大的是＿＿＿＿＿＿＿。

4. 主量子数是 3 时,共有＿＿＿＿＿＿条原子轨道。

5. E_{4s}＿＿＿＿＿E_{3d}。

6. 第三周期原子中 p 轨道半充满的元素是＿＿＿＿＿＿＿＿。

四、简答题

1. 画出下列电子云的空间图形。

p_x、s、$d_{x^2-y^2}$、d_{xy}

2. 讨论元素 S、As 和 Se 的下列性质:

金属性、电离能、电负性、原子半径。

第 8 章　化学键与分子结构

分子由原子组成,是保持物质性质的最小单位,是参与化学反应的基本单元。分子的性质由内部结构决定。研究分子结构必然涉及有关化学键的问题,分子或晶体中相邻原子(或离子)间强烈的相互作用称为化学键。根据其形成方式和性质不同,化学键可分为离子键、共价键和金属键三种基本类型。分子之间还普遍存在着一种较弱的相互作用力,一些含氢化合物的分子间或分子内还存在氢键,它们对物质的性质影响都很大。本章将从化学键入手讨论有关分子结构的基本知识,从而认识物质结构和性质之间的关系。

8.1　离子键

1916 年,德国化学家柯塞尔(W. Kossel)根据稀有气体原子的电子构型具有高度稳定性的事实提出了离子键理论。

8.1.1　离子键的形成

一定条件下,当电负性相差较大的两元素原子相靠近时,可发生原子间电子转移形成正、负离子。正、负离子间靠静电引力相互吸引,当它们充分接近时,两核之间及电子云之间产生排斥力,当引力和斥力达到平衡时,系统的能量最低,正、负离子间形成稳定的离子键(ionic bond)。能形成典型离子键的正、负离子一般都能达到稀有气体的稳定电子构型。如 NaCl 的形成:

$$Na(3s^1) - e \longrightarrow Na^+(2s^2 2p^6)$$
$$Cl(3s^2 3p^5) + e \longrightarrow Cl^-(3s^2 3p^6)$$

Na^+ 和 Cl^- 间靠静电引力相互吸引而靠近,到达平衡位置处形成了稳定的离子键。离子键的本质是正、负离子之间的静电引力,由离子键形成的化合物或晶体,称为离子化合物或离子晶体,如盐类、碱类和一些金属氧化物等。

8.1.2　离子键的特征

离子键的特征是没有饱和性和方向性。离子可看成是一个带电球体,它在空间各个方向上的静电作用是相同的,所以正、负离子可以在空间任何方向与电荷相反的离子相互吸引,因而没有方向性。只要空间允许,一个离子可以尽量多地吸引异号离子,只不过距离越近吸引力越大,距离越远吸引力越小,因此离子键也没有饱和性。当然,这并不意味着每个离子周围排列的异号离子数目是任意的。实际上,在离子晶体中,每个离子周围排列的异号离子数目是固定的,它与正负离子半径的大小和离子所带电荷多少有关。例如,在 NaCl 晶体中,每个 Na^+ 周围排列着 6 个 Cl^-,每个 Cl^- 周围也排列着 6 个 Na^+;而在 CsCl 晶体中,每个 Cs^+ 周围均匀排列着 8 个 Cl^-,每个 Cl^- 周围均匀排列着 8 个 Cs^+。NaCl 和 CsCl 称为实验式,只表示在整个晶体中两种离子数目的最简比为 $1:1$。

8.1.3　离子的特征

离子半径、离子电荷和离子的电子构型是离子的三个主要特征,它们是影响离子化合物性质的重要因素。

（1）离子半径

严格意义上说,离子半径是不能确定的。但在离子晶体中假定正、负离子为相互接触的小球,将 X 射线衍射法测出的两离子间的平均距离（核间距 d）认为是两半径之和,即 $d = r^+ + r^-$。如已知一个离子半径,便可以求得另一离子半径。

离子半径变化规律:

① 相同电荷主族元素离子,随电子层增多,离子半径增大,如:$r(Li^+) < r(Na^+) < r(K^+) < r(Rb^+) < r(Cs^+)$;$r(F^-) < r(Cl^-) < r(Br^-) < r(I^-)$。

② 同一周期主族元素随原子序数递增,正离子电荷递增,半径递减。如:$r(Na^+) > r(Mg^{2+}) > r(Al^{3+})$。

③ 同一元素的高价离子半径小于低价离子半径,如 $r(Sn^{2+}) > r(Sn^{4+})$。

④ 负离子半径一般大于正离子半径,如 $r(Cl^-) > r(Na^+)$。

离子半径的大小是影响离子键强弱的重要因素之一。离子半径越小,离子间引力越大,离子键越牢固,相应离子化合物的熔、沸点越高。

（2）离子电荷

离子电荷是指原子在形成离子化合物过程中失去（或得到）的电子数,即离子所带的电荷。如 ⅦA 族（ns^2np^5）形成负离子的电荷通常为 -1,ⅥA 族（ns^2np^4）形成负离子的电荷通常为 -2,ⅢA 族（ns^2np^1）形成正离子的电荷通常为 $+3$。相同离子半径的离子,所带电荷越高,形成静电引力越大,离子键越牢固,相应离子化合物的熔、沸点越高。离子电荷除影响离子化合物的物理性质外,还影响其化学性质,如 Fe^{2+} 具有还原性,Fe^{3+} 具有氧化性且与 SCN^- 显红色。

（3）离子的电子构型

离子的电子构型是指原子失去或得到电子后形成的离子外层电子构型。负离子通常为 8 电子稳定构型,如 Cl^-、O^{2-}、N^{3-} 等。

正离子的电子构型通常有以下几种:

① 2 电子构型:$1s^2$,如 Li^+、Be^{2+};

② 8 电子构型:ns^2np^6,如 Na^+、Mg^{2+}、Al^{3+}、Sc^{3+}、Ti^{4+};

③ 18 电子构型:$ns^2np^6nd^{10}$,如 ⅠB 族 Cu^+、Ag^+,ⅡB 族 Zn^{2+}、Hg^{2+},ⅣA 族 Sn^{4+}、Pb^{4+};

④ 18＋2 电子构型：$(n-1)s^2(n-1)p^6(n-1)d^{10}ns^2$，如 Sn^{2+}、Pb^{2+}、Sb^{3+}、Bi^{3+} 等 p 区低氧化态金属离子。

⑤ 9～17 电子构型：副族元素失去价电子层 s 电子和部分 d 电子，如 Mn^{2+}、Mn^{4+}、Fe^{2+}、Fe^{3+}、Co^{2+}、Ni^{2+}。

离子电子构型同样影响离子化合物的性质。一般来说，当离子的电荷和半径大致相同的条件下，不同电子构型的正离子对同种负离子结合力的大小有如下经验规律：2 电子，18 电子，(18＋2)电子构型＞9—17 电子构型＞8 电子构型。比如 NaCl 和 CuCl，$r(Na^+)\approx r(Cu^+)$，但 Na^+ 为 8 电子构型，而 Cu^+ 为 18 电子构型，导致两种化合物在熔沸点、溶解度及反应性方面差异很大。如 NaCl 易溶于水，而 CuCl 微溶于水（表明 Cu^+ 对 Cl^- 作用比 Na^+ 强），Cu^+ 易形成配合物，而 Na^+ 却不易形成配合物（由于 Cu^+ 有多余的空轨道）。

8.2　共价键理论

离子键理论不能解释电负性差值较小的原子之间的相互作用，因为这些原子之间没有发生电子的转移，不存在正、负离子，所以不能形成离子键。1916 年美国化学家路易斯 (G. N. Lewis) 提出经典共价键理论，认为原子之间通过共用电子对结合成键。该理论简明实用，但没有揭示共价键的本质和特征，许多客观事实难以得到解释，例如：两个带负电的电子为何不排斥反而配对使两原子结合成分子？有不少化合物（如 PCl_5、SF_6、BF_3），其中心原子未达到 8 电子稳定构型为什么能稳定存在？

为了解决这些问题，1927 年海特勒（Heitler）和伦敦（London）首次利用量子力学处理 H_2 分子结构，初步揭示了共价键的本质，并在此基础上建立了现代价键理论。因为分子的薛定谔方程求解非常困难，只能采用近似的假定以简化计算，不同假定产生了不同的物理模型：一种模型认为成键电子只能在以化学键相连的两原子间区域内运动，其逐步发展成价键理论（又称电子配对法）；另一种模型认为成键电子可以在整个分子区域内运动，逐步发展成分子轨道理论。

8.2.1　价键理论

8.2.1.1　氢分子的形成和共价键的本质（应用量子力学）

1927 年海特勒、伦敦用量子力学解释 H_2 分子的成键。图 8-1 表示两个自由的 H 原子相互靠近时，随着核间距 R 的减少，系统能量的变化情况。当两个具有自旋平行电子的氢原子相互靠近时（虚线），它们将相互排斥，两核间电子云密度减小，不发生原子轨道重叠，系统能量高于两个单独存在的氢原子能量之和，且 R 越小，系统能量越高，不能形成稳定的氢分子，这种状态

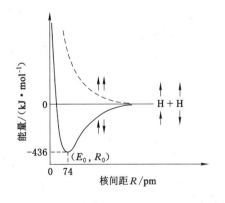

图 8-1　两个氢原子体系的能量变化曲线

称为氢分子的排斥态。而当具有自旋相反电子的两个氢原子相互靠近时（实线），原子轨道
发生重叠，两核间电子云密度增大，核间电子同时受到两个原子核的吸引比单独受一个核
吸引时更稳定，整个系统的能量降低，当两个氢原子核间距达到 $R = 74$ pm 时，引力和斥力
达到平衡，系统能量最低，形成稳定的共价键，这种状态为 H_2 分子的基态。此时 R 小于两
氢原子半径（53 pm）之和，验证了原子轨道之间发生重叠。1930 年，鲍林（L. Pauling）等把
量子力学解释 H_2 分子的结果推广到其他分子系统，发展成为现代价键理论（valence bond
theory，简称 VB 法）。

8.2.1.2　价键理论要点

① 两成键原子含有未成对电子，且自旋相反，当它们相互靠近时，有可能发生原子轨道
重叠，形成稳定的共价键，这是形成共价键的前提条件。

例如，$_1H:1s^1$，$_{17}Cl:1s^2 2s^2 2p^6 3s^2 3p^5$，H 和 Cl 原子的两个单电子自旋相反，则两原子间
可通过原子轨道重叠形成 H—Cl，得到稳定的 HCl 分子。这解释了为什么稀有气体总以单
原子分子存在。

② 形成分子时，一个电子和另一个电子配对后就不能再和第三个电子配对成键，这解
释了 H_3 不存在的原因。或者说原子有多少个单电子，能形成多少条共价键，这说明共价键
具有饱和性。例如，N 原子含有三个单电子，能和三个氢原子形成三条 N—H 共价键
（NH_3），或者两个氮原子之间形成共价三键（$N\equiv N$，N_2）。O 原子含有两个单电子，能和两
个氢原子形成两条 O—H 共价键（H_2O）或一个共价双键（$O=O$，O_2）。

③ 根据原子轨道最大重叠原理，原子轨道重叠时，必须符号相同（对称性匹配），这样电
子云才能加强，尽可能达到最大程度重叠。原子轨道重叠越多，电子在两核间出现的概率
越大，形成的共价键越稳定。除 s 轨道外，p、d、f 轨道都有一定的空间伸展方向，轨道重叠
时必须沿着特定的方向进行，所以共价键具有方向性。例如 HCl 分子的形成（图 8-2），H 的
1s 轨道和 Cl 的 3p 轨道（比如 $3p_x$）配对形成共价键时，可能有（a）、（b）、（c）和（d）四种不同
的重叠方式，其中只有（a）中沿 x 轴方向，原子轨道同号重叠才能达到轨道的最大重叠，形
成稳定的氯化氢分子，其他方向重叠均不能成键。方向性决定了分子的空间构型，因而影
响分子的性质（如极性等）。

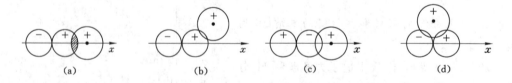

图 8-2　s 轨道和 p_x 轨道可能的重叠方向

8.2.1.3　共价键的类型

根据原子轨道最大重叠原理，两原子成键时尽可能沿着最大重叠方向成键。在 N_2（$_7$N
$1s^2 2s^2 2p_x^1 2p_y^1 2p_z^1$）分子中，两个氮原子的 3 条互相垂直的 p 轨道同时成键，不可能按同一方
式满足最大程度重叠，根据原子轨道重叠方式不同，把共价键分成两大类：σ 键和 π 键。

（1）σ 键

两个原子轨道沿着键轴方向以"头碰头"的方式重叠，形成的共价键称 σ 键。如 s—s、p_x—s、p_x—p_x 轨道重叠，如图 8-3(a)所示。注意 s 轨道只能形成 σ 键，这是由其角度分布决定的。σ 键特点是轨道重叠部分在两核连线上沿键轴呈圆柱对称，由于原子轨道在轴向上能发生最大程度重叠，受核吸引力大，所以 σ 键的重叠程度大，键能大，稳定性高。

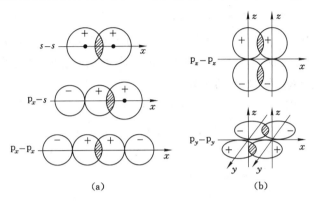

图 8-3　σ 键和 π 键轨道重叠示意图

（2）π 键

两个原子轨道沿着键轴方向垂直核间连线"肩并肩"同号重叠，形成的共价键称为 π 键，如 p_z—p_z 和 p_y—p_y，如图 8-3(b)所示。π 键特点是轨道重叠部分不在两核连线上，而是相对键轴平面呈镜面反对称。π 键的电子云密集在成键原子核连线上下，所以原子核对 π 键电子束缚力小，且 π 键中原子轨道重叠程度比 σ 键小，所以 π 键不稳定，容易参加化学反应。如烯烃、炔烃中含有 π 键，其化学性质活泼。

例如 N_2 分子结构，N 原子核外电子排布为 $1s^2 2s^2 2p_x^1 2p_y^1 2p_z^1$，当两个 N 原子互相接近时，若 $2p_x$—$2p_x$ 轨道"头碰头"重叠，形成 σ 键；剩下的 $2p_y$—$2p_y$ 和 $2p_z$—$2p_z$ 只能"肩并肩"重叠形成 π 键。所以 N_2 分子中有一个 σ 键和两个 π 键，如图 8-4 所示。

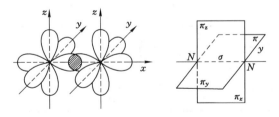

图 8-4　N_2 分子中的 σ 键和 π 键

形成共价键时，如果成键原子一方提供孤电子对，另一方提供空轨道，所形成的共价键称配位共价键，简称配位键，配位键广泛存在于配位化合物中（详见第 9 章）。以 CO 分子为例说明配位键的形成。碳原子的价电子层排布为 $2s^2 2p_x^1 2p_y^1 2p_z^0$，氧原子的价电子层排布为 $2s^2 2p_x^2 2p_y^1 2p_z^1$，当两原子相化合时，$2p_x$—$2p_x$ 轨道"头碰头"重叠，形成 σ 键；则 $2p_y$—$2p_y$"肩并肩"重叠形成 π 键，$2p_z$—$2p_z$ 形成 π 配位键。配位键用"→"表示，箭头方向由电子对给予体指向电子对接受体,所以 CO 分子结构可表示为∶C≡O∶。需要说明的是,正常共价键和配位键除在形成过程中其电子对来源不同,成键后二者并无差别。

8.2.1.4 键参数

表征共价键性质的物理量统称为键参数,主要包括键能、键长、键角和键的极性。

(1) 解离能和键能

在 298.15 K,100 kPa 条件下,将 1 mol 的 AB 分子断开成 A(g) 和 B(g) 时所需要的能量称解离能(D),单位 kJ·mol^{-1}。对于双原子分子,解离能即为键能(E)。对于多原子分子,键能是各级解离能的平均值。因为分子解离是分步进行的,对应的每步解离能不同。如 NH$_3$ 分子解离成 N(g) 和 H(g) 的过程中:

$$NH_3 \longrightarrow NH_2(g) + H(g), D_1 = 435.1 \text{ kJ·mol}^{-1}$$
$$NH_2(g) \longrightarrow NH(g) + H(g), D_2 = 397.5 \text{ kJ·mol}^{-1}$$
$$NH(g) \longrightarrow N(g) + H(g), D_3 = 338.9 \text{ kJ·mol}^{-1}$$

N—H 键的键能为三个解离能的平均值,即 $E(\text{N—H}) = 390.5$ kJ·mol^{-1}。

一些常见化学键的键长与键能见表 8-1,通常键能越大,共价键越牢固,由该键构成的分子越稳定。如卤化氢分子稳定性顺序 HF>HCl>HBr>HI。另外,注意双键或三键的键能不等于单键键能的简单倍数,因为双键或三键中包含 σ 键和 π 键两种类型。

(2) 键长

分子中成键的两个原子核间的平均距离称为键长,键长等于两个原子共价半径之和。通常键长越短,键能越大,共价键越牢固,分子越稳定(表 8-1)。从表中还可以看出,通常单键键长>双键键长>三键键长。

表 8-1   一些常见化学键的键长与键能

化学键	键长/pm	键能/(kJ·mol^{-1})	化学键	键长/pm	键能/(kJ·mol^{-1})
H—F	92	565	N—N	145	159
H—Cl	127	431	N=N	125	456
H—Br	142	366	N≡N	110	946
H—I	161	298	H—Br	142	366
C—C	154	332	H—Cl	127	431
C=C	134	611	H—F	92	565
C≡C	120	837	H—I	161	298

(3) 键角

指多原子分子中键与键之间的夹角。键角是确定分子空间构型的重要因素之一,它表明分子中各原子的相对位置,根据键长和键角可以确定分子的空间构型。如 H$_2$O 分子中 O—H 键的夹角为 104°45′,键长均为 96 pm,表明水分子的空间构型为角形。

(4) 键的极性

键的极性是由于成键原子的电负性不同而引起的。由同种原子组成的分子中,成键原子的电负性相同,核间的电子云密度最大的区域正好在两核的中间,两原子核正电荷重心和成键电子的负电荷重心重合,此类共价键称为非极性共价键,如 H—H,Br—Br,I—I 等。由不同种原子组成的分子,成键原子的电负性不同,核间的电子云密度最大的区域偏向电负性较大的原子,使之带部分负电荷,而电负性较小的原子则带部分正电荷,键的正负电荷重心不重合,此类共价键称为极性共价键,如 H—Cl,C—O,N—H 等。一般来说,键的极性大小取决于成键原子电负性的相对大小,电负性差值越大,键的极性就越强。当电负性差值很大时,成键电子完全偏离到电负性较大的原子上,则形成了离子键。

8.2.2　杂化轨道理论

价键理论简明地阐述了共价键的形成过程和本质,并成功地解释了共价键的饱和性和方向性,但在解释分子的空间构型方面遇到了一些困难。如 CH_4 分子,碳原子价电子排布式为 $2s^2 2p^2$,根据现代价键理论,碳原子应该用两个互相垂直的 2p 轨道和两个氢原子的 1s 轨道重叠形成两条共价键,即 CH_2 分子,键角应该为 $90°$。但 CH_4 分子中形成四个 C—H 共价键,键角为 $109°28'$,分子构型是正四面体形。为了解释这类多原子分子的空间构型,鲍林(L. Pauling)于 1931 年在价键理论的基础上,提出杂化轨道理论(hybrid orbital theory),补充和发展了价键理论。

8.2.2.1　杂化轨道理论的要点

① 在形成化学键的过程中,中心原子中能量相近类型不同的原子轨道,如 $ns\ np$、$(n-1)d\ ns\ np$、$ns\ np\ nd$ 重新组合,形成一组能量相同的轨道,这种重新组合的过程叫杂化(hybridization),形成的新轨道叫杂化轨道(hybrid orbital)。

② 杂化前后,原子轨道的总数不变,即杂化轨道数目等于参加杂化的原子轨道总数。

③ 杂化轨道之间为了满足最小排斥原理而尽量远离,即杂化轨道之间尽可能取得最大夹角。

④ 杂化轨道成键时也要满足最大重叠原理。杂化轨道的电子云分布比未杂化时更集中,故杂化轨道的成键能力比未杂化的原子轨道成键能力强,形成的分子更稳定。s 轨道和 p 轨道杂化前后的成键能力,由小到大的顺序:$s<p<sp<sp^2<sp^3$。

杂化轨道理论认为,在形成分子时通常存在激发、杂化和成键等过程,而且这些过程同时发生。

8.2.2.2　杂化轨道的类型

由于参加杂化的原子轨道种类和数目不同,原子轨道可以有多种不同的杂化方式,如 sp、sp^2、sp^3、$sp^3 d$、$sp^3 d^2$、dsp^2 和 $d^2 sp^3$ 杂化等,常见杂化方式有以下几种。

(1) sp 杂化

原子在形成分子时,由同一原子的 1 个 ns 轨道和 1 个 np 轨道发生杂化,形成两个新的 sp 杂化轨道,每个轨道均含 1/2s 和 1/2p 成分,能量相等。杂化轨道的形状为一头大,一头小,如图 8-5 所示,变大的一头更容易和其他轨道"头碰头"形成 σ 键。形成的两个 sp 杂化轨道夹角为 $180°$,所以发生 sp 杂化形成的分子空间构型为直线形。

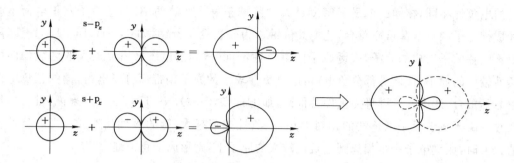

图 8-5　sp 杂化轨道的形成

例:$BeCl_2$ 分子的形成,Be 原子的电子层构型为 $1s^2 2s^2$,当与 Cl 原子相互作用成键时,Be 原子的 1 个 2s 电子被激发到 2p 空轨道上,然后 1 个 2s 轨道和 1 个 2p 轨道杂化形成 2 个等同的 sp 化轨道,分别与 2 个 Cl 原子中未成对电子所在的 3p 轨道"头碰头"重叠形成 2 个 σ 键(Be—Cl),键角为 $180°$,$BeCl_2$ 分子为直线形,如图 8-6 所示。相类似的 ⅡB 族 Zn、Cd、Hg 形成的 AB_2 型分子以及 C_2H_2 分子都为直线形,中心原子同样采用 sp 杂化。

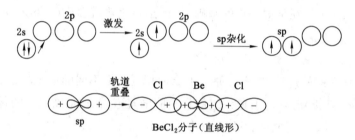

图 8-6　$BeCl_2$ 分子的形成

（2）sp^2 杂化

同一原子内一个 ns 轨道和 2 个 np 轨道发生杂化,生成 3 个等同的 sp^2 杂化轨道,每个轨道均含有 1/3s 和 2/3p 成分。sp^2 杂化轨道夹角为 $120°$,分子空间构型为平面三角形。如 BF_3 分子的形成,B 原子的价电子层构型为 $2s^2 2p^1$,当与 F 原子相互作用成键时,B 原子的 1 个 2s 电子被激发到 2p 空轨道上,然后 1 个 2s 轨道和 2 个 2p 轨道杂化形成 3 个等同的 sp^2 杂化轨道,夹角为 $120°$。B 原子的 3 个 sp^2 杂化轨道分别与 3 个 F 原子中未成对电子所在的 2p 轨道重叠形成 3 个 σ 键(B—F),气态氟化硼(BF_3)具有平面三角形的结构,见图 8-7。像 BCl_3、BBr_3、SO_3、C_2H_4、CO_3^{2-}、NO_3^- 等的中心原子均采用 sp^2 杂化。

（3）sp^3 杂化

同一原子内一个 ns 轨道和 3 个 np 轨道发生杂化,生成 4 条等同的 sp^3 杂化轨道,每个轨道均含有 1/4s 和 3/4p 成分,4 个轨道能量相同。轨道夹角为 $109°28'$,分子空间构型为正四面体形。如 CH_4 分子的形成,C 原子的价电子层构型为 $2s^2 2p^2$,当与 H 原子成键时,C 原子的 1 个 2s 电子被激发到 2p 空轨道上,然后 1 个 2s 轨道和 3 个 2p 轨道杂化形成 4 个等同的 sp^3 杂化轨道,对称地分布在 C 原子的周围,轨道夹角 $109°28'$。此 4 个 sp^3 杂化轨道

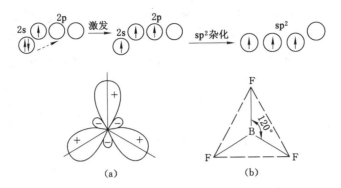

图 8-7 sp^2 杂化和 BF_3 分子的形成

分别与 4 个 H 原子的 1 s 轨道重叠形成 4 个 σ 键(C—H),形成的 CH_4 分子具有正四面体的结构,见图 8-8。像 SiH_4、$SiCl_4$、CCl_4、$CHCl_3$ 等分子的中心原子均采用 sp^3 杂化。

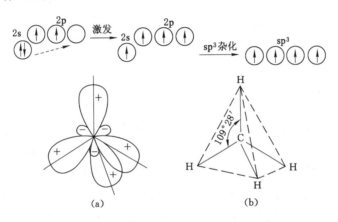

图 8-8 sp^3 杂化和 CH_4 分子的形成

(4) 不等性 sp^3 杂化

以上讨论的均是有未成对电子的原子轨道杂化,各杂化轨道的成分和能量都完全相同,称作等性杂化。如果有孤电子对原子轨道参加杂化,导致杂化轨道成分不同,这种杂化称为不等性杂化。

如 NH_3 分子的形成,N 原子的价层电子构型为 $2s^2 2p^3$,成键时这 4 个价电子层轨道发生 sp^3 杂化形成了 4 个 sp^3 杂化轨道。其中 3 个 sp^3 杂化轨道各有一个单电子,1 个 sp^3 杂化轨道被孤电子对所占据。成键时单电子占据的 3 个 sp^3 杂化轨道分别与 3 个 H 原子的 1s 轨道重叠,形成 3 个 σ 键(N—H),孤电子对占据的杂化轨道没参加成键。由于孤电子对比成键电子更靠近 N 原子,其电子云在 N 原子外占据着较大的空间,对 3 个 N—H 键的成键电子云有较大的排斥压缩作用,使键角从 $109°28'$ 压缩到 $107°18'$,所以 NH_3 分子呈三角锥形,见图 8-9(a)。由于孤电子对所在的杂化轨道含有较多的 s 成分,其余 3 个杂化轨道含有较多的 p 成分,这使 4 个 sp^3 杂化轨道不完全等同,故为不等性杂化。

又如 H_2O 分子的形成,O 原子的价层电子构型为 $2s^2 2p^4$,2s 轨道和 3 个 2p 轨道也是

采取不等性 sp^3 杂化,其中 2 个单电子占据的杂化轨道与 2 个 H 原子的 1 s 轨道重叠形成 σ 键(O—H),另外 2 个杂化轨道分别被孤对电子占据。由于两对孤电子对的排斥压缩作用更大,这使两个 O—H 键角被压缩成 104°45′,因此水分子的空间构型为角形,如图 8-9(b) 所示。

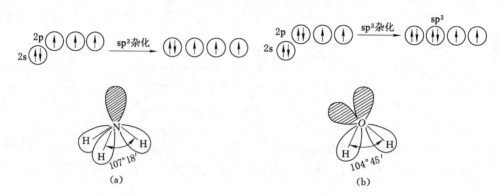

图 8-9　不等性 sp^3 杂化及 NH_3 和 H_2O 分子的形成

(阴影部分表示孤电子对占据的杂化轨道)

(a) NH_3 分子;(b) H_2O 分子

(5) sp^3d 杂化和 sp^3d^2 杂化

第三周期及后面的元素原子,价层中出现了 d 轨道,除了上述 ns、np 可以进行杂化外,d 轨道也可以参与杂化,发生 sp^3d 杂化、sp^3d^2(或 d^2sp^3)杂化,分子空间构型分别为三角双锥和正八面体形。如 PCl_5 分子的形成过程中,中心原子 P 采用 sp^3d 杂化,由 1 个 3s、3 个 3p 以及 1 个 3d 轨道重新组合形成 5 个 sp^3d 杂化轨道。其中 3 个杂化轨道互成 120°,位于同一个平面上,另外 2 个杂化轨道垂直于这个平面,空间构型为三角双锥,如图 8-10(a) 所示。再如 SF_6 分子的形成,中心原子 S 采取 sp^3d^2 杂化轨道成键,由 1 个 3s、3 个 3p 以及 2 个 3d 轨道重新组合形成 6 个 sp^3d^2 杂化轨道。6 个 sp^3d^2 杂化轨道指向正八面体的 6 个顶点,杂化轨道间的夹角为 180°或 90°,空间构型为正八面体形,如图 8-10(b) 所示。

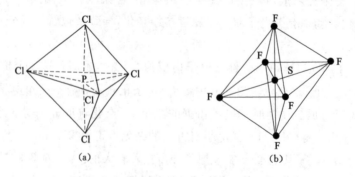

图 8-10　PCl_5 和 SF_6 的空间构型

8.2.3　分子轨道理论

杂化轨道理论成功地解释了分子的形成和空间构型,但不能解释 H_2^+ 只有一个电子,却能稳定存在。O_2、B_2 分子结构按 VB 法处理,分子内部电子都已配对,应是反磁性的,但根据磁性实验,测得它们为顺磁性物质。分子轨道理论(molecular orbital theory,简称 MO 法)可很好地解决以上问题。分子轨道理论从分子整体出发,考虑电子在分子内部的运动状态,是一种化学键的量子理论。它抛开了传统价键理论的某些概念,能够更广泛地解释共价分子的形成和性质。

8.2.3.1　分子轨道理论的基本要点

(1) 分子是一个整体,在分子中电子不是属于某个特定的原子,电子不在某个原子轨道中运动,而是在遍布整个分子的范围内运动。分子中的每个电子的运动状态用相应的波函数 ψ 来描述,ψ 称为分子轨道,分子轨道符号用 σ、π 等表示。

(2) 分子轨道是由分子中原子轨道波函数线性组合而成。几个原子轨道可组合成几个分子轨道,其中有一半分子轨道分别由正负符号相同的两个原子轨道叠加而成,使得两核间电子云密度增大,其能量较原来的原子轨道低,有利于成键,称为成键分子轨道,简称成键轨道,用 σ、π 表示。另一半分子轨道分别由正负符号不同的两个原子轨道叠加而成,使得两核间电子云密度减小,其能量较原来的原子轨道高,不利于成键,称为反键分子轨道,简称反键轨道,用 σ^*、π^* 表示。

(3) 为有效地组成分子轨道,要求成键的各原子轨道必须满足以下三个原则:

① 对称性匹配原则。只有对称性相同的原子轨道才能组合形成分子轨道。原子轨道有一定的对称性,如 s 轨道是球形对称的,而 p_x 轨道可以绕着 x 轴旋转任意角度其图形和符号都不改变。若以 x 轴为键轴,s—s,s—p_x,p_x—p_x 等原子轨道组合形成 σ 分子轨道,当绕键轴旋转时,各轨道形状和符号不变。而 p_y—p_y,p_z—p_z,d_{xy}—p_y 等原子轨道线性组合成的 π 分子轨道,各原子轨道对于一个通过键轴的截面具有反对称性。在分子轨道形成过程中,对称性匹配原则是首要因素。

② 能量相近原则。只有能量相近的原子轨道才能组合成有效的分子轨道,而且原子轨道的能量越接近越有利于组合。此原则对于确定两种不同类型的原子轨道之间能否组成分子轨道非常重要。如 H 原子 1s 轨道的能量为 $-1\,312$ kJ $\cdot$ mol^{-1},O 的 2p 轨道能量为 $-1\,314$ kJ $\cdot$ mol^{-1},因此 H 原子的 1s 轨道与 O 的 2p 轨道能量相近,可以组成分子轨道。Na 原子的 3s 轨道能量为 -496 kJ $\cdot$ mol^{-1},与 H 的 1s 轨道能量相差太大,所以不能组成分子轨道。事实上 Na 原子和 H 原子之间只能形成离子键。

③ 轨道最大重叠原则。在符合对称性匹配和能量相近原则下,原子轨道重叠的程度越大,组合成的分子轨道能量越低,形成的化学键越稳定。例如,两个原子轨道沿 x 轴方向相互接近时,s—s 和 p_x—p_x 轨道之间的重叠,满足轨道最大重叠原则。

(4) 电子在分子轨道上排布时,遵循能量最低原理、泡利不相容原理和洪德规则。分子总能量等于各电子能量之和。

8.2.3.2 分子轨道的类型

按原子轨道组合方式不同,可将分子轨道分为 σ 轨道和 π 轨道,如图 8-11 所示。

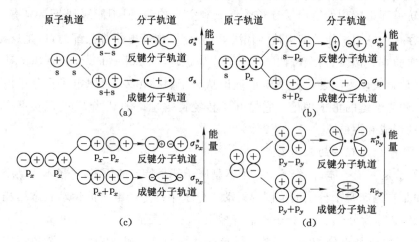

图 8-11 不同类型原子轨道组合形成分子轨道

两个原子的 s 轨道可组合得到成键轨道 σ_s 和反键轨道 σ_s^*,s 轨道和 p 轨道组合得到成键轨道 σ_{sp} 和反键轨道 σ_{sp}^*。两个 p 轨道线性组合有两种方式:当两个原子沿着键轴(如 x 轴)方向"头碰头"重叠,产生一个成键轨道 σ_{p_x} 和反键轨道 $\sigma_{p_x}^*$。两个原子的 2 个 p_y 轨道之间以及 2 个 p_z 轨道之间以"肩并肩"的方式发生重叠,分别形成成键轨道 π_{p_y}、π_{p_z} 和反键轨道 $\pi_{p_y}^*$、$\pi_{p_z}^*$。

8.2.3.3 同核双原子分子的分子轨道能级图

每个分子轨道都有相应的能量,其数值可以通过光谱实验来确定。把分子中各分子轨道按能量由低到高排列,可得分子轨道能级图。第二周期元素形成的同核双原子分子的能级顺序有两种情况(图 8-12)。O 和 F 两原子的 2s 和 2p 之间能级差较大(大于 15eV),因此不考虑 2s 和 2p 之间的重叠,只考虑 s—s,p—p 组合,分子轨道能级顺序如图 8-12(a)所示。B、C、N 等元素 2s 和 2p 之间能级差较小(大约 10 eV),除了 s—s,p—p 组合外,还应考虑 s—p 之间的相互作用,使得 σ_{2p_x} 能级高于 π_{2p_y} 和 π_{2p_z},如图 8-12(b)所示。

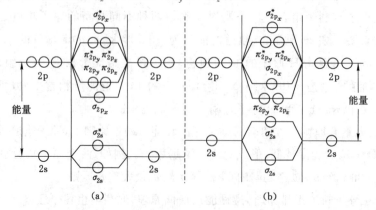

图 8-12 同核双原子分子的分子轨道能级图

8.2.3.4　键级

在分子中,成键电子越多,体系的能量越低,分子就越稳定。如果反键电子多,体系的能量高,不利于分子的稳定存在。分子轨道理论把分子中成键电子数和反键电子数之差的一半定义为分子的键级,即

键级＝1/2(成键轨道电子数－反键轨道电子数)

键级大于零,说明成键轨道上电子数多于反键轨道上电子数,系统能量降低,分子能稳定存在,且键级越大,键越牢固,分子越稳定。键级等于零,说明成键和反键轨道上的电子数相等,系统能量没有降低,不能有效成键。

8.2.3.5　分子轨道理论的应用

分子轨道理论可解释一些分子的形成,比较分子稳定性的相对大小,判断分子是否有磁性,推测一些双原子分子或离子能否存在。

(1) 比较 N_2 分子和 O_2 分子的稳定性,判断分子是否具有磁性。

氮原子的电子构型为 $1s^2 2s^2 2p^3$,形成 N_2 分子共有 14 个电子,分子轨道式为

$$(\sigma_{1s})^2 (\sigma_{1s}^*)^2 (\sigma_{2s})^2 (\sigma_{2s}^*)^2 (\pi_{2p_y})^2 (\pi_{2p_z})^2 (\sigma_{2p_x})^2$$

注意,N_2 之前的双原子分子或离子的分子轨道式都按此顺序书写。

可见,N_2 中有 10 个成键电子和 4 个反键电子,键级为 3,稳定性非常高。由于 N_2 分子中没有单电子存在,所以为反磁性物质。

氧原子的电子构型为 $1s^2 2s^2 2p^4$,形成 O_2 分子共有 16 个电子,分子轨道式为

$$(\sigma_{1s})^2 (\sigma_{1s}^*)^2 (\sigma_{2s})^2 (\sigma_{2s}^*)^2 (\sigma_{2p_x})^2 (\pi_{2p_y})^2 (\pi_{2p_z})^2 (\pi_{2p_y}^*)^1 (\pi_{2p_z}^*)^1$$

注意,O_2 之后的双原子分子或离子的分子轨道式都按此顺序书写。

由此可见,O_2 中有 10 个成键电子和 6 个反键电子,键级为 2,由于 O_2 分子中有两个单电子存在,所以为顺磁性物质。

比较 N_2 分子和 O_2 分子的键级可知 N_2 比 O_2 稳定。

(2) 判断 H_2、H_2^+、He_2 和 He_2^+ 能否存在。

两个氢原子的 1s 轨道线性组合,组成一个成键分子轨道 σ_{1s} 和一个反键分子轨道 σ_{1s}^*,两个电子填入能量最低的 σ_{1s},H_2 分子轨道式为 $(\sigma_{1s})^2$,键级为 1,能够稳定存在。同理 H_2^+、He_2 和 He_2^+ 的分子轨道式分别为 $(\sigma_{1s})^1$、$(\sigma_{1s})^2 (\sigma_{1s}^*)^2$ 和 $(\sigma_{1s})^2 (\sigma_{1s}^*)^1$,键级分别为 1/2、0 和 1/2,所以 H_2^+ 和 He_2^+ 可以存在,但不稳定,而 He_2 分子不存在。

8.3　分子间作用力和氢键

物质内部存在的作用力,除化学键这种原子(或离子)间强烈的相互作用以外,分子之间也存在相互作用力。早在 1873 年荷兰物理学家范德华(van der waals)第一个提出分子间存在着一种较弱的相互作用力,所以分子间作用力(intermolecular force)又称范德华力 van der waals force)。相对于化学键来说,分子间作用力相当微弱,一般在几到几十千焦每摩尔,而通常化学键的键能为 $100\sim800$ kJ $\cdot$ mol^{-1}。在一部分含氢化合物中,还有一种特

殊的分子间作用力,叫作氢键(hydrogen bond)。分子间这种微弱的作用力对物质的熔点、沸点、溶解度、颜色和稳定性等有较大的影响。1930 年伦敦(London)应用量子力学原理阐明了分子间作用力的本质是一种电性引力。为了说明这种引力的由来,我们先介绍有关极性分子和非极性分子的概念。

8.3.1 分子的极性

任何分子中都有带正电荷的原子核和带负电荷的电子,由于正、负电荷数量相等,整个分子是电中性的。但对于每一种电荷都可以设想其电荷中心集中于一点,这点叫电荷重心。正、负电荷重心重合的分子叫非极性分子,否则称为极性分子。极性分子中存在永久偶极。

对于双原子分子,键的极性和分子的极性一致。例如 H_2、N_2、O_2、F_2 等分子都是由非极性共价键结合而成,故为非极性分子;而 HF、HCl、HBr、HI 等分子由极性共价键结合,正、负电荷重心不重合,故为极性分子。

对于多原子分子,情况较为复杂。分子是否有极性,一方面要考虑分子中键的极性大小,另一方面要考虑分子的空间结构。一般情况下,当分子中各键的极性相同,若分子结构对称,则正、负电荷重心重合,为非极性分子,如 CO_2、CH_4、CCl_4 等。而对于另一些分子,由于正、负电荷重心不重合,键的极性不能互相抵消,因此分子有极性,如 H_2O、NH_3、反式丁二烯等。

分子极性的大小常用偶极矩 μ 来衡量,偶极矩大小与正负电荷重心之间的距离 d 以及正负电荷重心的电荷量 q 有关。

$$\mu = q \cdot d$$

$\mu = 0$ 的分子是非极性分子,μ 越大,分子极性越大。表 8-2 列出了常见分子的偶极矩和几何构型,可以根据偶极矩数值的大小比较分子极性的相对强弱。

表 8-2　　　　　　　　　常见分子的偶极矩和分子的几何构型

分子	$\mu /(10^{-30} C \cdot m)$	几何构型	分子	$\mu /(10^{-30} C \cdot m)$	几何构型
H_2	0.0	直线型	HF	6.4	直线型
N_2	0.0	直线型	HCl	3.61	直线型
CO_2	0.0	直线型	HBr	2.63	直线型
CS_2	0.0	直线型	HI	1.27	直线型
BF_3	0.0	平面三角形	H_2O	6.23	V 型
CH_4	0.0	正四面体	H_2S	3.67	V 型
CCl_4	0.0	正四面体	SO_2	5.33	V 型
CO	0.33	直线型	NH_3	5.00	三角锥型
NO	0.54	直线型	PH_3	1.83	三角锥型

8.3.2　分子间作用力

分子的极性不同,分子间的作用力也不同。就作用力的性质来看,范德华力包括取向力、诱导力和色散力。

（1）取向力

取向力(orientation force)又称定向力,当两个极性分子相互接近时,同极相斥,异极相吸,使分子发生相对的转动,极性分子按一定方向排列,并由静电引力互相吸引,如图 8-13 所示。当分子之间接近到一定距离后,排斥和吸引达到相对平衡,从而使系统能量达到最小值。取向力的本质是静电引力,分子极性越大,取向力越大。温度升高,取向力迅速减小。

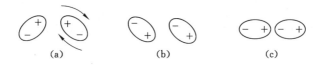

图 8-13　极性分子间的相互作用

（2）诱导力

极性分子和非极性分子之间以及极性分子之间都存在诱导力(induced force)。当极性分子和非极性分子充分接近时,在极性分子固有偶极的诱导下,邻近的非极性分子产生诱导偶极,于是诱导偶极与固有偶极之间产生静电引力,见图 8-14。极性分子与非极性分子之间的这种相互作用称为诱导力。同时诱导偶极又可以作用于极性分子,使其固有偶极的长度增加,从而进一步加强它们之间的吸引力。当极性分子与极性分子相互接近时,除取向力外,在彼此偶极的相互作用下,每个分子也会发生变形而产生诱导偶极,因此极性分子之间也存在诱导力。诱导力的本质也是静电引力,极性分子的极性越大,非极性分子的变形性越大,诱导力越大,诱导力与温度无关。

图 8-14　极性分子与非极性分子间的相互作用　　　　图 8-15　非极性分子间的相互作用

（3）色散力

任何一个分子,由于电子的运动和原子核的振动会产生瞬间偶极,这种瞬间偶极也会诱导邻近分子产生瞬间偶极,于是两个分子靠瞬间偶极相互吸引,如图 8-15 所示。这种瞬间偶极产生的作用力称为色散力 (dispersion force)。色散力与分子的变形性有关,变形性越大,色散力越强。由于各种分子均有瞬间偶极,所以色散力普遍存在于各类分子之间,但对非极性分子来说是唯一的分子间作用力。

综上所述,分子间作用力是一种永远存在于分子间的作用力。一般情况下,在这三种作用力中色散力是主要的,只有当分子极性很大时(如 H_2O),才以取向力为主。分子间作用力是一种近程力,随着分子间距离的增大而迅速减小,作用范围只有几个皮米。与共价键不同,分子间作用力没有方向性和饱和性,其强度比化学键小1～2个数量级。

8.3.3 氢键

（1）氢键的形成

当氢原子与电负性很大的原子 X 以共价键结合后,成键电子云强烈偏向 X,导致氢原子几乎成为裸露的质子,它可以和另一个电负性大且含有孤对电子的原子 Y 产生静电吸引作用,这种引力称为氢键。氢键的组成可用 X—H⋯Y 通式表示,式中 X、Y 可以相同或不同,代表 F、O、N 等电负性大而半径小的原子。H⋯Y 之间的键为氢键,其键能一般在 42 kJ·mol^{-1}以下,比化学键的键能小得多,比分子间作用力稍强。

例如,液体 H_2O 分子中 H 原子可以和另一个 H_2O 分子中 O 原子互相吸引形成氢键,同样 HF 之间、NH_3 之间以及 NH_3 和 H_2O 之间都存在氢键,如图 8-16 所示。

（2）氢键的特征

氢键不同于分子间作用力,具有饱和性和方向性。大多数情况下,一个连接在 X 原子上的 H 原子只能和一个电负性大的 Y 原子形成氢键,且尽可能使 X、H、Y 在同一直线（图8-16）。这样可使 X 和 Y 的距离最远,两原子电子云之间的斥力最小,形成稳定的氢键。氢键的强弱和元素的电负性有关,电负性越大,原子半径越小,形成的氢键越强。常见氢键强弱的次序为：

$$F—H⋯F>O—H⋯O>O—H⋯N>N—H⋯N$$

（3）氢键的种类

除分子间氢键外,某些化合物的分子还可以形成分子内氢键,如硝酸分子、苯酚的邻位上有—OH、—NO_2、—COOH、—CHO、—$CONH_2$ 等取代基时都可以形成分子内氢键,如邻硝基苯酚[图 8-17(a)]。一般要求氢原子与邻位基团电负性大的元素相隔 4～5 个化学键,这样形成氢键后,便于形成五元环或六元环的稳定形式,如硝酸为四元环[图 8-17(b)]。

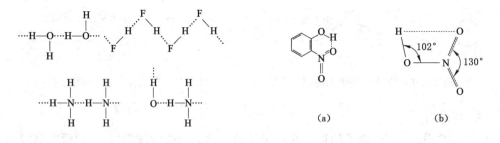

图 8-16　常见的分子间氢键　　　　图 8-17　分子内氢键

8.3.4 分子间作用力和氢键对物质性质的影响

（1）对熔点、沸点的影响

一般来说,液态分子分子间作用力越大,汽化热越大,沸点越高;固态物质分子间作用力越大,熔化热越大,熔点越高。由于分子间作用力一般都是以色散力为主,而色散力又与分子量有关,分子量越大色散力越大,故稀有气体、卤素等沸点和熔点随分子量的增大而升高。

当分子间有氢键存在时,物质熔化或汽化除了要克服分子间作用力外,还需要一部分能量来破坏分子间的氢键,所以这些物质的熔点、沸点比同系列氢化物高。如 NH_3、H_2O 和 HF 的沸点与同系列氢化物相比显著升高。当分子内存在氢键时,分子间结合力降低,一般会使化合物的熔、沸点降低。如邻硝基苯酚因形成分子内氢键,沸点为 318 K,而间位和对位硝基苯酚沸点分别为 369 K 和 387 K。

(2) 对溶解度的影响

溶解过程是物质分子互相分散的过程,其所能达到的分散程度显然与分子间作用力有关。通常所说的"相似相溶"经验规律可用分子间作用力进行解释。因为溶解过程实现时体系的吉布斯自由能降低,根据吉布斯-亥姆霍兹方程 $\Delta G = \Delta H - T\Delta S$,当溶质和溶剂的分子相互混合时,混乱度增加,即 ΔS 为正值,T 同为正值,只要 $|\Delta H|$ 不太大,则其 $\Delta G < 0$,即能溶解。所谓溶质和溶剂"相似",主要是指它们两者内部分子间的相互作用力相似,也就是说溶质和溶剂(如苯与甲苯)混合后分子间的相互作用能与它们各自单独存在时的分子间作用能相差不多,因此 $|\Delta H|$ 值就不大,所以易于互溶。

如果溶质分子和溶剂分子间能形成氢键,将有利于溶质分子的溶解。例如乙醇和氯仿均为有机化合物,前者能溶于水,而后者不溶,主要是乙醇分子中羟基(—OH)和水分子形成氢键,即 CH_3—CH_2—$OH\cdots OH_2$;而氯仿分子中不具备形成分子间氢键的条件。同样,NH_3 分子易溶于 H_2O 也是形成分子间氢键的结果。若分子内形成氢键,会使物质在极性溶剂中的溶解度下降,如邻硝基苯酚在水中的溶解度小于间位和对位硝基苯酚。

(3) 对硬度的影响

分子间作用力对分子型物质的硬度也有一定影响。极性小的聚乙烯、聚异丁烯等物质,由于分子间作用力较小,因而硬度不大;而含有极性基团的有机玻璃等物质,分子间作用力较大,硬度也较大。另外,分子晶体中若存在氢键,则其硬度增大。如冰的硬度比一般分子晶体大,因为冰中有氢键存在。

本 章 小 结

1. 重要的基本概念

化学键、离子键、共价键、键能、键长、键角、键的极性、极性分子和偶极矩、分子间作用力和氢键。

2. 化学键

(1) 离子键是正负离子间通过静电引力形成的化学键。离子键的特点为无方向性和饱和性,离子的特征包括离子电荷、离子半径和离子的电子构型。

(2) 共价键

① 价键理论(VB法)认为共价键的形成是由于相邻两原子之间自旋相反的未成对电子

相互配对成键。成键时,原子轨道要符合对称性匹配,且实现最大程度的重叠,所以共价键具有饱和性和方向性。

根据原子轨道的重叠方式不同分为 σ 键和 π 键。表明共价键性质的主要键参数为键能、键长、键角和键的极性。

② 杂化轨道理论认为成键时同一原子中能量相近的原子轨道发生杂化以增强成键能力。杂化类型主要包括 sp、sp^2、sp^3 等性杂化和 sp^3 不等性杂化,典型的分子空间构型分别为直线形(如 $BeCl_2$)、平面三角形(如 BF_3)、四面体形(如 CH_4)和三角锥形(如 NH_3)或角形(如 H_2O)。

③ 分子轨道理论认为电子在整个分子范围内运动,分子轨道是由原子轨道线性组合而成。参与组成分子轨道的原子轨道,必须满足对称性匹配、能量相近和轨道最大重叠三个原则。电子在分子轨道上排布时,遵循能量最低原理、泡利不相容原理和洪德规则。分子轨道理论能解释分子稳定性的相对大小,判断分子是否有磁性,推测一些双原子分子或离子能否存在。

3. 分子间作用力和氢键

分子间作用力包括取向力(极性分子之间)、诱导力(极性分子之间、极性与非极性分子之间)和色散力(一切分子之间)。氢键只存在于氢原子与电负性大而半径小的 F、O、N 原子之间。氢键具有方向性和饱和性。

4. 分子间作用力和氢键对物质性质的影响:包括对熔沸点、溶解度、硬度和黏度等性质的影响。

【知识延伸】

超分子化学

超分子化学(Supermolecule chemistry)是 20 世纪 80 年代末兴起的一门新兴边缘学科,它迅速地与有机化学、生物化学和新型材料科学结合起来,为生命科学的研究和新技术、新材料的开发开拓了一个崭新的领域。超分子是指几个组分(一个受体及一个或多个底物)在分子识别原理的基础上,按照内装的构造方案通过分子间缔合而形成的含义明确、分立的寡聚分子物质。它已经打破了传统分子中共价键的概念,这里分子间缔合作用力可以是配位键、静电引力、氢键、分子间作用力等,而且分子间的多种作用力具有协同作用。通过协同作用,分子间克服弱相互作用的不足,形成超分子时,分子的结合具有一定的方向性和选择性,且分子间的作用力强度不亚于化学键。超分子体系在生命现象中尤为普遍,众多生物过程如底物与受体蛋白的结合,酶反应,多蛋白复合物的组装,基因密码的存储、读出和转录都和超分子体系奇妙的结合方式密切相关。

分子化学是基于原子间的共价键,而超分子化学则是基于分子间的相互作用。其研究目标主要集中在以下几个方面:分子间相互作用的专一性与协同性(即分子的识别);通过分子识别形成不同结构层次组装体的组装过程及组装方法;超分子体系中结构与功能的关系等。

1. 超分子体系的识别功能

分子与位点识别是超分子体系的基础,识别是指给定受体与作用物选择性结合并产生某些特定功能的过程。发生在分子间的识别过程为分子识别,发生在实体局部间的识别过程为位点识别,识别过程需要作用物与受体间空间匹配、力场互补,实质上是超分子信息的处理过程。分子识别是类似"锁和钥匙"的分子间专一性结合,可以理解为底物与给定受体间选择性键合,是形成超分子结构的基础。

2. 超分子体系的自组装功能

组装过程及组装体的研究是超分子化学的核心问题。通过分子组装形成超分子功能体系,是超分子化学的目标之一。分子识别是分子组装的基础。目前分子组装是通过模板效应、自组装、自组织来实现的。超分子化学中"组装"的重要性就如同分子化学中的"合成"一样。自组装是指两个以上分子或纳米颗粒等结构单元按特定的指令在平衡条件下,靠非共价作用自发地形成热力学上稳定的、结构上确定的、性能上特殊的一维、二维甚至三维有序的空间结构的过程。该过程是自发的,不需要借助于外力。冠醚就是人工合成的第一代主体超分子化合物,冠醚的主要用途是与金属离子或中性分子的配位选择性。当金属离子的大小与冠醚的尺寸匹配时,就显示出较强的离子键合能力。

3. 超分子体系的催化功能

超分子催化可由反应的阳离子或阴离子受体分子实现,还可通过作用物与辅助因子的结合产生共催化,实现合成反应。超分子体系对光化学反应的催化作用、酶催化和模拟酶催化均是利用了超分子体系的分子识别作用达到了高选择性、温和条件下的催化目的。基于生物体抵御外来抗原,形成与之识别的抗体,产生了抗体催化研究。抗体催化具有酶催化的一些特性,专一性选择识别反应物、过渡态和反应,实现反应的低活化能、高选择性,实现一些普通催化化学难以实现的反应。其中关键是选择合成合适的半抗原,以便诱导筛选出特定要求的催化抗体。目前抗体催化已应用于酰基转移、β-消去、C—C 键形成及断裂、水解、过氧化及氧化还原等反应中。

4. 超分子体系信息传递功能

超分子体系受外界的刺激产生性能和结构的变化,继而将刺激信号转变成分子信息并在体系中传输。这种传输的本质是电子转移、能量转移、物质传输、化学转换。超分子体系的不均一性决定了信息传导过程的多通道与多种方式,包括跨膜传导道的传输、特征振荡与特征频率等。信息传输与能量补偿相互匹配,保证信息传输稳定与有序的进行。

总之,超分子化学是化学的一个崭新的分支学科,它与物理学、信息学、材料科学和生命科学等紧密相关。对超分子体系的深入研究,实际上已超出了化学范畴,形成了超分子科学。可以预见,作为超分子化学起源的主客体化学将与有机合成化学、配位化学和生物化学互相促进,为生命科学、材料科学、能源科学、环境科学等共同发展作出巨大贡献。

(摘自 http://www.xzbu.com/2/view-4640865.htm,有删减)

习　题

一、选择题(将正确答案的序号填入括号内)

1. 在 C_2H_2 分子中碳原子间的共价键是(　　　)。

　　A. 1个 σ 键、2个 π 键　　　　　　　　B. 1个 π 键、2个 σ 键

　　C. 3个都是 σ 键　　　　　　　　　　　D. 3个皆为 π 键

2. 下列化学键中极性最强的是哪个?(　　　)

　　A. F—H　　　　　B. C—H　　　　　C. O—H　　　　　D. N—H

3. 下列物质中属于极性共价化合物的是(　　　)。

　　A. KCl　　　　　B. HCl　　　　　C. CCl_4　　　　　D. CH_4

4. 下列分子(离子)中,不具有孤电子对的是(　　　)。

　　A. H_2O　　　　　B. NH_3　　　　　C. OH^-　　　　　D. NH_4^+

5. 下列物质中,分子空间构型是正四面体的为(　　　)。

　　A. CCl_4　　　　　B. BF_3　　　　　C. NH_3　　　　　D. CO_2

6. 属于不等性 sp^3 杂化的分子是(　　　)。

　　A. CH_4　　　　　B. NH_3　　　　　C. BF_3　　　　　D. $CH_3—CH_3$

7. 下列分子的中心原子采用 sp^2 杂化轨道成键的是(　　　)。

　　A. H_2O　　　　　B. CCl_4　　　　　C. NH_3　　　　　D. BF_3

8. 下列物质分子中有 sp 杂化轨道的是(　　　)。

　　A. H_2O　　　　　B. NH_3　　　　　C. CO_2　　　　　D. BH_3

9. 下列分子中,与 NH_4^+ 离子杂化类型相同的是(　　　)。

　　A. NH_3　　　　　B. SiF_4　　　　　C. CO_2　　　　　D. H_2O

10. 第二周期的双原子分子或离子中,两个原子能级相近的 p 轨道可以组成的成键分子轨道数目是(　　　)。

　　　　A. 2个　　　　　B. 3个　　　　　C. 4个　　　　　D. 6个

11. 下列分子属于极性分子的是(　　　)。

　　A. BF_3　　　　　B. NH_3　　　　　C. CO_2　　　　　D. CH_4

12. 下列各组不同的分子之间能形成氢键的是(　　　)。

　　A. $NH_3—H_2O$　　　B. $CH_4—H_2O$　　　C. $HBr—HCl$　　　D. $HF—H_2S$

13. 下列各物质的分子间只存在色散力的是(　　　)。

　　A. CO_2　　　　　B. H_2S　　　　　C. CH_3OH　　　　　D. CH_3OCH_3

14. 下面说法正确的是(　　　)。

　　A. C—C 键能是 C $=$ C 键能的一半

　　B. H_2 的键能等于 H_2 的离解能

　　C. 根据基态原子的电子构型,可知有多少未成对的电子,就能形成多少个共价键

  D. $CH_3CH_2OCH_2CH_3$ 分子是非极性分子

 15. 下列哪个分子的沸点最低?(　　　)

  A. HF   B. HCl   C. HBr   D. HI

 16. 下列分子中偶极矩不为零的是(　　　)。

  A. $BeCl_2$ B. SO_2 C. CO_2 D. CH_4

 17. H_2O 在同族氢化物中具有最高熔点和沸点,原因是(　　　)。

  A. 分子间力最大 B. 共价键能大 C. 氢键   D. 分子量小

 18. 下列物质分子间氢键最强的是(　　　)。

  A. NH_3 B. HF   C. HCl   D. H_3BO_3

 19. 在苯和水分子间存在着(　　　)。

  A. 色散力和取向力   B. 取向力和诱导力

  C. 色散力和诱导力   D. 色散力、取向力和诱导力

 20. 下列物质中具有分子内氢键的是(　　　)。

  A. H_3BO_3 B. HNO_3 C. HCl   D. HBr

二、填空题(将正确答案填在横线上)

 1. σ 键是原子轨道以_____方式重叠;而 π 键是原子轨道以_____方式重叠。其中键能较大的是_____键。

 2. 在 N_2 中有 σ 键_____个, π 键_____个。

 3. sp^3 等性杂化轨道中,所含 s 和 p 成分,完全_____,在不等性杂化中,各杂化轨道所含 s 和 p 成分_____;造成不等性杂化的原因是_____。

 4. sp、sp^2、sp^3 杂化轨道的空间构型分别为_____、_____、_____。CH_4 分子中键角为_____。

 5. CCl_4 和 NH_3 的中心原子杂化轨道类型分别是_____和_____,其分子空间构型分别是_____和_____。

 6. NH_3、CCl_4、H_2O 分子中键角大小次序是_____,这是因为_____缘故。

 7. 下列分子 HCl、HBr、HI、HF 中键能大小顺序是_____。

 8. 范德华力包括_____,_____,_____三种,其中_____力存在一切分子中间。

 9. 各组分子间存在何种形式的作用力,在表 8-3 中填写有、无。

表 8-3

分子间作用力	取向力	诱导力	色散力	氢键
苯和 CCl_4				
NH_3 和 H_2O				
I_2 和 H_2O				
Ne				

10. 氢键可分为_____和_____两种。

11. NH_3 在水中的溶解度很大,这是因为_____。

12. N_2 和 O_2 的键级分别为_____和_____。

13. O_2^+ 的分子轨道排布式是_____,其中有_____个未成对电子,键级为_____。

三、判断题（对的填"√",错的填"×"）

1. 离子键没有方向性和饱和性。（　　）

2. 原子核外有几个未成对电子,就能形成几个共价键。（　　）

3. 对多原子分子来说,其键的键能就等于它的离解能。（　　）

4. s 轨道和 p 轨道成键时,只能形成 σ 键。（　　）

5. sp^2 杂化轨道是由某个原子的 1s 轨道和 2p 轨道混合形成的。（　　）

6. 在 CCl_4、$CHCl_3$ 和 CH_2Cl_2 分子中,碳原子都采用 sp^3 杂化,因此这些分子都呈正四面体构型。（　　）

7. $\mu=0$ 的分子,其化学键一定是非极性键。（　　）

8. 由极性键组成的分子不一定是极性分子,由非极性键组成的分子一定是非极性分子。（　　）

四、综合题

1. 比较并简单解释 BBr_3 与 PH_3 分子的空间构型。

2. 根据键的极性和分子的几何构型,判断下列分子哪些是极性分子? 哪些是非极性分子?

Br_2　　HF　　H_2S（V 形）　　BBr_3（正三角形）　　CS_2（直线形）CH_2Cl_2（四面体）CCl_4（正四面体）　　$BeCl_2$（直线形）　　NCl_3（三角锥形）

3. 下列各物质中哪些可溶于水? 哪些难溶于水? 试根据分子的结构,简单说明之。

(1) 甲醇（CH_3OH）

(2) 丙酮（CH_3COCH_3）

(3) 氯仿（$CHCl_3$）

(4) 乙醚（$CH_3CH_2OCH_2CH_3$）

(5) 甲醛（$HCHO$）

(6) 甲烷（CH_4）

4. 乙醇和二甲醚（CH_3OCH_3）的组成相同,但前者的沸点为 78.5 ℃,而后者的沸点为 −23 ℃,为什么?

5. 分子轨道理论的基本要点是什么? 用分子轨道理论解释说明:

(1) 氧分子为什么具有顺磁性?

(2) N_2^+ 和 N_2 的稳定性如何?

第 9 章　配位化合物

　　配位化合物简称配合物或络合物,是组成复杂的一类化合物。它广泛存在于自然界。例如在水溶液中,大多数金属离子与水分子形成复杂的配离子,生物体内金属也多以配位的形式存在。配合物的研究始于 1789 年法国化学家塔赦特关于 $CoCl_3 \cdot 6NH_3$ 的发现,之后 1893 年瑞士化学家维尔纳提出配位理论学说,奠定了配位化学的基础。如今配合物化学已经从无机化学的分支发展成为一门独立的学科——配位化学,其研究领域已渗透到有机化学、结构化学、分析化学、催化动力学、生命科学等前沿学科,使配合物的应用更趋广泛,特别是在生物和医学方面有其特殊的重要性。本章简要介绍有关配合物的基础知识。

9.1　配合物的组成与命名

9.1.1　配合物的组成

9.1.1.1　配位化合物的定义

　　$CuSO_4$ 和 NH_3 是由离子键和共价键形成的简单化合物。如果在蓝色的 $CuSO_4$ 溶液中加入过量的氨水,溶液就变成了深蓝色,再加入酒精,就有深蓝色的晶体析出。分析结果表明,该晶体是 $CuSO_4$ 和 NH_3 形成的复杂化合物 $[Cu(NH_3)_4]SO_4$。它在溶液中全部解离成复杂的离子 $[Cu(NH_3)_4]^{2+}$ 和 SO_4^{2-}。

$$[Cu(NH_3)_4]SO_4 \rightleftharpoons [Cu(NH_3)_4]^{2+} + SO_4^{2-}$$

　　溶液中 $[Cu(NH_3)_4]^{2+}$ 是大量的,它像弱电解质一样难电离。若向此溶液中滴加 $NaOH$ 溶液,没有蓝色的 $Cu(OH)_2$ 沉淀析出;若滴加 Na_2S 溶液,有黑色的 CuS 沉淀析出,这说明溶液中有 Cu^{2+},但浓度很低。结构理论认为,在氨分子中,氮原子的 2p 轨道上有一对孤对电子,Cu^{2+} 的外层具有能接受孤对电子的空轨道,氨分子上的孤对电子进入 Cu^{2+} 离子的空轨道,与之共用,二者牢固结合。像这种由一个原子单方面提供一对电子与另一个有空轨道的原子(或离子)共用而形成的共价键,称之为配位共价键,简称配位键。在配位键中,提供电子对的原子称为电子对的给予体;接受电子对的原子称为电子对的受体。配位键通常用"→"表示,箭头指向电子对的受体。例如:

$$Cu^{2+} + 4NH_3 \rightleftharpoons [Cu(NH_3)_4]^{2+}$$

　　这些由一个简单离子(或原子)与一定数目的阴离子或中性分子以配位键结合而成的

具有一定特性的复杂离子或化合物称为配位单元。带电荷的称为配位离子,根据配位离子所带电荷的不同,可分为配阳离子和配阴离子,如$[Cu(NH_3)_4]^{2+}$、$[Fe(CN)_6]^{4-}$;不带电荷的配位单元称为配位分子,如$[Fe(CO)_5]$。含有配位单元的复杂化合物称为配位化合物,通常以酸、碱、盐形式存在,也可以电中性的配位分子形式存在,如$[Cu(NH_3)_4]SO_4$、$K_4[Fe(CN)_6]$、$[Pt(NH_3)_2Cl_2]$等。配合物和配离子的定义虽有所不同,但在使用上没有严格的区分,习惯上把配离子也称为配合物。

9.1.1.2　配合物的组成

配合物一般是由内界和外界组成。配位单元称为内界,又称内配位层(或配位个体),内界由配合物的形成体(中心原子或离子)和配位体构成,在水中难以解离,可像一个简单离子那样参加反应,书写时通常把它放在方括号内。与配离子带相反电荷的离子组成配合物的外界,写在方括号之外。配位分子没有外界。配离子和外界离子所带电荷相反,电量相等,故配合物是电中性的。配合物的内、外界之间以离子键相结合,在水中可几乎完全解离。例如:

$$K_2[Zn(OH)_4] = [Zn(OH)_4]^{2-} + 2K^+$$

内界是配合物的特征部分,因此,内界的组成、结构和性质是研究配合物的核心问题。

（1）配合物的形成体

在配合物内界中,接受孤对电子的阳离子或原子统称为中心离子(或原子)。中心离子(或原子)是配合物的核心部分,也称为配合物的形成体。形成体必须具有可以接受孤电子对的空轨道,一般是带正电荷的阳离子。常见的形成体多为副族的金属离子或原子,如$[Cu(NH_3)_4]^{2+}$的形成体为Cu^{2+},$[Fe(CO)_5]$的形成体为Fe。少数高氧化态的非金属元素也可以作为形成体,如$[BF_4]^-$中的$B(III)$和$[SiF_6]^{2-}$中的$Si(IV)$。

（2）配位体和配位原子

与形成体以配位键结合的阴离子或中性分子称为配位体,简称配体。如$[Cu(NH_3)_4SO_4$、$K_4[Fe(CN)_6]$和$[Fe(CO)_5]$中的NH_3、CN^-和CO都是配体。在配体中提供孤对电子与形成体形成配位键的原子称为配位原子,简称配原子,如NH_3中的N、CN^-中的C、CO中的C。配原子通常是电负性较大的非金属元素原子,如O、N、F、Cl、Br、I、S、P、C等。

根据一个配体中所含配位原子的数目,可将配体分为单齿(单基)配体和多齿(多基)配体。只含一个配位原子的配体称为单齿配体,比如:NH_3、H_2O、CN^-、SCN^-、Cl^-等;含有两个或两个以上配位原子的配体称为多齿配体,如:乙二胺$H_2N—CH_2—CH_2—NH_2$(简称en)是双基配体,乙二胺四乙酸根离子(简称EDTA)是六基配体。常见的配体和配位原子见表9-1。

（3）配位数

在配合物中,与形成体直接结合的配位原子总数称为形成体的配位数。常见的配位数为2、4、6。对于单齿配体,中心离子的配位数就等于配体的数目,如$[Co(NH_3)_6]Cl_3$中Co^{3+}的配位数即为NH_3分子的个数,故配位数为6;$[Pt(NO_2)_2(NH_3)_4]Cl_2$中形成体Pt^{4+}的配位数为6。而多齿配体,配位数等于配位体的数目乘以该配体的齿数。如$[Cu(en)_2](OH)_2$中配体en的个数是2,每个en中有两个配位原子,因此Cu^{2+}的配位数为4而不是2。

表 9-1　　　　　　　　　　　　常见的配体和配原子

配体种类	实例	配位原子	配体种类	实例	配位原子
含氮配体	NH_3，RNH_2，NO_2^-，NCS^-，C_5H_5N(吡啶)	N	双齿配体	$H_2NCH_2CH_2NH_2$(en)　　邻二氮菲(phen)　$C_2O_4^{2-}$(Ox)　NH_2CH_2COOH	N　N　N　O　N,O
含氧配体	H_2O，ROH，RCOOH，OH^-，ONO^-	O			
含碳配体	CO，CN^-	C			
卤素配体	F^-，Cl^-，Br^-，I^-	F,Cl,Br,I	三齿配体	二亚乙级三胺(dien)	N
含硫配体	H_2S，RSH，SCN^-	S	五齿配体	乙二胺三乙酸根离子	N,O
六齿配体	乙二胺四乙酸(EDTA)　18-冠-6(18C6)	N,O　O	八齿配体	穴醚[2.2.2]	N,O

一般形成体都具有特征的配位数,配位数取决于形成体和配位体本身的性质、形成时的条件以及它们之间的相互影响等。常见金属离子的配位数见表 9-2。

表 9-2　　　　　　　　　　　常见金属离子(M^{n+})的配位数

M^+	配位数(n)	M^{2+}	配位数(n)	M^{3+}	配位数(n)	M^{4+}	配位数(n)
Cu^+	2;4	Cu^{2+}	4;6	Fe^{3+}	6	Pt^{4+}	6
Ag^+	2	Zn^{2+}	4;6	Cr^{3+}	6		
Au^+	2;4	Cd^{2+}	4;6	Co^{3+}	6		
		Pt^{2+}	4	Sc^{3+}	6		
		Hg^{2+}	4	Au^{3+}	4		
		Ni^{2+}	4;6	Al^{3+}	4;6		
		Co^{2+}	4;6				

（4）配离子的电荷

内界不带电荷即为配位分子，或称中性配合物，也称非电解质配合物。例如，$[Fe(CO)_5]$。

内界带电荷即为配离子，配离子的电荷数等于形成体与配位体总电荷数的代数和。如 $[Fe(CN)_6]^{4-}$ 的电荷数是 $+2+6\times(-1)=-4$。若配位体全部是中性分子，则配离子的电荷数等于形成体的电荷数。如 $[Cu(NH_3)_4]^{2+}$ 的电荷数是 $+2+4\times0=+2$。由于配合物是电中性的，因此，外界离子的电荷总数和配离子的电荷总数相等，符号相反，所以配离子的电荷数也可以根据外界离子来确定。如 $K_3[Fe(CN)_6]$ 中，外界离子有 3 个 K^+ 离子，可知配离子 $[Fe(CN)_6]^{3-}$ 的电荷数为 -3 价，进而推知中心离子铁的电荷数为 $+3$。

9.1.2 配合物的表示与命名

9.1.2.1 配合物的表示

（1）内界

配合物的特征结构是内界，因此先将内界写在[ ]中，在[ ]中应先列出形成体的元素符号，再依次列出配体的化学式。

配体的顺序：无机配体在前，有机配体在后；在无机配体或有机配体中，先阴离子，后中性分子；说明：有时对某些配合物因习惯不按此规定写出，例如，二氯·二氨合铂（Ⅱ）写成 $[Pt(NH_3)_2Cl_2]$；对于同类配体，配位原子不相同时，按配位原子元素符号的英文字母顺序排列，例如 NH_3、H_2O 两种中性分子配体的配位原子分别为 N 原子和 O 原子，因而 NH_3 写在 H_2O 之前。

（2）配合物

含有配离子的配合物，其化学式中阳离子在前，阴离子在后。例如：$[Pt(NO_2)(NH_3)(NH_2OH)(Py)]Cl$。

9.1.2.2 配合物的命名

配合物的命名关键在于内界的命名，配离子的系统命名按下列原则进行。

① 先命名配体，后命名中心离子。

② 如果在同一配合物中的配体不止一种时，命名顺序与配体的书写一致。即先阴离子后中性分子；阴离子中，先简单离子后复杂离子、有机酸根离子；中性分子中，先氨后水再有机分子。不同配体之间用圆点"·"分开，最后一个配体名称之后加"合"字。

③ 同一配体的数目用倍数字头一、二、三、四等数字表示。

④ 中心离子的氧化态用带圆括号的罗马数字（Ⅰ、Ⅱ、Ⅲ、Ⅳ…）在中心离子之后表示出来。

配合物的命名与一般无机化合物的命名原则相同，即阴离子名称在前，阳离子名称在后，有"酸、碱、盐"之分。若为配阳离子化合物，则在外界阴离子和配离子之间用"化"或"酸"字连接，叫作某化某或某酸某；若外界阴离子为 OH^- 叫作某碱。若为配阴离子化合物，则在配离子和外界阳离子之间用"酸"字连接，叫作某酸某。若外界阳离子为氢离子，则在配阴离子之后缀以"酸"字，叫作某酸。

此外,某些常见的配合物,除按系统命名外,还有习惯名称或俗名。常见配合物命名的实例见表 9-3。

表 9-3　　一些配合物的化学式和系统命名

类　别	化学式	系统命名
配位酸	$H_2[PtCl_6]$ $H_2[SiF_6]$	六氯合铂（Ⅳ）酸 六氟合硅（Ⅳ）酸
配位碱	$[Ag(NH_3)_2]OH$ $[Cu(NH_3)_4](OH)_2$ $[Cu(en)_2](OH)_2$	氢氧化二氨合银（Ⅰ） 氢氧化四氨合铜（Ⅱ） 氢氧化二乙二胺合铜（Ⅱ）
配位盐	$[Cu(NH_3)_4]SO_4$ $K_3[Fe(CN)_6]$ $[Pt(NO_2)_2(NH_3)_4]Cl_2$ $[Co(NH_3)_5H_2O]Cl_3$ $[Ni(NH_3)_4Cl_2]Cl$ $[PtCl(NO_2)(NH_3)_4]CO_3$ $[Cu(NH_3)_4][PtCl_4]$ $Na_3[Co(NCS)_3(SCN)_3]$	硫酸四氨合铜（Ⅱ） 六氰合铁（Ⅲ）酸钾 二氯化二硝基·四氨合铂（Ⅳ） 三氯化五氨·一水合钴（Ⅲ） 氯化四氨·二氯合镍（Ⅲ） 碳酸一氯·一硝基·四氨合铂（Ⅳ） 四氯合铂（Ⅱ）酸四氨合铜（Ⅱ） 三异硫氰根·三硫氰根合钴（Ⅲ）酸钠
中性分子	$Fe(CO)_5$ $Ni(CO)_4$ $[CoCl(OH)_2(NH_3)_3]$	五羰基合铁 四羰基合镍 一氯·二羟基·三氨合钴（Ⅲ）

9.1.3　螯合物

（1）基本概念

中心离子和多齿配体结合而成具有环状结构的配合物,如$[Cu(en)_2]^{2+}$中乙二胺（en）是双齿配体,乙二胺中的两个 N 原子与Cu^{2+}结合,好像螃蟹的双螯钳住形成体,见图 9-1,故称之为螯合物,亦称内配合物。含有多齿配体并能和形成体形成螯合物的配位剂称螯合剂,螯合剂多为含有 N、P、O、S 等配位原子的有机化合物,如乙二胺（en）、乙二胺四乙酸（或其二钠盐）（EDTA）、丁二酮肟（DMG）、邻二氮菲（phen）等。螯合剂中必须含有两个或两个以上配位原子,且处于适当位置,才易形成五元环或六元环,配位原子可相同也可不同。如Cu^{2+}与乙二胺形成的螯合物中有两个五元环,见图 9-1。

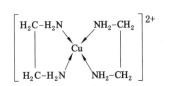

图 9-1　二乙二胺合铜（Ⅱ）离子

最为常用的螯合剂是 EDTA,因为它的螯合能力非常强,在溶液中,它能够和绝大多数金属离子形成螯合物,甚至能够和很难形成配合物的、半径较大的碱土金属离子(如 Ca^{2+})形成相当稳定的螯合物,见图 9-2。

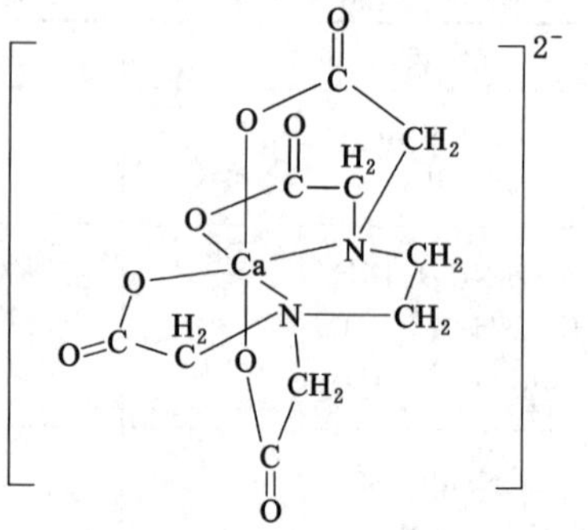

图 9-2   EDTA 与 Ca^{2+} 生成的螯合物的立体结构

(2) 螯合物的稳定性

螯合物具有环状结构,与简单配合物相比具有特殊的稳定性,即在水溶液中难以电离。比如 $[Cu(en)_2]^{2+}$ 要比 $[Cu(NH_3)_4]^{2+}$ 稳定得多,这是因为在 $[Cu(en)_2]^{2+}$ 中有 2 个五元环,而 $[Cu(NH_3)_4]^{2+}$ 中不存在环,这种由于螯环的形成而使螯合物稳定性增加的作用,称为螯合效应。为什么螯合配离子比非螯合配离子稳定呢? 由于螯合配离子中的配体有两个或两个以上的配位原子与同一个中心离子形成配位键,当中心离子与配体间有一个配位键被破坏时,剩下的其他配位键仍将中心离子与配体结合在一起,结果还有可能使已破坏的配位键重新形成。在 $[Cu(en)_2]^{2+}$ 中电离出一个乙二胺分子,需破坏两个配位键,而在 $[Cu(NH_3)_4]^{2+}$ 中,电离出一个氨分子,只需破坏一个配位键。

螯合物的稳定性还随其环的数目增加而增加。一般地说,一个二齿配体(如乙二胺)与金属离子配位时,可形成一个螯环;一个四齿配体(如氨三乙酸)则可形成三个螯环;而一个六齿配体(如 EDTA)则可形成五个螯环。要使螯合物完全电离为金属离子和配体,对于二齿配体所形成的螯合物,需要破坏两个键,对于三齿配体则需要破坏三个键。所以螯合物的环数越多则越稳定。

9.2   配位平衡

化学平衡的一般原理完全适用于配位平衡。在水溶液中,配离子是以比较稳定的结构单元存在的,但仍有少量的解离现象。例如,在 $CuSO_4$ 溶液中加入过量氨水,有深蓝色的 $[Cu(NH_3)_4]^{2+}$ 配离子生成:

$$Cu^{2+} + 4NH_3 \longrightarrow [Cu(NH_3)_4]^{2+}$$

生成配离子的过程称为配位反应。

在 $[Cu(NH_3)_4]^{2+}$ 溶液中加入 Na_2S 有黑色 $CuS\downarrow$,说明 $[Cu(NH_3)_4]^{2+}$ 能解离出 Cu^{2+}

与 NH_3。配离子解离成简单离子和配体的反应称为解离反应。

$$[Cu(NH_3)_4]^{2+} \longrightarrow Cu^{2+} + 4NH_3(解离反应)$$
$$+$$
$$S^{2-} \longrightarrow CuS \downarrow (沉淀反应)$$

当配位反应与其解离反应速度相等时,体系达到平衡状态,称为配位平衡。

9.2.1　配位平衡常数

（1）稳定常数

配位平衡是化学平衡的一种表现形式。通常把配离子的生成常数称为配离子的形成常数,又称为稳定常数,用 $K_f^{\ominus}$ 表示。例如：

$$Cu^{2+} + 4NH_3 \Longrightarrow [Cu(NH_3)_4]^{2+}$$

$$K_f^{\ominus} = \frac{[Cu(NH_3)_4^{2+}]}{[Cu^{2+}][NH_3]^4}$$

一般 $K_f^{\ominus}$ 越大,说明配离子在水溶液中越稳定。比较同类型配离子的稳定性时可以直接比较其 $K_f^{\ominus}$ 的大小。不同类型的配离子的稳定性,应通过计算说明。

（2）不稳定常数

配离子的稳定性也可用解离常数表示。配离子的解离常数称为配离子的不稳定常数,用 $K_d^{\ominus}$ 表示。$K_d^{\ominus}$ 越大,说明配离子的解离程度越大,在水溶液中越不稳定。例如：

$$[Cu(NH_3)_4]^{2+} \Longrightarrow Cu^{2+} + 4NH_3$$

$$K_d^{\ominus} = \frac{[Cu^{2+}][NH_3]^4}{[Cu(NH_3)_4^{2+}]}$$

值得说明的是,配离子的生成（或解离）都是逐级进行的,每一步生成反应都有一个稳定常数 $K_{fn}^{\ominus}$（或 $K_{dn}^{\ominus}$）,称逐级稳定常数（或不稳定常数）。例如：

$$Cu^{2+} + NH_3 \Longrightarrow [Cu(NH_3)]^{2+} \qquad K_{f1}^{\ominus} = \frac{[Cu(NH_3)^{2+}]}{[Cu^{2+}][NH_3]} = 10^{4.31} = \frac{1}{K_{d4}^{\ominus}}$$

$$[Cu(NH_3)]^{2+} + NH_3 \Longrightarrow [Cu(NH_3)_2]^{2+} \qquad K_{f2}^{\ominus} = \frac{[Cu(NH_3)_2^{2+}]}{[Cu(NH_3)^{2+}][NH_3]} = 10^{3.67} = \frac{1}{K_{d3}^{\ominus}}$$

$$[Cu(NH_3)_2]^{2+} + NH_3 \Longrightarrow [Cu(NH_3)_3]^{2+} \qquad K_{f3}^{\ominus} = \frac{[Cu(NH_3)_3^{2+}]}{[Cu(NH_3)_2^{2+}][NH_3]} = 10^{3.04} = \frac{1}{K_{d2}^{\ominus}}$$

$$[Cu(NH_3)_3]^{2+} + NH_3 \Longrightarrow [Cu(NH_3)_4]^{2+} \qquad K_{f4}^{\ominus} = \frac{[Cu(NH_3)_4^{2+}]}{[Cu(NH_3)_3^{2+}][NH_3]} = 10^{2.3} = \frac{1}{K_{d1}^{\ominus}}$$

显然,逐级形成常数与相应的逐级电离常数互为倒数。一般逐级形成常数随配位数的增加而减小。$[Cu(NH_3)_4]^{2+}$ 总的形成反应如下：

$$Cu^{2+} + 4NH_3 \Longrightarrow [Cu(NH_3)_4]^{2+}$$

根据多重平衡规则：

$$K_f^{\ominus} = \frac{[Cu(NH_3)_4^{2+}]}{[Cu^{2+}][NH_3]^4} = K_{f1}^{\ominus} K_{f2}^{\ominus} K_{f3}^{\ominus} K_{f4}^{\ominus} = 10^{13.32} = \frac{1}{K_d^{\ominus}}$$

由此可见,配离子的总形成常数 $K_f^{\ominus}$ 等于各级形成常数的乘积。形成常数 $K_f^{\ominus}$ 与不稳

定常数 $K_d^{\ominus}$ 互为倒数。

配离子的稳定性还可用累积稳定常数表示。将各逐级形成常数的乘积称为各级累积稳定常数，用 β_i 来表示。例如 $[Cu(NH_3)_4]^{2+}$ 各级累积形成常数 β_i 与各逐级形成常数 $K_{fi}^{\ominus}$ 及配离子的总形成常数 $K_f^{\ominus}$ 的关系如下：

$$\beta_1 = K_{f1}^{\ominus}$$

$$\beta_2 = K_{f1}^{\ominus}K_{f2}^{\ominus}$$

$$\beta_3 = K_{f1}^{\ominus}K_{f2}^{\ominus}K_{f3}^{\ominus}$$

$$\beta_4 = K_{f1}^{\ominus}K_{f2}^{\ominus}K_{f3}^{\ominus}K_{f4}^{\ominus} = K_f^{\ominus}$$

可见，最高级的累积稳定常数 β_i 等于配离子的总稳定常数 $K_f^{\ominus}$。

$K_f^{\ominus}$ 和 $K_d^{\ominus}$ 是配离子的特征常数。实际工作中，通常加入过量的配位剂，这时金属离子绝大部分处在最高配位状态。因此一般计算中按 $K_f^{\ominus}$ 或 $K_d^{\ominus}$ 计算就可以了。

【例 9-1】 在室温下，0.010 mol 的 $AgNO_3$ 固体溶于 1.0 L 0.030 mol·L^{-1} 的氨水中（设体积不变），计算该浓度溶液中游离的 Ag^+、NH_3、$[Ag(NH_3)_2]^+$ 的浓度各是多少？（$[Ag(NH_3)_2]^+$ 的 $K_f^{\ominus} = 1.12 \times 10^7$）

解：设平衡时 $[Ag(NH_3)_2]^+$ 解离产生的 Ag^+ 的浓度为 x mol·L^{-1}

$$Ag^+(aq) + 2NH_3(aq) \rightleftharpoons [Ag(NH_3)_2]^+(aq)$$

初始浓度/mol·L^{-1}	0	$0.030 - 2 \times 0.010$	0.010
变化浓度/mol·L^{-1}	x	$2x$	$-x$
平衡浓度/mol·L^{-1}	x	$0.010 + 2x$	$0.010 - x$

$$K_f^{\ominus} = \frac{[Ag(NH_3)_2]^+}{[Ag^+][NH_3]^2} = \frac{0.010 - x}{x(0.010 + 2x)^2}$$

因 $K_f^{\ominus}$ 较大，说明配离子稳定，电离得到的 Ag^+ 的浓度相对较小；又因过量配体抑制了配离子的解离，因此可近似处理，所以 $0.010 + 2x \approx 0.010$，$0.010 - x \approx 0.010$

$$1.12 \times 10^7 = \frac{0.010}{x(0.010)^2}$$

解得，平衡时 $[Ag^+] = x = 8.9 \times 10^{-6}$ mol·L^{-1}，$[NH_3] = [Ag(NH_3)_2]^+ \approx 0.010$ mol·L^{-1}。

9.2.2 影响配位平衡的因素

金属离子 M^{n+} 和配位体 L^- 生成配离子 $ML_x^{(n-x)+}$，在水溶液中存在如下平衡：

$$M^{n+} + xL^- \rightleftharpoons ML_x^{(n-x)+}$$

根据平衡移动原理，改变 M^{n+} 或 L^- 的浓度，会使上述平衡发生移动。若在上述溶液中加入某种试剂使 M^{n+} 生成难溶化合物，或者改变 M^{n+} 的氧化状态，都会使平衡向左移动。若改变溶液的酸度使 L^- 生成难电离的弱酸，也可使平衡向左移动。

配位平衡也是动态平衡。当外界条件改变时，配位平衡会发生移动。当体系中生成弱电解质或更稳定的配离子、发生沉淀反应及氧化还原反应时，配位平衡将发生移动，导致各组分浓度发生变化。因此，溶液 pH 的变化、沉淀剂的加入、另一配位剂或金属离子的加入、氧化剂或还原剂的存在等，都将影响配位平衡，此时该过程是涉及配位平衡与其他化学平衡的多重平衡。

（1）酸度对配位平衡的影响

在配位平衡中，当溶液的酸度改变时，常常有两类副反应发生。

一类是某些易水解的高价金属离子和 OH^- 反应生成一系列羟基配合物或氢氧化物沉淀，使金属离子浓度降低，导致配位平衡向配离子解离的方向移动，这种现象称金属离子的水解效应。溶液的 pH 值愈大，愈有利于水解的进行。例如：Fe^{3+} 在碱性介质中容易发生水解反应，生成 $Fe(OH)_3$ 沉淀。溶液的碱性愈强，水解愈彻底。

$$[FeF_6]^{3-} \Longrightarrow Fe^{3+} + 6F^-$$
$$+$$
$$3OH^- \Longrightarrow Fe(OH)_3$$

另一类副反应是在溶液酸度增大时，弱酸根配体（如 $C_2O_4^{2-}$、$S_2O_3^{2-}$、F^-、CO_3^{2-}、NO_2^- 等）或碱性配体（如 NH_3、OH^-、en 等）与 H^+ 发生相应反应，使配体浓度降低，配位平衡也向配离子解离的方向移动，这种现象称为配体的酸效应。如在含 $[Ag(NH_3)_2]^+$ 配离子的溶液中加入少量酸，平衡向 $[Ag(NH_3)_2]^+$ 解离的方向移动。

$$[Ag(NH_3)_2]^+ \Longrightarrow Ag^+ + 2NH_3$$
$$+$$
$$2H^+ \Longrightarrow 2NH_4^+$$

配位体的碱性愈强，溶液的 pH 值愈小，配离子愈易被破坏。因此，要形成稳定的配离子，常需控制适当的 pH 范围。

【例 9-2】　某溶液中，游离氨为 $0.1 \text{ mol} \cdot L^{-1}$，$NH_4Cl$ 为 $0.01 \text{ mol} \cdot L^{-1}$，$[Cu(NH_3)_4]^{2+}$ 为 $0.15 \text{ mol} \cdot L^{-1}$，问溶液中能否有 $Cu(OH)_2$ 沉淀析出？

$K_f^{\ominus}[Cu(NH_3)_4^{2+}] = 2.1 \times 10^{13}$，$K_{sp}(Cu(OH)_2) = 2.6 \times 10^{-19}$，$K^{\ominus}(NH_3 \cdot H_2O) = 1.76 \times 10^{-5}$

解：该溶液中 Cu^{2+} 来自 $[Cu(NH_3)_4^{2+}]$ 的解离，OH^- 来自 $NH_3 \cdot H_2O$ 的解离。

设平衡时 $[Cu^{2+}] = x \text{ mol} \cdot L^{-1}$，$[OH^-] = y \text{ mol} \cdot L^{-1}$，则：

①　　　　　　　　　$Cu^{2+} + 4NH_3 \Longrightarrow [Cu(NH_3)_4]^{2+}$

起始浓度/$\text{mol} \cdot L^{-1}$　　　　0　　　0.1　　　　0.15

平衡浓度/$\text{mol} \cdot L^{-1}$　　　　x　　$0.1+4x$　　　$0.15-x$

$$K_f^{\ominus}[Cu(NH_3)_4^{2+}] = \frac{[Cu(NH_3)_4^{2+}]}{[Cu^{2+}][NH_3]^4}$$

$$\frac{0.15-x}{x(0.1+4x)^4} = 2.1 \times 10^{13}$$

因 $K_f^{\ominus}$ 很大，且过量配体抑制配离子的解离，则 x 很小，所以 $0.15-x \approx 0.15$，$0.1+4x \approx 0.1$。

故

$$\frac{0.15}{x \times 0.1^4} = 2.1 \times 10^{13}$$

$$x = 7.1 \times 10^{-11} (\text{mol} \cdot L^{-1})$$

②
$$NH_3 \cdot H_2O \rightleftharpoons NH_4^+ + OH^-$$

起始浓度/mol·L^{-1} 0.1   0.01   0

平衡浓度/mol·L^{-1} 0.1$-y$ 0.01$+y$ y

$$K^{\ominus}(NH_3 \cdot H_2O) = \frac{[NH_4^+][OH^-]}{[NH_3H_2O]}$$

$$\frac{(0.01+y)y}{(0.1-y)} = 1.76 \times 10^{-5}$$

因 $K_i^{\ominus}$ 很小，故 y 很小，所以 $0.01+y \approx 0.01$，$0.1-y \approx 0.1$

故
$$\frac{0.01y}{0.1} = 1.76 \times 10^{-5}$$

$$y = 1.76 \times 10^{-4}(\text{mol} \cdot \text{L}^{-1})$$

③ 由①、②得：

$$Q_i = [Cu^{2+}][OH^-]^2$$
$$= 7.1 \times 10^{-11} \times (1.76 \times 10^{-4})^2 = 2.2 \times 10^{-18}$$

得
$$Q_i > K_{sp}(Cu(OH)_2) = 2.6 \times 10^{-19}$$

所以该溶液中有 $Cu(OH)_2$ 析出。

(2) 沉淀反应对配位平衡的影响

配位平衡和沉淀溶解平衡之间是可以互相转化的，转化反应的难易可用转化反应平衡常数的大小衡量。转化反应平衡常数与配离子的稳定常数以及沉淀的溶度积常数有关。例如，在 $[Cu(NH_3)_4]^{2+}$ 溶液中，加入 Na_2S，有黑色 CuS 沉淀生成。

$$[Cu(NH_3)_4]^{2+} + S^{2-} \rightleftharpoons CuS \downarrow + 4NH_3$$

转化反应平衡常数：

$$K^{\ominus} = \frac{[NH_3]^4}{[Cu(NH_3)_4^{2+}] \cdot [S^{2-}]} = \frac{[NH_3]^4}{[Cu(NH_3)_4^{2+}] \cdot [S^{2-}]} \cdot \frac{[Cu^{2+}]}{[Cu^{2+}]}$$
$$= \frac{1}{K_i^{\ominus} \cdot K_{sp}^{\ominus}} = \frac{1}{2.1 \times 10^{13} \times 6.3 \times 10^{-36}} = 7.6 \times 10^{21}$$

$K^{\ominus}$ 很大，说明上述转化反应向着生成沉淀（配离子解离）方向进行得比较完全；反之沉淀易于溶解而生成配离子。

【例 9-3】 计算 $AgBr$ 在 1.0 mol/L 氨溶液中的溶解度。

已知，$K_i^{\ominus}[Ag(NH_3)_2^+] = 1.1 \times 10^7$，$K_{sp}^{\ominus}(AgBr) = 5.35 \times 10^{-13}$。

解：
$$AgBr + 2NH_3 \rightleftharpoons [Ag(NH_3)_2]^+ + Br^-$$

转化反应平衡常数：

$$K^{\ominus} = \frac{[Ag(NH_3)_2^+][Br^-]}{[NH_3]^2} \times \frac{[Ag^+]}{[Ag^+]}$$
$$= K_i^{\ominus}[Ag(NH_3)_2^+]K_{sp}^{\ominus}(AgBr)$$
$$= 1.1 \times 10^7 \times 5.35 \times 10^{-13} = 5.9 \times 10^{-6}$$

设 $AgBr$ 在 1.0 mol/L 氨水中的溶解度为 x mol/L，

则平衡时 $[Ag(NH_3)_2^+] = x$ mol/L，$[Br^-] = x$ mol/L，$[NH_3] = (1.0-2x)$mol/L。

代入上式,得:

$$K^\ominus = \frac{x^2}{(1.0-2x)^2} = 5.9 \times 10^{-6}$$

因　　　　　　$K^\ominus$ 很小,则 $x \ll 1.0$,所以 $1.0-2x \approx 1.0$。

故　　　　　　　　　$x^2 = 5.9 \times 10^{-6}$

$$x = 2.4 \times 10^{-3} (\text{mol/L})$$

即 AgBr 在 1.0 mol/L 氨水中的溶解度为 2.4×10^{-3} mol/L。

(3) 氧化还原反应对配位平衡的影响

氧化还原反应对配位平衡的影响。在配位平衡的溶液中加入氧化剂或还原剂,使配离子中的形成体氧化数发生变化,从而使配位平衡发生移动。例如,在含配离子 $[Fe(SCN)_6]^{3-}$ 的溶液中,加入 $SnCl_2$,溶液的血红色消失。这是由于 Sn^{2+} 将溶液中 $[Fe(SCN)_6]^{3-}$ 解离少量的 Fe^{3+} 还原,降低了 Fe^{3+} 的浓度,使平衡向 $[Fe(SCN)_6]^{3-}$ 解离的方向移动所致。即:

$$[Fe(SCN)_6]^{3-} \Longleftrightarrow 6SCN^- + Fe^{3+}$$
$$+$$
$$Sn^{2+} \Longleftrightarrow Fe^{2+} + Sn^{4+}$$

平衡移动的总方程式:$2[Fe(SCN)_6]^{3-} + Sn^{2+} \Longleftrightarrow 12SCN^- + 2Fe^{2+} + Sn^{4+}$

配位反应也可影响氧化还原反应的方向。例如,由于 $\varphi^\ominus(Fe^{3+}/Fe^{2+}) > \varphi^\ominus(I_2/I^-)$,$Fe^{3+}$ 可以氧化 I^- 为 I_2,若在该反应中加入 F^-,生成稳定的 $[FeF_6]^{3-}$,减少了溶液中 Fe^{3+} 的浓度,即降低了 $\varphi(Fe^{3+}/Fe^{2+})$,使 Fe^{3+} 的氧化能力降低,平衡向生成 Fe^{3+} 的方向移动,即 I_2 反而可将 Fe^{2+} 氧化成 Fe^{3+}。

$$2Fe^{3+} + 2I^- \Longleftrightarrow 2Fe^{2+} + I_2$$
$$+$$
$$12F^- \Longleftrightarrow 2[FeF_6]^{3-}$$

平衡移动的总方程式:$2Fe^{2+} + I_2 + 12F^- \Longleftrightarrow 2[FeF_6]^{3-} + 2I^-$

【例 9-4】　① 计算 298 K 时,标准铜电极与标准氢电极组成的原电池的电动势;② 若在①铜电极中加入氨水,使 $c(NH_3) = c([Cu(NH_3)_4]^{2+}) = 1.0$ mol·L^{-1},此时原电池的电动势又为多少?

解:① 由 $\varphi^\ominus(Cu^{2+}/Cu) = 0.34$ V　$\varphi^\ominus(H^+/H_2) = 0$ V

知　标准铜电极为正极,标准氢电极为负极。

故　$E^\ominus = 0.34$ V $- 0$ V $= 0.34$ V

② 铜电极　　　　　$Cu^{2+} + 4NH_3 \Longleftrightarrow [Cu(NH_3)_4]^{2+}$

$$K_f^\ominus[Cu(NH_3)_4^{2+}] = \frac{[Cu(NH_3)_4^{2+}]}{[Cu^{2+}][NH_3]^4} = 2.1 \times 10^{13}$$

$$\varphi(Cu^{2+}/Cu) = \varphi^\ominus(Cu^{2+}/Cu) + \frac{0.059\,2}{2} \lg[Cu^{2+}]$$

$$= 0.34 + \frac{0.059\,2}{2} \lg \frac{[Cu(NH_3)_4^{2+}]}{[NH_3]^4 \times K_f^\ominus[Cu(NH_3)_4^{2+}]}$$

$$= 0.34 + \frac{0.059\ 2}{2} \lg \frac{1.0}{1.0^4 \times 2.1 \times 10^{13}}$$

$$= -0.05\ V$$

$$\varphi^{\ominus}(H^+ / H_2) = 0\ V$$

此时铜极为$[Cu(NH_3)_4^{2+}]/Cu$,其标准电极电势 $\varphi^{\ominus}([Cu(NH_3)_4^{2+}] / Cu) = \varphi(Cu^{2+} /$ $Cu) = -0.05\ V < \varphi^{\ominus}(H^+ / H_2)$,$[Cu(NH_3)_4^{2+}]/Cu$ 为负极。

故 $E^{\ominus} = \varphi^{\ominus}(H^+/H_2) - \varphi^{\ominus}([Cu(NH_3)_4^{2+}] / Cu) = 0.05\ V$

该题也可计算配合物的稳定常数。

（4）配离子间的转化对配位平衡的影响

与沉淀之间的转化类似,配离子之间的转化反应容易向生成更稳定配离子的方向进行。两种配离子的稳定常数相差越大,转化就越完全,例如:

$$[Ag(NH_3)_2]^+ + 2CN^- \rightleftharpoons [Ag(CN)_2]^- + 2NH_3$$

转化反应平衡常数:

$$K^{\ominus} = \frac{[Ag(CN)_2^-][NH_3]^2}{[Ag(NH_3)_2^+][CN^-]^2} = \frac{K_f^{\ominus}[Ag(CN)_2^-]}{K_f^{\ominus}[Ag(NH_3)^+]} = \frac{1.26 \times 10^{21}}{2.52 \times 10^7} = 5.0 \times 10^{13}$$

$K^{\ominus}$很大,说明上述转化反应向着生成$[Ag(CN)_2]^-$配离子的方向进行得比较完全。

9.3   配合物的价键理论

关于配合物的结构理论主要有现代价键理论、晶体场理论、配位键理论和分子轨道理论,本节仅介绍价键理论。

9.3.1   价键理论的基本要点

1931年,美国化学家鲍林在前人工作的基础上,将杂化轨道理论应用到配合物的结构研究中,它较好地说明了配合物的配位数、空间构型、稳定性、磁性等性质,逐渐形成了现代价键理论。

价键理论认为:在配合物内界中,形成体利用杂化了的空轨道与配体中配位原子的孤电子对所在的轨道在键轴方向重叠形成 σ 键,该键称为配位键。形成体轨道的杂化类型决定了配合物的空间构型。根据参与杂化的轨道能级不同,也可以说轨道杂化过程中是否改变形成体的电子排布,配合物分为外轨型和内轨型两种。

9.3.2   外轨型配合物

如果中心离子仅以最外层轨道(ns、np、nd)杂化后与配原子成键,所形成的配键称为外轨配键,对应的配合物称为外轨型配合物,如$[Ag(NH_3)_2]^+$、$[Ni(NH_3)_4]^{2+}$、$[FeF_6]^{3-}$。分别用价键理论解释它们的形成和空间构型。

（1）$[Ag(NH_3)_2]^+$

Ag^+的价电子构型为$4d^{10}$,其同一能级组的价层$5s$和$5p$轨道是空的。

在 Ag^+ 和 NH_3 形成 $[Ag(NH_3)_2]^+$ 配离子的过程中,Ag^+ 中 5s 和 1 个 5p 空轨道经杂化,形成 2 个等价的 sp 杂化轨道,用来接收 NH_3 分子中配原子 N 提供的 2 对孤对电子而形成 2 个配位键,所以 $[Ag(NH_3)_2]^+$ 配离子的价电子分布为(虚线内杂化轨道中的共用电子对由配原子 N 提供):

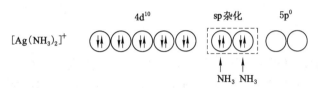

由于形成体 Ag^+ 的 sp 杂化轨道为直线型取向,因此 $[Ag(NH_3)_2]^+$ 配离子空间构型呈直线型,见表 9-4。

(2) $[Ni(NH_3)_4]^{2+}$

由 Ni^{2+} 的核外电子排布可知,Ni^{2+} 的价层电子构型为 $3d^8$,其能级相近的 4s 和 4p 轨道是空的。

在 Ni^{2+} 和 NH_3 形成 $[Ni(NH_3)_4]^{2+}$ 配离子的过程中,Ni^{2+} 的 1 个 4s 和 3 个 4p 空轨道进行杂化,形成了 4 个等价的 sp^3 杂化轨道,用来接受 4 个配体 NH_3 分子中配原子 N 提供的 4 对孤对电子,从而形成 4 个配位键。

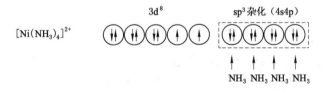

因为 sp^3 杂化轨道呈空间正四面体构型,所以 $[Ni(NH_3)_4]^{2+}$ 配离子的空间构型也呈正四面体,Ni^{2+} 位于正四面体的体心,而 4 个配体 NH_3 分子中的 N 原子占据了正四面体的 4 个顶角,见表 9-4。

(3) $[FeF_6]^{3-}$

Fe^{3+} 的价层电子构型为 $3d^5$。

在 Fe^{3+} 和 6 个 F^- 形成 $[FeF_6]^{3-}$ 配离子的过程中,Fe^{3+} 的 1 个 4s 轨道,3 个 4p 轨道和

2 个 4d 轨道通过 sp^3d^2 杂化轨道,分别接受 6 个配体 F^- 提供的 6 对孤对电子,形成 6 个配位键。sp^3d^2 杂化轨道在空间呈八面体构型,故 $[FeF_6]^{3-}$ 配离子的空间构型呈正八面体,Fe^{3+} 位于八面体的体心,6 个配体 F^- 占据正八面体的 6 个顶角,见表 9-4。

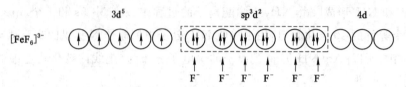

9.3.3 内轨型配合物

如果中心离子以部分次外层轨道,如 $(n-1)d$ 轨道,杂化后与配原子成键,所成的配键称为内轨配键,对应的配合物称为内轨型配合物,如 $[Fe(CN)_6]^{3-}$ 和 $[Ni(CN)_4]^{2-}$ 等。

(1) $[Fe(CN)_6]^{3-}$

在 Fe^{3+} 和 6 个 CN^- 形成 $[Fe(CN)_6]^{3-}$ 配离子的过程中,在 CN^- 的作用下,Fe^{3+} 中原有的 5 个 d 电子发生重排,被挤入 3 个 3d 轨道,空出了 2 个 3d 轨道。这 2 个 3d 与 1 个 4s 轨道和 3 个 4p 轨道共同杂化,形成 6 个等价的 d^2sp^3 杂化轨道,分别接受 6 个配体 CN^- 中 C 原子中的孤对电子形成 6 个配位键。

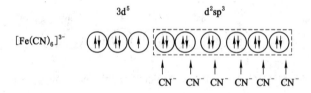

d^2sp^3 杂化轨道也是空间正八面体结构,所以 $[Fe(CN)_6]^{3-}$ 配离子的空间构型也呈正八面体,见表 9-4。

(2) $[Ni(CN)_4]^{2-}$

在 Ni^{2+} 和 4 个 CN^- 形成 $[Ni(CN)_4]^{2-}$ 配离子的过程中,同样在 CN^- 的作用下,Ni^{2+} 中 $3d^8$ 电子发生重排,原有的 2 个成单的电子压缩成对,8 个电子挤入 4 个 3d 轨道中,空出的一个 3d 轨道与 1 个 4s 轨道和 2 个 4p 轨道杂化,组成 4 个等价的 dsp^2 杂化轨道,接受分别来自 4 个配体 CN^- 中 C 原子的孤对电子形成 4 个配位键。

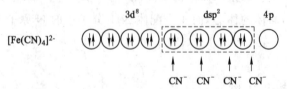

dsp^2 杂化轨道的空间取向为平面四边形,故 $[Ni(CN)_4]^{2-}$ 配离子的空间构型也呈平面四边形,Ni^{2+} 位于平面四边形的中心,4 个 CN^- 配体中的 C 原子占据了平面四边形的 4 个顶角,见表 9-4。

表 9-4　　常见配离子的空间构型

配位数	杂化类型	空间构型	实　例
2	sp	**直线型** 	$[Cu(NH_3)_2]^{2+}$、$[Ag(NH_3)_2]^+$、 $[Ag(CN)_2]^-$、$[CuCl_2]^-$
3	sp²	**平面三角型** 	$[CuCl_3]^{2-}$、$[HgI_3]^-$
4	sp³	**正四面体型** 	$[Ni(NH_3)_4]^{2+}$、$[ZnCl_4]^{2-}$、 $[BF_4]^-$、$[Cd(NH_3)_4]^{2+}$、$Ni(CO)_4$
	dsp²	**平面四边型** 	$[Ni(CN)_4]^{2-}$、$[Pt(NH_3)_2Cl_2]$、$[PdCl_4]^{2-}$、 $[Cu(NH_3)_4]^{2+}$、$[AuF_4]^-$
5	dsp³	**三角双锥型** 	$[Fe(CO)_5]$、$[CuCl_5]^{3-}$、$[Ni(CN)_5]^{3-}$、 $[Co(CN)_5]^{3-}$
6	sp³d²	**正八面体型** 	$[Fe(H_2O)_6]^{3+}$、$[FeF_6]^{3-}$、 $[Mn(H_2O)_6]^{2+}$、$[CoF_6]^{3-}$
	d²sp³		$[Fe(CN)_6]^{3-}$、$[Co(NH_3)_6]^{3+}$、$[Cr(NH_3)_6]^{3+}$、 $[Fe(NH_3)_6]^{4-}$、$[PtCl_6]^{2-}$

9.3.4 影响配合物外轨型和内轨型的因素

配合物属于外轨型还是内轨型,主要取决于中心离子的电子构型、离子所带的电荷以及配原子电负性的大小。中心离子轨道的杂化类型因配位数而异。

① 中心离子的电子构型。具有 d^{10} 构型的离子(如 Ag^+、Zn^{2+}、Cd^{2+}、Hg^{2+} 等离子),其 $(n-1)d$ 轨道都已填满 10 个电子,因而只能利用外层轨道形成外轨型配合物;具有 d^1、d^2、d^3 构型的离子(如 Cr^{3+}),本身就有空的 d 轨道,所以形成内轨型配合物;具有 d^8 构型的离子(如 Ni^{2+}、Pt^{2+}、Pd^{2+} 等),在大多数情况下形成内轨型配合物。具有 $d^4 \sim d^9$ 构型的离子(如 Fe^{2+}、Fe^{3+}、Co^{3+}、Ni^{2+}、Cu^{2+} 等),它们有 $4 \sim 9$ 个 d 电子,既可以生成内轨型配合物,也可以形成外轨型配合物。

② 中心离子的电荷数。中心离子的电荷数增多,有利于形成内轨型配合物,因为中心离子的电荷较多时,其对配原子的孤对电子引力增强,有利于其内层 d 轨道参与成键,如:$[Co(NH_3)_6]^{2+}$ 为外轨型配合物,而 $[Co(NH_3)_6]^{3+}$ 为内轨型配合物。

③ 配体电负性的大小。如配体的电负性较强(如 F^-),则较难给出孤对电子,对中心离子 d 电子分布影响较小,易形成外轨型配合物(如 $[FeF_6]^{3-}$ 等)。若配位原子的电负性较弱(如 CN^-),则较易给出孤对电子,孤对电子又将影响中心离子的 d 电子排布,使中心离子空出内层轨道,形成内轨型配合物(如 $[Fe(CN)_6]^{3-}$ 等)。而对于 NH_3、H_2O 等配体,内、外轨型配合物均可形成。

配合物的类型可通过磁性测定和 X 射线衍射等手段对晶体结构进行研究来确定。下面仅对磁性测定这一手段进行简单讲述。

物质的磁性与组成物质的原子、分子或者离子中的电子的自旋运动有关。如果物质中自旋方向相反的电子数相等,即电子均成对,电子自旋所产生的磁效应相互抵消,该物质就表现为反磁性。而当物质中自旋方向相反的电子数不等时,即有成单电子,总磁效应不能相互抵消,整个原子或者分子就具有顺磁性。还有一类物质在外场磁作用下,磁性剧烈增强,当除去外磁场后物质仍保持磁性的称为铁磁性物质。

物质的磁性强弱(通常用磁矩 μ 表示)与物质内部的单电子数多少有关。根据磁学理论,μ 与单电子数 n 之间的近似关系如下:

$$\mu = \sqrt{n(n+2)} \tag{9-1}$$

其中,n 为单电子数;磁矩(μ)的单位是玻尔磁子(B. M.)。若 $\mu=0$,电子完全配对,为逆磁性物质(或称反磁性物质);若 $\mu>0$ 则为顺磁性物质。根据式(9-1)估算配离子的理论磁矩,列于表 9-5。

表 9-5　　　　　　　　　　根据单电子数估算的磁矩

n	0	1	2	3	4	5
μ/B. M.	0	1.73	2.83	3.87	4.90	5.92

外轨型配合物的特点是：配合前后中心离子的 d 电子分布未发生改变，单电子数不变，物质的磁性不变。形成外轨型配合物时，中心离子一般提供相同主量子数的不同轨道相互杂化，如 ns、np、nd 中，若干轨道杂化形成 sp、sp^2、sp^3、sp^3d^2 等杂化轨道与配体形成配位键，这种配位键离子性较强，共价性较弱，稳定性较内轨型配合物差。

内轨型配合物的特点是：中心离子一般采用不同主量子数的轨道相互杂化，如 $(n-1)d$ 轨道可与 ns、np 轨道杂化形成 dsp^2、dsp^3、d^2sp^3 等杂化轨道与配体成键。由于内轨型配合物采用内层轨道成键，键的共价性较强，稳定性较好，在水溶液中，一般较难电离为简单离子。对于 d 电子数目大于等于 4 的中心离子，在形成内轨型配合物时，中心离子的 d 电子排布会发生改变，即进行电子归并，单电子数目将减少（有时甚至为零），导致物质的磁性减小。

综上所述，配合物的空间构型由中心离子的杂化类型决定，中心离子的杂化类型与配位数有关，配位数不同，中心离子的杂化类型就不同，即使配位数相同，也可因中心离子与配体的种类和性质不同，使中心离子的杂化类型不同，故配合物的空间构型也不同。常见配离子在形成配位键时所采用的轨道杂化类型以及配离子相应的空间构型见表 9-4。

由于价键理论简单明了，又能解决一些问题，例如，它可以解释配离子的几何构型，形成体的配位数以及配合物的某些化学性质和磁性，所以它有一定的用途。但是这个理论也有缺陷，它忽略了配体对形成体的作用。而且到目前为止还不能定量地说明配合物的性质，如无法定量地说明过渡金属配离子的稳定性随中心离子的 d 电子数变化而变化的事实，也不能解释配离子的吸收光谱和特征颜色（如 $[\mathrm{Ti(H_2O)_6}]^{3+}$ 为何显紫红色）。此外，价键理论根据磁矩虽然可区分中心离子 $d^4 \sim d^7$ 构型的八面体配合物属内轨型还是外轨型，但对具有 d^1、d^2、d^3 和 d^9 构型的中心离子所形成的配合物，因未成对电子数无论在内轨型还是外轨型配合物中均无差别，只根据磁矩仍无法区别，因此出现了晶体场理论、配位键理论和分子轨道理论等。

本 章 小 结

1. 重要的基本概念

配位键、配合物、形成体、配位体、配位原子、内界（配位个体）、外界、配离子、配位数、螯合剂等。

2. 配合物内界的表示及标记

（1）表示：[形成体＋配位体]。配位体的顺序为：先无机后有机；先阴离子后中性分子；同类配体，按配位原子元素符号的英文字母顺序排列。

（2）标记：配位体数-配位体名称（不同配位体名称顺序同书写，并用"·"隔开）-合-形成体名称（氧化数）。

3. 配位平衡及影响因素

（1）配位与解离平衡常数：$K_{\mathrm{f}}^{\ominus} = \dfrac{1}{K_{\mathrm{d}}^{\ominus}}$

$K_稳^\ominus$ 值越大，表示该配离子在水溶液中越稳定。同类型配合物的稳定性可以通过 $K_稳^\ominus$ 比较，否则通过平衡计算。

（2）配位与解离平衡常数的应用：计算配合物溶液中有关离子的浓度；判断配离子之间以及与沉淀间转化的可能性；计算由配离子组成电对的电极电势。

4. 配合物价键理论要点

（1）形成体的杂化轨道与配位原子的孤电子对轨道相互重叠，形成配位键。

（2）形成体仅以最外层轨道杂化成键的配键称外轨配键；若形成体使用了次外层轨道成键的配键称内轨配键；形成体与配位数均相同的配合物，内轨型比外轨型的要稳定；磁矩 $\mu=0$ 的物质具有反磁性；$\mu>0$ 的物质具有顺磁性；$\mu=\sqrt{n(n+2)}$。

【知识延伸】

配位化学的应用和发展前景

配合物化学已成为当代化学的前沿领域之一，它的发展打破了传统的无机化学和有机化学之间的界限，其新奇的特殊性能在生产实践中取得了重大应用。下面从几个方面作简要介绍。

1. 在分析化学方面

（1）离子的鉴定　通过与适当配位剂形成有色配离子来定性或定量鉴定金属离子。例如在溶液中 NH_3 与 Cu^{2+} 能形成深蓝色的 $[Cu(NH_3)_4]^{2+}$，借此配位反应可鉴定 Cu^{2+}。

通过形成难溶有色配合物来鉴定离子，例如利用丁二肟在弱碱性介质中与 Ni^{2+} 可形成鲜红色的难溶二丁二肟合镍（Ⅱ）沉淀来鉴定和测定 Ni^{2+}。

Fe^{2+} 与邻二氮菲反应生成橙红色配合物，常用于分光光度法测定微量铁的含量。

（2）离子的分离　例如，在含有 Zn^{2+} 和 Al^{3+} 的溶液中加入氨水，Zn^{2+} 和 Al^{3+} 均能够生成氢氧化物沉淀（$Zn(OH)_2$ 和 $Al(OH)_3$），但当加入过量的氨水时，$Zn(OH)_2$ 与 NH_3 生成 $[Zn(NH_3)_4]^{2+}$ 配离子而溶解于溶液中。

$$Zn(OH)_2 + 4NH_3 \longrightarrow [Zn(NH_3)_4]^{2+} + 2OH^-$$

Al(OH)$_3$ 沉淀不能与 NH$_3$ 生成配合物而达到分离 Zn^{2+} 和 Al^{3+} 的目的。

（3）离子的掩蔽　例如，加入配合剂 KSCN 鉴定 Co^{2+} 时，Co^{2+} 与配合剂将发生下列反应：

$$[Co(H_2O)_6]^{2+} + 4SCN^- \longrightarrow [Co(NCS)_4]^{2-} + 6H_2O$$

　　　　　粉红色　　　　　　　　　　宝石蓝

但是如果溶液中同时含有 Fe^{3+}，Fe^{3+} 也可与 SCN$^-$ 反应，形成血红色的 [Fe(NCS)]$^{2+}$，妨碍了对 Co^{2+} 的鉴定。若事先在溶液中先加入足量的配合剂 NaF（或 NH$_4$F），使 Fe^{3+} 形成更为稳定的无色配离子 [FeF$_6$]$^{3-}$，这样就可以排除 Fe^{3+} 对鉴定 Co^{2+} 的干扰作用。在分析化学上，这种排除干扰作用的效应称为掩蔽效应，所用的配合剂称为掩蔽剂。

2. 在配位催化方面

在有机合成中，凡利用配位反应而产生的催化作用，称为配位催化。其含义是指单体分子先与催化剂活性中心配合，接着在配位界内进行反应。由于催化活性高、选择性专一以及反应条件温和，广泛应用于石油化学工业生产中。例如，用 Wacker 法由乙烯合成乙醛采用 PdCl$_2$ 和 CuCl$_2$ 的稀盐酸溶液催化，借助 [PdCl$_3$(C$_2$H$_4$)]$^-$、[PdCl$_2$(OH)(C$_2$H$_4$)]$^-$ 等中间产物的形成，使 C$_2$H$_4$ 分子活化，在常温常压下乙烯就能比较容易地氧化成乙醛，转化率高达 95%。其反应式为：

$$C_2H_4 + 0.5O_2 \xrightarrow[\text{HCl 溶液}]{PdCl_2 + CuCl_2} CH_3CHO$$

3. 在冶金工业方面

（1）高纯金属的制备　绝大多数过渡元素都能与一氧化碳形成金属羰基配合物。与常见的相应金属化合物比较，它们容易挥发，受热易分解成金属和一氧化碳。利用上述特性，工业上采用羰基化精炼技术制备高纯金属。先将含有杂质的金属制成羰基配合物并使之挥发以与杂质分离；然后加热分解制得纯度很高的金属。例如，制造铁芯和催化剂用的高纯铁粉，正是采用这种技术生产的。

$$Fe + 5CO \xrightarrow[\text{20 MPa}]{200 \text{ ℃}} [Fe(CO)_5] \xrightarrow{200 \sim 250 \text{ ℃}} 5CO + Fe$$

由于金属羰基配合物大多剧毒、易燃，在制备和使用时应特别注意安全。

（2）贵金属的提取　众所周知，贵金属难氧化，从其矿石中提取有困难。但是当有合适的配合剂存在，例如在 NaCN 溶液中，由于 $E^{\ominus}$([Au(CN)$_2$]$^-$/Au) 值比 E(O$_2$/OH$^-$) 值小得多，Au 还原性增强，易被 O$_2$ 氧化，形成 [Au(CN)$_2$]$^-$ 而溶解，然后，用锌粉自溶液中置换出金：

$$4Au + 8CN^- + O_2 + 2H_2O \longrightarrow 4[Au(CN)_2]^- + 4OH^-$$

$$2[Au(CN)_2]^- + Zn \longrightarrow 2Au + [Zn(CN)_4]^{2-}$$

4. 在电镀工业方面

欲获得牢固、均匀、致密、光亮的镀层，金属离子在阴极镀件上的还原速率不应太快，为此要控制镀液中有关金属离子的浓度。几十年来，镀 Cu、Ag、Au、Zn、Sn 等工艺中用 NaCN

使有关金属离子转变为氰合配离子,以降低镀液中简单金属离子的浓度。由于氰化物剧毒,20 世纪 70 年代以来人们开始研究无氰电镀工艺,目前已研究出多种非氰配合剂,例如 1-羟基亚乙基-1,1-二膦酸(HEDP)便是一种较好的电镀通用配位剂,它与 Cu^{2+} 可形成羟基亚乙基二膦酸合铜(Ⅱ)配离子,电镀所得镀层达到质量标准。

5. 在生物、医药学方面

生物体内各种各样起特殊催化作用的酶,几乎都与有机金属配合物密切相关。例如,植物进行光合作用所必需的叶绿素,是以 Mg^{2+} 为中心的复杂配合物。植物固氮酶是铁、钼的蛋白质配合物。

在医学上,常利用配位反应治疗人体中某些元素的中毒。例如 EDTA 的钙盐是人体铅中毒的高效解毒剂。对于铅中毒病人,可注射溶于生理盐水或葡萄糖溶液的 $Na_2[Ca(EDTA)]$,这是因为:

$$Pb^{2+} + [Ca(EDTA)]^{2-} \longrightarrow [Pb(EDTA)]^{2-} + Ca^{2+}$$

$[Pb(EDTA)]^{2-}$ 及剩余的 $[Ca(EDTA)]^{2-}$ 均可随尿排出体外,从而达到解铅毒的目的。但是切不可用 Na_2H_2EDTA 代替 $Na_2[Ca(EDTA)]$ 作注射液,它会使人体缺钙。

另外,治疗糖尿病的胰岛素,治疗血吸虫病的酒石酸锑钾以及抗癌药顺铂、二氯茂钛等都属于配合物。现已证实多种顺铂($[Pt(NH_3)_2Cl_2]$)及其一些类似物对子宫癌、肺癌、睾丸癌有明显疗效。最近还发现金的配合物 $[Au(CN)_2]^-$ 有抗病毒作用。

最后,某些配合物具有特殊光电、热磁等功能,这对于电子、激光和信息等高新技术的开发具有重要的前景。

习 题

1. 命名下列配合物

(1) $[Zn(NH_3)_4]SO_4$ (2) $K_3[AlF_6]$ (3) $(NH_4)_2[FeCl_5(H_2O)]$

(4) $[Co(en)_3]Cl_3$ (5) $[PtCl_4(NH_3)_2]$ (6) $[Ca(EDTA)]^{2-}$

2. 写出下列配合物的化学式

(1) 二硫氰酸根合银(Ⅰ)酸钾 (2) 氯化二氯·四水合铬(Ⅲ)

(3) 四氯合铂(Ⅱ)酸四氨合铜(Ⅱ) (4) 一氯化二氯·三氨·一水合钴(Ⅲ)

(5) 四碘合汞(Ⅱ)酸钾 (6) 三硝基·三氨合钴(Ⅲ)

3. 解释现象并用方程式解释

(1) AgCl 沉淀溶于氨水中,若用硝酸酸化,则又有白色沉淀析出。

(2) 检验乙醇是否无水,可以往乙醇中加入白色硫酸铜固体,若变蓝,说明乙醇含水。

4. 填空

(1) 下列物质中不能做配体的是( )。

A. NH_3 B. F^-

C. $H_2N—CH_2—CH_2—NH_2$ D. NH_4^+

(2) 下列物质中能做螯合剂的是(　　　)。

A. H_2O　　　　　　　　　　　　　　B. EDTA

C. SCN^-　　　　　　　　　　　　　　D. Cl^-

(3) 下列配离子在强酸中能稳定存在的为(　　　)。

A. $[AgCl_2]^-$　　　　　　　　　　　　B. $[Fe(C_2O_4)_3]^{3-}$

C. $[Mn(NH_3)_6]^{2+}$　　　　　　　　　D. $[AlF_6]^{3-}$

(4) 在配合物中提供孤电子对的分子或离子叫作＿＿＿＿。只含一个配位原子的配位体称为＿＿＿＿;含有两个或两个以上配原子的配位体称为＿＿＿＿。

(5) 配合物的空间构型根据中心离子的杂化类型分为＿＿＿＿和＿＿＿＿。

(6) 配合物 $[Zn(OH)(H_2O)_3]NO_3$ 的名称为＿＿＿＿;内界是＿＿＿＿;外界是＿＿＿＿;中心离子是＿＿＿＿,配位体是＿＿＿＿,配位原子是＿＿＿＿,中心离子的配位数是＿＿＿＿。

(7) 化合物 A 和 B 具有同一实验式:$Co(NH_3)_3(H_2O)_2ClBr_2$,在一干燥器干燥后,1 mol A 很快失去 1 mol H_2O,但在同样的条件下,B 不失去 H_2O;当 $AgNO_3$ 加入 A 中时,1 mol A 沉淀出 1 mol AgBr,而 1 mol B 沉淀出 2 mol AgBr。试写出化合物的化学式 A:＿＿＿＿和 B:＿＿＿＿。

5. 判断正误(对的打×;错的打√)

(1) 所有的配合物都由内界和外界两部分组成(　　　)。

(2) 只有金属离子才能作为配合物的形成体(　　　)。

(3) 配位体的数目就是形成体的配位数(　　　)。

(4) 配合物的内界所带电荷为内界中形成体与所有配位体的电荷之和(　　　)。

(5) 配离子的电荷数等于形成体的电荷数(　　　)。

(6) 螯合物具有环状结构,与简单配合物相比具有特殊的稳定性(　　　)。

(7) 物质的磁性强弱与物质内部的单电子数多少有关(　　　)。

6. 计算题

(1) 计算下列两种混合物中 $c(Ag^+)$ 各为多少? 并指出哪一种配合物更稳定。

① 0.10 mol·L^{-1} $[Ag(NH_3)_2]^+$ 和 0.10 mol·L^{-1} NH_3 的混合物(均为混合后的浓度);

② 0.10 mol·L^{-1} $[Ag(CN)_2]^-$ 和 0.10 mol·L^{-1} CN^- 的混合物(均为混合后的浓度)。

(2) 在含有 0.10 mol·L^{-1} 的 $[Ag(NH_3)_2]^+$ 和 1.0 mol·L^{-1} NH_3 的 1.0 mol·L^{-1} 溶液中,加入 0.10 mol·L^{-1} 浓度为 0.10 mol·L^{-1} 的 KBr 溶液,能否产生沉淀?

(3) Ag^+ 与 Py(吡啶)形成配离子的反应为:

$$Ag^+ + 2Py \Longleftrightarrow [Ag(Py)_2]^+$$

已知 $K_d^\ominus = 1.0 \times 10^{-10}$,若开始反应时 $c(Ag^+) = 0.1$ mol·L^{-1},$c(Py) = 1$ mol·L^{-1},求平衡时的 $c(Ag^+)$、$c(Py)$ 和 $c([Ag(Py)_2]^+)$。

(4) 在 1.0 L 氨水中溶解 0.10 mol AgCl,试问氨水的最初浓度应该是多少?

已知 $K_{sp}^{\ominus}(AgCl) = 1.77 \times 10^{-10}$；$K_f^{\ominus}([Ag(NH_3)_2]^+) = 1.1 \times 10^7$

(5) 计算 298 K 时下列原电池的电动势。

$Zn \mid [Zn(NH_3)_4^{2+}](0.1 \ mol \cdot L^{-1})$，$NH_3(0.1 \ mol \cdot L^{-1}) \mid\mid [Cu(NH_3)_4^{2+}](0.1 \ mol \cdot L^{-1})$，$NH_3(0.1 \ mol \cdot L^{-1}) \mid Cu$

第 10 章　重要元素选述

元素是构成物质的基本要素,它在自然界以单质和化合物的状态存在。本章在前面化学基本原理的基础上,重点介绍单质的性质及周期性变化规律,无机化合物的酸碱性和氧化还原性及其变化规律,最后对一些重要无机化合物的性质和应用作简单介绍。

10.1　单质的性质

单质是由同种元素组成的纯净物,元素在单质中存在时称为元素的游离态。一般来说,单质的性质与其元素的性质密切相关。比如,金属晶体有光泽,具有良好的导电和导热性,可塑性强。由于金属元素的电负性较小,容易失去电子,表现为还原性较强。非金属晶体大多不导电,无光泽,也不易变形。非金属单质一般以共价键结合成分子的形式存在。大多数非金属单质既具有氧化性又具有还原性。

10.1.1　单质的物理性质

10.1.1.1　主族元素单质的物理性质

主族元素的单质有金属、准金属和非金属。主族金属分别属于 s 区（ⅠA～ⅡA）和 p 区（ⅢA～ⅥA）,它们的电子构型分别为 ns^1、ns^2 和 $ns^2np^{1\sim4}$,常温下以固态金属晶体的形式存在。非金属元素的原子结构比较复杂,H、He 分别有 1、2 个 s 电子,He 以外的稀有气体的电子构型 ns^2np^6,ⅢA～ⅦA 的电子构型为 $ns^2np^{1\sim5}$,有 3～7 个价电子。除稀有气体外,非金属元素电负性较大,不稳定,大多是由 2 个或 2 个以上原子以共价键相结合形成双原子或多原子分子（如 Cl_2、O_3、S_8、P_4 等）,然后以范德华力形成分子晶体。存在的状态有气态、液态与固态,常温下单质以气态存在的主族元素有 H、O、N、F、Cl、He、Ne、Ar、Kr、Xe、Rn 等 11 种,以液态存在的仅有 Br_2,其余都以固态存在。准金属,又称为半金属,是介于金属和非金属之间的一些元素,通常包括 B、Si、Ge、As、Sb、Te、Po,常温下以固态原子晶体、层状晶体和链状晶体的形式存在。

（1）主族元素单质的晶体结构的变化规律

主族元素单质的晶体结构的变化规律为同一周期,从左到右由典型的金属晶体过渡到原子晶体及层状晶体等过渡类型,最后到分子晶体。如第二周期元素单质的晶体结构:Li、Be 为金属晶体;B、C（金刚石）为原子晶体,C（石墨）为层状晶体;N_2、O_2、F_2、Ne 为分子晶体。第三周期元素单质的晶体结构:Na、Mg、Al 为金属晶体;Si 为原子晶体;P（黑磷）为层状晶体,P_4(白磷)、S_8(包括斜方硫和单斜硫)、Cl_2、Ar 均为分子晶体。第四周期元素单质的晶体结构:K、Ca、Ga 为金属晶体;Ge 为原子晶体;As(灰砷)为层状晶体;As_4(黄砷)、Se_8(红硒)、Br_2、Kr 均为分子晶体。

同一族(ⅢA～ⅥA)单质晶体结构的变化规律为从上至下,由分子晶体或原子晶体过渡到金属晶体。ⅠA 和 ⅡA 族元素的单质除 H_2 外都是金属晶体。ⅦA(卤素)元素单质在固态时都是典型的分子晶体,但是固态碘已具有金属晶体的某些性质(如金属光泽)了。

(2) 主族元素单质物理性质的变化规律

单质的密度、硬度、熔点、沸点及导电性等物理性质,主要取决于元素的原子结构和单质的晶体结构。由于原子结构和单质晶体结构的周期性变化,主族元素单质的物理性质也呈现周期性变化规律。

① 密度和硬度。同周期主族元素,原子半径从左到右逐渐减小,单质的密度和硬度则逐渐增大。碱金属的密度和硬度都较小,如锂、钠、钾的密度小于水,钠和钾可以用刀切,铯比石蜡还软。过渡到典型的非金属元素(如 N、O、S、卤素及稀有气体),由于其单质为分子晶体,质点间靠弱的分子间作用力相结合,间隙大,因而密度又降低了。所以,在元素周期表中,单质的密度为两头小,中间大。单质的硬度与密度的变化规律相同。

② 熔点与沸点。二、三周期元素单质的熔点从左至右逐渐增高,至ⅣA 族为最高。如 Li(453.5 K)<Be(1 550 K)<B(2 303 K)<C(金刚石,4 000 K),金刚石的熔点在所有单质中最高。从ⅤA 族后熔点开始降低,至ⅧA 族为最低。因为碱金属在同一周期的元素中原子半径较大,所形成的金属晶体中,粒子(原子)间结合力很弱,所以熔点低。而同周期中间元素的原子半径减小,并且单质都是原子晶体,因此熔点较高。到周期末的卤族和零族元素,单质都是分子晶体,熔点更低。第二周期从 C 到 N 及第三周期从 Si 到 P,单质的熔点急剧下降,这是由于从原子晶体变为分子晶体的缘故。主族元素单质沸点的变化,大致与熔点的变化规律相同。总之,p 区单质熔、沸点变化较大。例如 Pb、Sn、Bi 等是低熔点金属,可作易熔合金材料,工业上将铋(50%)、铅(27%)、锡(13%)、镉(10%)四种金属组成的合金(熔点低至 333 K),用于自动灭火设备、锅炉安全装置及信号仪表等。

③ 导电性。主族金属(如 Al、Sn、Pb)都是导体,非金属大部分为绝缘体(如 N_2、O_2、F_2、Br_2 等),介于它们之间的准金属大都为半导体(如 Ge、Si、As、Se 等)。锗和硅的空穴迁移导电在生产实践中得到了广泛的应用。

10.1.1.2　副族元素单质的物理性质

严格来说,f 区元素也属于副族元素,但是通常所研究的副族元素主要指位于第四、五、六周期中部的元素,即 d 区与 ds 区元素。副族元素原子的电子构型为$(n-1)d^{1～10}ns^{1～2}$(Pd例外)。由于副族元素最外层电子数为 1～2,所以它们都是金属元素,又称过渡金属。因为$(n-1)d$ 电子的屏蔽作用不如$(n-1)s$、$(n-1)p$ 电子强,致使有效核电荷对外层电子的吸引作用较大。与同周期的主族金属元素相比,副族金属原子半径一般较小。除了 ns 电子外,$(n-1)d$ 电子也可参与形成金属键,所以副族元素单质具有密度大、硬度大、熔沸点高(ⅡB族例外)、导电性好的特点。例如锇的密度最大,为 22.48 g·cm^{-3};铬的硬度仅次于金刚石;钨的熔点为 3 683 K,是熔点最高的金属;银是导电能力最强的金属。ⅡB族单质熔沸点较低、硬度小。汞在室温下呈液态,常用于温度计、气压计、真空泵中。

副族元素同周期随族序号的增大,原子半径缓慢减小,ⅠB 与ⅡB 族,又稍有增大。所以单质的密度、硬度及熔沸点从左到右依次增大,到ⅠB 与ⅡB 族又表现为降低。同一族中从上到下单质的密度、硬度及熔沸点一般逐渐增大。第六周期副族元素单质的密度都很大,比第五周期相应的金属要大得多,这是镧系收缩的影响。同理,第六周期金属的熔沸点也比第五周期相应的金属高。

10.1.2　单质的化学性质

10.1.2.1　主族元素单质的化学性质

主族元素单质的化学性质,主要是指其氧化还原性。

(1) 金属单质的还原性

s 区的碱金属和碱土金属都有很强的还原性,与许多非金属单质直接反应生成离子型化合物。在绝大多数化合物中,它们以阳离子形式存在。p 区元素的金属单质常见的有 Al、Sn、Pb、Sb 和 Bi 等,其中除 Al 较活泼外,其余都不够活泼,这里重点介绍 Al、Sn、Pb 三种 p 区元素。

① 与氧的作用　碱金属和碱土金属为活泼金属,在空气中很容易被氧化。如钠、钾、铷和铯在空气中可以自燃。碱土金属的氧化反应比碱金属慢些。s 区金属与氧化合除了生成正常氧化物(如 Li_2O、BeO、CaO、MgO 等)外,大部分碱金属(除 Li 外)在空气中燃烧生成过氧化物(如 Na_2O_2)。K、Rb、Cs 还能生成超氧化物,如 KO_2、RbO_2、CsO_2。Al 在空气中被氧化,表面形成了一层致密的氧化膜(Al_2O_3)而变为钝态。高温下铝和氧反应放出大量的热:

$$4Al + 3O_2 = 2Al_2O_3 \qquad \Delta_r H_m^{\ominus} = -3\ 315.4 \text{ kJ} \cdot \text{mol}^{-1}$$

该反应充分表明了铝的亲氧性。在冶金工程上利用这一性质,把铝粉和其他金属氧化物混合灼热时,铝可以从其他金属氧化物中把金属还原出来,得到 Al_2O_3 和金属单质,反应激烈并放出大量的热,称为铝热反应。

$$2Al + Fe_2O_3 = Al_2O_3 + 2Fe$$

② 与水的作用

在纯水中 $c(H^+) = 10^{-7} \text{mol} \cdot L^{-1}$,其 $\varphi(H^+/H_2) = -0.41$ V,因此凡是电极电势低于 -0.41 V 的金属都能与水反应,置换出 H_2,生成相应的氢氧化物。但因金属的活泼性不同,其反应条件与速率不同。活泼金属与水反应的通式为:

$$2M + 2nH_2O = 2M(OH)_n + nH_2(g) \quad (n=1,2,3)$$

室温下 Li 反应较慢,Na、K、Rb、Cs 反应逐渐加快、剧烈。碱土金属与水反应较同周期碱金属缓慢(Mg 只与沸水作用),而且生成的氢氧化物难溶于水,覆盖在金属表面上,阻止反应的继续进行。

p 区金属的还原性较弱,除 Al 外都不能从水中置换出 H_2,但 Al 与水反应形成的 Al_2O_3 有保护作用,所以 Al 在水中能稳定存在。

③ 与液氨作用

　　碱金属、碱土金属均溶于液氨中,生成一种介稳定的含有氨化电子和氨化金属离子的导电性溶液,即金属-氨溶液。

$$M_s + (x+y)NH_3 \Longrightarrow M(NH_3)_x^+ + e(NH_3)_y^-$$

溶液中 $e(NH_3)_y^-$ 称为氨化电子,为电流载体的主体,该类溶液导电性与液体金属相似。将氨从溶液中蒸发掉,可重新收回金属。浓的金属氨溶液为有机和无机提供了一种理想的均相还原剂——实现了在水中无法实现的均相氧化还原反应。只有在水溶液中的还原电势低于 $-2.5\ V$ 的金属才能溶解于液氨中,所以 p 区金属不能与液氨作用。

　　④ 与酸碱的作用

　　主族金属除 Bi、Sb 外,电极电势都为负值,能从非氧化性酸(盐酸、稀硫酸等)中置换出氢气。Bi 可以和氧化性强的酸反应,如:

$$Bi + 6HNO_3 \Longrightarrow Bi(NO_3)_3 + 3NO_2(g) + 3H_2O$$

　　s 区金属不能与碱作用,p 区的 Al、Ga、In、Sn、Pb 等金属能与碱溶液作用生成氢气和相应的含氧酸盐,例如:

$$2Al + 2NaOH + 2H_2O \Longrightarrow 2NaAlO_2 + 3H_2(g)$$

　　(2) 非金属单质的氧化还原性

　　非金属单质主要分布在 p 区,位于元素周期表右上角的氟、氯、溴及氧等元素所形成的单质非常活泼,氧化性很强,能与大多数金属反应,生成相应的卤化物和氧化物。

　　卤族单质与水发生氧化还原反应放出氧气:

$$2X_2 + 2H_2O \Longrightarrow 4X^- + 4H^+ + O_2(g)$$

　　其中氟单质的标准电极电势最高,氟是最强的氧化剂,与水反应十分剧烈。单从标准电极电势数据看,氯也能置换水中氧气,但因反应活化能很高,反应速率很慢,实际上氯在水中更容易发生歧化反应。

$$Cl_2 + H_2O \Longrightarrow Cl^- + H^+ + HClO$$

　　溴、碘与水的作用和氯相似,但其反应活性趋势:$Cl_2 > Br_2 > I_2$,这可用电极电势值进行解释,$\varphi^\ominus(HClO/Cl_2) = 1.63\ V > \varphi^\ominus(HBrO/Br_2) = 1.59\ V > \varphi^\ominus(HIO/I_2) = 1.44\ V$。

　　卤素还能与碱作用发生歧化反应。例如,常温下 Cl_2、Br_2、I_2 与 NaOH 的作用:

$$Cl_2 + 2NaOH \Longrightarrow NaCl + NaClO + H_2O$$

$$3Br_2 + 6NaOH \Longrightarrow 5NaBr + NaBrO_3 + 3H_2O$$

$$3I_2 + 6NaOH \Longrightarrow 5NaI + NaIO_3 + 3H_2O$$

　　歧化反应是非金属的通性。除卤素以外,硫、磷等非金属也能发生歧化反应:

$$P_4 + 3NaOH + 3H_2O \Longrightarrow PH_3 + 3NaH_2PO_2$$

　　大多数非金属单质既具有氧化性又具有还原性,当它们遇到更活泼的非金属时则表现出还原性。如硫、碳、硅、硼、氢等在一定条件下与氧化合,生成 SO_2、CO_2、SiO_2、B_2O_3、H_2O 等。硫、磷、碳、硼等单质在常温下都不与水或非氧化性酸作用,但能被硝酸或热的浓硫酸氧化生成氧化物或含氧酸。例如:

$$C + 2H_2SO_4(浓、热) \Longrightarrow CO_2(g) + 2SO_2(g) + 2H_2O$$

$$S+2HNO_3(浓)\!=\!\!=\!\!H_2SO_4+2NO(g)$$

硫、磷、硅、硼等单质还能与强碱溶液发生反应。如硅与浓 NaOH 溶液反应：

$$Si+2NaOH+H_2O\!=\!\!=\!\!Na_2SiO_3+2H_2(g)$$

需要特别提出的是,从电负性值来看,氮是非金属性很强的元素,但 N_2 的化学性质却并不活泼,常温下很难与其他物质作用。这主要是由于 2 个 N 原子靠一个 σ 键和 2 个 π 键的共价三键强烈地结合在一起,其键能高达 946 kJ·mol^{-1}。所以氮肥生产中要花费较大的能量使 N_2 发生转化。为了使空气中的 N_2 更好地被植物利用,科学工作者们一直在寻找和研究新的催化剂,也有研究者模拟豆科作物进行生物固氮的研究。

10.1.2.2　副族元素单质的化学性质

（1）金属性

副族元素的单质与同周期的主族元素单质相比,金属性较弱。例如第四周期 I A 族中的 K 是典型的金属,而 I B 族的 Cu 却不能从非氧化性酸中置换出氢气,这可从电极电势值进行分析：$\varphi^{\ominus}(K^+/K)=-2.925$ V$<\varphi^{\ominus}(H^+/H_2)=0$ V,而 $\varphi^{\ominus}(Cu^{2+}/Cu)=0.341\,9$ V$>\varphi^{\ominus}(H^+/H_2)$。

由于副族元素原子最后的电子依次填充在 $(n-1)$d 轨道中,所以同周期的副族元素,依次增加的 d 电子对核的屏蔽作用较大,使有效核电荷增加不明显,所以从左到右原子半径减小较缓慢,化学性质差别不大；同一族自上而下原子半径增加不大,而核电荷却增加较多,对外层电子的吸引力增强,所以金属性降低,其化学性质显得更不活泼。

（2）配位性

副族元素的离子绝大多数有未充满的价电子层轨道,这些轨道的能量相近,成键时容易发生杂化形成杂化轨道而与配位体形成配位键。且副族元素的原子或离子半径较小,核电荷较大,对配位体有较强的吸引力,因此能作为中心原子或离子与配位体结合,形成具有一定稳定性的配位化合物。如$[Co(NH_3)_6]Cl_3$、$K_4[Fe(CN)_6]$、$Ni(CO)_4$、$[Cu(NH_3)_4]SO_4$ 等常见配位化合物,其中心原子或离子均为过渡金属。

（3）离子的价态和颜色

过渡金属元素往往存在多种氧化态,它们常具有 $+2$ 氧化态,因为该类元素最外层往往具有一对电子。例如,Fe 的电子构型为 $[Ar]3d^6 4s^2$,Mn 的电子构型为 $[Ar]3d^5 4s^2$,失去最外层一对 4s 电子生成 Fe^{2+} 和 Mn^{2+} 离子。由于 3d 和 4s 能级相近,二价离子不需要很多能量就可以失去一个或多个 3d 电子生成更高价态的离子。故 Mn 有 0、$+2$、$+3$、$+4$、$+6$、7 等多种氧化态。

绝大多数过渡金属元素的水合离子有颜色。这是由于离子的外电子层中有未成对的 d 电子,在形成水合离子时,电子在轨道间发生 d-d 跃迁而表现有颜色。离子最外层为 d^0、d^{10} 类型的水合离子一般是无色的,如 $Ti^{4+}(3d^0)$、$Zn^{2+}(3d^{10})$、$Ag^+(4d^{10})$ 等。

10.2 无机化合物的化学性质

无机化合物种类繁多,包括氧化物、氢化物、酸类、碱类和盐类等。本节仅对常见无机化合物的酸碱性、氧化还原性及其变化规律进行简单介绍。

10.2.1 化合物的酸碱性

(1)氢氧化物的酸碱性

广义上的氢氧化物是指氧元素、氢元素与第三种化学元素组成的三元化合物。氢氧化物一般可以用通式 $R(OH)_n$ 表示,其中 R 代表成酸或成碱元素,氧化数为 n。$R(OH)_n$ 在水溶液中有两种解离方式,表现出的酸碱性也不同。即

$$R—O—H \longrightarrow RO^- + H^+ \qquad 酸式解离,R(OH)_n 显酸性$$
$$R—O—H \longrightarrow R^+ + OH^- \qquad 碱式解离,R(OH)_n 显碱性$$

如果两种解离方式的强度较为接近,$R(OH)_n$ 则表现为两性。在氢氧化物中,可看作存在正离子 R^{n+} 和 H^+ 分别与负离子 O^{2-} 的相互作用。由于 H^+ 半径小,与 O^{2-} 之间的作用力强。若 R^{n+} 的电荷数较高,半径较小,它吸引氧原子电子云的能力更强,则 R—O 键相对地强于 O—H 键,在水溶液中氢氧化物 $R(OH)_n$ 易进行酸式解离,反之则易进行碱式解离。为方便解释离子化合物的一些性质,把电荷数(Z)和离子半径(r)的比值称为离子势,用 Φ 表示,则 $\Phi = Z/r$。根据大量实验结果,人们总结出一个用离子势来判断氢氧化物酸碱性的半定量的经验公式为:

$$\sqrt{\Phi} < 2.2 \qquad 呈碱性$$
$$2.2 < \sqrt{\Phi} < 3.2 \qquad 呈两性$$
$$\sqrt{\Phi} > 3.2 \qquad 呈酸性$$

据此可得出元素周期表中各元素氢氧化物酸碱性的递变规律:

① 同周期的主族元素由左至右,R^{n+} 的电荷数逐渐增加($+1 \rightarrow +7$),而半径依次减小,所以元素最高氧化数的氢氧化物碱性减弱、酸性增强;副族元素具有类似的规律性。

② 同主族由上而下,R^{n+} 的电荷数相同,半径逐渐增大,所以其氢氧化物碱性增强,酸性减弱;副族元素从上至下,相同氧化数的氢氧化物碱性增强,酸性减弱,与主族具有相似的规律性。

③ 同一元素所形成的不同氧化态的氢氧化物,高氧化态的酸性较强,低氧化态的碱性较强。例如:

	HClO	HClO$_2$	HClO$_3$	HClO$_4$
$K_a^{\ominus}$	3.0×10^{-5}	1.1×10^{-3}	$\sim 10^3$	$\sim 10^5$
	弱酸	中强酸	强酸	极强酸

以上分析只是经验规律,生产实践中常有例外。因为 $R(OH)_n$ 模型存在理论上的欠

缺,将 R—O 看作离子键,而事实上对于许多氢氧化物来说,具有一定程度的共价性。所以该模型只能用于酸碱性的相对比较,不能用作判断是酸或碱的依据。

(2) 无氧酸的酸碱性

无氧酸主要是指一些元素的氢化物(如 HCl、HBr、H_2S 等),还包括结构和性质上不相同的复杂酸,例如各种类卤素的氢酸 HSCN、HCN 等。配酸也属于无氧酸,如六氰合铁(Ⅱ)酸 $H_4[Fe(CN)_6]$、六氟合硅(Ⅳ)酸 $H_2[SiF_6]$ 等。这些物质酸碱性的强弱,主要由酸根的电荷和半径决定,详见第 4 章酸碱质子理论部分。

(3) 盐的酸碱性

根据酸碱理论,弱酸盐的酸根离子是质子碱(Ac^-、F^-、CO_3^{2-} 等),盐中金属阳离子是路易斯酸(Al^{3+}、Fe^{3+}、Cu^{2+} 等),既能表现碱性又能表现酸性的盐属酸碱两性物质($NaHCO_3$、NH_4Ac 等)。

10.2.2　含氧酸及其盐的氧化还原性

含氧酸氧化还原性的一般规律是:成酸元素的非金属性强,其含氧酸的氧化性亦强;反之,氧化性弱。如氯和氮的含氧酸(HNO_3、HNO_2、HClO、$HClO_4$)多是较强的氧化剂,而硫、磷、碳的含氧酸无氧化性(浓 H_2SO_4 除外),如稀 H_2SO_4、H_3PO_4、H_2CO_3。因为成酸元素的非金属性强,它与氧的电负性差别小,结合成含氧酸根时键能低,因此反应中容易断键脱氧而表现出氧化性。

同一元素所形成的不同氧化数的含氧酸,不一定是成酸元素的氧化数越高,氧化性越强,有时却相反。例如氯的含氧酸的氧化性大小顺序为:

$$HClO > HClO_2 > HClO_3 > HClO_4$$

从结构上分析,氧化性的表现是成酸元素的脱氧过程(氧化数降低),如 $HClO_3$ 中的 Cl^{5+} 对 O 有较大的极化作用,因此 $HClO_3$ 的氧化性比 $HClO_4$ 强。同样 HNO_2 比 HNO_3 较多地表现为氧化性。含氧酸盐的氧化还原性与含氧酸有类似的规律。但由于含氧酸盐作为氧化剂,溶液中的 H^+ 可与脱掉的氧生成水,有利于脱氧反应的进行,所以含氧酸盐在酸性介质中氧化能力最强,而在中性和碱性溶液中氧化能力减弱。例如 $KMnO_4$ 在不同酸碱性介质中的氧化能力如下:

酸性:$MnO_4^- + 8H^+ + 5e \Longleftrightarrow Mn^{2+} + 4H_2O$　　$\varphi^\ominus = 1.51$ V

中性:$MnO_4^- + 2H_2O + 3e \Longleftrightarrow MnO_2 + 4OH^-$　　$\varphi^\ominus = 0.59$ V

碱性:$MnO_4^- + e \Longleftrightarrow MnO_4^{2-}$　　$\varphi^\ominus = 0.56$ V

由此同样可得出结论,含氧酸盐的氧化性低于相应的含氧酸。介质酸性越弱,含氧酸盐的氧化性越低,甚至在强碱性介质中,含氧酸盐表现为还原性,且其还原性常高于相应的含氧酸。例如:

$H_2SO_3 + H_2O \Longleftrightarrow SO_4^{2-} + 4H^+ + 2e$　　$\varphi^\ominus = 0.20$ V

$SO_3^{2-} + 2OH^- \Longleftrightarrow SO_4^{2-} + H_2O + 2e$　　$\varphi^\ominus = -0.90$ V

常用 Na_2SO_3 做显影液的防氧化剂、造纸和纺织工业除氯剂以及食品的漂白剂等。

上述含氧酸盐的氧化还原性,主要是由酸根所表现的,含氧酸盐中金属正离子的氧化还原性(如 Fe^{3+} 的氧化性,Sn^{2+} 的还原性等),详见第 6 章"电极电势的应用"。

10.3　重要无机化合物选述

10.3.1　钾和钠的化合物

钾和钠的化合物常见的有氢氧化物、卤化物、硝酸盐、硫酸盐、碳酸盐、磷酸盐等,大多数是离子型化合物,一般都易溶于水,并与水形成水合离子。K^+ 与 Na^+ 一般不易发生氧化还原反应,难以生成配合物,易形成复盐(如明矾 $KAl(SO_4)_2 \cdot 12H_2O$,光卤石 $KCl \cdot MgCl_2 \cdot 6H_2O$),所以它们是化学情性物质,生理上也无毒性。

一般来说,钠盐和钾盐具有较高的热稳定性,其结晶卤化物在高温时挥发而不分解,硫酸盐在高温时既不挥发也不分解,仅硝酸盐热稳定性较低,加热会分解。

$$2NaNO_3 \xrightarrow{\triangle} 2NaNO_2 + O_2$$

钠盐和钾盐在工农业生产、医疗保健方面有重要应用。如硫酸钠(Na_2SO_4),其水合物为 $Na_2SO_4 \cdot 10H_2O$,俗称芒硝,用作缓泻剂;碳酸钠(Na_2CO_3),俗称苏打或纯碱,它是基本化工原料之一,可用于玻璃、造纸、肥皂、洗涤剂的生产及水(含 Ca^{2+}、Mg^{2+})处理等;碳酸氢钠($NaHCO_3$),又称小苏打或焙碱,常用于发酵粉和治胃酸过多等。氯化钠($NaCl$)是日常生活和工业生产中不可缺少的物质,除供食用外,是制造几乎所有钠、氯化合物的常用原料。我国拥有漫长的海岸线和丰富的内陆盐湖资源,四川自贡地区含有大量食盐的地下卤水,以及储量比自贡大 10 倍的江苏淮安地区的大盐矿,为我国人民生活和工业用盐提供了丰富的原料。

另外,需要特别提及的是,钾是植物的三大营养元素之一。虽然钾在植物体内不参加重要有机物的组成,但它能促进蛋白质的合成,而且对碳水化合物的合成与运输有重大影响。另外,在钾的作用下,细胞原生质的水合程度增加,细胞保水能力增强,能提高作物的抗旱能力,所以在农业生产中合理地使用钾肥是获得高产丰收的重要因素之一。

10.3.2　硼、碳和硅的化合物

碳和硅元素位于ⅣA 族,其原子的价电子层有 4 个电子,得失电子较困难,所以主要形成共价型化合物。硼元素位于ⅢA 族,虽然其原子的价电子层只有三个电子,但由于硼原子半径小(88 pm),核电荷较集中,难于失电子,表现为非金属性较强,以形成共价化合物为主。

(1) 氢化物

碳氢化合物称为烃。由于碳—碳间可形成多重键,并且可形成链状或者环状烃,故烃是一大类有机化合物。硼与硅都能形成氢化物,分别称作硼烷和硅烷,与烷烃不同,硼烷与硅烷不稳定,且链越长越不稳定,在空气中易自燃,甚至发生爆炸。硼烷燃烧时能放出大量的热,是火箭的高能燃料。

（2）硼酸与硼砂

硼酸（H_3BO_3，$K_a^\ominus = 7.3 \times 10^{-10}$）属于一元弱酸，在水溶液中之所以呈酸性，是由于硼酸中硼是缺电子的，具有空轨道，能接受 H_2O 解离出的具有孤电子对的 OH^-，以配位键形成 $[B(OH)_4]^-$：

$$H_3BO_3 + 2H_2O \Longrightarrow [B(OH)_4]^- + H_3O^+$$

硼酸盐有偏硼酸盐、正硼酸盐和多硼酸盐等多种，最重要的是四硼酸钠，俗称硼砂，其化学式为 $Na_2B_4O_7 \cdot 10H_2O$。在农业生产中硼酸和硼砂是重要的硼肥。另外，硼酸主要用于搪瓷和玻璃工业，还可以作为食物防腐剂和医用消毒剂。在实验室中常用硼砂作为标定酸浓度的基准物质及配制缓冲溶液的试剂。硼砂在分析化学上可用来检定金属离子，如将铁、钴、镍、锰等金属氧化物灼烧熔解在硼砂熔体中，依据不同金属呈现不同的特征颜色进行鉴别，称为硼砂珠试验。

$$Na_2B_4O_7 + CoO \Longrightarrow Co(BO_2)_2 \cdot 2NaBO_2$$
（蓝色）

$$Na_2B_4O_7 + MnO \Longrightarrow Mn(BO_2)_2 \cdot 2NaBO_2$$
（绿色）

（3）碳的含氧化合物

CO 和 CO_2 是碳的主要氧化物。

① 一氧化碳

CO 是无色无味的剧毒气体。空气中 CO 的体积分数为 0.1% 时，就会使人中毒，原因是它能与血液中携带 O_2 的血红蛋白结合，破坏血液的输氧功能。在 CO 分子中，C 与 O 通过一个 σ 键，二个 π 键相连，二个 π 键中有一个是由 O 原子提供一对孤电子形成的 π 配键，其结构式可表示为：C≡O：。由于 C 原子上有一对孤电子对，CO 可作为配体，能与一些具有空轨道的金属原子或离子形成配合物，称之为金属羰合物，如四羰基合镍 $Ni(CO)_4$。工业上利用铁、镍等金属与 CO 形成挥发性羰基配合物而与杂质分离，然后再加热使之分解，可以制得高纯度的金属。

CO 是一种良好的气体燃料，也是重要的化工原料，在冶金工业上用作还原剂。

$$Fe_2O_3 + 3CO \Longrightarrow 2Fe + 3CO_2$$

② 二氧化碳

CO_2 无色无味，比空气重，较易溶于水。大气中 CO_2 的正常含量约为 0.03%（体积分数）。CO_2 主要来自煤、石油气及其他含碳化合物的燃烧、碳酸钙的分解、动植物的呼吸过程及发酵过程。自然界通过植物的光合作用和海洋中的浮游生物可将 CO_2 转变为 O_2，维持着大气中 CO_2 和 O_2 的平衡。

固态 CO_2 又称为干冰，在 195 K 以上直接升华，可用作制冷剂（最低温度可达到 203 K）。CO_2 大量用于生产 Na_2CO_3、$NaHCO_3$、NH_4HCO_3，也用作灭火剂、防腐剂和灭虫剂的原料。

碳酸盐在建筑、化工、食品等领域中有较重要的应用。

（4）硅的含氧化合物

① 硅的氧化物及含氧酸

SiO_2 是典型的原子晶体，硬度大、熔点高，可用来制造石英玻璃。这种玻璃膨胀系数小，能透过紫外线，常用来制造高温仪器和紫外灯管。H_2SiO_3 在一定条件下能形成硅胶，它是一种高度分散的多孔性物质，吸附能力很强，常用作吸附剂、干燥剂和催化剂的载体。例如，实验室常用变色硅胶做精密仪器的干燥剂。变色硅胶内含有 $CoCl_2$，无水时 $CoCl_2$ 呈蓝色，含水时 $[Co(H_2O)_6]^{2+}$ 呈粉红色。利用氯化钴颜色的变化，可判断硅胶的吸湿情况。粉红色的硅胶表明失去吸湿能力，需要烘烤、脱水变成蓝色后，才重新恢复吸湿能力。

② 硅酸盐

二氧化硅与不同比例的碱性氧化物共熔，可得到若干确定组成的硅酸盐，其中最简单的是偏硅酸盐和正硅酸盐。例如碱金属的硅酸盐：

$$SiO_2 + M_2O =\!=\!= M_2SiO_3$$
$$SiO_2 + 2M_2O =\!=\!= M_4SiO_4$$

所有硅酸盐中，仅碱金属的硅酸盐可溶于水。重金属的硅酸盐难溶于水，并具有特征颜色。例如：

$CuSiO_3$　　　$CoSiO_3$　　　$MnSiO_3$　　$Al_2(SiO_3)_3$　　$NiSiO_3$　　$Fe_2(SiO_3)_3$

蓝绿色　　　　紫色　　　　浅红色　　　无色透明　　　翠绿色　　　棕红色

如果在透明的 Na_2SiO_3 溶液中，分别加入颜色不同的重金属盐固体，静置几分钟后，可以看到各种颜色的难溶重金属硅酸盐犹如"树""草"一样不断生长，形成美丽的"水中花园"。

工业上将石英砂与碳酸钠熔融即得玻璃状的硅酸钠熔体，它能溶于水，其水溶液俗称水玻璃，又称"泡花碱"。市售的水玻璃为黏稠状溶液，其 Na_2O 与 SiO_2 物质的量之比一般为 1∶3.3。水玻璃的用途非常广泛，其可作为纺织、造纸、制皂、铸造等工业的重要原料，此外，还可作为清洁剂、黏合剂、胶合剂等的材料。

10.3.3　氮、磷和砷的化合物

氮和磷被称为生命元素，其化合物在生命活动中具有重要意义。砷主要用于制造农药。

（1）氨与铵盐

通常条件下 NH_3 为无色气体，有特殊刺激臭味。氨分子间存在氢键，熔沸点比较高。氨的蒸发热也很大，所以液氨常用来做制冷剂。NH_3 与水分子间能形成氢键，因此极易溶于水，20 ℃时 1 体积水可溶解 700 体积的氨。随温度升高，氨在水中溶解度下降。氨的水溶液称为氨水，呈弱碱性，是重要的化学氮肥之一。

NH_3 分子空间构型为三角锥形，氮原子上有一对孤对电子，可与许多金属离子配位形成氨配合物，如 $[Ag(NH_3)_2]Cl$、$[Cu(NH_3)_4]SO_4$ 等，使一些不溶于水的化合物如 $AgCl$、$Cu(OH)_2$ 等溶解在氨水中。

氨与酸中和反应得到铵盐,由于 NH_4^+ 半径大小介于 K^+ 与 Rb^+ 之间,因此铵盐在许多性质上与钾盐、铷盐相似,如溶解度、晶型等。铵盐都是白色晶体,能溶于水,在水溶液中完全解离,与碱作用放出氨气。固体铵盐受热分解,分解产物依组成铵盐的酸不同而不同。

氧化性酸的铵盐,受热后分解生成 N_2 及氮的氧化物:

$$5NH_4NO_3 \stackrel{\triangle}{=\!=\!=} 4N_2 + 9H_2O + 2HNO_3$$

挥发性酸的铵盐,受热后分解生成 NH_3 及挥发性酸:

$$NH_4Cl \stackrel{\triangle}{=\!=\!=} NH_3 + HCl$$

非挥发性酸的铵盐,受热后分解出 NH_3:

$$(NH_4)_2SO_4 \stackrel{\triangle}{=\!=\!=} NH_3 + NH_4HSO_4$$

铵盐是重要的化学氮肥,常用的有 $(NH_4)_2SO_4$、NH_4HCO_3 和 NH_4NO_3。NH_4NO_3 还可以用来制作炸药。

（2）亚硝酸及其盐

亚硝酸是一种弱酸,游离的亚硝酸只存在于水溶液中,溶液呈淡蓝色。亚硝酸很不稳定易分解:

$$3HNO_2 =\!=\!= HNO_3 + 2NO + H_2O$$

所以 HNO_2 只能以冷的稀溶液存在,使用时一般用 $NaNO_2$ 和 HCl 临时制备。

亚硝酸盐比较稳定,特别是 IA、IIA 族金属及 NH_4^+ 的亚硝酸盐,都有很高的热稳定性。除浅黄色的 $AgNO_2$ 外,亚硝酸盐一般易溶于水。亚硝酸盐均有毒,是致癌物质。我国国家标准限定,肉类食品中亚硝酸钠的含量不得超过 $0.15\ g \cdot kg^{-1}$,所以饮水和腌制食品要严格限制亚硝酸盐的含量。

亚硝酸盐既有氧化性又有还原性,一般无论介质的酸碱性,其氧化性均强于还原性,且随着介质酸性的增强,氧化性明显增强。例如：NO_2^- 可以氧化 I^-,而 NO_3^- 不能。

$$4H^+ + 2NO_2^- + 2I^- =\!=\!= 2NO + I_2 + 2H_2O$$

该反应进行得很完全,可用于测定亚硝酸盐的含量。亚硝酸盐也是一种工业原料,大量用于染料工业和有机合成工业。

（3）硝酸和硝酸盐

HNO_3 是三大强酸之一。纯净的 HNO_3 为无色透明油状液体,见光或受热会发生分解:

$$4HNO_3 =\!=\!= 4NO_2 + 2H_2O + O_2$$

上述反应生成的 NO_2 为棕色气体,溶于硝酸中使之变为黄色,所以纯硝酸在放置过程中会慢慢变黄。溶入 NO_2 的纯硝酸称为发烟硝酸。

HNO_3 是强氧化剂,能把许多非金属氧化成相应的酸（如 S 氧化成 H_2SO_4,P 氧化成 H_3PO_4）,一般金属除了 Au 和 Pt 外,都能与 HNO_3 反应生成硝酸盐。但 Fe、Ca、Cr、Al 等金属易溶于稀硝酸却不溶于冷的浓硝酸,因表面生成一层致密的氧化物薄膜,阻止了金属被进一步氧化。HNO_3 的还原产物一般为 NO,浓 HNO_3 可被还原为 NO_2,活泼金属可把稀 HNO_3 还原成铵盐。

浓硝酸和浓盐酸的混合物（体积比 1：3）称为王水,是一种比 HNO_3 更强的氧化剂,能够溶解金和铂：

$$Au + HNO_3 + 3HCl \Longrightarrow AuCl_3 + NO + 2H_2O$$

$$AuCl_3 + HCl \Longrightarrow H[AuCl_4]$$

$$3Pt + 4HNO_3 + 12HCl \Longrightarrow 3PtCl_4 + 4NO + 8H_2O$$

$$PtCl_4 + 2HCl \Longrightarrow H_2[PtCl_6]$$

王水的强氧化性是因为含有 HNO_3、$NOCl$、Cl_2 等强氧化剂：

$$HNO_3 + 3HCl \Longrightarrow NOCl + Cl_2 + 2H_2O$$

同时，系统中高浓度的 Cl^- 可与金属离子形成稳定的配离子，如 $[PtCl_6]^{2-}$、$[AuCl_4]^-$，有利于反应向金属溶解的方向进行。

硝酸盐大多是无色易溶于水的晶体，其水溶液没有氧化性。硝酸盐在常温下较稳定，但在高温时固体硝酸盐会分解放出 O_2 表现出氧化性，因此可用于制造火药和焰火。

NH_4NO_3、$Ca(NO_3)_2$、KNO_3 等是农业生产中常用的硝态氮肥。

（4）磷酸和磷酸盐

P_2O_5 溶于水生成磷酸 H_3PO_4，纯磷酸为无色晶体。市售磷酸为黏稠状浓溶液，含 H_3PO_4 约 83%。磷酸是无氧化性、无挥发性的三元中强酸。磷酸的配位能力很强，能和许多金属离子形成配合物。如 Fe^{3+} 与 H_3PO_4 反应可生成无色配合物 $H[Fe(HPO_4)_2]$、$H_3[Fe(PO_4)_2]$ 等，利用这一性质，分析化学上常用 H_3PO_4 掩蔽 Fe^{3+} 离子。浓磷酸能溶解钨、锆、硅、硅化铁等，并与它们形成配合物。磷酸受热脱水可形成焦磷酸、三磷酸和四偏磷酸等。

$$2H_3PO_4 \Longrightarrow H_4P_2O_7（焦磷酸）+ H_2O$$

$$3H_3PO_4 \Longrightarrow H_5P_3O_{10}（三磷酸）+ 2H_2O$$

$$4H_3PO_4 \Longrightarrow (HPO_3)_4（四偏磷酸）+ 4H_2O$$

焦磷酸、三磷酸和四偏磷酸都属于多磷酸，它们由数目不同的单磷酸分子脱水后通过氧原子连接起来。如果磷氧链继续增长，可得到高聚磷酸或高聚磷酸盐。高聚磷酸盐在工业上有重要应用，如高聚磷酸钠具有显著的吸附 Ca^{2+}、Mg^{2+} 的能力，常用作锅炉用水的软化剂。

磷酸盐有正盐和酸式盐。其中磷酸二氢盐一般都溶于水，其余的盐除钾、钠、铵盐外都难溶于水。用适量的硫酸处理磷酸钙，得到磷酸二氢钙 $Ca(H_2PO_4)_2$，是化学磷肥的主要成分，在农业生产上有重要用途：

$$Ca_3(PO_4)_2 + 2H_2SO_4 \Longrightarrow Ca(H_2PO_4)_2 + 2CaSO_4$$

此反应所生成的混合物可直接用作肥料，其有效成分是 $Ca(H_2PO_4)_2$，易溶于水，能很好地被植物吸收。施肥时要注意保持有效成分的可溶性不变，即土壤 pH 值一般在 6.5～7.5 之间。因 pH$<$5.5 时，土壤中 Fe^{3+}、Al^{3+} 等离子浓度会加大，使磷肥因生成相应磷酸盐沉淀而失效。

（5）砷的化合物

As_2O_3 是重要的砷化合物，它是白色晶体，加热时易升华成白霜状，故又称砒霜。As_2O_3 有剧毒，主要用于制造杀虫剂、除草剂等。砷的化合物一般均有毒性，使用时需要特别小心。

As₂S₃ 和 As₂S₅ 都是难溶于水和酸的黄色沉淀，但可溶于 Na₂S 溶液而生成硫代酸盐（Na₃AsS₃ 和 Na₃AsS₄），硫代酸盐与酸反应生成硫代酸，硫代酸很不稳定，立即分解为硫化物沉淀并放出 H_2S，分析化学上常利用这一性质将砷的硫化物与其他金属硫化物分开。

10.3.4　氧和硫的化合物

（1）过氧化氢

纯过氧化氢（H_2O_2）是一种淡蓝色的黏稠液体，能与水以任意比例混合。市售的 30% H_2O_2 水溶液，俗称双氧水。由于 H_2O_2 分子间的缔合作用，导致其熔沸点较高（熔点 272.26 K，沸点 427.25 K），密度约比水重 40%。自然界中 H_2O_2 存在量很少，仅微量存在于雨雪和某些植物汁液中。在医药医学上，H_2O_2 除了可以用于合成维生素 B_1、B_2 以及激素类药物外，还常用 3% 的 H_2O_2 水溶液杀菌消毒。化学化工上，过氧化氢可用作漂白剂，作为合成有机过氧化物的原料。另外，H_2O_2 还可以作为食品工业的消毒剂、燃料电池的燃料、防毒面具的氧源以及液体燃料推进剂等。

H_2O_2 呈弱酸性（$K_{a1}^{\ominus} = 2.4 \times 10^{-12}$，$K_{a2}^{\ominus} = 1.0 \times 10^{-25}$），能与氨生成加合物 $NH_3 \cdot H_2O_2$。

H_2O_2 中的过氧键（—O—O—）键能较低（138 kJ·mol⁻¹），容易断裂，常温下可分解：

$$2H_2O_2(l) = 2H_2O(l) + O_2(g)$$

$$\Delta_r H_m^{\ominus} = -293.2 \text{ kJ·mol}^{-1}$$

由于该反应 $\Delta_r H_m^{\ominus} < 0$，$\Delta_r S_m^{\ominus} > 0$，所以标准状态任意温度下 H_2O_2 都能自发分解，在光照或高温条件下反应剧烈进行，所以实验室中 H_2O_2 应盛于棕色瓶中，并放于暗处。

H_2O_2 既具有氧化性又有还原性。H_2O_2 属于较强的氧化剂，可以被一些还原剂还原为 H_2O。例如：

$$2Fe^{2+} + H_2O_2 + 2H^+ = 2Fe^{3+} + 2H_2O$$

$$4H_2O_2 + PbS(黑色) = 4H_2O + PbSO_4(白色)$$

H_2O_2 氧化 PbS 的反应常用于油画的漂白。但 H_2O_2 遇到强氧化剂时，又表现出还原性。例如：

$$5H_2O_2 + 2KMnO_4 + 3H_2SO_4 = 2MnSO_4 + 5O_2 + K_2SO_4 + 8H_2O$$

（2）硫的含氧化合物

硫的氧化物有多种，如 S_2O、SO、S_2O_3、SO_2、SO_3、SO_4 等，其中最重要的是 SO_2 和 SO_3。SO_2 分子中，S 原子采取 sp^2 杂化，分子呈 V 形，键角 120°。硫在空气中燃烧即得到 SO_2，许多金属的硫化物矿灼烧时放出 SO_2。SO_2 是无色有刺激臭味的有毒气体，易溶于水，与水作用生成 H_2SO_3，空气中其限量标准是 20 mg·m⁻³。

H_2SO_3 为二元弱酸（$K_{a1}^{\ominus} = 1.52 \times 10^{-2}$，$K_{a2}^{\ominus} = 1.02 \times 10^{-7}$），只能存在于水溶液中。$SO_2$ 与 H_2SO_3 及盐都具有氧化性，但更主要的是还原性，是工业上常用的还原剂、漂白剂、消毒杀菌剂，SO_2 还大量用于制备 SO_3。

SO$_3$分子中,S原子同样采取sp^{2}杂化,分子为平面三角形。纯净的SO$_3$是无色易挥发的针状固体,极易吸收水分,与水化合生成硫酸(H$_2$SO$_4$)。纯H$_2$SO$_4$是一种无色、无味、黏稠的油状液体,浓H$_2$SO$_4$具有很强的腐蚀性,与水有极强的亲和力。当浓H$_2$SO$_4$与水混合时,放出大量的热。因此稀释浓H$_2$SO$_4$时,应将其以细流的形式注入水中,并不断搅拌。若将水倾入浓H$_2$SO$_4$中会因剧烈放热而引起爆炸,或使H$_2$SO$_4$飞溅出容器而造成危险。

H$_2$SO$_4$的重要性质是其脱水性和强氧化性,常用作一些不与浓硫酸起反应的物质(如Cl$_2$、H$_2$、CO$_2$等气体)的干燥剂。热的浓H$_2$SO$_4$不仅可以氧化非金属,还可以氧化非活泼金属,如:

$$Cu+2H_2SO_4(浓)\!=\!\!=\!\!=CuSO_4+SO_2+2H_2O$$

H$_2$SO$_4$是一种重要的化工原料,往往用硫酸的年产量来衡量一个国家的化工生产能力。硫酸用于肥料工业中生产过磷酸钙和硫酸铵,还大量用于石油的精炼、炸药的生产,以及制造各种矾、染料和药物等。

硫酸盐有正盐和酸式盐两大类。硫酸盐大多数易溶于水,只有Ag$_2$SO$_4$、CaSO$_4$、BaSO$_4$、PbSO$_4$等少数溶解度较小。酸式盐中仅碱金属(Na、K)能形成稳定的固态,并且都易溶于水。可溶性硫酸盐从溶液中析出的晶体常带有结晶水。如CuSO$_4$·5H$_2$O、FeSO$_4$·7H$_2$O、Na$_2$SO$_4$·10H$_2$O等。含结晶水的可溶性硫酸盐又称作矾,如CuSO$_4$·5H$_2$O称蓝矾,又叫胆矾,可用作消毒杀菌剂,为农药波尔多液的重要成分;KAl(SO$_4$)$_2$·12H$_2$O称作明矾,可用作净水剂、造纸填充剂和媒染剂等;FeSO$_4$·7H$_2$O称作绿矾,可用作农药和工业原料。

10.3.5   卤素化合物

(1)氢卤酸

卤化氢的通式为HX,室温下皆为无色有刺鼻臭味的气体。HX在空气中会"冒烟",是因为卤化氢与空气中水蒸气结合形成了酸雾。HX为极性分子,在水中溶解度很大,其水溶液称为氢卤酸。除氢氟酸外其余都是强酸,酸性强弱为HF<HCl<HBr<HI。氢氟酸的弱酸性($K_a^{\ominus}=3.53\times10^{-4}$)与H—F键能较大和氢键产生的分子缔合现象有关。

氢氯酸又称盐酸,纯盐酸是无色液体,工业盐酸因含有FeCl$_3$等杂质而带黄色。浓盐酸一般约含37%的HCl,密度ρ为1.19 g·cm^{-3},浓度约为12 mol·L^{-1}。

氢卤酸中氢氟酸和盐酸具有较大的实用意义。盐酸是重要的化工生产原料,常用来制备金属氯化物、苯胺和染料等产品。盐酸在冶金、石油、印染、皮革、食品及医药工业均有广泛的应用。

无论HF气体还是氢氟酸溶液都能够和SiO$_2$反应生成气态SiF$_4$。

$$4HF+SiO_2\!=\!\!=\!\!=2H_2O+SiF_4(g)$$

利用这一反应,氢氟酸被广泛用于分析化学上测定石英砂等矿物中SiO$_2$的含量,还用于在玻璃器皿上刻蚀标记和花纹。通常氢氟酸储存在塑料质或内涂石蜡的容器中。

卤化氢与氢卤酸都是有毒的物质,对呼吸系统有强烈的刺激作用。

(2)卤素含氧酸

卤素含氧酸简称卤酸,卤素中除氟的含氧酸只有次氟酸 HFO 外,其他卤素均可以生成次卤酸 HXO、亚卤酸 HXO$_2$、卤酸 HXO$_3$ 和高卤酸 HXO$_4$ 等一系列含氧酸。在这些卤酸及其盐中,中心卤原子一般采取 sp^3 杂化,氧化数皆为正值,因此卤酸都具有氧化性,反应后被还原为 X$_2$ 或 X$^-$。所有的卤酸及固体卤酸盐都是强氧化剂,特别是 KClO$_3$,它与易燃物质如碳、硫等混合,受到撞击即发生猛烈爆炸,常用于制造火柴、炸药、信号弹等。

HClO$_4$ 是常用的分析试剂,是最强的无机酸,也是强氧化剂。高氯酸盐绝大多数都易溶于水,但 KClO$_4$、RbClO$_4$、CsClO$_4$ 溶解度较小,分析化学中利用这一性质定量测定钾的含量。HBrO$_4$ 和 HIO$_4$ 也属于强酸和强氧化剂,尤其 HIO$_4$ 是常用的分析试剂,因为高碘酸和一些试剂的反应平稳又迅速,便于控制。例如 HIO$_4$ 可将 Mn^{2+} 氧化成 MnO$_4^-$ 离子:

$$2Mn^{2+} + 5IO_4^- + 3H_2O =\!=\!= 2MnO_4^- + 5IO_3^- + 6H^+$$

10.3.6　铁、钴和镍的化合物

（1）铁、钴和镍的氧化物

铁、钴和镍均能形成氧化数为 +2 和 +3 的氧化物,它们具有不同的颜色:

FeO	CoO	NiO	Fe$_2$O$_3$	Co$_2$O$_3$	Ni$_2$O$_3$
（黑色）	（灰绿色）	（暗绿色）	（砖红色）	（黑褐色）	（黑色）

铁除了生成 +2 和 +3 的氧化数外,还能形成混合价态的氧化物 Fe$_3$O$_4$。铁、钴和镍的氧化物均能溶于强酸生成相应的盐,但不能溶于水和碱,属于碱性氧化物。+3 价氧化物的氧化能力按铁、钴和镍的次序递增,但是稳定性却依次降低。

Fe$_2$O$_3$ 俗称铁红,具有很强的着色能力,经常用作陶瓷和涂料的颜料,还可以作为磨光剂和某些反应的催化剂。Fe$_3$O$_4$ 是黑色的强磁性物质,又称磁性氧化铁,可用作磁性材料。

Co$_2$O$_3$ 和 Ni$_2$O$_3$ 具有强氧化性,是制备高温陶瓷颜料的重要原料。

（2）铁、钴和镍的氢氧化物

在隔绝空气的情况下,向 Fe^{2+}、Co^{2+} 和 Ni^{2+} 的溶液中加碱分别得到白色 Fe(OH)$_2$、粉红色 Co(OH)$_2$ 和绿色 Ni(OH)$_2$ 沉淀。

$$M^{2+} + 2OH^- =\!=\!= M(OH)_2$$

Fe(OH)$_2$ 极易被空气中的 O$_2$ 氧化成红棕色的 Fe(OH)$_3$,Co(OH)$_2$ 也可以被缓慢氧化成棕黑色的 Co(OH)$_3$。Ni(OH)$_2$ 不能被空气中的 O$_2$ 所氧化,需要在强碱性条件下加入较强的氧化剂才能得到黑色的 Ni(OH)$_3$ 沉淀。

$$2Ni(OH)_2 + NaClO + H_2O =\!=\!= 2Ni(OH)_3 + NaCl$$

除 Fe(OH)$_3$ 外,Fe、Co、Ni 的氢氧化物均呈碱性,新沉淀的 Fe(OH)$_3$ 有明显的两性,既能溶于酸,也能溶于强碱溶液。

$$Fe(OH)_3 + KOH =\!=\!= KFeO_2 + 2H_2O$$

（3）铁、钴和镍的盐

Fe、Co、Ni 的二价强酸盐几乎都易溶于水,并伴随微弱水解而使溶液呈弱酸性,如硫酸盐、硝酸盐和氯化物。但其碳酸盐、磷酸盐及硫化物等弱酸盐都难溶于水。

$NiSO_4 \cdot 7H_2O$ 是重要的镍化合物,大量用于电镀等行业。铁、钴和镍的硫酸盐均能和碱金属或铵的硫酸盐形成复盐,比如硫酸亚铁铵 $(NH_4)_2SO_4 \cdot FeSO_4 \cdot 6H_2O$,俗称莫尔盐,比 $FeSO_4 \cdot 7H_2O$ 稳定,不易被氧化,在化学分析中经常用来配制 Fe(II)标准溶液,作为还原剂标定 $KMnO_4$ 等标准溶液。

Co^{3+} 和 Ni^{3+} 具有强氧化性,只有 Fe^{3+} 能形成稳定的可溶性盐,如橘黄色的 $FeCl_3 \cdot 6H_2O$ 和淡紫色的 $Fe(NO_3)_3 \cdot 9H_2O$。Fe^{3+} 的氧化能力比较弱,只能在酸性介质中氧化一些较强的还原剂。工业上常用浓 $FeCl_3$ 溶液在铁制品上刻蚀字样,或在铜板上腐蚀出印刷电路:

$$2FeCl_3 + Fe = 3FeCl_2$$
$$2FeCl_3 + Cu = 2FeCl_2 + CuCl_2$$

10.3.7 铜、银、锌和汞的化合物

10.3.7.1 铜的重要化合物

(1) 氧化物和氢氧化物

$CuSO_4$ 和 NaOH 溶液反应可得到蓝色的 $Cu(OH)_2$ 沉淀,沉淀受热会分解成黑色的 CuO,在强热的条件下,CuO 还会进一步分解成暗红色的 Cu_2O。

$$4CuO \xrightarrow{1\,000\ ℃} 2Cu_2O + O_2$$

CuO 常用作玻璃、陶瓷、搪瓷的颜料,光学玻璃的磨光剂、油类的脱硫剂以及有机合成的氧化剂等。

$Cu(OH)_2$ 呈两性,既能溶于酸,又能溶于过量的浓碱而生成蓝色的 $[Cu(OH)_4]^{2-}$。

$$Cu(OH)_2 + 2NaOH = Na_2[Cu(OH)_4]$$

$Cu(OH)_2$ 还能溶于氨水,生成深蓝色的 $[Cu(NH_3)_4]^{2+}$。

在碱性溶液中,一些温和的还原剂,比如含有醛基的葡萄糖,能够将 Cu(II)还原成 Cu_2O。

$$2[Cu(OH)_4]^{2-} + C_6H_{12}O_6 = Cu_2O + 4OH^- + C_6H_{12}O_7 + 2H_2O$$

有机分析中经常利用上述反应测定醛,医学上常利用此反应检查尿糖,以诊断糖尿病。Cu_2O 常用于制造船舶底漆、红玻璃和红瓷釉,在农业上用作杀菌剂。Cu_2O 还具有半导体的性质,用于制造亚铜整流器。

(2) 铜盐

常见铜盐有硫化物、卤化物、硫酸盐及硝酸盐等。向 Cu(II)盐溶液中通入 H_2S 气体会有黑色的 CuS 沉淀析出,CuS 难溶于水和稀盐酸,但可溶解在热硝酸中。工业上 CuS 常被用作涂料和颜料。$CuSO_4$ 溶液中加入 $Na_2S_2O_3$ 溶液并加热,可得到硫化亚铜 Cu_2S 沉淀。

$$2CuSO_4 + 2Na_2S_2O_3 + 2H_2O = Cu_2S + S + 2Na_2SO_4 + 2H_2SO_4$$

分析化学上利用此反应去除铜杂质。无水 $CuSO_4$ 为白色粉末,易溶于水,吸水性很强,且吸水后呈现特征的蓝色,但不溶于乙醇和乙醚,利用这一性质可检验有机液体中微量水分。

硫酸铜是一种非常重要的化学原料,广泛用于电镀、电池等工业中。硫酸铜水溶液具有较强的杀菌能力,在水池或者水稻田中可以防止藻类的滋生。

无水 $CuCl_2$ 呈棕黄色,易溶于水,其水溶液为浅蓝色;也易溶于乙醇、丙酮等有机溶剂。$CuCl$ 为白色难溶化合物,在空气中吸潮后变绿,并且能够溶于氨水。$CuCl$ 是亚铜盐中最重要的化合物,用于制造玻璃、陶瓷用颜料、消毒剂、媒染剂以及有机合成中的催化剂和还原剂、石油工业的脱硫剂和脱色剂等。

10.3.7.2　银的重要化合物

（1）氧化物和氢氧化物

$AgNO_3$ 溶液中加入 $NaOH$,首先析出极不稳定的白色 $AgOH$ 沉淀,它立即脱水转为棕黑色的 Ag_2O。

$$2AgOH =\!\!=\!\!= Ag_2O + H_2O$$

Ag_2O 具有较强的氧化性,与有机物摩擦可引起燃烧,能氧化 CO、H_2O_2,本身被还原为单质银。

$$Ag_2O + H_2O_2 =\!\!=\!\!= 2Ag + O_2 + H_2O$$

Ag_2O 与 MnO_2、Co_2O_3、CuO 的混合物在室温下能将 CO 迅速氧化为 CO_2,因此被用于防毒面具中。

（2）银盐

硝酸银是最重要的可溶性银盐。$AgNO_3$ 具有氧化性,遇微量有机物即被还原成单质银,这是皮肤或衣服沾上 $AgNO_3$ 后渐渐变成紫黑色的原因。$AgNO_3$ 见光易分解,所以要用棕色瓶来储存。

$$2AgNO_3 =\!\!=\!\!= 2Ag + 2NO_2\uparrow + O_2\uparrow$$

卤化银也是常见的银盐,除 AgF 易溶于水外,$AgCl$、$AgBr$ 和 AgI 难溶于水,且其溶解度依次减小。$AgCl$、$AgBr$ 和 AgI 见光易分解。

$$2AgX =\!\!=\!\!= 2Ag + X_2（X=Cl、Br、I）$$

利用这一性质,可以将卤化银用作感光材料。比如 $AgBr$ 常用于制造黑白照相底片和相纸。AgI 还常用于人工降雨中的冰核形成剂。

10.3.7.3　锌的重要化合物

锌在常见化合物中氧化数表现为 $+2$,Zn_2^{2+} 极不稳定,仅在熔融的氯化物中溶解金属时生成,在水溶液中立即歧化成 Zn^{2+} 和 Zn。

（1）氧化锌和氢氧化锌

氧化锌 ZnO 为白色粉末,俗名锌白,是优良的白色颜料,也是橡胶制品的增强剂。由于 ZnO 无毒,且具有一定的收敛和杀菌作用,故大量用于医用橡皮软膏。ZnO 也是制备各种锌化合物的基本原料。

ZnO 不溶于水,但可以溶于酸或碱中,是两性氧化物:

$$ZnO + 2HCl =\!\!=\!\!= ZnCl_2 + H_2O$$

$$ZnO + 2NaOH =\!\!=\!\!= NaZnO_2 + H_2O$$

氢氧化锌 $Zn(OH)_2$ 同样为白色粉末,不溶于水,具有两性,在水溶液中有两种离解方式:

$$Zn^{2+} + 2OH^- \rightleftharpoons Zn(OH)_2$$
（碱式解离）

$$Zn(OH)_2 + 2H_2O \rightleftharpoons [Zn(OH)_4]^{2-} + 2H^+$$
（酸式解离）

（2）锌盐

常见的锌盐有 $ZnCl_2$、$ZnSO_4$ 和 ZnS 等。$ZnCl_2$ 为白色固体，在水中溶解度较大，吸水性很强，故无水 $ZnCl_2$ 在有机合成中常用作脱水剂。$ZnCl_2$ 是一种重要的化工原料，可用作石油净化剂和活性炭活化剂，还广泛用于干电池、电镀、医药以及木材防腐等领域。

$ZnCl_2$ 的浓溶液，由于生成配合酸——羟基二氯配锌酸而具有显著的酸性（如 6 mol·L^{-1} $ZnCl_2$ 溶液 pH=1）。

$$ZnCl_2 + H_2O \longrightarrow H[ZnCl_2(OH)]$$

羟基二氧配锌酸能溶解金属氧化物，常将这一特性用于电焊除锈。如在用锡焊接金属之前，用 $ZnCl_2$ 浓溶液清除金属表面的氧化物，且不会损害金属表面。

硫酸锌（$ZnSO_4·7H_2O$）俗称皓矾，大量用于制备锌钡白（立德粉）。锌钡白是 ZnS 和 $BaSO_4$ 的混合物，它由 $ZnSO_4$ 和 BaS 经复分解反应得到。

$$ZnSO_4 + BaS \longrightarrow ZnS·BaSO_4$$

ZnS 可用作白色颜料，如将 ZnS 在 H_2S 气体中灼烧可转变为晶体。若在晶体中加入微量的 Cu、Mn、Ag 做活化剂，经光照后能发出不同颜色的荧光，这种材料叫荧光粉，可制作荧光屏、夜光表、发光油漆等。

10.3.7.4 汞的重要化合物

汞能形成氧化数为 +1 和 +2 的化合物。

（1）氧化汞

氧化汞 HgO 有红色和黄色两种变体，都不溶于水，有毒，加热到 500 ℃ 时分解为汞和氧气。在汞盐中加入碱可得到黄色 HgO，这是由于生成的 $Hg(OH)_2$ 极不稳定，立即脱水分解。红色 HgO 一般由硝酸汞受热分解制得：

$$Hg^{2+} + 2OH^- \longrightarrow HgO\downarrow（黄色）+ H_2O$$

$$2Hg(NO_3)_2 \xrightarrow{\Delta} 2HgO\downarrow（红色）+ 4NO_2\uparrow + O_2\uparrow$$

黄色 HgO 受热可变成红色 HgO，两者的晶体结构相同，只是晶粒大小不同，黄色细小。HgO 是制备汞盐的原料，还用作医药试剂、陶瓷颜料等。

（2）氯化汞和氯化亚汞

氯化汞（$HgCl_2$）为白色针状晶体，微溶于水，有剧毒，内服 0.2～0.4 g 可致死。医院里用 $HgCl_2$ 的稀溶液做手术刀剪等的消毒剂。氯化汞熔融时不导电，易升华，故称升汞。$HgCl_2$ 在水溶液中只有微弱解离，大量以 $HgCl_2$ 分子形式存在。在 $HgCl_2$ 溶液中加氨水即析出白色氨基氯化汞沉淀 $Hg(NH_2)Cl$。在酸性溶液中 $HgCl_2$ 是较强的氧化剂，与适量 $SnCl_2$ 反应时，生成白色丝状 Hg_2Cl_2 沉淀；如 $SnCl_2$ 过量，Hg_2Cl_2 会进一步还原生成金属汞，沉淀变黑，分析化学上常用此现象来检验 Hg^{2+} 或 Sn^{2+} 的存在。反应如下：

$$2HgCl_2 + Sn^{2+} + 4Cl^- \longrightarrow Hg_2Cl_2 + [SnCl_6]^{2-}$$

$$Hg_2Cl_2 + Sn^{2+} + 4Cl^- \longrightarrow 2Hg + [SnCl_6]^{2-}$$

氯化亚汞(Hg_2Cl_2),是一种微溶于水的白色粉末,无毒,略带甜味,俗称甘汞,在医药上用作轻泻剂,在化学上用来制造甘汞电极。Hg_2Cl_2 可由 $HgCl_2$ 和 Hg 在一起研磨而得。

$$HgCl_2 + Hg \longrightarrow Hg_2Cl_2$$

Hg_2Cl_2 不如 $HgCl_2$ 稳定,见光易分解(上式的逆反应),故应贮存在棕色瓶中。

Hg_2Cl_2 与氨水反应可生成氨基氯化汞和汞:

$$Hg_2Cl_2 + 2NH_3 \longrightarrow Hg(NH_2)Cl + Hg + NH_4Cl$$

白色的氨基氯化汞沉淀和黑色金属汞混合在一起,使沉淀呈黑灰色。这个反应可以用来区分 Hg^{2+} 和 Hg_2^{2+}。

其他汞盐和亚汞盐大多微溶于水,只有极少数如 $Hg(NO_3)_2$、$Hg_2(NO_3)_2$ 易溶于水。在配制 $Hg(NO_3)_2$ 和 $Hg_2(NO_3)_2$ 时,应先溶于稀硝酸中防止 Hg^{2+} 和 Hg_2^{2+} 的水解。$Hg(NO_3)_2$ 和 $Hg_2(NO_3)_2$ 是实验室常用的化学试剂,用来制备汞的其他化合物。

另外需要特别指出的是,Hg^{2+} 和 I^- 易生成 $[HgI_4]^{2-}$ 配离子:

$$Hg^{2+} + 4I^- \rightleftharpoons [HgI_4]^{2-}$$

$[HgI_4]^{2-}$ 与强碱混合后称奈氏试剂,如果溶液中存在微量 NH_4^+,滴加奈氏试剂就会立即生成红棕色沉淀:

$$2[HgI_4]^{2-} + NH_4^+ + 4OH^- \rightleftharpoons \left[O \begin{array}{c} Hg \\ \diagdown \\ Hg \end{array}\!\!\!\!\!> NH_2 \right] I + 7I^- + 3H_2O$$

分析化学中常用此反应鉴定 NH_4^+。

本 章 小 结

本章主要介绍单质的性质及周期性变化规律,无机化合物的酸碱性和氧化还原性及其变化规律,以及一些重要无机化合物在工业、医疗、农业及科研中的应用。

1. 单质的性质

(1)物理性质 同一周期从左到右,主族元素单质的晶体结构由典型的金属晶体过渡到原子晶体及层状晶体等过渡类型,最后到分子晶体;密度、硬度、熔沸点均为两头小,中间大;副族元素单质的密度、硬度及熔沸点依次增大,但变化比较缓慢。

(2)化学性质 同一周期从左到右主族元素还原性逐渐减弱,氧化性逐渐增强(稀有气体除外)。副族元素由于原子半径变化较缓慢,化学性质差别不大,副族元素原子或离子一般具有空轨道,易形成配合物。

2. 无机化合物的化学性质

(1)氢氧化物的酸碱性变化规律 同周期的主族元素由左至右,元素最高氧化数的氢氧化物碱性减弱、酸性增强;同主族由上而下,其氢氧化物碱性增强,酸性减弱;同一元素所形成不同氧化态的氢氧化物,高氧化态的酸性较强,低氧化态的碱性较强。副族元素与主族具有相似的规律性。

（2）含氧酸氧化还原性一般规律　成酸元素的非金属性越强，其含氧酸的氧化性亦越强；反之，氧化性越弱。需要注意的是由同一元素所形成的不同氧化数的含氧酸，不一定是成酸元素的氧化数越高，氧化性越强，有时会相反。

3. 重要无机化合物性质及用途介绍

介绍了 12 种主族元素和 7 种副族元素主要化合物的性质以及在各方面的应用。

【知识延伸】

生命元素和污染元素

目前，元素周期表中共有 112 种元素，其中天然条件下可以在地球上找到的有 90 多种。利用现代的分析手段，几乎所有已知元素都可以在人体内找到，但大多数元素只是偶然从外界进入到人体，不属于生物体必需元素。哪些元素是生命活动必不可少的元素呢？

1. 生命元素

生物体内维持正常的生理功能不可缺少的元素称生命元素。生物体内大约有 28 种元素对于生命活动来说是必需的，其中硼元素是某些绿色植物和藻类生长的必需元素，但哺乳动物并不需要硼，因此，人体必需元素实际上是 27 种。按照它们在体内含量的高低可分为宏量元素（常量元素）和微量元素。

宏量元素是指含量占生物体总质量 0.01% 以上的元素。如氧、碳、氢、氮、磷、硫、氯、钾、钠、钙和镁，这些元素在人体中的含量均在 0.03%～62.5% 之间，这 11 种元素共占人体总质量的 99.95%。其中氧、碳、氢、氮、磷、硫是组成生物体内的蛋白质、脂肪、碳水化合物和核糖核酸的结构单元，也是组成地球上生命的基础；钠、钾和氯离子的主要功能是调节体液的渗透压、电解质的平衡；钙是骨骼、牙齿和细胞壁形成时的必要结构成分，钙离子还对诱发血液凝结和稳定蛋白质结构起着重要的作用；镁离子参与体内糖类代谢及呼吸酶的活性，与体内能源物质代谢有关，与钾、钙和钠离子协同作用共同维持肌肉神经系统的兴奋性，维持心肌的正常功能。另一个有镁参与的重要生物过程是光合作用，在此过程中含镁的叶绿素捕获光子，并利用此能量固定二氧化碳而放出氧气。

微量元素是指含量占生物体总质量 0.01% 以下的元素，如铁、硅、锌、铜、溴、锡、锰等，这些微量元素占人体总质量的 0.05% 左右。它们在体内的含量虽小，但对维持正常的生命活动非常重要。例如，铁、锰、钼、钴、铬、锌、铜等元素与生物大分子结合成配合物，形成具有催化功能、储存功能的各种酶；钒、锡、镍等元素是人体有益元素，具有降低血液中胆固醇的含量，促进糖的代谢，促进体内铁的吸收和氨基酸的合成等重要功能。

随着自然资源的开发利用和现代大工业的发展，人类对自然环境施加的影响越来越大，环境污染问题变得十分突出。某些元素（如汞、铅、镉等）通过大气、水源和食物等途径侵入人体，在体内积累而成为人体中的污染元素。

2. 污染元素

　　污染元素是指存在于生物体内会阻碍生物机体正常代谢过程和影响生理功能的微量元素。大部分污染元素为金属离子,这些金属离子可以与蛋白质、核酸等生物大分子形成稳定的配合物,在生物体内有效富集,干扰正常的代谢活动,甚至引起病变。例如汞中毒会引起中枢神经及肾脏损害、失明等症状;镉中毒引起肺气肿、肾炎、高血压等疾病;铬、镍、砷、铍等元素有致癌、致畸、致突变等危害。重金属离子中毒,医学上通常选择合适的螯合剂做解毒剂,与金属离子形成配合物从体内排出。常用的螯合剂如 $Na_2CaEDTA$、二巯基丙醇和青霉胺等。

　　实际上生命元素和污染元素并无绝对界限,生命必需元素在体内严重过量或者以不正常化学形态存在也会转化成污染元素,对生物体产生不良影响。例如,硒是重要的生命元素,成人每天摄取量以 $100\ \mu g$ 左右为宜,若长期低于 $50\ \mu g$ 可能引起癌症、心肌损害等;若过量摄入,会造成腹泻、神经官能症及缺铁性贫血等中毒反应,甚至导致死亡。另外,生命元素的存在形式与人体健康也直接相关,如铁在生物体内不能以游离态存在,只有存在于特定的生物大分子(如蛋白质)包围的封闭状态之中,才能担负正常的生理功能,铁一旦成为自由离子就会催化过氧化反应产生过氧化氢和一些自由基,干扰细胞的代谢和分裂,导致病变。

(摘自 http://www.cnki.net,有删减)

<h1 align="center">习　　题</h1>

一、选择题(将正确答案的序号填入括号内)

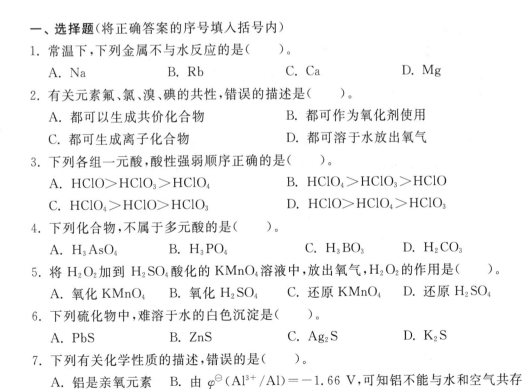

1. 常温下,下列金属不与水反应的是(　　　)。
   A. Na　　　　　　　B. Rb　　　　　　　C. Ca　　　　　　　D. Mg

2. 有关元素氟、氯、溴、碘的共性,错误的描述是(　　　)。
   A. 都可以生成共价化合物　　　　　　B. 都可作为氧化剂使用
   C. 都可生成离子化合物　　　　　　　D. 都可溶于水放出氧气

3. 下列各组一元酸,酸性强弱顺序正确的是(　　　)。
   A. $HClO > HClO_3 > HClO_4$　　　　　　B. $HClO_4 > HClO_3 > HClO$
   C. $HClO_4 > HClO > HClO_3$　　　　　　D. $HClO > HClO_4 > HClO_3$

4. 下列化合物,不属于多元酸的是(　　　)。
   A. H_3AsO_4　　　　B. H_3PO_4　　　　C. H_3BO_3　　　　D. H_2CO_3

5. 将 H_2O_2 加到 H_2SO_4 酸化的 $KMnO_4$ 溶液中,放出氧气,H_2O_2 的作用是(　　　)。
   A. 氧化 $KMnO_4$　　B. 氧化 H_2SO_4　　C. 还原 $KMnO_4$　　D. 还原 H_2SO_4

6. 下列硫化物中,难溶于水的白色沉淀是(　　　)。
   A. PbS　　　　　　B. ZnS　　　　　　C. Ag_2S　　　　　　D. K_2S

7. 下列有关化学性质的描述,错误的是(　　　)。
   A. 铝是亲氧元素　　B. 由 $\varphi^{\ominus}(Al^{3+}/Al) = -1.66\ V$,可知铝不能与水和空气共存
   C. 铝是白色固体　　D. 铝可以和酸反应制氢气

8. 配制 $FeCl_3$ 溶液时,必须加入(　　)。

　　A. 盐酸　　　　　　B. 足够量的水　　　C. 碱溶液　　　　　D. 氯气

9. 要从含有少量 Cu^{2+} 的 $ZnSO_4$ 溶液中除去 Cu^{2+} 最好的试剂是(　　)。

　　A. Na_2CO_3　　　　B. NaOH　　　　C. HCl　　　　D. Zn

二、完成并配平方程式

1. $Al + NaOH + H_2O \longrightarrow$

2. $C + H_2SO_4$(浓、热)$\longrightarrow$

3. $Au + HNO_3 + HCl \longrightarrow$

4. $H_2O_2 + PbS$(黑色)$\longrightarrow$

5. $Ag_2O + H_2O_2 \longrightarrow$

6. $Ni(OH)_2 + NaClO + H_2O \longrightarrow$

三、判断题(对的在括号内填"√",错的在括号内填"×")

1. 同一元素所形成的含氧酸,成酸元素氧化数越高,氧化性一定越强。(　　)

2. 钻石坚硬的原因是碳原子间都以共价键结合,但它的热力学稳定性低于石墨。(　　)

3. $Zn(OH)_2$ 的溶解度随溶液 pH 值的升高逐渐降低。(　　)

4. 在所有金属单质中,熔点最高的是过渡元素,熔点最低的也是过渡元素。(　　)

5. 溶液中新沉淀出来的 $Fe(OH)_3$,既能溶于酸又能溶于碱。(　　)

6. Hg_2Cl_2 不如 $HgCl_2$ 稳定,所以毒性比较大。(　　)

四、问答题

1. 为什么 HF 的酸性比 HCl 弱得多?

2. 为什么焊接铁皮时,常先用浓 $ZnCl_2$ 溶液处理铁皮表面?

3. 医学上检查糖尿病的机理是什么?

4. H_2O_2 有哪些主要性质? 应如何保存?

5. 硼酸是如何表现酸性的? 这一性质和硼原子的电子构型有什么关系?

6. 怎样制备 $Cu(OH)_2$、CuO、Cu_2O?　　$Cu(OH)_2$ 的酸碱性如何?

第 11 章　化学与材料

　　材料一般是指具有满足指定工作条件下使用要求的形态和物理性状的物质,即人类用以制造生活和生产所需的物品、器件、构件、机器和其他产品的物质。材料是物质,但不是所有的物质都可以称为材料。如燃料和化学原料、工业化学品、食物和药物,一般都不算是材料。材料是人类生产活动和生活必需的物质基础,人类社会的发展离不开材料,材料科技的发展和应用是人类社会进步的里程碑,时代的发展需要材料,而材料又推动时代的发展,所以人们把材料视为现代文明的支柱之一,它与人类及其赖以生存的社会、环境存在着紧密而有机的联系。

11.1　材料概述

11.1.1　材料科学发展简介

　　自古以来,人类文明的进步都是以材料的发展为标志的,诸如石器时代、铜器时代、青铜器时代、铁器时代,而今正在跨入人工合成材料的新时代。这些时代的名称就反映出了材料对人类进步的重要性。所以,人类的文明史就是材料的发展史,人类正是连续不断地开发和使用新材料才构筑了今天的文明。也可以说,材料是社会进步的物质基础和先导,是人类进步的里程碑。

　　早在 100 万年以前的旧石器时代,人类就开始以石头做工具;1 万年前人类进入新石器时代,通过对石头进行加工,打制更加精美的石器,并发明了用黏土成型,再火烧固化成为陶器,同时出现玉器工艺品。人类还使用稻草做增强材料,掺入黏土中,再火烧制砖,利用石头和砖瓦,人类创造了辉煌的历史,如被誉为世界古代七大奇迹的埃及金字塔、巴比伦空中花园、古希腊奥林匹亚的宙斯神庙等。同时,人类开始用皮毛遮身;中国在 8000 年前就开始用蚕丝做衣服;印度人在 4500 年前开始种植棉花;5000 年前,人类开始使用铁器;到了近代,18 世纪蒸汽机的发明和 19 世纪电动机的发明,材料在新品种开发和规模生产等方面发生了飞跃。如 1856 年和 1864 年先后发明了转炉和平炉炼钢,使世界钢产量从 1850 年的 6 万 t 突增到 1900 年的 2 800 万 t,大大促进了机械制造、铁路交通的发展;20 世纪初期,人工合成高分子材料问世,如今世界年产量在 1 亿 t 以上,所以有人说现在是高分子时代。20 世纪 50 年代,通过合成化工原料或特殊制备方法,制造出一系列的先进陶瓷,且其用途不断扩大,人们认为"新陶瓷时代"即将到来。

11.1.2　材料的分类

材料多种多样,分类方法也没有一个统一的标准。按照材料的来源可将材料分为天然材料和人造材料两大类。按材料的用途可将材料分为建筑材料、电子材料、航空航天材料、能源材料、核材料、生物材料等。更常见、简便的分类方法有两种,一种是根据材料性质和用途,分为结构材料和功能材料两大类,前者是指以力学性能为主要要求,用以制造各种机器零件和工程构件的一类材料,是机械制造、建筑、交通运输、能源开发及有效利用的物质基础;功能材料则是利用物质独特的物理、化学特性或生物功能发展起来的一类材料。当然,结构材料对其他物理性能和化学性能也有要求,如光泽、热导率、抗辐照、抗腐蚀、抗氧化能力等,对性能的具体要求因材料的用途而异。

根据材料的物理、化学属性,可以将其分为四类:金属材料、无机非金属材料、有机高分子材料和复合材料。

① 金属材料是由金属元素或以金属元素为主形成的具有金属特征的一类材料,包括金属及其合金、金属间化合物以及金属基复合材料等。最简单的金属材料是纯金属,周期表中的金属元素分为简单金属与过渡金属两类。

② 无机非金属材料是以某些元素的氧化物、氮化物、碳化物、氢化物以及硅酸盐、铝酸盐、磷酸盐、硼酸盐等物质组成的材料,是 20 世纪 40 年代以后,随着现代科学技术的发展从传统的硅酸盐材料演变而来的。

无机非金属材料就其组成物质的形态、性质可分为单晶体(各种宝石、工业用矿物晶体、人工合成晶体等)、多晶体(陶瓷、水泥、粉煤灰等)以及非晶质体(玻璃)三类物质状态。实际上许多无机非金属材料属于复杂的物质状态和复杂体系,其组成既可以晶体,也可以非晶体存在。欧美把无机非金属材料统称为陶瓷材料,狭义的陶瓷被称为传统陶瓷。

③ 有机高分子材料是以高分子化合物为基础制得的材料,包括橡胶、塑料、纤维、涂料、胶黏剂和高分子复合材料。高分子是由成千上万个小分子单体通过加聚或缩聚反应以共价键结合起来的长链分子。

④ 复合材料是一个比较宽泛的概念,一般认为,复合材料是由两种或两种以上不同性质的材料,通过物理或化学的方法,在宏观上组成具有新性能的材料。各种材料在性能上互相取长补短,产生协同效应,使复合材料的综合性能优于原组成材料而满足各种不同的要求。

11.2　金属材料

凡有金属元素或金属元素为主而形成的具有一般金属特性的材料统称之为金属材料。金属材料的种类很多,自然界中大约有 70 多种纯金属,其中常见的有铁、铜、铝、锡、镍、金、银、铅、锌等。而合金常指两种或两种以上的金属或金属与非金属结合而成,且具有金属特性的材料。金属材料是指金属元素或以金属元素为主构成的具有金属特性的材料的统称,包括纯金属、合金、金属材料、金属间化合物和特种金属材料等。

11.2.1　金属材料分类

现在世界上有 86 种金属。通常人们根据金属的颜色和性质等特征,将金属分为黑色金属和有色金属两大类。

（1）黑色金属

黑色金属材料乃工业上对铁、铬和锰的统称,亦包括这三种金属的黑色金属合金,尤其是合金黑色金属钢及钢铁。事实上纯净的铁及铬是银白色的,而锰是银灰色的。由于钢铁表面通常覆盖一层黑色的四氧化三铁,而锰及铬主要应用于冶炼黑色的合金钢,所以才会被"错误分类"为黑色金属。黑色金属的分类也有其意义,因为这三种金属都是冶炼钢铁的主要原料,而钢铁在国民经济中占有极其重要的地位,亦是衡量一国家国力的重要标志。黑色金属的产量约占世界金属总产量的 95%。

（2）有色金属

狭义的有色金属又称非铁金属,是铁、锰、铬以外的所有金属的统称。广义的有色金属还包括有色合金。有色合金是以一种有色金属为基体(通常大于 50%),加入一种或几种其他元素而构成的合金。有色金属通常指除去铁(有时也除去锰和铬)和铁基合金以外的所有金属。有色金属可分为重金属(如铜、铅、锌)、轻金属(如铝、镁)、贵金属(如金、银、铂)及稀有金属(如钨、钼、锗、锂、镧、铀)。有色金属中的铜是人类最早使用的金属材料之一。现代有色金属及其合金已成为机械制造业、建筑业、电子工业、航空航天、核能利用等领域不可缺少的结构材料和功能材料。

金属材料按生产成型工艺又分为铸造金属、变形金属、喷射成形金属,以及粉末冶金材料。铸造金属通过铸造工艺成型,主要有铸钢、铸铁和铸造有色金属及合金。变形金属通过压力加工如锻造、轧制、冲压等成型,其化学成分与相应的铸造金属略有不同。喷射成形金属是通过喷射成形工艺制成具有一定形状和组织性能的零件和毛坯。金属材料的性能可分为工艺性能和使用性能两种。

11.2.2　金属材料生产工艺

金属材料生产,一般是先提取和冶炼金属。有些金属需进一步精炼并调整到合适的成分,然后加工成各种规格和性能的产品。提炼金属,钢铁通常采用火法冶金工艺,即采用转炉、平炉、电弧炉、感应炉、冲天炉(炼铁)等进行冶炼和熔炼;有色金属兼用火法冶金和湿法冶金工艺;高纯金属以及要求特殊性能的金属还采用区域熔炼、真空熔炼和粉末冶金工艺。金属材料通过冶炼并调整成分后,经过铸造成型,或经铸造、粉末冶金成型工艺制成锭、坯,再经塑性加工制成各种形态和规格的产品。对有些金属制品,要求其有特定的内部组织和力学性能,还常采用热处理工艺。常用的热处理工艺有淬火、正火、退火、时效处理(将淬火后的金属制件置于室温或较高温度下保温适当时间,以提高其强度和硬度)等。

11.2.3　新型金属材料的分类及应用

（1）金属玻璃

1960 年,美国科学家皮·杜威等首先发现金-硅合金等液态贵金属合金在冷却速度非常快的情况下,金属原子来不及按它的常规方式结晶,在它还处于不整齐、杂乱无章的状态时就被"冻结"了,成为非晶态金属。这些非晶态金属有类似玻璃的某些结构特征,故称为金属玻璃(见图 11-1)。

图 11-1　金属玻璃

金属和玻璃的最大差别是:金属在从液态冷却凝固的过程中有确定的凝固点,原子按一定的规律排列,形成晶体,而玻璃从液态到固态的转变是连续变动的,没有明确的分界线,即没有固定凝固点。金属玻璃的强度比一般金属材料高得多,最高可达 3 500 MPa。更难能可贵的是,在其有如此高强度的同时,这种材料还保持难以令人想象的韧性和塑性。所以,人们赞扬金属玻璃为"敲不碎、砸不烂的玻璃之王"。另外,由于金属玻璃没有金属那样的晶粒边界,腐蚀剂无空子可钻,所以从根本上解决了金属晶界的腐蚀问题。金属玻璃的耐蚀性特别好,尤其是在氯化物和硫酸盐中的耐蚀性大大超过了现在广泛应用的不锈钢(它的耐蚀性甚至超过不锈钢 100 多倍),被人们誉为"超不锈钢"。2011 年,美国耶鲁大学材料科学家简·施罗斯带领的一支研究小组发现块状金属玻璃能够随意排列原子,而不是像普通金属中的原子那样是有序的晶体结构,并且该合金材料能够像塑料一样随意地吹塑成普通金属无法实现的复杂外形且不失去金属的硬度和坚固度。这个发现使得人们对金属玻璃的认识又进了一步。

(2) 金属橡胶

金属橡胶的出现是材料学上的一次革命,它为人类带来了新的曙光。有了这种既具备金属的特性又有橡胶伸缩自如特点的新材料,未来的飞机就可以有像鸟儿一样能根据需要改变形状的翅膀,使得飞行不仅更经济,而且更有效,更安全。

金属橡胶构件既具有金属的固有特性,又具有类似于橡胶一样的弹性,是天然橡胶的模拟制品。它在外力的作用下尺寸可以增大 2～3 倍,外力卸除后便可恢复原状。这种材料在变形时仍能够保持其金属特征,具有毛细疏松结构,特别适合在高温、高压、高真空、强辐射、剧烈振动及强腐蚀等环境下工作。

金属橡胶材料从表到里都具有大量的互相连通的微孔和缝隙,具有透气性,属于多孔吸声材料,正好能满足人们吸声降噪的要求。当声波传入金属橡胶内部后,会引起孔隙中的空气产生振动并与金属丝发生摩擦,由于黏滞作用,声波转变为热能而消耗,因此可以达到吸收声音的效果。尽管金属橡胶在可变形机翼飞机和机器触觉手套上已经开始应用,但它还是最有可能出现在一些更低级、更实用的场合(如需要在极端条件下工作的柔性导电线圈等),利用它制造的便携式电子产品,如手机、掌上电脑可以任你折腾,再也不用担心被摔坏啦。

(3) 金属陶瓷

世界万物均有其两面性。陶瓷既耐高温硬度又高,但容易破碎;金属虽然延展性好,但没有陶瓷的硬度高。人类探索科学的动力是无穷的，为了使陶瓷既可以耐高温又不容易破碎，人们在制作陶瓷的黏土里添加金属粉，制成了金属陶瓷。

　　金属陶瓷是由陶瓷硬质相与金属或合金黏结相组成的结构材料，它拥有陶瓷的高强度、高硬度、耐磨损、耐高温、抗氧化和化学稳定等特性，同时还兼具金属良好的韧性和塑性。根据各组成相所占的百分比不同，金属陶瓷分为以陶瓷为基质（陶瓷材料的质量分数大于 50%）和以金属为基质（金属材料的质量分数不小于 50%）两类。陶瓷基金属陶瓷主要有氧化物基金属陶瓷、碳化物基金属陶瓷、氮化物基金属陶瓷、硼化物基金属陶瓷和硅化物基金属陶瓷。

　　（4）金属纤维

　　金属纤维，顾名思义，就是不但具有金属材料本身固有的一切优点，还具有纤维（非金属）的一些特殊性能。由于金属纤维的表面积非常大，因而其在抗辐射、隔声、吸声等方面应用广泛。例如：多国部队在 1991 年的海湾战争中大量使用了一种雷达敏感器，这种雷达敏感器含有一种将金属与有机纤维混合纺织在一起的金属纤维，该金属纤维具有能够反射电磁波的特性，并使得反射的雷达波能够完全被雷达敏感器发现。由于这种新型的雷达敏感器能够及时察觉到对方导弹的发射动向，有效地保护了多国部队的安全，使伊拉克发射的"飞毛腿"导弹仅有一颗击中多国部队，其余导弹全部未击中目标。这也直接影响了战争的最终结果。

11.3　无机非金属材料

11.3.1　无机非金属材料的定义

　　陶瓷是无机非金属材料的通称。传统的陶瓷材料（普通陶瓷）主要是以黏土等硅酸盐类矿物为原料，经粉末处理、成型、烧结等过程制取，其主要成分是 SiO_2、Al_2O_3、Fe_2O_3、TiO_2、CaO、MgO 等氧化物。

11.3.2　常用陶瓷材料的分类及应用

11.3.2.1　普通陶瓷

　　普通陶瓷是以黏土、长石、石英经配料、成型、烧结而成的黏土类陶瓷，可分为普通日用陶瓷和普通工业陶瓷。普通陶瓷质地坚硬，不导电，耐高温，易于加工成型；但其内部含有较多的玻璃相，高温下易软化，耐高温及绝缘性不及特种陶瓷。这类陶瓷成本低、产量大，广泛用于石油化工、食品、制药工业中制造酸碱介质容器、反应塔管道，供电系统中制作隔电、机械支持及连接用瓷质绝缘器件，纺织机械中导纱零件，建筑材料等。

11.3.2.2　特种陶瓷

　　特种陶瓷是以天然硅酸盐（黏土长石、石英等）或人工合成化合物（氮化物、氧化物、碳化物、硅化物、硼化物、氟化物等）为原料，经粉末处理、配置、成型和高温烧结等过程制取的一种工程材料。其按照化学组成划分有：

（1）氧化铝陶瓷

氧化铝陶瓷是以 Al_2O_3 为主要成分并含有少量 SiO_2 的陶瓷。根据 Al_2O_3 含量不同可分为 75 瓷（$\omega_{Al_2O_3}=75\%$，又称为刚玉-莫来石瓷）、95 瓷（$\omega_{Al_2O_3}=95\%$）和 99 瓷（$\omega_{Al_2O_3}=99\%$），后两者又称为刚玉瓷。氧化铝陶瓷中的 Al_2O_3 含量越高，玻璃相越少，气孔也越少，性能越好，但工艺复杂，成本高。

（2）其他氧化物陶瓷

BeO、CaO、ZrO_2、MgO 等氧化物陶瓷熔点高，均在 2 000 ℃ 附近甚至更高，且有一系列特殊的优异性能。

（3）非氧化物陶瓷

常用的非氧化物陶瓷主要有碳化物陶瓷（如 SiC、B_4C）、氮化物陶瓷（如 Si_3N_4、BN）等，它们具有各自的优异性能。

11.3.2.3　功能陶瓷

具有热、电、光、声、磁、化学、生物等功能的陶瓷称为功能陶瓷。功能陶瓷大致可分为电功能陶瓷、磁功能陶瓷、光功能陶瓷、生物功能陶瓷等。

（1）铁电陶瓷

有些陶瓷的晶粒排列是不规则的，但在外电场作用下，不同取向的电荷开始转向电场方向，材料出现自发极化，在电场方向呈现一定电场强度，这类陶瓷称为铁电陶瓷。广泛应用的铁电陶瓷有钛酸钡、钛酸铅、锆酸铝等。铁电陶瓷应用最多的是铁电陶瓷电容器，还可用于制造压电元件、热释电元件、电光元件、电热器件等。

（2）压电陶瓷

铁电陶瓷在外加电场作用下可出现宏观的压电效应，称为压电陶瓷。目前所用的压电陶瓷主要有钛酸钡、钛酸铅、锆酸铝、锆钛酸铅等。压电陶瓷在工业、国防及日常生活中应用十分广泛，如压电换能器、压电马达、压电变压器、电声转换器件等。

（3）半导体陶瓷

是指导电性介于导电与绝缘介质之间的陶瓷材料。主要有钛酸钡陶瓷，具有正电阻温度系数、应用非常广泛，如用于电动机、收录机、计算机、复印机、变压器、烘干机、暖风机、电烙铁、彩电消磁、燃料的发热体、阻风门、化油器、功率计、线路温度补偿等。

（4）氧化锆固体电解质陶瓷

在 ZrO_2 中加入 CaO、Y_2O_3 等后，为氧离子扩散提供了通道，所以成为氧离子导体。氧化锆固体电解质陶瓷主要用于制作氧敏传感器和高温燃料电池的固体电解质。

（5）生物陶瓷

氧化铝陶瓷（图 11-2）和氧化锆陶瓷与生物肌体有较好的相容性，耐腐蚀性和耐磨性能都较好，因此常被用于生物体中承受载荷部位的矫形整修，如人造骨骼等。

图 11-2　氧化铝陶瓷

11.4　高分子材料

11.4.1　高分子材料的定义及分类

高分子材料又称聚合物材料,高分子化合物指那些由众多原子或原子团主要以共价键结合而成的相对分子质量在 1 万以上的化合物。高分子材料是以高分子化合物为基体组分的材料。虽然许多高分子材料仅由高分子化合物组成,但大多数高分子材料,除基本组分高分子化合物之外,为获得具有各种实用性能或改善其成型加工性能,一般还有各种添加剂。高分子材料的分类是个比较复杂的问题。按高分子的来源,可分为天然高分子材料和合成高分子材料。按化学组成,可分为有机高分子材料和无机高分子材料。按照材料的性能,可分为通用高分子材料和新型高分子材料。

11.4.2　通用高分子材料的分类及应用

通用高分子材料包括纤维、塑料、橡胶、胶黏剂和涂料等几大类。

11.4.2.1　纤维

一般认为,纤维(图 11-3)是一种细长形状的物体,其长度对其最大平均横向尺寸比,称为长径比。一般长径比至少为 10∶1,其横截面积小于 0.05 mm²,宽度小于 0.25 mm。作为组成织物的基本单元,纺织用纤维的直径一般为几微米至几十微米,长度与直径之比一般大于 1 000∶1,还应具有一定的柔曲性、强度、模量、伸长和弹性等。纤维的种类有许多,其分类方法按不同的基准有多种。按原料来源不同,纤维可分为两大类,一类是天然纤维,另一类是化学纤维。天然纤维有动物(如毛)纤维、植物(如棉麻)纤维和矿物(如石棉)纤维;化学纤维根据原料又可分为人造纤维(天然纤维经化学加工而成,如绫罗绸缎等)和合

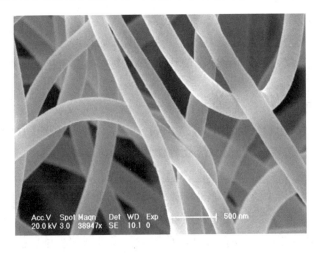

图 11-3　纤维材料

成纤维(单体聚合而成)。按性能和用途可分为通用纤维和特种纤维(如功能纤维、耐热纤维、光导纤维、光致变色纤维)等。按大分子主链的化学组成,可分为杂链纤维和碳链纤维。

11.4.2.2　塑料

塑料是以高分子化合物为主要成分,在一定条件下可加工成一定形状并且在常温下保持其形状不变的材料。其成品状态为柔韧性或刚性固体,习惯上也包括塑料的半成品如压塑粉等。

按塑料的使用性能和应用范围不同,分为通用塑料和工程塑料两类。

(1) 通用塑料

通用塑料主要指产量大、用途广、价格低的聚乙烯、聚丙烯、聚氯乙烯、聚苯乙烯、酚醛塑料和氨基塑料等六大品种,其产量占塑料总产量的 75% 以上,广泛用于工业、农业、医药卫生和日常生活中,其力学性能一般。

(2) 工程塑料

工程塑料通常是指综合性能好,可以作为工程结构件和代替金属用的塑料,其品种很多,发展很快。这类塑料具有较高的力学性能、耐磨性、耐蚀性、耐热性等,其中一些塑料还有其他的特殊性能,如导热性、导光性、导磁性、耐辐照、进行能量转换等物理性能。

通用塑料和工程塑料并没有明显的界限,通用塑料也已向工程化发展,如聚丙烯代替聚苯醚和聚碳酸酯就是很好的例子。

11.4.2.3　橡胶

橡胶是有机高分子弹性化合物,在很宽的温度($-50\sim150$ ℃)范围内具有优异的弹性,所以又称为高弹体。橡胶的弹性模量只有 $0.1\sim10$ MPa,弹性变形达 100%~1 000%,并有高伸缩性和贮能性及耐磨、隔音、耐寒、电绝缘、阻尼等性能。

橡胶的种类很多。根据原料来源,橡胶可分为天然橡胶和合成橡胶两类。合成橡胶按用途可分为通用合成橡胶和特种合成橡胶。特种合成橡胶属于特种高分子材料。

① 天然橡胶是从天然植物中采集出来的一种乳白色液体,经加工制成的高弹性材料,天然橡胶的主要成分橡胶烃是异戊二烯的聚合物。

② 通用合成橡胶主要有聚丁二烯橡胶、聚异戊二烯橡胶、丁苯橡胶、丁腈橡胶、氯丁橡胶、聚异丁烯橡胶、丁基橡胶、乙丙橡胶、氯化聚乙烯橡胶和氯磺化聚乙烯橡胶等。

11.4.2.4　胶黏剂

能把各种材料紧密地结合在一起的物质,称为胶黏剂,又称黏合剂。胶黏剂通常由几种材料配制而成,这些材料按其作用不同,一般分为主体材料和辅助材料两大类。胶黏剂主要起胶接、固定、密封、浸渗、补漏和修复等作用。

胶接、铆接和焊接并列为三种主要连接工艺。胶黏剂能粘接不同性能的材料和异种材料,结构质量轻,应力分布均匀,可提高疲劳强度,工艺简便,成本低,还可获得某些特殊性能,如密封性、防腐蚀性、导电性、耐超低温性等,故胶黏剂的用途广泛。如火箭和飞船中热屏蔽中的烧蚀材料就是用酚醛-环氧胶黏剂粘接的。飞机制件采用胶接后质量减轻,表面光滑平整,有利于航行。

(1) 胶黏剂的分类

胶黏剂可以分为有机、无机两类。有机胶黏剂包括树脂、橡胶、淀粉、蛋白质等高分子材料;无机胶黏剂包括硅酸盐类、磷酸盐类、陶瓷类等。

除上述分类法外,通常将胶黏剂按应用性能分类:

① 结构胶,具有较高的胶接抗剪强度,用于受力较大的结构件。

② 非(半)结构胶,胶接强度较低,用于非主要受力部位和构件。

③ 密封胶,能承受一定压力而不泄漏,起密封作用。

④ 浸渗胶,较好的渗透性,能浸渗铸件堵塞气孔砂眼。

⑤ 功能胶,具有特殊功能如导电、导磁、耐热、耐超低温等,以及具有特殊的固化反应,如厌氧性、热熔性、光敏性、压敏性等。

(2) 常用胶黏剂及应用

① 环氧胶黏剂。以环氧树脂为黏料胶黏剂的通称。其黏接力强,黏结强度高,能粘接金属、木材、玻璃和陶瓷等材料,又名"万能胶",是最常用的结构胶黏剂之一。

② 酚醛胶黏剂。常用的有酚醛-缩醛(聚乙烯醇缩甲醛、乙醛、丁醛、甲乙醛等)和酚醛-丁腈改性胶黏剂,是飞机的通用结构胶之一。它的强度高、韧性好、耐候、耐寒,常做金属结构胶及刹车片、轴瓦及印制电路板等的粘接。

③ 聚氨酯胶黏剂。其性能柔韧、耐低温、耐磨、电绝缘,适用于多种塑料间、金属间及塑料—金属间的粘接。

④ 丙烯酸类胶黏剂。此类胶黏剂透明,有较好的强度,耐老化、固化快,分为热塑性(耐热和溶剂性差)和热固性两类,主要应用和发展的是热固性类。常用有丙烯酸酯类和α-氰基丙烯酸酯类两种。

11.4.2 新型高分子材料的分类及应用

新型高分子材料包括高性能高分子材料、功能高分子材料、智能高分子材料和生态高分子材料等种类。

(1) 高性能高分子材料

高性能高分子材料是指材料的机械性能、耐热性、耐久性、耐腐蚀性等性能有较大提高的高分子材料。

主要的高性能高分子材料包括以下三大类:

① 特种工程塑料(高性能塑料)。

② 特种合成橡胶。包括氟橡胶、聚硫橡胶、氟硫化聚乙烯橡胶(CSM)、丙烯酸酯橡胶、聚氨酯橡胶(PUE)、氯化聚乙烯橡胶(CPE)和氯醇橡胶等。

③ 高性能纤维。包括高强高模合成纤维及其他特种合成纤维。

(2) 功能高分子材料

功能高分子是指在高分子的主链或侧链上具有反应性能官能团,因而具有特定功能的高分子。功能高分子材料(图 11-4)是指与常规高分子材料相比具有明显不同的性质,并具有某些特殊功能的高分子材料。功能高分子材料从组成和结构上可分为两大类:结构型和复合型。结构型功能高分子材料可以仅由功能高分子组成。复合型功能高分子材料可以

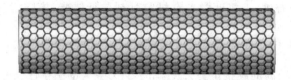

图 11-4   高分子材料

以普通高分子为基体或载体,与具有某些特定功能的其他材料进行复合而制得。功能高分子材料从作用机理上可分为两大类:一类是对外界或内部的刺激强度,如应力、应变、光、电、磁、热、湿、化学、生物化学和辐射等具有感知功能的材料,称为"感知材料",可以用来制成各种传感器(感应器);另一类是对外界环境条件或内部状态发生的变化做出响应或驱动的材料,称为"驱动材料",可以用来做成各种执行器(动作器)。

功能高分子材料的研究,从离子交换发展到电子交换,又发展到各种高分子分离膜和高分子吸附剂;从电绝缘体扩展到半导体、导体,甚至超导体;由电性能扩展到光、磁、声、热力等性能;从化学、物理性能扩展到生物性能。目前世界上研究开发的功能高分子材料可谓日新月异。

(3)智能高分子材料

智能高分子材料是指能随着外部条件的变化而进行相应动作的高分子材料。智能高分子材料必须具备能感应外部刺激的感应器功能、能进行实际操作的动作器功能以及得到感应器的信号后而使动作器动作的过程器功能。智能高分子材料既属于高分子材料的范畴,又属于智能材料的范畴。

智能高分子材料来源于功能高分子材料,但又与传统的功能高分子材料不同。对于功能高分子材料,不管是"感知材料"还是"驱动材料",它们通常只能像奴隶一样机械地进行输入/输出的响应,因此是一种被动性材料。机敏高分子材料则兼具感知和驱动的功能。但机敏高分子材料自身不具备信息处理和反馈机制,不具备顺应环境的自适应性。科学家把仿生功能引入高分子材料,使高分子材料达到更高的层次,从无生命变得有了"感觉"和"知觉";并赋予材料崭新的使命,使它可以主动地针对一定范围内花样繁多、种类各异的输入信号进行判断,并决定输出什么以应对之,即能自动适应环境变化,不仅能够发现问题,而且还能自行解决问题。这类主动性新型高分子材料,才是真正意义上的智能高分子材料。虽然没有列出生物刺激因素(例如各种细菌、真菌、藻类和病毒),但它们也能在特定的条件下对特定的高分子材料发生有效的刺激。

(4)生态高分子材料

生态高分子材料与其他新型高分子材料的区别不是其性能,而是其与环境的关系。由于高分子材料的生产过程对环境造成一定的污染,而且现有的合成高分子材料以不可再生的石油资源为基础,其大部分废弃物不可降解,因此研究开发资源可再生、生产过程清洁、废弃物可降解的生态高分子材料,符合可持续发展的要求,成为国际研究开发的热点。

由于在环境方面与大部分合成高分子材料相比具有优良的生物降解性,降解产物的环境友好性、清洁性,以及与石油基高分子来源相比具有可再生、可持续开发的特点,下面几种高分子材料已成为重要的生态高分子材料而吸引了全世界科学家的目光。

① 多糖,如纤维素(包括细菌纤维素)、甲壳素、海藻酸盐、淀粉和黄原胶。

② 蛋白质,如大豆蛋白、明胶、胶原蛋白、蜘蛛蛋白。

③ 核酸,如核糖核酸和脱氧核糖核酸。

④ 脂肪族聚酯,如聚乳酸(PLA)、聚羟基脂肪酸酯(PHA)。

⑤ 聚氨基酸。

⑥ 聚硫酯。

⑦ 聚异戊二烯,如天然橡胶或古塔波胶。

⑧ 聚酚,如木质素和腐殖酸。

目前,一些新型高分子材料已在尖端技术、国防建设和国民经济各个领域得到广泛的应用。特别是在当代许多高新技术中,例如微电子和光电子信息技术、生物技术、空间技术、海洋工程等方面均很大程度依赖于高分子材料的应用。在航天航空等领域,新型高分子材料已成为非他莫属的重要材料。

总之,高分子材料在国民经济和科学技术中具有十分重要的地位,发挥着巨大的作用。高分子材料的广泛应用和不断创新是材料科学现代化的一个重要标志。今后,高分子材料还将不断创新和持续发展,在国民经济发展过程中将发挥着越来越重要的作用,为人类做出更大的贡献。

11.5　复合材料

20 世纪上半叶,钢铁工业成为现代工业的重要支柱,但随着现代科学技术及工业的发展,特别是随着航空航天、核能等现代技术的飞速发展,在设计导弹、人造卫星、火箭等的承载构件时,理想的结构材料应具有质量轻、强度高和模量高的特点,即比强度和比模量要高。显然现有金属材料无法满足要求,而绝大部分高分子材料尽管比金属材料轻,但由于强度低、耐热性差,也无法满足比强度和比模量高的要求。对材料所应具备的性能要求和材料本身所能提供的性能之间的矛盾,构成了材料科学的基本矛盾,正是这一矛盾直接导致了复合材料的迅猛发展。

自然界中有不少天然的复合材料存在。木材就是纤维素和木质素的复合物;动物的骨骼是由硬而脆的无机磷酸盐和韧而软的蛋白质骨胶原复合而成的。人类制造和使用复合材料由来已久,早在 6000 多年前我国陕西的半坡人就懂得将草梗和泥筑墙;而世界闻名的我国的传统工艺品——漆器就是由麻纤维和土漆复合而成的,至今已有 4000 多年的历史。现代复合材料在第二次世界大战中得到迅速发展,1942 年美国空军首先采用玻璃纤维增强聚酯树酯复合材料用于制造飞机构件。此后,碳纤维增强树脂复合材料、纤维增强金属基复合材料、多功能复合材料等新型复合材料的不断涌现,使其不仅能满足导弹、火箭、人造卫星等尖端工业的需要,而且在航空、汽车、造船、建筑、电子、桥梁、机械、医疗和体育等各个领域都得到广泛应用。

复合材料是由高分子材料、无机非金属材料或金属材料等几类不同材料通过复合工艺组合而成的新型材料。它既能保留原组成材料的主要特色,通过复合效应,还可获得原组分所不具备的性能。因此,可以通过设计使各组分的性能互相补充并彼此关联,从而获得新的优越性能,从本质上有别于一般材料的简单混合,其本质区别主要体现在两个方面:其一是复合材料不仅保留了原组成材料的特色,而且通过各组分性能的互相补充和关联可以获得原组分所没有的新的优越性能;其二是复合材料的可设计性,如结构复合材料不仅可根据材料在使用中受力的要求进行组元选材设计,更重要的是还可进行复合结构设计,即增强体的比例、分布、排列、编织和取向等的设计。

11.5.1　复合材料的定义

复合材料是由两种或两种以上物理和化学性质不同的材料(有机高分子、无机非金属或金属材料)通过复合工艺组合而成的一种多相固体材料。其中组分材料虽然保持其相对独立性,但复合材料的性能却不是组分材料性能的简单叠加,而是通过复合效应有着很大的改进,还可以根据需要进行材料设计,与一般材料的简单混合有本质的区别。有些钢和陶瓷材料也可以看作是复合材料。但是,现代复合材料的概念主要是指经人工特意复合而成的材料,一般不包括天然复合材料以及钢和陶瓷材料这一类多相体系。在复合材料中,通常有一连续相,称为基体;另一相为分散相,称为增强体(增强材料)。分散相是以独立的形态分布在整个连续相中的,两相之间存在着相界面。分散相可以是增强纤维,也可以是颗粒状或弥散的填料。

11.5.2　复合材料的分类

复合材料是种类繁多的多相材料,通常从以下三个方面进行分类:

(1) 根据材料的主要性能与作用分类

① 结构复合材料。其主要用于制作承载和传递运动的构件,如玻璃纤维增强树脂基复合材料(简称"玻璃钢")。

② 功能复合材料。其具有各种独特的物理和化学性能,如换能、阻尼、吸波、电磁、超导、屏蔽、光学、摩擦润滑等材料,如将金属粒子复合于塑料中,其可具有导电、导热或磁性等。

③ 智能复合材料。其是具有自诊断、自适应、自修复并自决策的高级复合材料。

(2) 根据基体的不同分类

① 树脂基复合材料。其是以有机聚合物(主要为热固性树脂、热塑性树脂及橡胶等)为基体制成的复合材料,又称为聚合物基复合材料。

② 金属基复合材料。其是以金属为基体制成的复合材料。

③ 陶瓷基复合材料。其是以陶瓷为基体制成的复合材料。

④ 碳—碳基复合材料。其是以碳为基体制成的复合材料。

(3) 根据增强材料形态分类

① 纤维增强复合材料。它又分为长纤维或连续纤维增强复合材料、短纤维或晶须增强复合材料。

② 粒子增强复合材料。

③ 叠层复合材料。

④ 填充骨架型复合材料。

11.5.3　复合材料的特点

与普通材料相比,复合材料具有许多特性。例如,可改善或克服单一材料的弱点,充分发挥它们的优点,并赋予材料新的性能;可按照构件的结构和受力要求,给出预定的、分布合理的配套性能,进行材料的最佳设计等。具体表现在以下几个方面:

① 高比强度和高比模量。比强度和比模量是度量材料承载能力的一个指标,比强度越高,同一零件的自重越小;比模量越高,零件的刚性越大。复合材料的突出优点是比强度和比模量(即强度、模量与密度之比)高。例如,纤维增强树脂复合材料的比模量比钢和铝合金高 5 倍,其比强度也高 3 倍以上。

② 耐疲劳性高。纤维复合材料,特别是树脂基复合材料对缺口、应力集中敏感性小,而且纤维和基体的界面可以使扩展裂纹尖端变钝或改变方向,即阻止了裂纹的迅速扩展,因而疲劳强度较高。碳纤维聚酯树脂复合材料疲劳极限可达其拉伸强度的 $70\% \sim 80\%$,而金属材料只有 $40\% \sim 50\%$。

③ 抗断裂能力强。纤维复合材料中有大量独立存在的纤维,一般每平方厘米上有几千根到几万根,通过具有韧性的基体结合成整体。当纤维复合材料构件由于超载或其他原因使少数纤维断裂时,载荷就会重新分配到其他未破断的纤维上,使构件不至于在短时间内发生突然破坏。另外,纤维受力断裂时,断口不可能都出现在一个平面上,欲使材料整体断裂,必定有许多根纤维要从基体中被拔出来,因而必须克服基体对纤维的黏结力。这样的断裂过程需要的能量是非常大的,因此复合材料都具有比较高的断裂韧性。

④ 减振性能好。结构的自振频率与结构本身的质量、形状有关,并与材料比模量的平方根成正比。如果材料的自振频率高,就可避免在工作状态下产生共振及由此引起的早期破坏。此外,由于纤维与基体界面吸振能力强、阻尼特性好,即使结构中有振动产生,也会很快衰减。

⑤ 高温性能好,抗蠕变能力强。由于纤维材料在高温下仍能保持较高的强度,所以纤维增强复合材料,如碳纤维增强树脂复合材料的耐热性比树脂基体有明显提高。而金属基复合材料在耐热性方面更显示出其优越性。例如,铝合金的强度随温度的增加下降得很快,而用石英玻璃增强铝基复合材料,在 $500\ ℃$ 下能保持室温强度的 40%。碳化硅纤维、氧化铝纤维与陶瓷复合,在空气中能耐 $1\ 200 \sim 1\ 400\ ℃$ 高温,要比所有超高温合金的耐热性高出 $100\ ℃$ 以上。将其用于柴油发动机,可取消原来的散热器、水泵等冷却系统,使质量减轻约 $100\ kg$;而用于汽车发动机,使用温度可高达 $1\ 370\ ℃$。

⑥ 耐腐蚀性好。很多种复合材料都能耐酸碱腐蚀。如玻璃纤维增强酚醛树脂复合材料,在含氯离子的酸性介质中能长期使用,可用来制造耐强酸、盐、酯和某些溶剂的化工管道、泵、阀、容器、搅拌器等设备。

⑦ 其他。除上述一些特性外,复合材料还具有较优良的减摩性、耐磨性、自润滑性等特

点,而且复合材料构件制造工艺简单,表现出良好的工艺性能,适合整体成型。在制造复合材料的同时,也就获得了制件,从而减少了零部件、紧固件和接头的数目,并可节省原材料和工时。但应该指出,纤维增强复合材料为各向异性材料,对复杂受力显然不适应,因为它的横向拉伸强度和层间剪切强度都很低。此外,复合材料抗冲击能力还不是很好,且成本太高,使其应用受到限制。

11.5.4 复合材料的应用

玻璃钢是指用玻璃纤维增强塑料得到的复合材料(图 11-5),它是近代意义上复合材料的先驱。美国于 1940 年制造出世界上第一艘玻璃钢船,将复合材料真正引入工程实际应用,引起了全世界的极大关注。随后发达国家纷纷投入大量人力、物力和财力来研究和开发复合材料,引发了一场材料的革命。玻璃钢的出现,使机器构件不用金属成为可能。由于玻璃钢具有很多金属无法比拟的优良特性,因而发展极为迅速,其产量每年以近 30% 的速度增长,已成为一种重要的工程结构材料。

图 11-5 玻璃钢制品

纤维增强尼龙的刚度、强度和减摩性好,可代替非铁金属制造轴承、轴承架、齿轮等精密机械零件,还可以制造电工部件和汽车上的仪表盘、前后灯等。玻璃纤维增强苯乙烯类树脂(HIPS 树脂、AS 树脂、ABS 树脂等),广泛应用于汽车内装饰品、收音机壳体、磁带录音机底盘、照相机壳、空气调节器叶片等部件。玻璃纤维增强聚丙烯的强度、耐热性,抗蠕变性好,耐水性优良,可用来制造转矩变换器、干燥器壳体等。

碳纤维增强酚醛树脂、聚四氟乙烯复合材料,常用作宇宙飞行器的外层材料,如人造卫星和火箭的机架、壳体、天线构架,以及用作各种机器中的齿轮、轴承等受载磨损零件,活塞、密封圈等受摩擦件,也用作化工零件和容器等。碳纤维碳复合材料还可用于高温技术领域、化工和热核反应装置中,在航空、航天中用于制造导弹鼻锥、飞船的前缘、超声速飞机的制动装置等。

石墨纤维增强铝基复合材料,可用于结构材料制作飞机蒙皮、直升机旋翼桨叶以及重返大气层运载工具的防护罩和涡轮发动机的压气机叶片等。

硼纤维增强铝合金的性能高于普通铝合金,甚至优于钛合金,此外,增强后的复合材料抗疲劳性能非常优越,比强度也高,且有良好的抗腐蚀性,可用来制造航空发动机叶片(如风扇叶片等)和飞机或航天器蒙皮的大型壁板以及一些长梁和加强肋等。

铝纤维增强铝合金复合材料的高温强度和弹性模量比未增强的高得多。它可用于制造飞机的许多构件。合金纤维增强的镍基合金用于制造涡轮叶片,在可承受较高工作温度的同时,还可大大提高承载能力。

颗粒增强的铝基复合材料已在民用工业中得到应用。它的主要优点是生产工艺简单,可以像生产一般的金属零件那样,运用各种常用的冷热加工工艺,从而使其生产成本大大降低。用颗粒增强的铝基材料制造的发动机活塞,使用寿命大大提高。

碳-碳复合材料是用碳纤维增强碳基的一种高技术新材料。它的比强度、比模量高,高温下仍具有高强度,有良好的耐烧蚀性能、耐腐蚀性能、耐急冷急热的性能、耐摩擦性能和抗热振性,且传热导电、自润滑、轻巧、本身无毒,因而受到航空航天技术的关注,主要用于制造洲际导弹的端头、火箭发动机喷管高温热结构部件、飞机刹车盘、涡轮发动机叶片、内燃机活塞、赛车传动轴和离合器片等。

11.6　纳米材料

11.6.1　纳米材料的定义

纳米是一种长度单位,用符号 nm 表示。$1 \text{ nm} = 10^{-9} \text{ m} = 10^{-3} \text{ } \mu\text{m} = 10 \text{ A}$,我们知道,埃(A)是表示原子半径的单位。一个氢原子的直径近似于 1 A。通常把 A 称为原子尺寸,微米(μm)是表示宏观物体的最小尺寸。在纳米材料研究中,通常把 1~100 nm 的尺寸范围称为纳米尺度范围。实际上,纳米尺度范围就是几个原子至几千个原子之间的尺寸范围。

所谓纳米结构是以纳米尺度的物质单元为基础,按一定规律构筑或营造的一种新体系,它包括一维、二维、三维体系。这些物质单元包括纳米微粒、稳定的团簇或人造原子、纳米管、纳米棒、纳米丝以及纳米尺寸的孔洞。纳米结构既有纳米微粒的特性,如量子尺寸效应、小体积效应、表面效应等特点,又存在由纳米结构组合所引起的新的效应,如量子耦合效应、协同效应;其次这种纳米结构体系很容易通过外场(电、磁、光)实现对其性能的控制,因此,纳米结构的体系是一个科学内涵。它是当前纳米材料领域派生出来的一个重要的分支学科,由于该体系的奇特物理现象及与下一代量子结构器件的联系,因而成为人们十分感兴趣的研究热点。20 世纪 90 年代中期有关这方面的研究取得了重要的进展,其研究的势头也一直在持续。

纳米材料是指在三维空间中至少有一维处于纳米尺度范围或由它们作为基本单元构成的材料。纳米材料与常规结构材料相比具有高强度、高韧性、高比热容、高热膨胀系数、异常电导率、大的扩散率、高磁化率等主要特点。其可用于高密度磁记录材料、吸波隐身材料、磁流体材料、防辐射材料、单晶硅和精密光学器件抛光材料、微芯片导热基片与布线材料、微电子封装材料、光电子材料、先进的电池电极材料、太阳能电池材料、高效催化剂、高效助燃剂、敏感元件、高韧性陶瓷材料(摔不裂的陶瓷,用于陶瓷发动机等)、人体修复材料和抗癌制剂等。目前纳米材料科学已成为材料科学的一个新分支。

11.6.2 纳米材料的研究进展

人工制备纳米材料的历史至少可以追溯到 1000 多年前。中国古代利用燃烧蜡烛来收集人和动物牙齿表面的微晶层的碳黑作为墨的原料以及用于着色的染料,就是最早的纳米材料;但当时人们并不知道这些是由人的肉眼根本看不到的纳米材料组成的。纵观纳米材料发展的历史,大致可以划分为 3 个阶段。第一阶段(1990 年以前)主要是在实验室探索用各种手段制备各种材料的纳米颗粒粉体,合成块体(包括薄膜),研究评估表征的方法,探索纳米材料不同于常规材料的特殊性能。对纳米颗粒和纳米块体材料结构的研究在 20 世纪80 年代末期一度形成热潮,研究的对象一般局限在单一材料和单相材料,国际上通常把这类纳米材料称为纳米晶或纳米相材料。第二阶段(1994 年前)人们关注的热点是如何利用纳米材料已挖掘出来的奇特物理、化学和力学性能,设计纳米复合材料,通常采用纳米微粒与纳米微粒复合(0—0 复合),纳米微粒与常规块体复合(0—3 复合)及发展复合纳米薄膜(0—2 复合),国际上通常把这类材料称为纳米复合材料。这一阶段纳米复合材料的合成及物性的探索一度成为纳米材料研究的主导方向。第三阶段(从 1994 年到现在)纳米组装体系和人工组装合成的纳米结构的材料体系或者称为纳米尺度的图案材料越来越受到人们的关注。它的基本内涵是以纳米颗粒以及纳米丝、管为基本单元在一维、二维和三维空间组装排列成具有纳米结构的体系,其中包括纳米阵列体系、介孔组装体系、薄膜嵌镶体系。纳米颗粒、丝、管可以是有序地排列。如果说第一阶段和第二阶段的研究在某种程度上带有一定的随机性,那么这一阶段研究的特点强调按人们的意愿设计、组装、创造新的体系,更有目的地使该体系具有人们所希望的特性。

11.6.3 纳米材料的特性

纳米材料的结构及原子排列的特殊性,使其内部原子输运出现异常现象,其自扩散速率是传统晶体的 $10^{14} \sim 10^{19}$ 倍。高扩散速率使复相纳米固体的固态反应能在室温和低温下进行。纳米固体中的量子隧道效应使电子输运表现出反常现象。纳米硅氢合金中氢的含量大于 5 % 时,电导率下降 2 个数量级。纳米固体的电导温度系数随颗粒尺寸的减小而下降,甚至出现负值。这些特异性能成为超大规模集成电路器件的设计基础。

由于纳米材料中晶粒的细化,晶界数量大幅度增加,可使材料的强度、韧性和超塑性大为提高。晶粒大小降到纳米级,材料就显示出类似于金属的超塑性(多晶材料受拉伸时产生较大的拉伸形变),陶瓷材料作为材料的三大支柱之一,由于韧性和强度较差,因而使其应用受到了较大的限制。随着纳米技术的广泛应用,纳米陶瓷随之产生。希望以此来克服陶瓷材料的脆性,使陶瓷具有像金属一样的柔韧性和可加工性。

许多纳米陶瓷在室温下就可发生塑性变形。如纳米晶 TiO_2 在 180 ℃ 时的塑性变形率可达 100 %,带有预裂纹的试样在 180 ℃ 弯曲时不发生裂纹扩展。纳米陶瓷塑性高,烧结温度低,但仍具有类似于普通陶瓷的硬度。这些特征提供了在常温和次高温下加工纳米陶瓷的可能性。纳米离子晶体 CaF_2 于 80 ℃加载 1 s,即把方块状试样压成波浪状薄板,可以认为是一种低温超塑性行为。

纳米陶瓷复合材料通过有效的分散、复合而使异相纳米颗粒均匀地弥散在陶瓷基质结构中,从而大大改善陶瓷材料强韧性和高温力学性能。Tatsuki 等人对制得的 Al_2O_3-SiC 纳米复相陶瓷进行拉伸蠕变实验,结果发现,伴随着晶界的滑移,Al_2O_3 晶界处的纳米 SiC 粒子发生旋转并嵌入 Al_2O_3 晶粒之中,从而增强了晶界滑动的阻力,提高了 Al_2O_3-SiC 纳米复相陶瓷的抗蠕变能力。虽然纳米陶瓷还有许多关键的问题需要解决,但其优良的室温力学性能、抗弯强度、断裂韧性使其在切削刀具轴承、汽车发动机部件等诸多方面都有了广泛的应用,并在许多超高温、强腐蚀等苛刻的环境下起着其他材料不可替代的作用,具有非常广阔的应用前景。

纳米固体的特殊性质还表现在以下方面:① 纳米磁性金属的磁化率是普通金属的 20 倍,而饱和磁矩是普通金属的 1/2;② 纳米固体在较宽光谱范围内都具有均匀的光吸收特性。纳米复合多层膜在频率为 7～17 GHz 时吸收高达 14 dB,在 10 dB 水平的吸收频宽为 2 GHz。几十纳米的膜相当于几十微米厚的现有吸波材料的效果,可望提高战略导弹的突防能力。纳米金属的熔点降低,如银常规熔点为 961 ℃,而超微银颗粒的熔点可降低至 100 ℃。纳米金属的比热容是传统金属的 2 倍,热膨胀系数提高 2 倍。纳米 Ag 晶体作为稀释制冷剂的热交换效率较传统材料提高 30%;含有超细微粒 Al_2O_3、TiO_2、Y_2O_3 等的合金材料可显著地增进耐高温性。

11.6.4　纳米材料的应用

（1）纳米催化材料

纳米粒子的量子尺寸效应和表面效应,使其表面的化学键状态和电子态与颗粒内部不同(图 11-6)。表面原子配位不全,导致表面活性中心多,为用作催化剂提供了必要条件。利用很高的比表面积与表面活性可以显著地增进催化效果,大大提高反应的催化效率,甚至使原来不能进行的反应也能进行。如纳米镍、铜、锌混合制成的加氢反应催化剂可使选择性提高 5～10 倍。纳米 TiO_2 不仅可以在水相中利用自身光催化特性降解有机污染物,而且还可以利用固-气异相催化反应降解有害气体,如在紫外线的照射下可以将 NO 分解为 N_2 和 O_2。纳米 TiO_2-xC_x($x\approx0.15$)在波长 414 nm 处有强的吸收,可以提高光催化降解水生成氢气的效率。纳米铂黑催化剂可使乙烯的氧化反应温度从 600 ℃降至室温。

另外,将纳米微粒作为引发剂也很有应用前景,如火箭发射用的固体燃料推进剂中,若添加约 1% 的超细铝或镍,每克燃料的燃烧热可增加一倍。超细的硼粉、高铬酸铵粉可以作为炸药的有效引发剂。超细的铂粉、碳化钨等是高效的氢化引发剂。超细的铁、镍与 γ-Al_2O_3 混合轻烧结体可以代替贵金属而作为汽车尾气净化引发剂。超细的银粉可以作为乙烯氧化的引发剂。超细的镍粉、银粉的轻烧结体作为化学电池、燃料电池和光化学电池中的电极,可以增大与液相或气体之间的接触面积,增加电池效率,有利于小型化。

（2）纳米传感器

纳米传感器是超微粒最有前途的应用领域之一。超微粒具有大比表面积、高活性、特

图 11-6　纳米催化材料

异物性、极微小性等特点，与传感器所要求的多功能、微型化、高速化相互对应。由于纳米 ZrO_2、NiO、TiO_2 等陶瓷对温度变化、红外线以及汽车尾气都十分敏感，可用它们制作温度传感器、红外线检测仪和汽车尾气检测仪，检测灵敏度比普通的同类陶瓷传感器高得多。目前传感器使用的材料主要是陶瓷，如温度传感器有 VO_2，气体传感器有 SnO_2，湿度传感器有 $LiCl$ 等。

（3）纳米光学材料

小尺寸效应使纳米材料具有常规大块材料不具备的光学特性，如出现宽频带强吸收、吸收带蓝移和特殊的发光现象等。如把几纳米的 Al_2O_3 粉掺入稀土荧光粉中，可利用其紫外线吸收的蓝移现象吸收掉有害的紫外线，而不降低荧光粉的发光效率。纳米金属粒子吸收红外线的能力强，已用于红外线检测器和红外线传感器上。纳米金属粒子也已应用在高性能毫米波形隐形材料上。

（4）纳米半导体材料

纳米半导体中的量子隧道效应使某些半导体材料的电子输运反常、电导率降低，热导率也随颗粒尺寸的减小而下降，甚至出现负值。这些特性在大规模集成电路器件、光电器件等领域发挥重要的作用。

利用纳米半导体粒子可以制备出光电转化效率高的，即使在阴雨天也能正常工作的新型太阳能电池。由于纳米半导体粒子受光照射时产生的电子和空穴具有较强的还原和氧化能力，因而它能氧化有毒的无机物，降解大多数有机物，最终生成无毒无味的二氧化碳、水等，所以，可以借助纳米半导体利用太阳能催化分解无机物和有机物。

（5）纳米梯度功能材料

在航天用的氢氧发动机中，燃烧室的内表面需要耐高温，其外表面要与冷却剂接触。因此，内表面要用陶瓷制作，外表面则要用导热性良好的金属制作。但块状陶瓷和金属很难结合在一起。如果制作时在金属和陶瓷之间使其成分逐渐地连续变化，让金属和陶瓷"你中有我、我中有你"，最终便能结合在一起形成梯度功能材料。当用金属和陶瓷纳米颗粒按其含量逐渐变化的要求混合后烧结成型时，就能达到燃烧室内侧耐高温、外侧有良好导热性的要求。

（6）纳米磁性材料

纳米磁性材料具有十分特别的磁学性质。纳米粒子尺寸小，具有单磁畴结构和矫顽力很高的特性，用其制成的磁记录材料不仅音质、图像和信噪比好，而且记录密度比 $\gamma\text{-Fe}_2\text{O}_3$ 高几十倍。超顺磁的强磁性纳米颗粒还可制成磁性液体，用于电声器件、阻尼器件、旋转密封及润滑和选矿等领域。

（7）纳米医用材料

在医学上，纳米微粒的尺寸一般比生物体内的细胞、红细胞（$6\sim9\ \mu m$）小得多，直径小于 10 nm 的粒子可以在血管中自由流动。如果将对人体无害又有治疗作用的纳米粒子注入血液中，颗粒随血液流到人体的各个部位，既可用来探测病端，又可用于疾病的治疗。用纳米 SiO_2 微粒可以进行细胞分离，用金的纳米粒子可进行定位病变治疗。此外，纳米多孔材料可以作为药物和细胞的载体。

使用纳米技术能使药品生产过程越来越精细，并在纳米尺度上直接利用原子、分子的排布制造具有特定功能的药品。纳米粒子将使药物在人体内的传输更为方便，用数层纳米粒子包裹的智能药物进入人体后可主动搜索并攻击癌细胞或修补损伤组织。使用纳米技术的新型诊断仪器只需检测少量血液就能通过其中的蛋白质和 DNA 诊断出各种疾病。通过纳米粒子的特殊性能在纳米粒子表面进行修饰形成一些具有靶向、可控释放、便于检测的药物传输载体，为身体的局部病变的治疗提供新的方法，为药物开发开辟了新的方向。

（8）其他应用

机械工业采用纳米材料技术对机械关键零部件进行金属表面纳米涂层处理，可以提高机械设备的耐磨性、硬度和使用寿命。纳米材料多功能塑料，具有抗菌、除味、防腐、抗老化、抗紫外线等作用，可用作电冰箱、空调外壳里的抗菌除味塑料。超细微粒的烧结体还可以生成微孔过滤器，作为吸附氢气等气体的储藏材料；还可作为陶瓷的着色剂，用于工艺美术中；与橡胶或塑料一起可制成导电复合体，或导电复合纤维。将纳米颗粒添加到化纤和纺织品中，可具有杀菌除味或保暖功能。

纳米材料具有特异的光、电、磁、热、声、力、化学和生物性能，纳米科学与技术日新月异的发展，已为现代材料的开发带来了一场新的革命。今后的科研将不断完善高质量的纳米粉体和薄膜的制备工作，合成出各种新型纳米有机-无机杂化材料并推广应用于生物医疗、新能源、环保、新型光电材料开发中，研制出具有实用价值的纳米器件、纳米机器等。纳米材料的未来一定将是灿烂辉煌的。

本 章 小 结

本章主要介绍各类材料的定义、分类以及材料性能和应用之间的关系。

金属材料是由金属元素或以金属元素为主形成的具有金属特征的一类材料，包括金属及其合金、金属间化合物以及金属基复合材料等。

除金属材料外的无机非金属材料都属于陶瓷材料的范畴,常用陶瓷主要有普通陶瓷、特种陶瓷和功能陶瓷,主要应用于耐磨、耐腐和耐高温的功能材料元器件。

高分子材料如塑料、橡胶、胶黏剂、涂料等,一般都是由高分子聚合物树脂作为基础物质加入添加剂组合而成的,基础物质对高分子材料的性能和应用范围起决定性作用,添加剂则进一步改善和提高性能。

复合材料的复合不是简单的组成材料的复合,而是包括物理的、化学的、力学的,甚至生物学的相互作用。目前复合材料的应用较为广泛。

纳米材料指的是晶粒尺寸为纳米级(10^{-9} m)的超细材料。纳米材料是人类为实现幻想,满足高新技术发展的需求,科学技术不断进步,认识逐渐深化,经过半个多世纪努力发展起来的新材料,已成为世界各国研究和发展的热点和重点,正在形成新兴产业,带动高新技术的发展。

【知识延伸】

未来最有潜力的 20 种新材料

1. 石墨烯

突破性:非同寻常的导电性能、极低的电阻率和极快的电子迁移的速度、超出钢铁数十倍的强度和极好的透光性。

发展趋势:2010 年诺贝尔物理学奖造就近年技术和资本市场石墨烯炙手可热,未来 5 年将在光电显示、半导体、触摸屏、电子器件、储能电池、显示器、传感器、半导体、航天、军工、复合材料、生物医药等领域爆发式增长。

2. 气凝胶

突破性:高孔隙率、低密度质轻、低热导率,隔热保温特性优异。

发展趋势:极具潜力的新材料,在节能环保、保温隔热电子电器、建筑等领域有巨大潜力。

3. 碳纳米管

突破性:高电导率、高热导率、高弹性模量、高抗拉强度等。

发展趋势:功能器件的电极、催化剂载体、传感器等。

4. 富勒烯

突破性:具有线性和非线性光学特性,碱金属富勒烯超导性等。

发展趋势:未来在生命科学、医学、天体物理等领域有重要前景,有望用在光转换器、信号转换和数据存储等光电子器件上。

5. 非晶合金

突破性:高强韧性、优良的导磁性和低的磁损耗、优异的液态流动性。

发展趋势:高频低损耗变压器、移动终端设备的结构件等。

6. 泡沫金属

突破性：重量轻、密度低、孔隙率高、比表面积大。

发展趋势：具有导电性，可替代无机非金属材料不能导电的应用领域；在隔音降噪领域具有巨大潜力。

7. 离子液体

突破性：具有高热稳定性、宽液态温度范围、可调酸碱性、极性、配位能力等。

发展趋势：在绿色化工领域，以及生物和催化领域具有广阔的应用前景。

8. 纳米纤维素

突破性：具有良好的生物相容性、持水性、广范围的 pH 值稳定性；具有纳米网状结构，和很高的机械特性等。

发展趋势：在生物医学、增强剂、造纸工业、净化、传导与无机物复合食品、工业磁性复合物方面前景巨大。

9. 纳米点钙钛矿

突破性：纳米点钙钛矿具有巨磁阻、高离子导电性、对氧析出和还原起催化作用等。

发展趋势：未来在催化、存储、传感器、光吸收等领域具有巨大潜力。

10. 3D 打印材料

突破性：改变传统工业的加工方法，可快速实现复杂结构的成型等。

发展趋势：革命性成型方法，在复杂结构成型和快速加工成型领域，有很大前景。

11. 柔性玻璃

突破性：改变传统玻璃刚性、易碎的特点，实现玻璃的柔性革命化创新。

发展趋势：未来柔性显示、可折叠设备领域，前景巨大。

12. 自组装（自修复）材料

突破性：材料分子自组装，实现材料自身"智能化"，改变以往材料制备方法，实现材料的自身自发形成一定形状和结构。

发展趋势：改变传统材料制备和材料的修复方法，未来在分子器件、表面工程、纳米技术等领域有很大前景。

13. 可降解生物塑料

突破性：可自然降解，原材料来自可再生资源，改变传统塑料对石油、天然气、煤炭等化石资源的依赖，减少环境污染。

发展趋势：未来替代传统塑料，具有前景巨大。

14. 钛炭复合材料

突破性：具有高强度、低密度，以及耐腐蚀性优异等性能，在航空及民用领域前景无限。

发展趋势：未来在轻量化、高强度、耐腐蚀等环境应用方面潜力广泛。

15. 超材料

突破性：具有常规材料不具有的物理特性，如负磁导率、负介电常数等。

发展趋势：改变传统根据材料的性质进行加工的理念，未来可根据需要来设计材料的特性，潜力无限。

16. 超导材料

突破性:超导状态下,材料零电阻,电流不损耗,材料在磁场中表现抗磁性等。

发展趋势:未来如突破高温超导技术,有望解决电力传输损耗、电子器件发热等难题,以及绿色新型传输磁悬技术。

17. 形状记忆合金

突破性:预成型后,在受外界条件强制变形后,再经一定条件处理,恢复为原来形状,实现材料的变形可逆性设计和应用。

发展趋势:在空间技术、医疗器械、机械电子设备等领域潜力巨大。

18. 磁致伸缩材料

突破性:在磁场作用下,可产生伸长或压缩的性能,实现材料变形与磁场的相互作用。

发展趋势:在智能结构器件、减振装置、换能结构、高精度电机等领域,应用广泛,有些条件下性能优于压电陶瓷。

19. 磁(电)流体材料

突破性:液态状,兼具固体磁性材料的磁性和液体的流动性,具有传统磁性块体材料不具备的特性和应用。

发展趋势:应用于磁密封、磁制冷、磁热泵等领域,改变传统密封制冷等方式。

20. 智能高分子凝胶

突破性:能感知周围环境变化,并能做出响应,具有类似生物的反应特性。

发展趋势:智能高分子凝胶的膨胀-收缩循环可用于化学阀、吸附分离、传感器和记忆材料;循环提供的动力用来设计"化学发动机";网孔的可控性适用于智能药物释放体系等。

（摘自:新材料在线）

习　题

简答题

1. 简述材料和物质的关系。

2. 高分子材料的分类方法有哪些?

3. 功能陶瓷的定义及种类有哪些?

4. 什么是复合材料? 它有哪些分类方法?

5. 列举两项复合材料的应用。

6. 根据材料的物理、化学属性不同,材料可以分为哪几类?

7. 人类最早发现的铁是什么? 其组成成分主要有哪些?

8. 简述金属陶瓷材料的特点。

9. 什么是特种陶瓷?

10. 简述纳米材料的特点并举例说明纳米材料的应用有哪些。

第 12 章　化学与环境保护

目前全球正面临严峻的环境问题,并且环境问题已经从区域性问题演变为全球性问题,因此,需要全世界全人类共同努力,科学技术及工程技术必须进行改革,应将对废弃物的末端治理变为对生产过程的控制,实行清洁生产,大力发展绿色制造业和绿色化学,执行可持续发展战略。

环境污染有不同的分类方法。按环境要素,环境污染可分为大气污染、水体污染、土壤污染;按人类活动,环境污染分为工业环境污染、城市环境污染、农业环境污染;按造成污染的性质、来源,环境污染分为化学污染、生物污染、物理污染(噪声、放射性、热、电磁波等)、固体废物污染、能源污染等。

12.1　大气污染及其控制

大气污染(atmospheric pollution)通常是指由于人类活动或自然过程引起某些物质进入大气中,呈现出足够的浓度,达到足够的时间,并因此危害了人体的舒适、健康和福利或环境污染的现象。工业化是导致大气污染的主要原因。

空气污染(air pollution)一般指近地面或低层的大气污染,有时仅指室内空气的污染。

12.1.1　主要大气污染物及其影响

排入大气的污染物达百余种,其中对人类社会威胁最大的有粉尘、硫氧化物、一氧化碳、氮氧化物、烃类、硫化氢、氨以及含氟气体、含氯气体和放射性物质等,值得注意的是粉尘的高毒性使其成为最危险的污染物。现在将污染物的主要来源与污染效应简介如下:

12.1.1.1　大气颗粒物

颗粒物包括尘、烟、雾等。颗粒物(particulate matter)分一次颗粒物和二次颗粒物。由扬尘、火山灰及海洋溅沫等天然污染源和主要来自燃烧过程产生的烟尘和工业生产、开矿、选矿、金属冶炼、固体粉碎加工等人为污染源产生的各类粉尘为一次颗粒;由大气中某些污染气体组分(如二氧化硫、氮氧化物、碳氢化合物等)之间,或这些组分与大气中的正常组分(如氧气)之间通过光化学氧化反应、催化氧化反应或其他化学反应转化生成的颗粒物为二次颗粒物。煤和石油燃烧产生的一次颗粒物及其转化生成的二次颗粒物污染最为严重。大气中的颗粒物的粒径通常在 $0.02 \sim 100\ \mu m$ 之间。其中粒径大于 $10\ \mu m$ 的颗粒,靠自然重力能够降落在发生源附近,称之为降尘;粒径小于 $10\ \mu m$ 的浮游状颗粒常悬浮于大气中而不降落,以气溶胶形式长时间飘浮在空中,称之为飘尘。

粉尘是大气中危害最久、最严重的一种污染。粒径在 $0.5\sim5~\mu m$ 的飘尘对人体的危害最大,其中直径小于或等于 $2.5~\mu m$ 的颗粒物,也称可入肺颗粒物 PM2.5(Particulate matter 2.5)。这种肉眼几乎不可见的物质却对空气质量和能见度有重要的影响。目前 PM2.5 已成为空气质量监测的重要项目。可入肺颗粒物可经过呼吸道吸入而能沉积于肺泡和呼吸道细胞上造成矽肺。沉积在肺部的污染物如被溶解,就会直接侵入血液,造成血液中毒;未被溶解的污染物有可能被细胞所吸收,造成细胞破坏,侵入肺组织或淋巴结而引起尘肺(如煤矿工人吸入煤灰形成煤肺;玻璃厂工人吸入硅酸盐颗粒形成矽肺;石棉厂工人常患石棉肺)。颗粒物可对光产生吸收和散射,降低空气的可见度,减少日光照射到地面的辐射量,对气温有致冷作用;另外,悬浮微粒表面积大,吸附能力强,是携带和传染病菌的媒介,例如有的浮尘本身还是很好的催化剂,可为化学反应提供反应床,加速产生二次污染物,进一步加重了大气污染。按烟尘本身毒性的不同,可能造成多种疾病,因此消烟除尘是治理大气的重要措施。

12.1.1.2　硫氧化物(SO_x)

硫氧化物主要指 SO_2 和 SO_3,它们主要来自燃烧含硫的燃料、金属冶炼厂、硫酸厂排放的 SO_x 气体,有机物的分解和燃烧及火山喷发等。

SO_2 是无色、有刺激臭味的窒息性气体。吸入 SO_2 含量超 0.2% 的空气,会使嗓子变哑、喘息,甚至失去知觉。SO_2 能使植物产生漂白斑点,损害叶片,从而抑制作物生长甚至降低产量;SO_x 还严重腐蚀和损害建筑物、金属结构及名胜古迹等。如果大气中同时有颗粒物质存在,高浓度 SO_2 被悬浮物吸附后,经颗粒物中铁、锰等催化氧化转变为 SO_3,最终形成 H_2SO_4 及其盐,严重时会造成酸性降雨或煤烟型烟雾事件,所以 SO_2 是酸雨及化学烟雾的成因之一。发生在 1952 年震惊世界的"伦敦烟雾"事件就是由当地地理气象条件加之大气中粉尘、SO_2 和雾滴"协同"作用的结果。当时伦敦正处于无风有雾和气温逆层的状态,工厂及家庭排出的烟尘、SO_2 急剧上升,燃煤产生的粉尘表面会大量吸附水,成为形成烟雾的凝聚核,这样便形成了浓雾。另外烟煤中粉尘颗粒对 SO_2 的氧化起催化作用:

$$2SO_2 + O_2 \xrightarrow{\text{粉尘},h\nu} 2SO_3$$

SO_3 和大气中水蒸气形成硫酸雾,毒性比 SO_2 大 10 倍。事件开始人们咳嗽不止、喉痛、呼吸困难、高烧。到后期,硫酸雾聚集并沉积于人肺部、血液,造成支气管炎,呼吸困难,危及心脏,4 天导致 4 000 人丧生。1956~1962 年伦敦又发生三次烟雾事件,后经英国当局采取除尘、脱硫等治理措施,1962 年后再无发生。

12.1.1.3　氮氧化物(NO_x)

氮氧化合物通常是指 NO、NO_2,主要来自燃料(煤、石油)燃烧、硝酸及氮肥的生产和汽车尾气等。NO_x 浓度较高的气体呈棕黄色,故有"黄龙"之称。

NO 能刺激呼吸系统,并与血红素结合形成亚硝基血红素,NO 与血红素的结合能力是 O_2 的数百倍,NO 中毒造成血液缺氧而引起中枢神经麻痹。NO_2 不仅对呼吸系统有强烈刺激,使血红素硝化,而且对心脏、肝脏、肾脏及造血系统和组织也都影响很大,严重时致死。

此外，NO_2 还毁坏棉、尼龙等织物，使柑橘落叶和发生萎黄病等，可见其危害远大于 NO。NO_x 和 SO_x 一样都是形成酸雨的罪魁祸首。

　　氮氧化物最严重的危害在于它们在形成光化学烟雾过程中所起的关键作用。光化学烟雾不是某一污染源直接排入的一次污染物，而是氮氧化物和碳氢化合物在阳光下作用的结果，如图 12-1 所示。由工业废气和汽车尾气所释放的氮氧化合物和碳氢化合物等一次污染物，在阳光作用下发生系列化学反应，生成醛、酮、硝酸过氧化酰酯（简写为 PAN）和其他多种复杂化合物等二次污染物，参与光化学反应过程的一次污染物和二次污染物的混合物所形成的浅蓝色的烟雾，称为光化学烟雾。

图 12-1　化学烟雾成因及危害示意图

光化学烟雾形成的简要步骤如下：

① 空气中的 NO_2 在紫外线作用下分解成 NO 和氧原子，氧原子和大气中 O_2 反应生成 O_3；

$$NO_2 \xrightarrow{h\nu} NO+[O];\ [O]+O_2 \longrightarrow O_3。$$

② O_3 分子同烃类发生系列反应生成酰类游离基和醛或酮；

$$O_3 + 烃 \longrightarrow R{-}\overset{\overset{\displaystyle O}{\|}}{C}{-}O\cdot + RCHO\ 或\ R_2CO$$

③ 酰类游离基被 NO 还原后再被氧化成过氧化酰类游离基；

$$R{-}\overset{\overset{\displaystyle O}{\|}}{C}{-}O\cdot + NO \longrightarrow NO_2 + R{-}\overset{\overset{\displaystyle O}{\|}}{C}\cdot$$

$$R{-}\overset{\overset{\displaystyle O}{\|}}{C}\cdot + O_2 \longrightarrow R{-}\overset{\overset{\displaystyle O}{\|}}{C}{-}O{-}O\cdot$$

④ 过氧化酰类游离基与 NO_2 反应生成硝酸过氧化酰酯（PAN）。

$$R-\overset{\overset{\displaystyle O}{\|}}{C}-O-O\cdot + NO_2 \longrightarrow R-\overset{\overset{\displaystyle O}{\|}}{C}-O-O-NO_2(PAN)$$

显然,除 NO_x、O_3 和阳光照射外,空气中存在的碳氢化合物也是形成光化学烟雾的重要条件,否则 O_3 和 NO 反应生成 NO_2 和 O_2,反应不断循环不会生成二次污染物。

光化学烟雾的成分非常复杂,具有强氧化性,有强烈的刺激作用,使人眼睛红肿,喉咙疼痛,促使哮喘病患者哮喘发作,导致慢性呼吸系统疾病恶化、呼吸障碍、损害肺部功能等,严重者呼吸困难、视力减退、头晕目眩、手足抽搐。光化学烟雾直接危害树木、作物,臭氧影响植物细胞的渗透性,可导致高产作物的高产性能消失,甚至使植物丧失遗传能力,PAN 影响植物的生长,降低植物抵抗病虫害能力;臭氧、PAN 等还能造成橡胶制品的老化、脆裂,使染料褪色,并损害油漆涂料、纺织纤维和塑料制品等;此外,光化学烟雾还使大气的能见度降低。

洛杉矶光化学烟雾事件是 20 世纪 40 年代初期发生在美国洛杉矶市的大气污染事件。当时洛杉矶市拥有各种汽车多达 400 多万辆,市内高速公路纵横交错,并且有飞机制造、军工等工业,大量石油烃废气、氮氧化物等废气排放,经太阳光作用发生光化学反应,加之洛杉矶三面环山的地形,光化学烟雾扩散不开,停滞在城市上空,形成污染。自 1943 年开始,一向气候温暖、风景宜人的美国洛杉矶每年从夏季至早秋,只要是晴朗的日子,城市上空就会弥漫着浅蓝色烟雾,使整座城市上空变得浑浊不清。这种烟雾使人眼睛发红,咽喉疼痛,呼吸憋闷、头昏、头痛。1955 年,因洛杉矶型烟雾致使呼吸系统衰竭死亡的 65 岁以上的老人达 400 多人;1970 年,约有 75% 以上的市民患上了红眼病。

12.1.1.4　碳氧化物

(1) CO

含碳燃料不完全燃烧或燃烧后高温下 CO_2 分解均会产生 CO。毫不夸张地说,哪里有燃烧,哪里就有 CO,小到蜡烛燃烧,大到火山喷发。城市中 50%CO 是源于汽车排放。

CO 是无色无臭的气体,是窒息性毒气,不易被人察觉,对其须高度警惕。CO 一旦进入人体即与血红蛋白结合成非常稳定的羰基血红蛋白(是一种比氧和血红蛋白结合更稳定的配位化合物),阻碍血红蛋白的输氧功能,轻度中毒使中枢神经机能受损,严重时则昏迷、痉挛,甚至致死。

(2) CO_2

燃料燃烧使得 CO_2 量增加,植被、森林遭到破坏使得光合作用消耗的 CO_2 量减少。CO_2 是温室气体之一,引起全球气候变暖。人所处环境中含 CO_2 量如果达到 0.4%,就有昏迷、呕吐等病象,如达到 3.6%,则会出现严重病态如窒息、休克,达到 10%,则会死亡。

12.1.1.5　烃类

烃类主要来自汽车油箱的遗漏和尾气以及石油开采、炼油厂的废气。

这些化合物大多是饱和烃,对人体的直接危害不大,但是其中一部分裂解成烯烃。如辛烷裂解成乙烯和丁烯:

$$C_8H_{18}(l) \longrightarrow 2C_2H_4(g) + C_4H_8(g) + H_2(g)$$

烯烃很活泼,能与原子氧、NO、O_3 等发生反应,生成光化学烟雾及其他有害物质。如前所述,光化学烟雾具有强烈的刺激性和氧化性,能引起眼睛红肿、喉痛、呼吸困难、头晕目眩、手足抽搐、动脉硬化和机能衰退。

12.1.2　大气污染的防治

防治大气污染是一个庞大的系统工程,需要个人、集体、国家乃至全球各国的共同努力,控制污染源是关键,具体可考虑如下措施:

（1）改革能源结构,改进燃烧设备和燃烧方法,减少污染物排放量

优先使用无污染能源（如太阳能、风能、水力发电）和低污染能源（如天然气、可燃冰等）;对化石燃料进行预处理（如利用原煤脱硫技术可预先除去燃煤中 40%～60% 的无机硫）;改进燃烧技术（如利用液态化燃煤技术加进石灰石和白云石,与二氧化硫发生反应,生成硫酸钙随灰渣排出,并对燃烧后形成的烟气在排放到大气中之前进行烟气脱硫以减少燃煤过程中二氧化硫和氮氧化物的排放量）。

此外,在污染物未进入大气之前,使用除尘消烟技术、冷凝技术、液体吸收技术、回收处理技术等消除废气中的部分污染物,均可减少进入大气的污染物数量。

（2）充分利用大气自净能力进行控制排放

气象条件不同,大气对污染物的容量便不同,对于风力大、通风好、湍流盛、对流强的地区和时段,大气扩散稀释能力强,可接受较多厂矿企业活动。逆温的地区和时段,大气扩散稀释能力弱,便不能接受较多的污染物,否则会造成严重大气污染。因此应对不同地区、不同时段进行排放量的有效控制。

（3）合理规划工业区,避免排放大户过度集中,造成重复叠加污染,形成局部地区严重污染事件

工业合理布局,以方便于污染物的扩散和工厂之间互相利用废气,减少废气排放量。

（4）利用吸附、吸收或中和等措施除去有害气体

烟气脱硫方法:

① 湿法:用石灰乳,NH_3 水,碱（NaOH 或 Na_2CO_3）除去 SO_2。

② 干法:用活性炭吸附,用碱或碱性氧化物吸收 SO_2 并除去,用废碱渣处理可以降低费用,"以废治废"。

目前主要用石灰法,可以除去烟气中 85%～90% 的二氧化硫气体。不过,脱硫效果虽好但成本高。

（5）控制机动车污染

① 使用清洁燃料:无铅汽油、汽油发动机清洁剂、液化石油气（LPG）、液化天然气（LNG）、乙醇燃料。

② 使用清洁汽车:机内净化（电喷、电子点火）;机外净化（后燃法、催化净化）。

为去除汽车尾气中的烃类、一氧化碳和氮氧化物,可在汽车尾气系统内插入一个"催化转换器",如图 12-2 所示。常以 Pt、Pd 等贵金属为催化剂使汽车尾气中的碳氢化合物、CO 及氮氧化物转化为 CO_2 和 N_2,或以 CuO-CrO 为催化剂用 NH_3 还原 NO 和 NO_2。

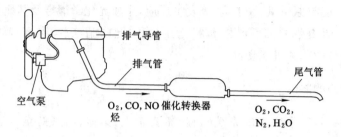

图 12-2　汽车尾气催化转换器示意图

汽车尾气无害化反应：

$$C_nH_m + (n + \frac{m}{4})O_2 \xrightarrow{Pt-Pd} nCO_2 + \frac{m}{2}H_2O$$

$$CO(g) + NO(g) \xrightarrow{Pt-Pd} CO_2(g) + \frac{1}{2}N_2(g)$$

$$4NH_3 + 6NO \xrightarrow{CuO-CrO} 5N_2 + 6H_2O$$

$$8NH_3 + 6NO_2 \xrightarrow{CuO-CrO} 7N_2 + 12H_2O$$

③ 执行配套法规和标准：目前国内机动车尾气排放标准实施中国Ⅴ号标准，2018 年 7 月 1 日深圳将率先实行国Ⅵ标准。

国家不断加大机动车污染防治力度，但机动车污染日益严重，已经是大气环境最突出、最紧迫的问题之一。我国今后将全面实施机动车氮氧化物总量控制，进一步强化机动车生产、使用全过程的环境监管。

④ 大力发展公交车，控制私家车。

（6）植树种草，绿化环境

植树造林是一种防治大气污染的极为有效的措施。绿色植物对有害物质的过滤作用和对空气的净化作用功能显著，能阻挡、吸附、黏着粉尘，对硫氧化物、光化学烟雾等有毒气体也有不同程度的吸收能力，是天然的吸尘器；植物的光合作用可以消耗大气中 CO_2 提供 O_2，有效地调节大气中氧与二氧化碳的正常含量；还能防止风沙、调节气温和湿度、维持生态平衡。

12.1.3　室内空气污染及防治

室内空气质量关乎人体健康，不容忽视。特别是装修污染被称为室内的"隐形杀手"，其中的有害物质对女性、儿童和老人的伤害更加严重，装修后闻不到味道不等于没有污染，甲醛超标 4 倍以上才能闻到刺激性的气味，必须注意家居、办公场所及公共场所常见污染。

12.1.3.1　室内常见空气污染物及其危害

（1）甲醛

甲醛是一种无色易溶的刺激性气体。刨花板、密度板、胶合板等人造板材、胶黏剂和墙纸是空气中甲醛的主要来源，释放期可长达 3～15 年。

甲醛为较高毒性的物质，已被世界卫生组织确定为致癌和致畸性物质，其对人体的危害具长期性、潜伏性、隐蔽性的特点。国家安全标准规定空气中甲醛含量不得超过 0.08 mg·m⁻³。一旦甲醛超标将引起呼吸道疾病,并可能诱发肺水肿、鼻咽癌、喉头癌等重大疾病;甲醛也可以影响妇女生育能力,可使胎儿畸形、染色体异常甚至诱发癌症,导致白血病。

（2）苯

苯无色、具有特殊芳香气味。空气中苯主要来源于胶水、油漆、涂料和黏合剂、防水材料等。

苯已被世界卫生组织确定为强烈致癌物质。苯及苯系物(主要有甲苯、二甲苯及苯乙烯等)被人体吸入后,可出现中枢神经系统麻醉作用;可抑制人体造血功能,使红血球、白血球、血小板减少,再生障碍性贫血患率增高,甚至导致白血病;还可导致女性月经异常,胎儿的先天性缺陷等。

（3）氡

氡是一种无色、无味、无法察觉的具有放射性的惰性气体。氡主要来源于水泥、砖沙、大理石、花岗石、瓷砖等建筑材料,地质断裂带处也会有大量的氡析出。氡对人体的辐射伤害占人体所受到的全部环境辐射中的 55% 以上,其发病潜伏期可长达 15～40 年。

氡随空气进入人体,或附着于气管黏膜及肺部表面,或溶入体液进入细胞组织,形成体内辐射,诱发肺癌、白血病等。世界卫生组织研究表明,氡是仅次于吸烟引起肺癌的第二大致癌物质。

（4）氨

氨是一种无色而有强烈刺激气味的碱性气体,主要来源于混凝土防冻剂等外加剂、防火板中的阻燃剂等。

氨对眼、喉、上呼吸道有强烈的刺激作用,可通过皮肤及呼吸道引起中毒,轻者引发充血、分泌物增多、肺水肿、支气管炎、皮炎,重者可发生喉头水肿、喉痉挛,也可引起呼吸困难、昏迷、休克等,高含量氨甚至可引起反射性呼吸停止。氨被吸入肺后容易通过肺泡进入血液,与血红蛋白结合,破坏运氧功能。

（5）挥发性有机化合物（TVOC）

挥发性有机物(Volatile Organic Compound)常用 VOC 表示,有时也用总挥发性有机物 TVOC 表示,常分为烷类、芳烃类、烯类、卤烃类、酯类、醛类、酮类和其他八类,包括 300 多种(常见的有苯、甲苯、二甲苯、苯乙烯、三氯乙烯、三氯甲烷、萘等),属室内空气中 I 类污染物。TVOC 主要来源于建筑涂料、室内装饰材料、纤维材料、空调管道衬套材料、胶黏剂、吸烟及烹饪过程产生的烟雾及室外空气污染等。

研究表明,即使室内空气中单个 VOC 含量都低于其限含量,但多种 VOC 的混合存在及其相互作用,就使危害强度增大。TVOC 可使视觉、听觉受损;能引起机体免疫水平失调,影响中枢神经系统功能,出现头晕、头痛、嗜睡、无力、胸闷等症状,严重者出现记忆力下降、神经质及抑郁症等;还可能影响消化系统,出现食欲不振、恶心等,严重时可损伤肝脏和造血系统。

12.1.3.2　室内空气污染防治

因装修设计、选材的不合理,导致甲醛、苯、TVOC 等污染室内环境,大量病原微生物寄生于室内环境中,均严重影响人体健康。室内空气污染防治不得不引起注意,室内空气治理刻不容缓。

(1) 减小与防治室内空气污染注意事宜

① 慎重选用装修材料

达标材料不等于环保材料,达标材料不是不含有害物质,只是在限量范围内,所以在有限的空间内减小大面积使用一种装饰材料,如用 10 张板材达标不一定用 20 张板材也达标。而且装修材料类别越多,单项累加就有可能会超标。因此选用装修材料时就应严防污染源。尽量选择环保安全、绿色建筑装饰材料,减少化学合成装饰材料的使用(如选用不含甲醛的黏胶剂、细木工板、贴面板等),选用天然制品家具(如竹制、藤制、实木等)。

② 注意经常通风换气

一般情况下,苯的潜伏期为半年以上,甲苯、二甲苯的潜伏期为 1 年以上,危害最大的甲醛的潜伏期能达到 3~15 年,故不能说新居通风几个月就没事。值得引起注意的是有害气体的散发程度与温度紧密相连,夏天开空调、冬天取暖都会在很大程度上影响有害气体的散发,一定注意保持室内空气流通。

③ 合理使用空气清新剂、清洁剂和消毒剂

芳香剂、清洁剂和消毒剂含有一定程度 TVOC 类挥发性有机化合物,所以尽量减少使用,可以考虑用柚子皮、柠檬等替代,减少污染。

④ 科学种植花卉

绿色植物对某些有害气体有一定吸收作用,科学选种花卉,可减少室内空气污染。这些花草堪称人类居室"环保卫士",例如,吊兰、龟背竹等对甲醛吸收有特效,铁树能吸收苯。

(2) 治理室内空气污染常用方法

① 光触媒法:该方法主要是利用二氧化钛的光催化性能氧化有机污染物,生成二氧化碳和水。对重度污染该方法具有治理见效快的显著特点,但有可能产生二次污染,且价格也最高。

② 臭氧法:该方法是利用臭氧强氧化性,净化空气,杀除空气中的有害成分。其最大的特点是不会生成任何残留物及二次污染,适于轻度及中度室内空气污染治理。但采用这种技术对居室进行治理时,人要暂时离开房间,避免臭氧中毒,而且使用环境不能超过 30 ℃,否则可能产生致癌物质。

③ 高压电负离子法:该法是用一种产生高压电的仪器,使苯、甲醛等有害气体经高压电离,快速氧化成负离子,与空气结合后,还原成氧气、水和二氧化碳。这种办法有见效快、无污染、不留死角的特点。

④ 物理吸附法:利用竹炭、活性炭等能吸收异味、吸附有害气体的原理,来治理室内空气污染。这些炭具有成本低廉,见效快,无毒副作用等优点,但吸附达到饱和不再具有吸附能力时,应注意定期晾晒释放其所吸附的有害物,避免二次污染。

综上所述,室内空气污染一定要综合防治。

12.2　水污染及其控制

水体污染(water pollution)指进入水体的外来物质含量超过了该物质在水体本底中的含量,排入水体的污染物超过了水的自净作用,从而使水质恶化,破坏水体原有用途的现象,简称水污染。水污染严重威胁着人类的健康,危及生态系统的平衡。

12.2.1　水体主要污染物

水污染以污染效应分为毒性污染和耗氧污染;以污染物分为无机有毒、无机有害、有机有毒、有机耗氧四类:

12.2.1.1　无机污染物

12.2.1.1.1　无机有毒物质

无机有毒物质包括重金属、氰化物、氟化物、亚硝酸盐等。

(1) 重金属

包括毒性较强的汞、镉、铬、铅、砷(非金属砷毒性与重金属相当,归为一类),也包括毒性一般的镍、锌、铜、钴、锡等。其中镉和汞被我国列为一类污染物。

工厂、矿山排出的污染物含有的重金属进入水体后通过食物链富集,浓度渐渐加大,通过食物或饮水,进入人体,而这些重金属又不易排出体外,将会在人体内积蓄,引起慢性中毒。重金属的危害主要是使酶失去活性,即便含量很小也有毒性,造成较大危害。

① 汞

来源:汞主要来源于汞制剂厂、用汞仪表厂、水银法制碱工业、含汞催化剂、硫化汞生产、含汞农药、纸浆、造纸杀菌剂、电气设备、汞合金及医药生产等排出的废水。

危害:汞中毒引起神经损害、瘫痪、精神错乱、失明等症状,称为"水俣病"。

毒性化学形态:汞及其多种化合物都有毒性,氧化数为 $+1$ 的汞化合物(如甘汞)毒性小,氧化数为 $+2$ 的汞化合物(如河水、海水和生物体内分别主要存在的 $Hg(OH)_2$、$[HgCl_4]^{2-}$ 和 CH_3Hg^+)毒性较大,更值得注意的是无机汞在微生物作用下可转化为毒性更强的有机汞,其中甲基汞毒性更强(甲基汞具有脂溶性强、原型积蓄性高和高神经毒性的特征):

$$HgCl_2 + CH_4 \xrightarrow{\text{微生物}} CH_3HgCl + HCl$$

国家规定生活用水中汞含量不得超过 $0.001\ mg \cdot dm^{-3}$,烷基汞不得检出。

② 镉

来源:镉主要来源于矿山、冶炼厂、电镀厂、特种玻璃制造厂及化工厂等废水。

危害:镉是毒性最大的重金属元素。镉进入人体后将引起累积性中毒,使多组织器官损伤,损害肾脏,置换骨骼中的钙,导致骨质疏松和骨骼软化变形,严重影响机体对铁质的吸收,严重时还会引起肺水肿,甚至致癌、致畸、致突变。生活用水中铬含量不得超过 $0.01\ mg \cdot dm^{-3}$。

毒性化学形态：废水中镉主要以 Cd^{2+} 形态存在。

③ 铬

来源：铬主要来源于铬冶炼、电镀、金属加工、制革、油漆、颜料、印染等工业废水。

危害：$Cr(Ⅵ)$ 对消化道具有刺激性，能引起皮肤溃疡、贫血、肾炎等并可能有致癌作用。无论 $Cr(Ⅵ)$ 或 $Cr(Ⅲ)$ 对鱼类及农作物皆有毒，均被我国列为一类污染物。生活用水中铬含量不得超过 0.05 mg·dm^{-3}。

毒性化学形态：废水中铬主要以 CrO_4^{2-} 和 $Cr_2O_7^{2-}$ 形态存在。$Cr(Ⅲ)$ 是人体的一种微量营养元素($Cr(Ⅲ)$ 维持体内葡萄糖平衡及脂肪蛋白质代谢平衡，缺铬将引起动脉粥样硬化、心脏病和胆固醇增高)，但过量也有毒害作用。在铬的化合物中毒性 $Cr(Ⅵ) > Cr(Ⅲ) > Cr(Ⅱ)$ 和金属铬。

④ 铅

来源：铅主要来源于矿山、冶炼厂、电池厂、油漆厂等工业废水。

危害：铅进入机体后，主要以不溶性磷酸盐形式沉淀于骨骼。铅能毒害神经系统和造血系统，引起痉挛、精神迟钝、贫血等，严重导致脑病变而死亡。生活用水中铅含量不得超过 0.1 mg·dm^{-3}。

毒性化学形态：废水中铅主要以 Pb^{2+} 形态存在。

⑤ 砷

来源：砷主要来源于冶金、玻璃、陶瓷、制革、燃料和杀虫剂生产等工业废水。

危害：砷进入机体后，与丙酮酸氧化酶的—SH 结合，使酶失活，砷中毒即引起细胞代谢紊乱、肠胃失常、肾功能下降等。无机砷甚至有致癌性。生活用水中砷含量不得超过 0.04 mg·dm^{-3}。

毒性化学形态：砷在废水中存在形态主要为 AsO_3^{3-} 和 AsO_4^{3-}，毒性 $AsO_3^{3-} > AsO_4^{3-}$。

海藻中含有有机砷，且海藻可将摄入的无机砷还原、甲基化为毒性较小的甲基砷化物并将其释放。海水中砷主要以砷酸盐 $As(Ⅴ)$、亚砷酸盐 $As(Ⅲ)$、甲砷酸和二甲基次砷酸四种形式存在，海水中砷具有较高毒性。

我国工业废水中主要重金属污染物排放标准见表 12-1。此外铜、锌、镍、钴、锡等过量也会引起人中毒。

表 12-1　　　　　　　　　我国工业废水中主要重金属污染物排放标准

有毒离子	$Hg(Ⅱ)$	$Cd(Ⅱ)$	$Cr(Ⅵ)$	$As(Ⅲ)$	$Pb(Ⅱ)$
排放标准/(mg·dm^{-3})	0.05	0.1	0.5	0.5	1.0

(2) 氰化物

来源：含氰废水主要来源于电镀车间、选矿厂、农药厂、制药厂的废水及焦炉和高炉的煤气洗涤冷却水等。

危害：氰化物剧毒，特别是 CN^- 遇酸性介质即生成无机污染物中毒性最强的 HCN。当水中 CN^- 含量达 $0.3 \sim 0.5$ mg·dm^{-3} 鱼类即可致死。CN^- 可与人体内的氧化酶结合，使之失去传递氧的作用,从而使全身细胞缺氧窒息死亡。生活用水中氰化物含量不得超过 0.05 mg $\cdot$ dm^{-3}。

(3) 氟化物

来源:含氟废水主要来源于玻璃厂、陶瓷厂、晶体管厂、农药厂、电子工业。

危害:引起地方性氟中毒(氟斑牙、氟骨症)。

(4) 亚硝酸盐

来源:由含氮有机物降解产生。

危害:致癌。

12.2.1.1.2　无机有害物质

无机有害物质主要指酸碱及一般无机盐类和氮、磷等植物营养物质。

(1) 酸碱及一般无机盐

来源:酸性废水主要来源于矿山及工业排水,碱性废水主要来源于碱法造纸、制革、化纤、炼油、制碱等工业废水。酸、碱废水中和势必伴随无机盐污染。

危害:酸、碱、盐使水的 pH 值改变,增加水中含盐量和硬度,对淡水生物及植物生长不利,同时消耗水中的溶解氧,抑制水中微生物生长,抑制水的自净,严重破坏溪流、池塘和湖泊等生态系统,还会腐蚀排水管道及船舶,导致土壤盐碱化。我国规定酸碱废水 pH 值范围为 6~9。

(2) 氮、磷等植物营养物质

来源:大量氮、磷等植物营养物质主要来自于城市生活污水和某些工业废水的排放。另外如磷灰石、硝石、鸟粪层的开采,化肥的大量使用,也是氮、磷等营养物质进入水体的来源。污水中的氮分为有机氮和无机氮两类,前者是含氮化合物,如蛋白质、多肽、氨基酸和尿素等,后者则指氨氮、亚硝酸态氮,它们中大部分直接来自污水,但也有一部分是有机氮经微生物分解转化作用而形成的。

危害:天然水体中由于过量营养物质(主要是指氮、磷等)的排入,引起各种水生生物、植物异常繁殖和生长,主要是各种藻类的大量繁殖丛生,而藻类的呼吸作用和死亡藻类的分解作用消耗大量的氧,在一定时间内使水体处于严重缺氧状态,以致使水生植物大量死亡,水面发黑,水体发臭形成"死湖""死河""死海",进而变成沼泽,这种现象称为水的富营养化(Nutrient-rich Water)。淡水水体发生的富营养化又称为"水华",海洋发生的富营养化又称为"赤潮"。

过多的植物营养物进入天然水体将恶化水体质量,影响渔业发展和危害人体健康。富营养化的水体中藻类占据的空间越来越大,使鱼类生活的空间愈来愈小;藻类的种类数也逐渐减少,通常藻类以硅藻、绿藻为主转为以蓝藻为主,而蓝藻中不少种类有胶质膜,不适于做鱼饵料,且其中有一些种属是有毒的;藻类过度生长繁殖还将造成水中溶解氧的急剧下降,甚至出现无氧层,严重影响鱼类的生存。

12.2.1.2　有机污染物

12.2.1.2.1　有机有毒物质

有机有毒物质主要是酚类、芳香族化合物(多氯联苯 PCB、多苯芳烃)、有机农药

（DDT）、合成洗涤剂、芳香胺、染料、高分子聚合物等毒性有机物，它们具有难降解、在水中残留时间长、有蓄积性、脂溶性大等特点。

（1）酚类

来源：水体中酚污染物主要来源于城市粪便污水、工业排放的含酚废水。

危害：水体遭受酚污染后，严重影响海产养殖业的产量及质量。如某水产资源丰富的海湾遭受酚污染后，原来盛产的贝壳类产量减少，海带腐烂，养殖的牡蛎、扇贝等逐渐死亡。

（2）多氯联苯 PCB

来源：PCB（分子式 $C_{12}H_5C_5$，结构式：　　　，$1 \leqslant m+n \leqslant 10$）主要来源于工业排放的废水。

危害：多氯联苯 PCB 对神经、肝脏、骨骼都有严重危害，甚至引起生殖障碍及可能致癌。

12.2.1.2.2　有机耗氧物质

生活污水及食品、造纸、印刷等工业废水中含有大量碳氢化合物（蛋白质、脂肪、纤维等耗氧有机物），在水中被好氧微生物分解为 H_2O 和 CO_2 时需要大量的 O_2，使水中的溶解氧 DO（Dissolved Oxygen）急剧下降，又被厌氧微生物分解导致腐败，使水质恶化造成污染，称为耗氧污染。

（1）油类污染物

来源：油类污染物主要来源于家庭和餐馆大量使用的石油化工洗涤剂，水上机动交通运输工具，油船泄漏，及随着石油工业的发展，在石油的开采、炼制、贮运和使用过程中，可能进入水体的原油及其制品。目前通过不同途径排入海洋的石油的数量每年约一千万吨。

危害：大多数合成洗涤剂都是石油化工产品，难以降解，排入河中不仅会严重污染水体，而且会积累在水产物中，人吃后会出现中毒现象；海洋上油井、油船的泄漏，会在水面上形成薄膜，降低水中氧气的溶解量，而油膜自身又要大量消耗水中溶解的氧，使水体严重缺氧，破坏水生生物的生态环境，使渔业减产，污染水产食品，危及人的健康；另外油膜还会堵塞水生物的表皮和呼吸器官，会造成水生植物及大批海洋动物死亡；若用含油污水灌田，因油黏膜黏附在农作物上而使其枯死；石油进入海洋后不仅影响海洋生物的生长，降低海滨环境的使用价值，破坏海岸设施，还可能影响局部地区的水文气象条件和降低海洋的自净能力。油类物质对水体的污染愈来愈严重，特别是海洋受到的油污染最为严重。2010 年英国石油泄漏和大连海域漏油事件及 2011 年渤海湾蓬莱 19-3 号油田漏油事件都曾造成不可估量的危害。

（2）碳氢化合物（蛋白质、脂肪、纤维等耗氧有机物）

来源：碳氢化合物主要来源于未经处理的城市生活污水、食品污水、造纸污水、农业污水、都市垃圾及死亡有机质等。

危害：这些碳氢化合物在水中微生物作用下分解，消耗水中溶解的氧气，导致水中缺氧，危及鱼类的生存，并致使需要氧气的微生物死亡，而正是这些需氧微生物因能够分解有机质，维持着河流、小溪的自我净化能力，它们死亡的后果使河流和溪流发黑、变臭、毒素积累从而伤害人畜。

在正常情况下，氧在水中有一定溶解度。溶解氧不仅是水生生物得以生存的条件，而且氧参加水中的各种氧化-还原反应，促进污染物转化降解，是天然水体具有自净能力的重要原因。水体中耗氧有机污染物的主要危害是消耗水中溶解氧，通常以下列指标衡量其含量：

① 生化需氧量 BOD(Biochemical Oxygen Demand)

生化需氧量是指在好氧条件下水中有机物经微生物分解进行的生物氧化作用在一定时间内所消耗的溶解氧量。

$$BOD(mg \cdot dm^{-3}) = \frac{耗氧量(mg)}{水样体积(dm^3)}$$

BOD 值越高，水体中有机耗氧污染物越多。当 BOD$<$1 mg $\cdot$ dm^{-3} 时表示水体清洁，BOD$>$3～4 mg $\cdot$ dm^{-3} 时表示水体已受有机物污染。

【例 12-1】 某水样 1 000 dm^3 含苯 1 g，求该水样的 BOD 值。

解：

$$2C_6H_6(l) + 15O_2(aq) \longrightarrow 12CO_2(aq) + 6H_2O(l)$$
$$2\times78 \qquad 15\times32$$
$$1 \qquad\qquad x$$
$$x = 3.08 \text{ (g)}$$
$$BOD = 3.08\times10^3 \text{ mg}/1000 \text{ dm}^3 = 3.08 \text{ mg} \cdot dm^{-3}$$

微生物分解有机物通常比较缓慢，且与环境温度有关，一般彻底氧化大约需 100 天以上，但通常 20 天后已经变化不大，故 BOD$_{20}$ 可作为最终生化需氧量。

最终生化需氧量的测量太过于旷日费时，目前国内外通常采用在 20 ℃时测量五日内废水污染物的生化耗氧量作为衡量废水中可生化有机物含量的指标，称为五日生化需氧量，记作 BOD$_5$。

值得一提的是，在五日生化需氧量与最终生化需氧量之间，没有普遍化的相互关系。

② 化学需氧量(COD, Chemical Oxygen Demand)

化学需氧量是指用强氧化剂(重铬酸钾、高锰酸钾等)氧化废水中还原性物质时所消耗的氧化剂量换算成的氧气量，以每升水消耗氧的质量表示，单位为 mg $\cdot$ dm^{-3}。

同样 COD 值越高，水体中有机耗氧污染物越多。

COD 测定简便迅速，可氧化 85%～95% 有机物，甚至可使某些糖类 100% 氧化。但氧化范围只包含有机物的碳氢部分，不包括含氮有机物的氮；对长链有机物也只能部分氧化，对许多芳烃和吡啶完全不能氧化，而水体中许多还原态无机物却包含其中，存在严重干扰。

在生化需氧量与化学需氧量之间，没有普遍化的相互关系。BOD 和 COD 都是表示水体中有机污染物的重要指标，生化需氧量与化学需氧量两种测试都是废水污染物的相对缺氧作用的量测，虽不能说明水体中有机物污染物品质，但却可反映有机物污染的程度，是水质管理中两个重要参数。相对而言生化氧化不如化学氧化彻底。生化需氧量用来测量可生物降解(Biodegradation)的污染物需氧量，而化学需氧量则是用来测量可生物降解的污染物需氧量加上不可生物降解却可氧化的污染物需氧量之总需氧量。

③ 总需氧量(TOD,Total Oxygen Demand)和总有机碳(TOC,Total Organic Carbon)前者指水体中有机物完全氧化所需要的氧的总量,后者指水体中有机碳元素总的含量。TOD 表示当有机物(除含碳外,还有含氢、氮、硫等元素)全部被氧化为水、CO_2、SO_2 等时的需氧量,TOC 包括水体中所有有机物污染物的含碳量,也都是评价水体需氧有机物污染物的综合指标。

由于 BOD_5 作为测试指标,测试时间长,不能快速反映水体被需氧有机物污染的程度,所以国外很多实验室都在进行总需氧量和总有机碳的试验,以便寻求它们与 BOD_5 的关系,实现自动快速测定。测定方法是在特殊的燃烧器中,以铂为催化剂,在 900 ℃的高温下,使一定待测水样汽化,其中有机物燃烧,然后测定气体载体中氧的减少量作为有机物完全氧化所需氧量,即 TOD;通过红外线分析仪测定其中 CO_2 的增加量,即 TOC。

12.2.2　水体污染的控制和治理

水体污染的防治是一系统工程。首先考虑如何控制污染源,其次考虑不是消极限排,而是采用怎样的先进工艺合理排放。在城市中,建造污水废水处理厂、废水处理中心,能发挥浓度大、废水集中、协同作用和拮抗作用迅速等规模化、集约化的优势。如 Cr^{3+} 与 NaClO,集中处理时有浓度大的优势,要比分散排放、浓度稀释容易处理得多。

水体污染的大户是工业废水,约占 74%。因此,控制工业废水污染是关键。

12.2.2.1　水体污染的治理原则

① 最根本的是改进生产工艺,发展无公害工艺,尽可能在生产过程中杜绝有毒有害废水的产生。

例如,采用无氰、低铬电镀新工艺以控制电镀工艺中氰、铬的污染;用隔膜电解法代替汞催化法,以避免氯碱工业中汞污染等。

② 提高废水循环利用率,力求少排或不排废水。

城市废水资源化,努力打造节约型社会。一些流量大而污染轻的废水如冷却废水,不宜排入下水道,以免增加城市下水道和污水处理厂的负荷,这类废水应在厂内经适当处理后循环使用。大力发展中水回用工程,城市回用、工业回用、农业回用、地下水回灌溉等。所谓"中水"是相对于上水(给水)、下水(排水)而言的。中水回用技术系指将小区居民生活废(污)水(沐浴、盥洗、洗衣、厨房、厕所)集中处理后,达到一定的标准回用于小区的绿化浇灌、车辆冲洗、道路冲洗、家庭坐便器冲洗等,从而达到节约用水的目的。

③ 加强废水处理,需达到国家排放标准再排放。

含有剧毒物质废水,如含有一些重金属、放射性物质、高浓度酚、氰等废水应与其他废水分流,以便于处理和回收有用物质;一些可以生物降解的有毒废水如含酚、氰废水,经厂内处理后,可按容许排放标准排入城市下水道,由污水处理厂进一步进行生物氧化降解处理;含有难以生物降解的有毒污染物废水,不应排入城市下水道和输往污水处理厂,而应进行单独处理。

12.2.2.2　废水处理方法简介

废水处理就是应用各种技术将废水中的有害物质进行分离，或者将其转化为无害物质，从而达到净水目的。对集中起来的工业废水和生活污水，视不同污染物应采用不同的污水处理方法，按作用原理可分为物理法、化学法、物理化学法和生物化学法四类。

（1）物理法

根据污水中所含污染物的相对密度不同，利用过滤、重力沉降、离心分离、浮选、蒸发结晶等方法将悬浮物、胶体物质和油类分离出来，从而使污水得到初步净化。常见处理方法有：

① 过滤法：利用过滤介质分离废水中悬浮物。

② 重力沉降法：利用重力沉降将废水中悬浮物和水分离。

③ 离心分离法：借助离心设备，利用装有废水的容器高速旋转形成的离心力分离去除废水中悬浮物，如处理轧钢废水氧化铁皮。按离心力产生的方式，可分为水旋分离器和离心机两种类型。由于离心转速可控，离心分离效果远远好于重力分离法。

④ 浮选（气浮）法：向废水中鼓入空气，利用废水中悬浮颗粒的憎水性使乳状油粒（粒径在 $0.5 \sim 2.5 \ \mu m$）黏附在空气泡上，并随气泡上升至水面，形成浮渣而除去。为提高浮选效果，有时还需同时向废水中加入混凝剂或浮选剂，使水中细小的悬浮物黏附在空气泡上，随气泡一起上浮到水面，形成浮渣，可使除油效率达到 $80\% \sim 90\%$。

⑤ 蒸发结晶法：将废水加热至沸腾，通过汽化使污染物得到浓缩，再冷却结晶而除去。

（2）化学法

利用化学反应原理及方法来分离回收废水中呈溶解、胶体状态的污染物，或改变污染物的性质，使其变为无害或将其转化为有用产品以达净化目的。常用处理无机废水的化学方法：

① 中和法：对含酸大于 $4\% \sim 5\%$、含碱大于 $2\% \sim 3\%$ 的废水首先回收利用制成产品，至利用价值不大时，再进行中和处理。采用酸碱废水相互中和拮抗、药剂中和（如加入石灰、白云石中和酸性废水，吹入含 CO_2 的烟道气中和碱性废水）、中和滤池等手段，尽可能"以废治废"，降低费用。

例如，用石灰中和污水中磷酸盐：

$$3HPO_4^{2-} + 5Ca^{2+} + 4OH^- \longrightarrow Ca_5(OH)(PO_4)_3 \downarrow + 3H_2O$$

② 化学沉淀法：处理含重金属离子废水时，加沉淀剂使之产生难溶于水的沉淀（如氢氧化物、碳酸盐、硫化物等），降低有害离子浓度从而达到排放标准。具体方法有石灰法、钡盐法、硫化物法等。

例如，含砷废水以石灰法和硫化法处理，可使砷分别转化为难溶的砷酸钙或偏亚砷酸钙和硫化物过滤而除去。

$$As_2O_3 + Ca(OH)_2 \longrightarrow Ca(AsO_2)_2 \downarrow + H_2O$$

$$2As^{3+} + 3H_2S \longrightarrow As_2S_3 \downarrow + 6H^+$$

【例 12-2】 工业废水的排放标准规定 Cd^{2+} 降到 $0.10 \ g \cdot dm^{-3}$ 以下即可排放。若用加消石灰中和沉淀法除去 Cd^{2+}，按理论计算，废水溶液中的 pH 值至少应为多少？

解：废水中Cd^{2+}达到排放时的浓度

$$0.10\times10^{-3} \text{ g} \cdot \text{dm}^{-3}/112.41 \text{ g} \cdot \text{mol}^{-1}=8.9\times10^{-7} \text{ mol} \cdot \text{dm}^{-3}$$

查附录六得 $K_{sp}^{\ominus}(Cd(OH)_2)=7.20\times10^{-15}$

据溶度积规则，则溶液中OH^-最低浓度为

$$c(OH^-)\geqslant\sqrt{\frac{K_{sp}^{\ominus}(Cd(OH)_2)}{c(Cd^{2+})/c^{\ominus}}}\times c^{\ominus}=\sqrt{\frac{7.20\times10^{-15}}{8.9\times10^{-7}}}\times 1.00 \text{ mol} \cdot \text{dm}^{-3}$$

$$=8.9\times10^{-5} \text{ mol} \cdot \text{dm}^{-3}$$

$$c(H^+)/c^{\ominus}\leqslant\frac{10^{-14}}{8.9\times10^{-5}}=1.1\times10^{-10}$$

$$pH>-lg(1.1\times10^{-10})=9.96$$

即废水溶液中的 pH 值至少达到 9.96 时Cd^{2+}浓度降到 0.10 mg · dm^{-3} 以下可以排放。

在废水处理中，以沉淀反应为主的处理法应用较多。溶度积规则在此类废水处理的有关计算中得以广泛应用。

③ 氧化还原法：利用氧化还原反应处理废水中溶解性有机或无机物，特别是难以降解的有机物（如多数农药、燃料、酚、氰化物及引起色度、臭味的物质），使其变为无害物质。

氧化法：常用氧化剂有氯类（Cl_2、$NaClO$、漂白粉等）和氧类（空气、O_3、H_2O_2、$KMnO_4$ 等）。

例如，碱性氯化法处理含CN^-废水。在碱性条件下，氯将氰化物氧化为氰酸盐（氰酸盐毒性仅为氰化物的千分之一），过量的氧化剂将氰酸盐进一步氧化为CO_2 和 N_2，使水质进一步净化：

$$CN^-+2OH^-+Cl_2 \longrightarrow CNO^-+2Cl^-+H_2O$$

$$2CNO^-+4OH^-+3Cl_2 \longrightarrow 2CO_2+N_2+6Cl^-+2H_2O$$

再如，在酸性含铬废水中加入硫酸亚铁，然后加入 $NaOH$、Cr^{3+}、Fe^{3+} 及未反应的Fe^{2+}都沉淀为氢氧化物。而后加热并通入空气，使部分Fe^{2+}氧化为Fe^{3+}，进而生成磁性氧化物$Fe_3O_4 \cdot xH_2O$ 沉淀。由于Cr^{3+}与Fe^{3+}电荷相同、半径相近，沉淀过程中部分Fe^{3+}被Cr^{3+}所取代，而后用磁铁将磁性沉淀物吸出而达到净化水的目的。

还原法：常用还原剂有铁屑、硫酸铁、SO_2 等。

例如，用于处理电镀工业排出的含 Cr(Ⅵ) 废水，用还原剂$FeSO_4$ 或$NaHSO_3$ 将 Cr(Ⅵ) 还原为 Cr(Ⅲ)，然后加碱调节 pH 值使其转化为 $Cr(OH)_3$ 沉淀除去：

$$Cr_2O_7^{2-}+6Fe^{2+}+14H^+ \longrightarrow 2Cr^{3+}+6Fe^{3+}+7H_2O$$

$$Cr_2O_7^{2-}+3HSO_3^-+5H^+ \longrightarrow 2Cr^{3+}+3SO_4^{2-}+4H_2O$$

$$Cr^{3+}+3OH^- \longrightarrow Cr(OH)_3 \downarrow$$

再如，常用铁屑、铜屑、锌粒、肼、$NaBH_4$、$Na_2S_2O_3$ 及 Na_2SO_3 等还原废水中汞，或用耐汞菌可将 $HgCl_2$、HgI_2、$HgSO_4$、$Hg(NO_3)_2$、$Hg(CN)_2$、$Hg(SCN)_2$、$Hg(OAc)_2$、醋酸苯汞、磷酸乙基汞和氯化甲基汞等还原为金属汞。

④ 混凝法：通过加入混凝剂使废水中胶粒聚沉。常用混凝剂有硫酸铝、聚合氧化铝、明

矾、聚丙烯酰胺、三氯化铁等。

例如,处理含油废水、染色废水、洗毛废水等。

⑤ 电解法:应用电解的基本原理,在废水中插入通直流的电极,使废水中有害物质通过电解过程在阳、阴两极上分别发生氧化和还原反应转化成为无害物质以实现废水净化的方法。

例如,处理氰化镀铬废水(主要含$[Cd(CN)_4]^{2-}$、Cd^{2+} 和 CN^- 等毒物),先向废水中加入适量 NaCl 和 NaOH,然后电解。阳极产生的 Cl_2 与 NaOH 反应生成 ClO^-,ClO^- 能将 CN^- 氧化为 CO_3^{2-} 和 N_2:

$$Cl_2 + 2OH^- \longrightarrow ClO^- + Cl^- + H_2O$$

$$2CN^- + 5ClO^- + 2OH^- \longrightarrow 2CO_3^{2-} + N_2 \uparrow + 5Cl^- + 4H_2O$$

(3) 物理化学法

常利用吸附、离子交换、膜分解、萃取、气提法等物理化学单元操作技术处理污水中的污染物。常见处理方法有:

① 吸附法:通过活性炭、硅胶、白土等对污染物进行吸附,使废水中的溶解性有机或无机物吸附到吸附剂上,此法可除去废水中的重金属、酚、氰化物等,还有除色、脱臭等作用,净化效率较高,一般多用于废水深度处理。

② 离子交换法:通过树脂、分子筛等对污染物进行离子交换,先使用阴阳离子交换树脂处理,再用化学试剂洗脱和再生。离子交换法也属于吸附法,只是在吸附过程中,吸附剂每吸附一个离子,同时也放出一个离子。

例如,处理镀铬废水,将含 Cr(Ⅵ)废水流经离子交换树脂,$HCrO_4^-$ 留在树脂上,然后用 NaOH 溶液淋洗,$HCrO_4^-$ 重新进入溶液而被回收,同时树脂得以再生:

$$ROH + HCrO_4^- \underset{再生}{\overset{交换}{\rightleftharpoons}} RHCrO_4 + OH^-$$

③ 电渗析法:电渗析法属于膜分离技术,是指在直流电作用下,废水通过阴阳离子交换膜所组成的电渗析器时,离子交换膜起到离子选择透过和截阻作用,阴阳离子朝相反电荷的极板方向作定向迁移,阳离子穿透阳离子交换膜,而被阴离子交换膜所阻,阴离子穿透阴离子交换膜,而被阳离子交换膜所阻,从而使阴阳离子得以分离,废水达到浓缩及处理的目的。电渗析法处理废水的特点是不需要消耗化学药品,设备简单,操作方便。此法可用于酸性废水回收,电镀废水和含氰废水处理等。

④ 萃取法:向废水中投加不溶于水或难溶于水的萃取剂,使溶解于废水中的某些污染物转入萃取剂中以净化废水。一般用于处理浓度较高的含酚或含苯胺、苯、醋酸等工业废水。

例如,将醋酸丁酯投入含酚废水中,水中酚即转溶于萃取剂中,然后借助于比重差将萃取剂与废水分离,废水净化同时酚可分离回收利用。

⑤ 反渗透法:是一种利用反渗透原理以动力驱动溶液的膜分离方法。通过半透膜对污水进行反渗透,将污水浓缩而抽提纯水。此法常用于海水淡化、含重金属的废水处理以及废水的深度处理等方面,处理效率达 90% 以上。

（4）生物法

生物法是利用微生物的生化作用,将废水中复杂的有机污染物降解为无害物质。生物处理法分为需氧处理和厌氧处理两种方法。如好氧微生物可将污水中的有机物氧化分解为 CO_2、H_2O、NO_3^-、PO_4^{3-}、SO_4^{2-},厌氧微生物可在无溶解氧的水中将有机物分解为 CH_4、CO_2、N_2 等,从而使污水得到净化。常见处理方法有:

① 活性污泥法:利用活性污泥中的各类细菌来消化分解含碳、含硫、含氮的多种有机污染物。

② 生物膜法:依靠固定于载体表面上的微生物膜来降解有机物,从而达到净化污水目的。由于生物膜法具有处理效率高,耐冲击负荷性能好,产泥量低,占地面积少,便于运行管理等优点,该法在城市生活污水处理中应用越来越广。

③ 生物氧化塘法:在氧化池中使用光合细菌,用污水来灌溉作物,让作物和土壤中的微生物来净化污水。

生物法处理各类污水效果良好,价格低廉,应用广泛,且适用于大量污水处理,但因污水水质和水量经常变化,环境温度不稳定等因素导致生物处理效果不稳定。

在实际应用中必须从控制废水的排放入手,将"防""治""管"三者结合起来,尽可能采取"以废治废"等综合处理方法。

12.3   固体废物污染及其资源化

固体废弃物是指在人类生活生产中产生的不再具有原有使用价值而被丢弃的固态、半固态物质。它包括工业废弃材料、矿山残渣、城镇渣土、生活垃圾和生物质等。通过各种加工处理可以把固体废弃物转化为有用的物质和能量,特别是随着高分子合成材料、塑料以及各种包装材料的大量使用,固体废弃物可利用的资源越来越多,所以有人称固体废弃物是"放错了地方的原料"。

12.3.1   固体废物污染的产生及危害

固体废物污染(solid waste pollution)是因固体废物排入环境所引起的环境质量下降而有害于人类及其他生物的正常生存和发展的现象。

固体废物有多种分类方法,为了便于管理,固体废物通常按来源分类。我国按固体废弃物来源将其主要分为工矿业固体废弃物、城市生活垃圾和危险废物三类。

固体废物如不加妥善收集、利用和处理危害极大,若处置不当将会污染大气、水体和土壤,危害人体健康。

① 固体废物占地面积大,且长期露天堆放,其有害成分经地表径流和雨水的淋溶、渗透作用造成土壤污染,并呈现不同程度的积累导致土壤成分和结构的改变。重金属渗入土壤被植物吸收再通过食物链富集进入人体内引起中毒。

② 露天堆放的固体废物被地表径流携带进入水体,或是飘入空中的细小颗粒经降雨冲洗沉积及重力沉降进入地表水系,其中有害成分毒害生物,并造成水体严重缺氧或是富营

养化,导致鱼类死亡等。

③ 固体废物在运输及处理过程中缺少相应的防护和净化设施,释放有害气体和粉尘,特别是焚烧处理中排出颗粒物、未燃尽的废物及毒性气体等都会污染大气。

④ 有机固体废弃物腐烂滋生病菌成为疾病感染源。

12.3.2　固体废物、垃圾的处理利用

目前固体废物排放量日趋增多,对环境造成巨大压力。以我国为例,随着城市化的发展和城市人口的增加,仅城市年排垃圾量已达 3 亿吨之多,并且每年以 10％速度增加,而无害化处理率不足 10％,使我国不少城市已被垃圾所包围。工业固体废物的量更为可观,因此废物处理极为重要。

12.3.2.1　固体废物处理原则

固体废物污染防治力求使固体废物减量化、无害化、资源化。对那些不可避免地产生和无法利用的固体废物需要进行处理处置。

（1）减量化原则

除实行"限塑"措施外,对"白色污染"治理的另一有效措施是积极推广使用能迅速降解的淀粉塑料、水溶塑料、光解塑料等。此外,清洁生产是一种真正减量化的方式,即在生产过程中不生产或少生产废物。

（2）无害化原则

固体废物可以通过多种途径污染环境、危害人体健康。因此,必须通过物理、化学、生物等各种不同技术手段对其进行无害化处理。

（3）资源化原则

综合利用固体废物使废物变为资源,可以收到良好的经济效益和环境效益。对废旧金属材料、玻璃、纸张、橡胶、塑料等可以再生回收利用成为二次资源。综合利用固体废物,除增加原材料、节约投资外,环境效益是十分明显的。

基于减量化、无害化、资源化的固体废弃物处理原则,化学上提出处理废弃物垃圾的"3R"途径,即减少"Reduce"、再利用"Reuse"和循环利用"Recycle"。

12.3.2.2　固体弃物处理方法

利用物理、化学、生物、物化及生化等不同方法对固体废物进行处理,使其转化为宜运输、便于贮存、可以利用的无害化、资源化物质。

（1）物理处理方法

物理处理方法包括破碎、分选、沉淀、过滤、离心分离等处理方式。

破碎技术是利用冲击、剪切、挤压、摩擦及专用低温破碎和湿式破碎等技术预先对固体废弃物进行破碎处理,以适应焚烧炉、填埋场、堆肥系统对废弃物尺寸要求的一种预处理方法。

固体废物分选是利用物料的诸如磁性和非磁性差别、粒径尺寸差别、比重差别等某种性质差异,采用磁力分选、筛选、重力分选、涡电流分选及光学分选等方法,将有用物充分选出加以利用,将有害物充分分离加以处理,实现固体废物资源化、减量化的一种重要手段。

（2）化学处理方法

化学处理包括焚烧、焙烧、热解、溶出等处理方式。

焚烧法是固体废弃物通过高温分解和深度氧化使大量有害物质无害化的综合处理方法。由于固体废弃物中可燃物的比例逐渐增加，采用焚烧方法处理固体废弃物，利用产生的热能已成为必然的发展趋势。欧洲国家较早采用焚烧方法处理固体废弃物，并设有能量回收系统。日本及瑞士每年把超过 65% 的都市废料进行焚烧而使能源再生。但焚烧法存在投资较大且有二次污染等缺点。

热解是将难降解的塑料等合成高分子固体废弃物在无氧或低氧条件下高温加热，使高分子裂解产生气体、油状液体和焦等气、液、固三类产物，进而制成液体燃料、活性炭加以利用，达到变废为宝的目的的处理方法。相比焚烧法，热解法显著优点是基建投资少，是更有前途的处理方法。

（3）生物处理方法

生物处理是利用微生物对有机固体废物的分解作用使其无害化的一种处理技术，包括好氧分解和厌氧分解等处理方式，目前广泛应用堆肥化、沼气化、废纤维素糖化、废纤维饲料化和生物浸出等方法使有机固体废物转化为肥料、能源和饲料等或从废弃物中提取金属，是固体废物资源化的有效处理方法。

例如，隔绝氧气加热分解生物质制成液体燃料或利用酶技术转化为乙醇成为清洁燃料。再如，通过好氧细菌进行氧化、分解变成腐殖质（生物腐殖质可改善土质，多用于现代农业和有机农业生产中，如厨余垃圾经生化处理变生物腐植酸用于有机草莓种植）、CO_2 和水；通过厌氧细菌进行发酵产生 CO 和 CH_4 等气体（CH_4 等气体可用作能源）。

（4）物化处理方法

固化处理是一种向废弃物中添加固化基材（如水泥固化、沥青固化、玻璃固化、自胶质固化等），使有害固体废弃物固定或包容在惰性固化基材中的一种无害化处理过程。由于固化产物具有良好的抗渗透性、良好的机械特性及抗浸出性、抗干湿、抗冻融特性，除可直接填埋处理外，也可用作建筑的基础材料或道路的路基材料。

目前固体废弃物处理方法主要采用压实、破碎、分选、固化、焚烧、生物等综合处理。

12.3.2.3　工业废渣处理方法

随着环境问题的日益尖锐，资源日益短缺，工业固体废物的综合利用越来越受到人们的重视。通过回收、加工、循环使用等方式使这些工业固体废物得以综合利用是减小其环境污染的最根本有效的方法。综合利用工业废渣的方式根据其成分、含量而定。例如，用黄铁矿生产硫酸工艺中焙烧黄铁矿所剩废渣主要为氧化铁和残余的硫化亚铁，还有少量 Cu、Pb、Zn、As 和微量元素 Co、Se、Ga、Ge、Ag、Au 等的化合物，据此可考虑作为高炉炼铁的原料，作为生产水泥的助溶剂，提取其中贵重有色金属，制砖、铺路等。再如湿法磷酸厂的废磷石膏是生产硫酸或水泥的原料。

12.3.2.4　生活垃圾的处理方法

生活垃圾一般可分为可回收垃圾、厨余垃圾、有害垃圾和其他垃圾四大类。目前常采用综合利用、卫生填埋、焚烧和堆肥等垃圾处理方法。可回收垃圾包括纸类、金属、塑料、玻璃等,通过综合处理回收利用可以减少污染,节省资源;厨余垃圾经生物技术处理,每吨可生产 0.3 t 有机肥料;有害垃圾包括废电池、废日光灯管、废水银温度计、过期药品等,这些垃圾需要特殊安全处理;其他垃圾包括除上述几类垃圾之外的砖瓦陶瓷、渣土、卫生间废纸等难以回收的废弃物,采取卫生填埋可有效减少对地下水、地表水、土壤及空气的污染。

为减少生活垃圾的污染同时有效再利用废弃物,垃圾分类势在必行。我国《固体废物污染环境防治法》明确规定固体废物的产生者承担污染防治责任,这是建立生活垃圾收费制度的法律依据。

生活垃圾的处理新技术有如下两种:

① 焚烧处理法:目前世界各国普遍采用此垃圾处理技术。将垃圾放在焚烧炉中进行燃烧释放出热能,余热回收可供热或发电。焚烧处理技术特点是处理量大、减量化、无害化彻底、热能回收利用。但在垃圾焚烧过程中污染物最终以气体和固体的形式排放,如 SO_2、HCl、NO_x、粉尘、剧毒物质二噁英和重金属等,如果控制不好,会产生一定的二次污染,特别是二噁英类物质。控制二噁英类物质产生有如下途径:首先在 850 ℃ 以上的高温情况下,让它分解。其次垃圾在焚烧炉内处理时间停留三秒以上。而最重要的是在源头上对可能形成二噁英的成分加以控制,加强分选的力度,消除可以产生二噁英的途径。最后,在烟气尾部采用吸附剂吸附二噁英,并与布袋除尘器配套使用控制二噁英的尾部扩散。

② 超临界水氧化处理法:超临界水氧化(SCWO)是一种新型的处理废物及回收能量的方法。经过科学家的研究证明,超临界水具有极强的氧化能力和与油等物质混合有较广泛的融合能力两个显著的特性。将需要处理的物质放入超临界水中,充入氧和过氧化氢,这种物质就会被氧化和水解。利用超临界水氧化高压间歇反应釜进行生活垃圾处理,能更好地回收生活垃圾中的重金属,尾气中的酸性气体含量明显低于焚烧处理法,并且不会产生二噁英或被分解,SCWO 是一种高效、环保的高级氧化技术,相对而言超临界水氧化处理生活垃圾更安全、更清洁。

对固体废弃物的再生化、资源化或高附加值化等处理和综合利用是改善其污染的有效方式。

12.4　环境保护与可持续发展

人类活动引起的次生环境问题日益严重,各种污染物进入环境,超过了环境容量的容许极限,使环境受到污染和破坏,自然资源超量开采利用造成自然资源枯竭。并且当前世界环境污染呈现范围扩大、难以防范、危害严重的特点,自然环境和自然资源难以承受高速工业化、人口剧增和城市化的巨大压力,世界自然灾害显著增加,在如此严峻的形势下,人们不得不思考如何实现经济发展与环境保护协调统一。过去一度把限制排放、加强工业污染物无害化处理作为防治污染、保护环境的主要措施,并确已取得了一定成效,但这只是一种尾端治理思路,如何革新生产技术,从源头上减少和消除工业生产对环境的污染才是根本,人类必须拓宽环境保护的视野,变尾端治理为生产全过程各环节的全方位管理。2017年党的十九大报告指出推进绿色发展战略。

12.4.1 绿色化学

(1) 绿色化学的概念

绿色化学(green chemistry)又称环境无害化(environmentally benign chemistry)、环境友好化学(environmentally friendly chemistry)、清洁化学(clean chemistry),是利用化学原理和技术来减少或消灭对人类健康、社会安全、生态环境有害的原料、催化剂、溶剂和试剂、产物、副产物的使用和生产,以从源头上减少或消除污染的一门新兴学科,是从根本上保护环境的一项化学技术。

与传统化学和化工污染后治理的模式不同,绿色化学的宗旨是从流程的始端就对污染进行控制和治理,其研究目的是通过利用一系列的原理与方法来降低或除去化学产品设计、制造与应用中有害物质的使用与产生,使化学产品或过程的设计更加环保化,绿色化学对可持续发展和人类生活的改善具有重要意义。在绿色化学基础上产生的环境无害化的化工过程,被称为绿色化工(green chemical engineering)。闵恩泽等所著《绿色化学与化工》一书中提出绿色化工原子经济反应过程,按照绿色化学的原则,最理想的化工生产方式如图 12-3 所示。

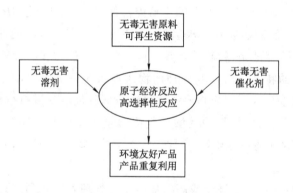

图 12-3 原子经济反应示意图

(2) 绿色化学的基本原则

绿色化学的研究者们总结出了绿色化学的 12 条原则,并以此作为开发和评估一条合成路线、一个生产过程、一个化合物是否绿色的指导方针和标准。

① 废物产生最小化(零排放,zero emission),防止废物的生成比在其生成后再处理更好;

② 原子经济(atom economy)反应最大化,即设计的合成方法尽量使参与反应过程的所有原子都进入最终产物;

③ 合成方法中尽量降低能耗,最好设法采用在常温常压下合成的方法;

④ 可再生、回收资源的利用最大化,在技术可行和经济合理的前提下,原料要采用可再生资源代替消耗性资源,特别是用生物质代替石油和煤等矿物资源;

⑤ 有毒、有害物质用量最小化,设计合成方法时,不论原料、中间产物和最终产品,均应

对人体健康和环境无毒、无害(包括极小毒性和无毒);

⑥ 有效产品/毒性物质比率最大化,设计生产具有高使用效益、低环境毒性的化学产品;

⑦ 使用高选择性的催化剂;

⑧ 尽力避免毒、副反应的产生,在可能的条件下,尽量不用不必要的衍生物;

⑨ 尽量不使用溶剂等辅助物质,不得已使用时溶剂和其他助剂辅料用量最小化且必须是无害的,应尽可能避免使用溶剂、分离试剂等助剂,如不可避免,也要选用无毒无害的助剂;

⑩ 其化学产品在使用完后应能降解为无害物质并进入自然生态循环;

⑪ 发展实时分析技术以便监控有害物质在生产中的形成;

⑫ 选用具有最小危害性的原料和中间体,使化学意外事故(包括渗透、爆炸、火灾等)的危险性降到最低程度。

(3) 绿色化学的特点及与传统化工的区别

绿色化学主要特点是:从科学观点看,绿色化学是对传统化学思维方式的更新和发展;从经济观点看,绿色化学为我们提供合理利用资源和能源、降低生产成本、符合经济持续发展的原理和方法;从环境观点看,绿色化学是从源头上消除污染,保护环境的新科学和新技术方法。

传统化工设计重点是化学合成路径的经济性,原料来源及费用,产品产量等,对污染物实行限排、进行治理。而绿色化学则是充分利用资源和能源,采用无毒、无害的原料,在无毒、无害的条件下进行反应,以减少废物向环境排放,提高原子的利用率,力图使所有作为原料的原子都被产品所消纳,实现"零排放",生产出环境友好产品,是利用化学原理来预防污染,是从源头上阻止污染物生成,而非处理已有的污染物。

绿色化学是贯彻可持续发展战略的一个不可分割部分。合理开发利用能源,保持可持续发展,应该牢固树立起绿色化学的意识,而且坚信我们有能力去发展新的、对环境更友善的绿色化学,以防止化学污染,这也是人类义不容辞的责任。

12.4.2　环境保护与可持续发展战略

可持续发展(strategy of sustainable development),系指既满足当代人的需要而又不对子孙后代满足其需要的能力构成危害的发展。可持续发展是一个全新的发展观,是一个国家综合国力的体现。当代资源和生态环境问题日益突出,向人类提出了严峻的挑战。世界各国都面临科技、经济、资源、生态环境同社会的协调与整合问题,制定和实施可持续发展战略决策显得尤为迫切和重要。

(1) 我国环境问题严峻形势与具体应对措施

目前,我国传统的污染物排放量仍然很大,超过我国的环境容量,致使一些地区环境质量达不到国家规定的标准;随着我国经济的快速发展,一些新的环境问题特别是危险化学品、持久性有机污染物、电子垃圾等污染物带来新的问题;土壤的污染问题凸显。

面对严峻的环境问题国家环保部门积极谋划应对措施:深化总量减排,并把它作为约束性指标;突出重点流域("三湖三河",加上三峡库区、小浪底库区,南水北调沿线)、重点区域(包括长三角、珠三角和京津冀区域)治理;把重金属的污染、危险化学品的污染防治放在突出的位置上来抓;加强农村的污染防治工作,要贯彻好"以奖促治"政策;全面落实各级政府的环保目标责任制;要充分发挥市场的作用,出台有利于环境保护的经济政策;不断地提高广大人民群众的环境意识。

(2) 可持续发展与中国的环境保护

可持续发展的核心思想是健康的经济发展应建立在生态可持续能力、社会公正和人民积极参与自身发展决策的基础上。各种经济活动必须具备生态合理性,对破坏资源、环境的经济活动应予摈弃。面对严峻的环境形势,从政府到公民个人都应积极行动起来实现经济发展、保护资源和保护生态环境协调一致,让子孙后代能够享受充分的资源和良好的资源环境。

就政府而言,坚持保护环境的基本国策,在保持生态平衡的同时,防治环境污染,坚持预防为主、防治结合、综合治理的方针;要完善环境发展的综合决策制度,把环境保护纳入经济发展规划,要合理布局,严格实施预防性环境管理制度;大力加强环境法制建设,加大执法力度;加强宣传和教育,提高人们的环保意识。党的十九大报告指出着力解决环境突出问题。坚持全民共治、源头防治,持续实施大气污染防治行动,打赢蓝天保卫战。加快水污染防治,实施流域环境和近岸海域综合治理。强化土壤污染管控和修复,加强农业面源污染防治,开展农村人居环境整治行动。加强固体废弃物和垃圾处置。提高污染排放标准,强化排污者责任,健全环保信用评价、信息强制性披露、严惩重罚等制度。构建政府为主导、企业为主体、社会组织和公众共同参与的环境治理体系。积极参与全球环境治理,落实减排承诺。

就企业而言,应积极依靠科技,推行清洁生产;严格遵守法律、法规,加大环保投入;自觉承担保护环境的社会责任。

就公民而言,积极宣传保护环境的基本国策和可持续发展战略;提高自身素质,增强环保意识,在日常生活中自觉履行保护环境的义务,提倡低碳生活方式;勇于与各种破坏环境行为做斗争。

可持续发展的实质是协调人与自然的关系,从根本上缓解人口增长、资源短缺、环境污染及生态破坏的问题。因此,实施可持续发展战略,建设资源节约型、环境友好型社会,特别是在新建、扩建、改建厂矿企业项目时,遵循"三同时"原则,即同时设计、同时施工、同时进行环境治理,把防治污染的工程与主体工程并重,同时为维护生态平衡,制定一系列环境保护标准,这些都必将有着深远的意义。

本 章 小 结

面对全球日益严峻的环境问题,本章简要介绍按环境要素分类的大气污染、水体污染、土壤污染等各类污染的影响及其防治措施。

1. 大气污染

(1) 简要介绍一次颗粒物和二次颗粒物的来源及可入肺颗粒物 PM2.5 的危害,及在空气质量检测中的意义;氧化物、氮氧化物分别在"伦敦烟雾""洛杉矶光化学烟雾"事件形成机制中的作用及危害;碳氧化物、烃类的危害。

(2) 了解大气污染的防治措施。

(3) 了解甲醛、苯、氡、氨、挥发性有机化合物等室内常见空气污染物及其危害;掌握减小或防治室内空气污染注意事宜,及光触媒法、臭氧法、高压电负离子法、物理吸附法等治理室内空气污染常用方法。

2. 水污染及其控制

(1) 了解无机有毒、无机有害、有机有毒、有机耗氧四类水体主要污染物的危害。理解生化需氧量 BOD 和化学需氧量 COD、总需氧量 TOD 含义及检测手段,掌握相关指标计算方法。

(2) 了解水体污染的治理原则。利用过滤、重力沉降、离心分离、浮选、蒸发结晶等物理方法使污水得到初步净化;利用中和、沉淀、氧化还原、混凝、电解等化学反应原理及方法来分离回收废水中呈溶解、胶体状态的污染物,或改变污染物的性质,使其变为无害或将其转化为有用产品以达净化目的;利用吸附、离子交换、膜分解、萃取、气提法等物理化学单元操作技术处理污水中的污染物。

3. 固体废物污染及其资源化

固体废物污染防治力求遵循减量化、无害化、资源化的固体废弃物处理原则。除实行"限塑"措施外,对"白色污染"治理的另一有效措施是积极推广使用能迅速降解的淀粉塑料、水溶塑料、光解塑料等。通过减少"Reduce"、再利用"Reuse"和循环利用"Recycle"的"3R"途径实现固体废弃物的无害化处理。

利用物理、化学、生物、物化及生化等不同方法对固体废弃物进行处理,使其转化为宜运输、便于贮存、可以利用的无害化、资源化物质。

4. 环境保护与可持续发展

了解绿色化学的概念和可持续发展战略。

【知识延伸】

当心海洋中的"PM2.5"

当前,塑料污染正在急剧而不可逆地污染每一种自然系统并危及越来越多的生物,已经成为地球上直逼气候变化的另一重大威胁。2017 年 7 月美国加州大学圣芭芭拉分校的工业生态学家罗兰·盖耶博士(Roland Geyer)和他的同事在《科学进展》杂志上发表了一篇论文,计算出人类迄今为止生产的所有塑料数量为 83 亿 t,其中约 63 亿 t 如今成为塑料垃圾,这些塑料垃圾有 79% 被填入垃圾填埋场或自然环境中。长期以来,人们一直聚焦于陆地上土壤环境中的塑料污染,而对地球的另一组成部分——海洋中的塑料污染问题却很少关注。事实上,海洋塑料垃圾污染以及它们对于海洋生态环境造成的危害已经远远超出了我们的想象。微塑料已成为国际海洋生态学与环境科学研究热点问题。

目前,几乎所有类型的塑料都已经在海洋中找到,其中 80% 以上是尼龙(PA)、聚丙烯(PP)、聚乙烯(PE)、聚氯乙烯(PVC)等非降解树脂材料,它们在海水中受光、风化、涡流机械和生物群的不断作用,最终形成直径小于 5 毫米的"微塑料"(plastic debris)被称为"海洋中的 PM2.5"。

由于微塑料本身含有增塑剂,并能从环境中吸附有毒有害物质,特别是可吸附持久性有机污染物和重金属,且可被海鸟类及鱼类、浮游动物、贝类和哺乳动物、底栖动物等海洋生物摄食,从而影响它们生长、发育和繁殖等。有研究人员表示,"几乎所有的海洋物种的体内都有塑料,包括地球上最脆弱和最偏远的物种——那些终其一生都试图远离人类的动物。"别以为这些塑料微粒和你我的生活没啥关系,处于食物链高端的人类也不可避免地深陷塑料污染当中。这些微粒被海洋生物摄入后,危害整个海洋生态系统,继而危害我们人类的生存。

那些被我们使用和丢弃的塑料微粒,最终可能又通过食物链重新进入我们体内。2016年,欧洲食品安全管理局警告称:"考虑到商业鱼类体内可能存在的微小塑料污染物,它们对人类健康和食品安全的威胁正在增加。"因为除了鱼之外,还有更可怕的,就是海盐。2015年,华东师范大学关于食盐样品含有微塑料的学术论文,被国内外媒体广泛转载,引发公众对微塑料问题的关注。有研究人员测试来自 8 个国家的 16 个海盐品牌,查看这些产品是否受塑料颗粒污染,研究人员将盐溶解在水中,检查剩下的物质,共发现 72 颗颗粒,其中30 个被确认为塑料,17 个是属于塑料的颜料,4 个是灰尘,其余 21 个颗粒无法识别,在化学分析中确定的塑料种类,确认颗粒是来自海洋污染物,而不仅是生产过程受污染。我国台湾的《文茜世界周报》称美国抽查了全球 14 国的自来水,发现高达 83% 的自来水中也含有微塑料。换句话说,人类的饮用水已经不再安全。我们以后吃的东西、喝的水里都有塑料微粒,不断在体内累积。

塑料微粒直径非常小,可直接进入人体组织细胞,蓄积在肝脏中,引起炎症反应、造成慢性沉积中毒。它还可以进入血液,当达到一定浓度时,影响我们的内分泌系统,最终造成不可逆的伤害,甚至能引发癌症。

海洋塑料不仅对海洋生物和人体健康存在潜在威胁,还涉及跨界污染、产业结构调整和国际治理等问题。目前,国际上对海洋塑料垃圾问题的关注逐渐从科学研究层面向实质性污染管控和全球治理延伸,海洋塑料污染问题已从单一的环境问题演变为环境问题、经济问题和政治问题纵横交织的一个复杂课题。2016年,第二届联合国环境大会将海洋塑料垃圾和微塑料列为与全球气候变化、臭氧耗竭和海洋酸化等并列的重大全球环境问题。2018年世界环境日的主题是"塑战速决"。解决海洋塑料污染问题已经刻不容缓。目前我国也已开始在东太平洋开展海洋微塑料监测。减少现代生活所驱动下的"一次性"塑料制品巨大的浪费,深度治理海洋塑料污染,开发海水降解材料任重道远。

(摘自:中国海洋报,2018-06-06,科技新报,2017-05-12)

习　题

一、选择题（将正确的答案的标号填入空格内）

1. 下列属于光化学烟雾二次污染物的是（　　）。

    A. NO_x　　　　　　B. O_3　　　　　　C. PAN　　　　　　D. TVOC

2. 目前需要关注的全球性大气污染问题有哪三个？（　　）。

    A. 酸雨　　　　　　B. 温室效应　　　　　C. 臭氧层空洞　　　　D. 沙尘暴

3. 在臭氧层破坏反应中本质上起催化作用的有（　　）。

    A. O_3　　　　　　B. NO　　　　　　C. Cl·　　　　　　D. NO_2

4. 已知汽车尾气无害化反应：

$$NO(g) + CO(g) \xlongequal{\quad\quad} \frac{1}{2}N_2(g) + CO_2(g)$$

的 $\Delta_r H_m^{\ominus}(298.15\ K) \ll 0$，采取何种措施利于取得有毒气体 NO 和 CO 的最大转化率？（　　）

    A. 低温低压　　　　B. 高温高压　　　　C. 低温高压　　　　D. 高温低压

5. 水污染以污染效应分为毒性污染和耗氧污染，下列属于毒性污染物的是（　　）。

    A. 重金属　　　　　B. 氰化物　　　　　C. 碳氢化合物　　　D. 酚类

6. 下列常用消毒剂不属于目前用于污水消毒的是（　　）。

    A. 石灰　　　　　　B. 臭氧　　　　　　C. 液氯　　　　　　D. 次氯酸钠

7. 下列不属于危险废物的是（　　）。

    A. 医院垃圾　　　　B. 含重金属污泥　　C. 酸和碱废物　　　D. 有机固体废物

8. 我国对固体废弃物污染环境的处理原则是（　　）。

    A. 减量化　　　　　B. 经济化　　　　　C. 资源化　　　　　D. 无害化

9. 下列由固体废弃物焚烧产生并具有致癌性的有机物质是（　　）。

    A. 二噁英　　　　　B. SO_2　　　　　　C. 苯并芘　　　　　D. 三氯苯酚

10. 下列符合可持续发展战略的科技技术革命有（　　）。

    A. 清洁生产　　　　B. 绿色化学　　　　C. 绿色制造业　　　D. 节能减排

二、判断题（对的，在括号内填"√"，错的填"×"）

1. 可吸入肺颗粒物属降尘大气颗粒物，对空气质量和能见度有重要的影响。（　　）

2. 硫氧化物危害极大，可引发酸雨和光化学烟雾等大气污染。（　　）

3. NO_x、O_3 和阳光照射是形成光化学烟雾的充分条件。（　　）

4. BOD 值越大，水体中含有的耗氧有机污染物越多。（　　）

5. 水体中的溶解氧值越高，COD 值也越高。（　　）

6. 水体中的 COD 值高，BOD_5 值也一定高。（　　）

7. 危险废物具有易燃易爆性、腐蚀性、反应性、传染性、放射性等特点，废旧电池、灯管及各种化学、生物危险品，含放射性废物等危险废物不能随意丢弃，必须进行特殊安全处理。（　　）

8. 焚烧法处理固体废弃物使有害物质绝对无害化,此法安全、经济。(　　)

9. 绿色化学是环境化学的重要组成部分,是环境治理的有效方法之一。(　　)

10. 可持续发展的实质是协调人与自然的关系,从根本上缓解人口增长、资源短缺、环境污染及生态破坏的问题。(　　)

三、计算及问答题

1. 设汽车内燃机内温度因燃料燃烧反应达到 1 300 ℃,试利用标准热力学函数估算此温度时反应 $\frac{1}{2}N_2(g)+\frac{1}{2}O_2(g)=NO(g)$ 的 $\Delta_rG_m^\ominus$ 和 $K^\ominus$ 的数值,并联系反应速率简单说明在大气污染中的影响。

2. 有一人造纤维厂的车间排放 CS_2 废气,设车间已建有一个 40 m 高的排气筒,以 14 $kg \cdot h^{-1}$ 的流量排放 CS_2 废气,现车间要扩大生产,扩产后 CS_2 废气排放量增加至 20 $kg \cdot h^{-1}$,问排气筒需加高多少才能满足排放标准?

3. 高层大气中微量臭氧吸收紫外线而分解,使地球上的动物免遭辐射之害,但底层臭氧却是形成光化学烟雾的主要成分之一。低层臭氧可由以下过程形成:

(1) $NO_2 \longrightarrow NO+O$(一级反应), $k_1=6.0\times10^{-3}\,s^{-1}$;

(2) $O+O_2 \longrightarrow O_3$(二级反应), $k_2=1.0\times10^6\,mol \cdot L^{-1} \cdot s^{-1}$。

假设由反应(1)产生原子氧的速率等于反应(2)消耗原子氧的速率,当空气中 NO_2 浓度为 $3.0\times10^{-9}\,mol \cdot L^{-1}$ 时,污染空气中 O_3 生成的速率是多少?

4. 某电镀公司将含 CN^- 废水排入河流。环保监察人员发现,每排放一次氰化物,该段河水的 BOD 就上升 3.0 $mg \cdot dm^{-3}$。假设反应为

$$2CN^-(aq)+\frac{5}{2}O_2(g)+2H^+(aq) \longrightarrow 2CO_2(g)+N_2(g)+H_2O(l)$$

求 CN^- 在该段河水中的浓度($mol \cdot dm^{-3}$)。

5. 某工厂排放的废水含 Pb^{2+} 10 $mg \cdot dm^{-3}$,而国家排放标准规定 Pb^{2+} 降到 1.0 $mg \cdot dm^{-3}$ 以下方可排放,可在此 1 m^3 废水中加多少克 Na_2S 固体使 Pb^{2+} 生成 PbS 而满足排放标准排放?

四、思考题

1. 化学烟雾分为硫酸烟雾和光化学烟雾两种。试从形成条件、主要污染物、烟雾特征、危害、治理措施等方面比较伦敦型烟雾与洛杉矶型烟雾有何不同?

2. 某同学提出: $NO+O_2 \xrightarrow{h\nu} 2NO_2$, NO_2 可导致光化学烟雾或酸雨。

而在常温常压下,空气中的 N_2 和 O_2 能长期存在而不化合生成 NO,且热力学计算表明 $N_2(g)+O_2(g)=2NO(g)$ 的 $\Delta_rG_m^\ominus(298.15\ K)\gg0$,据此事实,利用其逆反应自发特性,即发生反应 $2NO(g)=N_2(g)+O_2(g)$,让 N_2 和 O_2 回归自然以消除 NO 污染。试从热力学和动力学角度解释以此方法减小 NO 污染可行与否?

3. 汽车、飞机的尾气会对大气造成污染,减小或消除尾气污染的有效途径有哪些?

4. 什么是耗氧污染物?说明 COD、BOD 的含义。

5. 曝气是水处理工艺之一,就是向水中不断鼓入空气,使污染水体充分地接触空气,使其中的Fe^{2+}氧化成Fe^{3+},并形成$Fe(OH)_3$沉淀而除去,其反应为:

$$4 Fe^{2+} + 8HCO_3^- + O_2 + 2H_2O \longrightarrow 12Fe(OH)_3 + 8 CO_2$$

问利用它能否增加溶解氧? 为什么?

附　录

附录一　相对分子质量

化合物	相对分子质量	化合物	相对分子质量
Ag_2AsO_4	462.52	$BaCO_3$	197.34
$AgBr$	187.78	BaC_2O_4	225.35
$AgCN$	133.84	$BaCl_2$	208.24
$AgCl$	143.32	$BaCl_2 \cdot 2H_2O$	244.27
Ag_2CrO_4	331.73	$BaCrO_4$	253.32
AgI	234.77	BaO	153.33
$AgNO_3$	169.87	$Ba(OH)_2$	171.35
$AgSCN$	165.95	$BaSO_4$	233.39
$AlCl_3$	133.341	$Bi(NO_3)_3$	395.00
$AlCl_3 \cdot 6H_2O$	241.433	$Bi(NO_3)_3 \cdot 5H_2O$	485.07
$Al(C_9H_6N)_3$(8-羟基喹啉铝)	459.444	$CaCO_3$	100.09
$Al(NO_3)_3$	212.996	CaC_2O_4	128.10
$Al(NO_3)_3 \cdot 9H_2O$	375.13	$CaCl_2$	110.99
Al_2O_3	101.96	$CaCl_2 \cdot 6H_2O$	219.075
$Al(OH)_3$	78.004	CaO	56.08
$Al_2(SO_4)_3$	342.15	$Ca(OH)_2$	74.09
$Al_2(SO_4)_3 \cdot 18H_2O$	666.43	$Ca_3(PO_4)_2$	310.18
As_2O_3	197.84	$CaSO_4$	136.14
As_2O_5	229.84	$CaSO_4 \cdot 2H_2O$	172.17
As_2S_3	246.04	$Ce(NH_4)_2(NO_3)_6 \cdot 2H_2O$	584.25
$Ce(NH_4)_4(SO_4)_4 \cdot 2H_2O$	632.55	$Hg_2(NO_3)_2$	525.19
CH_3COOH	60.053	$Hg_2(NO_3)_2 \cdot 2H_2O$	561.22
CO	28.01	$Hg(NO_3)_2$	324.60
CO_2	44.01	HgO	216.59

化合物	相对分子质量	化合物	相对分子质量
$CO(NH_2)_2$	60.0556	HgS	232.66
$Co(NO_3)_2$	182.94	$HgSO_4$	296.65
$Co(NO_2)_2 \cdot 6H_2O$	291.03	Hg_2SO_4	497.24
CoS	91.00	HI	127.91
$CoSO_4$	154.99	HNO_2	47.01
$CrCl_3$	158.355	HNO_3	63.01
$CrCl_3 \cdot 6H_2O$	266.45	H_2O	18.02
Cr_2O_3	151.99	H_2O_2	34.02
$CuSCN$	121.63	H_3PO_4	98.00
CuI	190.45	H_2S	34.08
$Cu(NO_3)_2$	187.56	H_2SO_3	82.08
$Cu(NO_3)_2 \cdot 3H_2O$	241.60	H_2SO_4	98.08
$Cu(NO_3)_2 \cdot 6H_2O$	295.65	$KAl(SO_4)_2 \cdot 12H_2O$	474.39
CuO	79.54	KBr	119.01
Cu_2O	143.09	$KBrO_3$	167.01
CuS	95.61	KCl	74.56
$CuSO_4$	159.61	$KClO_3$	122.55
$CuSO_4 \cdot 5H_2O$	249.69	$KClO_4$	138.55
$FeCl_2$	126.75	K_2CO_3	138.21
$FeCl_3 \cdot 6H_2O$	270.30	$K_2Cr_2O_7$	294.18
$FeNH_4(SO_4)_2 \cdot 12H_2O$	482.20	K_2CrO_4	194.20
$Fe(NH_4)_2(SO_4)_2 \cdot 6H_2O$	392.14	$KFe(SO_4)_2 \cdot 12H_2O$	503.26
$Fe(NO_3)_3$	241.86	$K_3[Fe(CN)_6]$	329.25
$Fe(NO_3)_3 \cdot 6H_2O$	349.95	$K_4[Fe(CN)_6]$	368.35
FeO	71.85	$KHC_8H_4O_4$ （邻苯二甲酸氢钾）	204.22
Fe_2O_3	159.69	$KHC_4H_4O_6$（酒石酸氢钾）	188.18
Fe_3O_4	231.54	$KHC_2O_4 \cdot H_2O$	146.14
$Fe(OH)_3$	106.87	$KHC_2O_4 \cdot H_2C_2O_4 \cdot 2H_2O$	254.19
FeS	87.913	$KHSO_4$	136.17
$FeSO_4$	151.91	KI	166.01
$FeSO_4 \cdot 7H_2O$	278.02	KIO_3	214.00
H_3AsO_3	125.94	$KIO_3 \cdot HIO_3$	389.92
H_3AsO_4	141.94	$KMnO_4$	158.04

化合物	相对分子质量	化合物	相对分子质量
H_3BO_3	61.83	$KNaC_4H_4O_6 \cdot 4H_2O$ （酒石酸盐）	382.22
HBr	80.91	KNO_2	85.10
HCN	27.02	KNO_3	101.10
HCOOH	46.0257	K_2O	92.20
$HC_7H_5O_2$（苯甲酸）	122.12	KOH	56.11
H_2CO_3	62.02	KSCN	97.18
$H_2C_2O_4$	90.04	K_2SO_4	174.26
$H_2C_2O_4 \cdot 2H_2O$	126.07	$MgCO_3$	84.32
HCl	36.46	$MgCl_2$	95.21
HF	20.01	$MgCl_2 \cdot 6H_2O$	203.30
$HgCl_2$	271.50	$MgNH_4PO_4$	137.33
Hg_2Cl_2	472.09	$MgNH_4PO_4 \cdot 6H_2O$	245.41
HgI_2	454.40	MgO	40.31
$Mg(OH)_2$	58.320	NH_4F	37.037
$Mg_2P_2O_7$	222.60	$(NH_4)_2HPO_4$	132.05
$MgSO_4 \cdot 7H_2O$	246.48	$(NH_4)_3PO_4$	140.02
$MnCO_3$	114.95	$(NH_4)_6Mo_7O_{24} \cdot 4H_2O$	1235.9
$MnCl_2 \cdot 4H_2O$	197.90	NH_4HCO_3	79.056
$Mn(NO_3)_2 \cdot 6H_2O$	287.04	NH_4SCN	76.122
MnO	70.94	$(NH_4)_2SO_4$	132.14
MnO_2	86.94	NH_4VO_3	116.98
MnS	87.00	$NiCl_2 \cdot 6H_2O$	237.69
$MnSO_4$	151.00	NiO	74.69
$Na_2B_4O_7 \cdot 10H_2O$	381.37	$Ni(NO_3)_2 \cdot 6H_2O$	290.79
$NaBiO_3$	279.97	NiS	90.76
$NaC_2H_3O_2$（醋酸钠）	82.03	$NiSO_4 \cdot 7H_2O$	280.86
$NaC_2H_3O_2 \cdot 3H_2O$	136.08	NO	30.006
NaCN	49.01	NO_2	45.00
Na_2CO_3	105.99	P_2O_5	141.95
$Na_2CO_3 \cdot 10H_2O$	286.14	$Pb(C_2H_3O_2)_2$（醋酸铅）	325.28
$Na_2C_2O_4$	134.00	$Pb(C_2H_3O_2)_2 \cdot 3H_2O$	379.34
NaCl	58.44	$PbCrO_4$	323.18
$NaHCO_3$	84.01	$PbMoO_4$	367.14
NaH_2PO_4	119.98	$Pb(NO_3)_2$	331.21
Na_2HPO_4	141.96	PbO	223.19

化合物	相对分子质量	化合物	相对分子质量
$Na_2HPO_4 \cdot 2H_2O$	177.99	PbO_2	239.19
$Na_2HPO_4 \cdot 12H_2O$	358.14	PbS	239.27
$Na_2H_2Y \cdot 2H_2O$	372.26	$PbSO_4$	303.26
$NaNO_3$	84.99	Sb_2O_3	291.50
Na_2O	61.98	SiO_2	60.08
Na_2O_2	77.98	$SnCl_2 \cdot 2H_2O$	225.65
$NaOH$	40.01	SnO_2	150.71
Na_3PO_4	163.94	SnS	150.78
Na_2S	78.05	SO_2	64.06
$NaSCN$	81.07	SO_3	80.06
Na_2SO_3	126.04	$Sr(NO_3)_2$	211.63
Na_2SO_4	142.04	$Sr(NO_3)_2 \cdot 4H_2O$	283.69
$Na_2S_2O_3$	158.11	$Zn(NO_3)_2 \cdot 6H_2O$	297.49
$Na_2S_2O_3 \cdot 5H_2O$	248.19	ZnO	81.39
NH_3	17.03	$Zn(OH)_2$	99.40
$NH_4C_2H_3O_2$(醋酸铵)	77.08	ZnS	97.43
$(NH_4)_2C_2O_4 \cdot H_2O$	142.11	$ZnSO_4$	161.45
NH_4Cl	53.49	$ZnSO_4 \cdot 7H_2O$	287.56

附录二　一些物质的标准摩尔生成焓、标准摩尔生成自由能和标准摩尔熵(298.15 K)

物质(状态)	$\Delta_f H_m^{\ominus}/\text{kJ} \cdot \text{mol}^{-1}$	$\Delta_f G_m^{\ominus}/\text{kJ} \cdot \text{mol}^{-1}$	$S_m^{\ominus}/\text{J} \cdot \text{mol}^{-1} \cdot \text{K}^{-1}$
$Ag(s)$	0	0	42.55
$AgBr(s)$	-100.37	-96.9	107.1
$AgCl(s)$	-127.068	-109.789	96.2
$AgI(s)$	-61.84	-66.19	115.5
$Ag_2O(s)$	-31.0	-11.2	121.3
$Al(s)$	0	0	28.33
$AlCl_3(s)$	-704.2	-628.8	110.67
$Al_2O_3(s,\alpha,刚玉)$	-1675.7	-1582.3	50.92
$Br_2(l)$	0	0	152.231
$Br_2(g)$	30.907	3.110	245.463
$C(s,石墨)$	0	0	5.740

物质（状态）	$\Delta_f H_m^{\ominus}/kJ \cdot mol^{-1}$	$\Delta_f G_m^{\ominus}/kJ \cdot mol^{-1}$	$S_m^{\ominus}/J \cdot mol^{-1} \cdot K^{-1}$
C(s,金刚石)	1.895	2.900	2.377
Ca(s)	0	0	41.42
CaO(s)	−635.09	−604.03	39.75
CaCO₃(s,方解石)	−1206.92	−1128.79	92.9
CO(g)	−110.525	−137.168	197.674
CO₂(g)	−393.509	−394.359	213.74
Cl₂(g)	0	0	223.066
Cu(s)	0	0	33.150
CuO(s)	−157.3	−129.7	42.63
CuS(s)	−53.1	−53.6	66.5
F₂(g)	0	0	202.78
Fe(s)	0	0	27.28
Fe₂O₃(s,赤铁矿)	−824.2	−742.2	87.4
Fe₃O₄(s,磁铁矿)	−1118.4	−1015.4	146.4
H₂(g)	0	0	130.684
H₂O(g)	−241.818	−228.572	188.825
H₂O(l)	−285.830	−237.129	69.91
H₂O₂(l)	−187.78	−120.35	109.6
H₂S(g)	−20.63	−33.56	205.79
I₂(s)	0	0	116.135
I₂(g)	62.438	19.327	260.69
Mg(s)	0	0	32.68
MgO(s)	−601.7	−569.43	26.94
MgCO₃(s)	−1095.8	−1012.1	65.7
N₂(g)	0	0	191.61
NH₃(g)	−46.11	−16.45	192.45
NH₃(aq)	−80.69	−26.50	111.3
NO(g)	90.25	86.55	210.761
NO₂(g)	33.18	51.31	240.06
N₂H₄(l)	50.63	149.34	121.21
O₂(g)	0	0	205.138
O₃(g)	142.7	163.2	238.93
P(s,白磷)	0	0	41.09
P(s,红磷)	−17.6	−12	22.80
S(s,正交)	0	0	31.80

物质(状态)	$\Delta_f H_m^{\ominus}/kJ \cdot mol^{-1}$	$\Delta_f G_m^{\ominus}/kJ \cdot mol^{-1}$	$S_m^{\ominus}/J \cdot mol^{-1} \cdot K^{-1}$
$SO_2(g)$	−296.83	−300.19	248.22
$SO_3(g)$	−395.72	−371.06	256.76
Sn(s,白)	0	0	51.55
$SnO_2(s)$	−580.7	−519.7	52.3
Zn(s)	0	0	41.63
ZnO(s)	−348.28	−318.30	43.64
$CH_4(g)$	−74.81	−50.72	186.264
$C_2H_6(g)$	−84.68	−32.82	229.60
$C_2H_5OH(l)$	−277.69	−174.78	160.07
$CH_3COOH(l)$	−484.5	−389.9	159.8

附录三 一些水合离子的标准摩尔生成焓、标准摩尔生成自由能和标准摩尔熵(298.15 K)

水合离子	$\Delta_f H_m^{\ominus}/kJ \cdot mol^{-1}$	$\Delta_f G_m^{\ominus}/kJ \cdot mol^{-1}$	$S_m^{\ominus}/J \cdot mol^{-1} \cdot K^{-1}$
H^+	0.00	0.00	0.00
Na^+	−240.12	−261.95	59.0
K^+	−252.38	−283.27	102.5
Ag^+	150.58	77.11	72.68
NH_4^+	−132.43	−79.31	113.4
Ba^{2+}	−537.64	−560.74	9.6
Ca^{2+}	−542.83	−553.54	−53.1
Mg^{2+}	−466.85	−454.8	−138.1
Fe^{2+}	−89.1	−78.90	−137.7
Fe^{3+}	−48.5	−4.7	−315.9
Cu^{2+}	64.77	65.249	−99.6
Zn^{2+}	−153.89	−147.06	−112.1
Pb^{2+}	−1.7	−24.43	10.5
Mn^{2+}	−220.75	−228.0	−73.6
Al^{3+}	−531	−485	−321.7
OH^-	−299.99	−157.29	−10.75
F^-	−332.63	−278.82	−13.8
Cl^-	−167.16	−131.26	56.5
Br^-	−121.54	−103.97	82.4

续表

水合离子	$\Delta_f H_m^{\ominus}/kJ \cdot mol^{-1}$	$\Delta_f G_m^{\ominus}/kJ \cdot mol^{-1}$	$S_m^{\ominus}/J \cdot mol^{-1} \cdot K^{-1}$
I^-	-55.19	-51.59	111.3
HS^-	-17.6	12.08	62.8
HCO_3^-	-691.99	-586.77	91.2
SO_4^{2-}	-909.27	-744.53	20.1
CO_3^{2-}	-677.14	-527.90	-56.9
Cr^{3+}	$-1\,999.1$	—	—
$Cr_2O_7^{2-}$	$-1\,490.3$	$1\,301.1$	261.9

附录四　一些弱电解质的解离常数

弱电解质	温度(t)/℃	$K_a^{\ominus}/K_b^{\ominus}$	$pK_a^{\ominus}/pK_b^{\ominus}$
H_2SO_3	18	$K_{a1}^{\ominus}=1.52\times10^{-2}$	1.81
	18	$K_{a2}^{\ominus}=1.02\times10^{-7}$	6.91
H_3PO_4	25	$K_{a1}^{\ominus}=7.52\times10^{-3}$	2.12
	25	$K_{a2}^{\ominus}=6.25\times10^{-8}$	7.21
	25	$K_{a3}^{\ominus}=2.2\times10^{-13}$	12.67
HNO_2	12.5	4.6×10^{-4}	3.37
$HCOOH$	20	1.77×10^{-4}	3.75
CH_3COOH	25	1.76×10^{-5}	4.75
H_2CO_3	25	$K_{a1}^{\ominus}=4.30\times10^{-7}$	6.37
	25	$K_{a2}^{\ominus}=5.61\times10^{-11}$	10.25
H_2S	18	$K_{a1}^{\ominus}=9.1\times10^{-8}$	7.04
	18	$K_{a2}^{\ominus}=1.1\times10^{-12}$	11.96
H_3BO_3	20	7.3×10^{-10}	9.14
HCN	25	4.93×10^{-10}	9.31
$NH_3 \cdot H_2O$	25	1.77×10^{-5}	4.75
HF	25	3.53×10^{-4}	3.45

附录五　一些共轭酸碱的解离常数

酸	$K_a^{\ominus}$	碱	$K_b^{\ominus}$
HNO_2	4.6×10^{-4}	NO_2^-	2.2×10^{-11}
CH_3COOH	1.76×10^{-5}	CH_3COO^-	5.68×10^{-10}
H_2CO_3	4.30×10^{-7}	HCO_3^-	2.33×10^{-8}

酸	$K_a^{\ominus}$	碱	$K_b^{\ominus}$
H_2S	9.1×10^{-8}	HS^-	1.1×10^{-7}
$H_2PO_4^-$	6.25×10^{-8}	HPO_4^{2-}	1.61×10^{-7}
NH_4^+	5.65×10^{-10}	NH_3	1.77×10^{-5}
HCN	4.93×10^{-10}	CN^-	2.03×10^{-5}
HCO_3^-	5.61×10^{-11}	CO_3^{2-}	1.78×10^{-4}
HS^-	1.1×10^{-12}	S^{2-}	9.1×10^{-3}
HPO_4^{2-}	2.2×10^{-13}	PO_4^{3-}	4.5×10^{-2}

附录六　一些难溶电解质的溶度积常数(298.15 K)

化学式	$K_{sp}^{\ominus}$	化学式	$K_{sp}^{\ominus}$
$AgCl$	1.77×10^{-10}	CuS	6.3×10^{-36}
$AgBr$	5.3×10^{-13}	$Cr(OH)_3$	6.3×10^{-31}
AgI	8.3×10^{-17}	$Fe(OH)_2$	4.87×10^{-17}
Ag_2CrO_4	1.12×10^{-12}	$Fe(OH)_3$	4.0×10^{-38}
Ag_2S	6.3×10^{-50}	FeS	6.0×10^{-18}
$Al(OH)_3$(无定形)	1.3×10^{-33}	$FePO_4$	1.30×10^{-22}
As_2S_3	2.1×10^{-22}	$Mg(OH)_2$	1.80×10^{-11}
$BaSO_4$	1.08×10^{-10}	$MgCO_3$	6.82×10^{-6}
$BaCO_3$	2.58×10^{-9}	$Mn(OH)_2$	1.9×10^{-13}
$CaCO_3$	4.96×10^{-9}	MnS(晶,绿)	2.5×10^{-13}
CaF_2	5.3×10^{-9}	$Ni_3(PO_4)_2$	5.0×10^{-31}
$Ca(OH)_2$	5.5×10^{-6}	$Ni(OH)_2$(新)	5.0×10^{-16}
$CaSO_4$	7.1×10^{-5}	$PbCl_2$	1.70×10^{-5}
$Cd(OH)_2$	7.20×10^{-15}	PbI_2	8.4×10^{-9}
CdS	8.0×10^{-27}	PbS	8.0×10^{-28}
CuI	1.27×10^{-12}	$Zn(OH)_2$	1.2×10^{-17}
$Cu(OH)_2$	2.2×10^{-20}	$ZnS(\alpha)$	1.6×10^{-24}

附录七　标准电极电势(298.15 K)

1. 酸性溶液中

电极反应 (氧化态+电子=还原态)	$\varphi_A^\ominus/V$	电极反应 (氧化态+电子=还原态)	$\varphi_A^\ominus/V$
$Li^+ + e = Li$	-3.04	$Fe^{3+} + 3e = Fe$	-0.036
$Rb^+ + e = Rb$	-2.925	$2H^+ + 2e = H_2$	0.0000
$K^+ + e = K$	-2.925	$P + 3H^+ + 3e = PH_3(g)$	0.06
$Cs^+ + e = Cs$	-2.923	$AgBr + e = Ag + Br^-$	0.071
$Ba^{2+} + 2e = Ba$	-2.90	$S_4O_6^{2-} + 2e = 2S_2O_3^{2-}$	0.08
$Sr^{2+} + 2e = Sr$	-2.89	$S + 2H^+ + 2e = H_2S(aq)$	0.141
$Ca^{2+} + 2e = Ca$	-2.87	$Sb_2O_3 + 6H^+ + 6e = 2Sb + 3H_2O$	0.152
$Na^+ + e = Na$	-2.714	$Cu^{2+} + 2e = Cu^+$	0.153
$La^{3+} + 3e = La$	-2.25	$Sn^{4+} + 2e = Sn^{2+}$	0.151
$Mg^{2+} + 2e = Mg$	$-.2.37$	$BiOCl + 2H^+ + 3e = Bi + Cl^- + H_2O$	0.16
$Ce^{3+} + 3e = Ce$	-2.33	$AgCl + e = Ag + Cl^-$	0.2224
$H_2^+ + 2e = 2H_2^-$	-2.25	$As_2O_3 + 6H^+ + 6e = 2As + 3H_2O$	0.234
$Sc^{3+} + 3e = Sc$	-2.08	$Hg_2Cl_2 + 2e = 2Hg + 2Cl^-$	0.2801
$Al^{3+} + 3e = Al$	-1.66	$Cu^{2+} + 2e = Cu$	0.3419
$Be^{2+} + 2e = Be$	-1.85	$(CN)_2 + 2H^+ + 2e = 2HCN$	0.37
$Ti^{2+} + 2e = Ti$	-1.63	$2SO_2(aq) + 2H^+ + 4e = S_2O_3^{2-} + H_2O$	0.400
$V^{2+} + 2e = V$	-1.18	$Ag_2CrO_4 + e = 2Ag + CrO_4^{2-}$	0.446
$Mn^{2+} + 2e = Mn$	-1.18	$H_2SO_3 + 4H^+ + 4e = S + 3H_2O$	0.45
$H_3BO_3 + 3H^+ + 3e = B + 3H_2O$	-0.87	$Fe(CN)_6^{3-} + e = Fe(CN)_6^{4-}$	0.356
$TiO_2(aq) + 4H^+ + 4e = Ti + 2H_2O$	-0.84	$4SO_2(aq) + 4H^+ + 6e = S_4O_6^{2-} + 2H_2O$	0.51
$SiO_2 + 4H^+ + 4e = Si + 2H_2O(g)$	-0.84	$Cu^+ + e = Cu$	0.521
$Zn^{2+} + 2e = Zn$	-0.7618	$I_2(s) + 2e = 2I^-$	0.535
$Cr^{2+} + 2e = Cr$	-0.74	$H_3AsO_4 + 2H^+ + 2e = HAsO_2 + 2H_2O$	0.560
$Ag_2S + 2e = 2Ag + S^{2-}$	-0.69	$MnO_4^- + H_2O + 3e = MnO_2 + 2OH^-$	0.59
$As + 3H^+ + 3e = AsH_3(g)$	-0.60	$2HgCl_2 + 2e = Hg_2Cl_2 + 2Cl^-$	0.63
$Sb + 3H^+ + 3e = SbH_3(g)$	-0.51	$Ag_2SO_4 + 2e = 2Ag + SO_4^{2-}$	0.653
$H_3PO_3 + 2H^+ + 2e = H_3PO_2 + H_2O$	-0.50	$O_2 + 2H^+ + 2e = H_2O_2$	0.695
$2CO_2 + 2H^+ + 2e = H_2C_2O_4$	-0.49	$Fe^{3+} + e = Fe^{2+}$	0.771
$H_3PO_3 + 3H^+ + 3e = P + 3H_2O$	-0.49	$Ag^+ + e = Ag$	0.7996
$S + 2e = S^{2-}$	-0.48	$NO_3^- + 2H^+ + e = NO_2 + H_2O$	0.80
$Fe^{2+} + 2e = Fe$	-0.44	$Hg^{2+} + 2e = Hg$	0.851

电极反应 （氧化态＋电子＝还原态）	$\varphi_A^{\ominus}/V$	电极反应 （氧化态＋电子＝还原态）	$\varphi_A^{\ominus}/V$
$Cr^{3+}+e=Cr^{2+}$	-0.407	$NO_3^-+3H^++2e=HNO_2+H_2O$	0.94
$Cd^{2+}+2e=Cd$	-0.402	$NO_3^-+4H^++3e=NO+2H_2O$	0.96
$Se+2H^++2e=H_2Se(aq)$	-0.36	$HIO+H^++2e=I^-+H_2O$	0.99
$PbSO_4+2e=Pb+SO_4^{2-}$	-0.356	$HNO_2+H^++e=NO+H_2O$	0.99
$Cd^{2+}+2e=Cd(Hg)$	-0.351	$NO_2+2H^++2e=NO+H_2O$	1.030
$Ag(CN)_2^-+e=Ag+2CN^-$	-0.31	$Br_2(l)+2e=2Br^-$	1.065
$Co^{2+}+2e=Co$	-0.277	$NO_2+H^++e=HNO_2$	1.07
$PbBr_2+2e=Pb+2Br^-$	-0.274	$Br_2(aq)+2e=2Br^-$	1.087
$PbCl_2+2e=Pb+2Cl^-$	-0.266	$ClO_3^-+2H^++e=ClO_2+H_2O$	1.15
$Ni^{2+}+2e=Ni$	-0.23	$ClO_4^-+2H^++2e=ClO_3^-+H_2O$	1.19
$2SO_4^{2-}+4H^++2e=S_2O_8^{2-}+2H_2O$	-0.22	$2IO_3^-+12H^++10e=I_2+6H_2O$	1.195
$AgI+e=Ag+I^-$	-0.151	$MnO_2+4H^++2e=Mn^{2+}+2H_2O$	1.208
$Sn^{2+}+2e=Sn$	-0.136	$ClO_3^-+3H^++2e=HClO_2+H_2O$	1.21
$Pb^{2+}+2e=Pb$	-0.126	$O_2+4H^++4e=2H_2O$	1.229
$Cr_2O_7^{2-}+14H^++6e=2Cr^{3+}+7H_2O$	1.33	$PbO_2+SO_4^{2-}+4H^++2e=PbSO_4+2H_2O$	1.685
$Cl_2(g)+2e=2Cl^-$	1.358	$H_2O_2+2H^++2e=2H_2O$	1.776
$Ce^{4+}+e=Ce^{3+}$	1.459	$Co^{3+}+e=Co^{2+}$	1.82
$PbO_2+4H^++2e=Pb^{2+}+2H_2O$	1.46	$S_2O_8^{2-}+2e=2SO_4^{2-}$	2.01
$MnO_4^-+8H^++5e=Mn^{2+}+4H_2O$	1.51	$O_3+2H^++2e=O_2+H_2O$	2.07
$2BrO_3^-+12H^++10e=Br_2+6H_2O$	1.52	$F_2+2e=2F^-$	2.87
$2HClO+2H^++2e=Cl_2+2H_2O$	1.63	$F_2+2H^++2e=2HF$	3.06

2. 碱性溶液

电极反应 （氧化态＋电子＝还原态）	$\varphi_B^{\ominus}/V$	电极反应 （氧化态＋电子＝还原态）	$\varphi_B^{\ominus}/V$
$Ca(OH)_2+2e=Ca+2OH^-$	-3.03	$Fe(OH)_3+e=Fe(OH)_2+OH^-$	-0.56
$La(OH)_3+3e=La+3OH^-$	-2.90	$S+2e=S^{2-}$	-0.48
$Sr(OH)_2+2e=Sr+2OH^-$	-2.88	$NO_2^-+H_2O+e=NO+2OH^-$	-0.46
$Ba(OH)_2+2e=Ba+2OH^-$	-2.81	$Cu_2O+H_2O+2e=2Cu+2OH^-$	-0.358
$Mg(OH)_2+2e=Mg+2OH^-$	-2.69	$Cu(OH)_2+2e=Cu+2OH^-$	-0.224
$H_2AlO_3^-+H_2O+3e=Al+4OH^-$	-2.35	$CrO_4^{2-}+4H_2O+3e=Cr(OH)_3+5OH^-$	-0.13
$SiO_3^{2-}+3H_2O+4e=Si+6OH^-$	-1.73	$2Cu(OH)_2+2e=Cu_2O+2OH^-+H_2O$	-0.08
$HPO_3^{2-}+2H_2O+2e=H_2PO_2^-+3OH^-$	-1.65	$NO_3^-+H_2O+2e=NO_2^-+2OH^-$	0.01
$Mn(OH)_2+2e=Mn+2OH^-$	-1.55	$HgO+H_2O+2e=Hg+2OH^-$	0.098
$Cr(OH)_3+3e=Cr+3OH^-$	-1.3	$Co(NH_3)_6^{3+}+e=Co(NH_3)_6^{2+}$	0.1
$[Zn(OH)_4]^{2-}+2e=Zn+4OH^-$	-1.285	$IO_3^-+3H_2O+6e=I^-+6OH^-$	0.26

电极反应 (氧化态＋电子＝还原态)	$\varphi_B^{\ominus}/V$	电极反应 (氧化态＋电子＝还原态)	$\varphi_B^{\ominus}/V$
$Zn(CN)_4^{2-}+2e=Zn+4CN^-$	-1.26	$PbO_2+H_2O+2e=PbO+2OH^-$	0.28
$As+3H_2O+3e=AsH_3+3OH^-$	-1.210	$ClO_3^-+H_2O+2e=ClO_2^-+2OH^-$	0.33
$CrO_2^-+2H_2O+3e=Cr+4OH^-$	-1.2	$ClO_4^-+H_2O+2e=ClO_3^-+2OH^-$	0.36
$2SO_3^{2-}+2H_2O+2e=S_2O_4^{2-}+4OH^-$	-1.12	$Ag(NH_3)_2^++e=Ag+2NH_3$	0.373
$PO_4^{3-}+2H_2O+2e=HPO_3^{2-}+3OH^-$	-1.12	$O_2+2H_2O+4e=4OH^-$	0.401
$Sn(OH)_6^{2-}+2e=HSnO_2^-+3OH^-+H_2O$	-0.96	$IO^-+H_2O+2e=I^-+2OH^-$	0.49
$SO_4^{2-}+H_2O+2e=SO_3^{2-}+2OH^-$	-0.93	$IO_3^-+2H_2O+4e=IO^-+4OH^-$	0.56
$P(白)+3H_2O+3e=PH_3(g)+3OH^-$	-0.89	$MnO_4^-+e=MnO_4^{2-}$	0.56
$H_2O=H^++OH^-$	-0.8277	$MnO_4^-+2H_2O+3e=MnO_2+4OH^-$	0.588
$Cd(OH)_2+2e=Co+2OH^-$	-0.809	$ClO_2^-+H_2O+2e=ClO^-+2OH^-$	0.66
$HSnO_2^-+H_2O+2e=Sn+3OH^-$	-0.79	$BrO_3^-+3H_2O+6e=Br^-+6OH^-$	0.61
$Co(OH)_2+2e=Co+2OH^-$	-0.73	$ClO_3^-+3H_2O+6e=Cl^-+6OH^-$	0.62
$AsO_4^{3-}+2H_2O+2e=AsO_2^-+4OH^-$	-0.71	$BrO^-+H_2O+2e=Br^-+2OH^-$	0.70
$AsO_2^-+2H_2O+3e=As+4OH^-$	-0.68	$ClO^-+H_2O+2e=Cl^-+2OH^-$	0.89
$SO_3^{2-}+3H_2O+4e=S+6OH^-$	-0.66	$O_3+H_2O+2e=O_2+2OH^-$	1.24
$2SO_3^{2-}+3H_2O+4e=S_2O_3^{2-}+6OH^-$	-0.58		

附录八　一些常见配离子的稳定常数(298.15 K)

配离子	K_f	$\lg K_f$
$[AgBr_2]^-$	2.1×10^7	7.33
$[Ag(CN)]^-$	4×10^{20}	20.60
$[Ag(CN)_2]^-$	1.3×10^{21}	21.11
$[Ag(CN)_4]^{3-}$	4.0×10^{20}	20.60
$[AgCl_2]^-$	1.1×10^5	5.04
$[AgEDTA]^{3-}$	2.09×10^5	5.46
$[Ag(en)_2]^+$	5.00×10^2	2.70
$[AgI_2]^-$	5.5×10^{11}	11.74
$[AgI_3]^{2-}$	4.78×10^{13}	13.70
$[Ag(NH_3)_2]^+$	1.1×10^7	7.05
$[Ag(SCN)_2]^-$	3.7×10^7	7.57
$[Ag(SCN)_4]^{3-}$	1.20×10^{10}	10.08
$[Ag(S_2O_3)]^-$	6.62×10^8	8.82

续表

配离子	K_f	$\lg K_f$
$[Ag(S_2O_3)_2]^{3-}$	2.9×10^{13}	13.46
$[Al(C_2O_4)_3]^{3-}$	2.0×10^{16}	16.30
$[AlEDTA]^-$	1.29×10^{16}	16.11
$[AlF_6]^{3-}$	6.9×10^{19}	19.84
$[Al(OH)_4]^-$	1.1×10^{33}	33.03
$[Au(Cl)_2]^+$	6.3×10^9	9.80
$[Au(CN)_2]^-$	1.3×10^{21}	21.11
$[Au(SCN)_4]^{3-}$	1.0×10^{42}	42
$[Au(SCN)_2]^-$	1.0×10^{23}	23
$[Ca(EBT)]^{-**}$	2.5×10^5	5.4
$Ca(EDTA)]^{2-}$	1×10^{11}	11.0
$[Ca(P_2O_7)]^{2-}$	4.0×10^4	4.60
$[Cd(CN)_4]^{2-}$	6.0×10^{18}	18.78
$[CdCl_4]^{2-}$	6.3×10^2	2.80
$[CdEDTA]^{2-}$	2.5×10^7	7.40
$[Cd(en)_3]^{2+}$	1.20×10^{12}	12.08
$[CdI_4]^{2-}$	2.57×10^5	5.41
$[Cd(NH_3)_6]^{2+}$	1.38×10^5	5.14
$[Cd(NH_3)_4]^{2+}$	1.32×10^7	7.12
$[Cd(OH)_4]^{2-}$	4.17×10^8	8.62
$[Cd(P_2O_7)]^{2-}$	4.0×10^5	5.60
$[Cd(SCN)_4]^{2-}$	4.0×10^3	3.60
$[Cd(S_2O_3)_2]^{2-}$	2.75×10^6	6.44
$[Co(EDTA)]^{2-}$	2.04×10^{16}	16.31
$[Co(EDTA)]^-$	1.0×10^{36}	36
$[Co(en)_3]^{2+}$	8.69×10^{13}	13.94
$[Co(en)_3]^{3+}$	4.90×10^{48}	48.69
$[Co(SCN)_4]^{2-}$	1.00×10^5	5
$[Co(NH_3)_6]^{2+}$	1.3×10^5	5.11
$[Co(NH_3)_6]^{3+}$	2×10^{35}	35.30
$[Co(NCS)_4]^{2-}$	1.0×10^3	3
$[Cu(CH)_2]^-$	2.0×10^{30}	30.30
$[CuCl_3]^{2-}$	5.0×10^5	5.70
$[CuCl_2]^{2-}$	3.1×10^5	5.49
$[Cu(CN)_2]^-$	1.0×10^{24}	24
$[Cu(CN)_4]^{3-}$	2.0×10^{30}	30.30

配离子	K_f	$\lg K_f$
$[CuEDTA]^{2-}$	5.0×10^{18}	18.70
$[Cu(en)_2]^{2+}$	1.55×10^9	9.19
$[Cu(en)_2]^+$	6.33×10^{10}	10.80
$[Cu(en)_3]^{2+}$	1.0×10^{21}	21
$[CuI_2]^-$	7.09×10^8	8.85
$[Cu(NH_3)_2]^+$	7.2×10^{10}	10.86
$[Cu(NH_3)_4]^{2+}$	2.1×10^{13}	13.32
$[Cu(OH)_4]^{2-}$	3.16×10^{18}	18.50
$[Cu(P_2O_7)]^{2-}$	1.0×10^8	8
$[Cu(S_2O_3)_2]^{3-}$	1.66×10^{12}	12.22
$[Cu(SCN)_2]^-$	1.5×10^5	5.18
$FeCl_3$	98	1.99
$[Fe(CN)_6]^{4-}$	1.0×10^{35}	35
$[Fe(CN)_6]^{3-}$	1×10^{42}	42
$[Fe(C_2O_4)_3]^{3-}$	2×10^{20}	20.30
$[FeF_3]^{3-}$	2.0×10^{14}	14.31
FeF_3	1.13×10^{12}	12.05
$Fe(NCS)^{2+}$	2.2×10^3	3.34
$[Fe(ssa)]^{***}$	4.4×10^{14}	14.64
$[HgBr_4]^{2-}$	1.0×10^{21}	21.00
$[Hg(CN)_4]^{2-}$	3×10^{41}	41.4
$[HgCl_4]^{2-}$	1.2×10^{15}	15.07
$[HgI_4]^{2-}$	6.8×10^{29}	29.83
$[Hg(NH_3)_4]^{2+}$	1.9×10^{19}	19.28
$[HgEDTA]^{2-}$	6.33×10^{21}	21.80
$[Hg(en)_2]^{2+}$	2.00×10^{23}	23.30
$[Hg(SCN)_4]^{2-}$	1.70×10^{21}	21.23
$[Hg(S_2O_4)_4]^{6-}$	1.74×10^{33}	33.24
$[Hg(S_2O_3)_2]^{2-}$	2.75×10^{29}	29.44
$[Mg(EBT)]^-$	1×10^7	7.0
$[Mg(EDTA)]^{2-}$	4.4×10^8	8.64
$[Mn(EDTA)]^{2-}$	6.3×10^{13}	13.80
$[Mn(en)_3]^{2+}$	4.67×10^5	5.67
$[Ni(CN)_4]^{2-}$	2.0×10^{31}	31.30
$[Ni(en)_3]^{2+}$	2.1×10^{18}	18.33
$[Ni(EDTA)]^{2-}$	3.64×10^{18}	18.56

配离子	K_f	$\lg K_f$
$[Ni(NH_3)_4]^{2+}$	9.09×10^7	7.96
$[Ni(NH_3)_6]^{2+}$	5.5×10^8	8.74
$[Ni(P_2O_7)_2]^{6-}$	2.5×10^2	2.40
$[Pb(CH_3COO)_4]^{2-}$	3×10^8	8.48
$[Pb(CN)_4]^{2-}$	1.0×10^{11}	11
$[PbCl_4]^{2-}$	39.8	1.60
$[PbI_4]^{2-}$	2.95×10^4	4.47
$[Pb(S_2O_3)_2]^{3-}$	1.35×10^5	5.13
$[PtCl_4]^{2-}$	1.0×10^{16}	16
$[Pt(NH_3)_6]^{2+}$	2.00×10^{35}	35.30
$[ZnCl_4]^{2-}$	1.58	0.20
$[Zn(CN)_4]^{2-}$	5×10^{16}	16.7
$[Zn(C_2O_4)_2]^{2-}$	4.0×10^7	7.60
$[Zn(en)_2]^{2+}$	2.0×10^{10}	10.83
$[Zn(en)_3]^{2+}$	1.29×10^{14}	14.11
$[ZnEDTA]^{2-}$	2.5×10^{16}	16.40
$[Zn(NH_3)_4]^{2+}$	2.9×10^9	9.46
$[Zn(OH)_4]^{2-}$	4.6×10^{17}	17.66

附录九　常见配合物的累积稳定常数

金属离子	n	$\lg \beta_n$
氨配合物		
Ag^+	1,2	3.40,7.40
Cd^{2+}	1,…,6	2.60,4.65,6.04,6.92,6.6,4.9
Co^{2+}	1,…,6	2.05,3.62,4.61,5.31,5.43,4.75
Cu^{2+}	1,…,4	4.13,7.61,10.48,12.59
Ni^{2+}	1,…,6	2.75,4.95,6.64,7.79,8.50,8.49
Zn^{2+}	1,…,4	2.27,4.61,7.01,9.06
氟配合物		
Al^{3+}	1,…,6	6.1,11.15,15.0,17.7,19.4,19.7
Fe^{3+}	1,2,3	5.2,9.2,11.9
Th^{4+}	1,2,3	7.7,13.5,18.0
TiO^{2+}	1,…,4	5.4,9.8,13.7,17.4

金属离子	n	$\lg \beta_n$
Sn^{4+}	6	25
Zr^{4+}	1,2,3	8.8,16.1,21.9
氯配合物		
Ag^+	1,…,4	2.9,4.7,5.0,5.9
Hg^+	1,…,4	6.7,13.2,14.1,15.1
碘配合物		
Cd^{2+}	1,…,4	2.4,3.4,5.0,6.15
Hg^{2+}	1,…,4	12.9,23.8,27.6,29.8
氰配合物		
Ag^+	1,…,4	…,21.1,21.8,20.7
Au^+	2	38.3
Cd^{2+}	1,…,4	5.5,10.6,15.3,18.9
Cu^+	1,…,4	…,24.0,28.6,30.3
Fe^{2+}	6	35.4
Fe^{3+}	6	43.6
Hg^{2+}	1,…,4	18.0,34.7,38.5,41.5
Ni^{2+}	4	31.3
Zn^{2+}	4	16.7
硫氰酸配合物		
Fe^{3+}	1,…,5	2.3,4.2,5.6,6.4,6.4
Hg^{2+}	1,…,4	…,16.1,19.0,20.9
硫代硫酸配合物		
Ag^+	1,2	8.82,13.5
Hg^{2+}	1,2	29.86,32.26
磺基水杨酸配合物		
Al^{3+}	1,2,3	12.9,22.9,29.0
Fe^{3+}	1,2,3	14.4,25.2,32.2
乙酰丙酮配合物		
Al^{3+}	1,2,3	8.1,15.7,21.2
Cu^{2+}	1,2	7.8,14.3
Fe^{3+}	1,2,3	9.3,17.9,25.1
邻二氮菲配合物		
Ag^+	1,2	5.02,12.07
Cd^{2+}	1,2,3	6.4,11.6,15.8
Co^{2+}	1,2,3	7.0,13.7,20.1
Cu^{2+}	1,2,3	9.1,15.8,21.0

金属离子	n	$\lg \beta_n$
Fe^{2+}	1,2,3	5.9,11.1,21.3
Hg^{2+}	1,2,3	$\cdots$,19.65,23.35
Ni^{2+}	1,2,3	8.8,17.1,24.8
Zn^{2+}	1,2,3	6.4,12.15,17.0
乙二胺配合物		
Ag^+	1,2	4.7,7.7
Cd^{2+}	1,2	5.47,10.02
Cu^{2+}	1,2	10.55,19.60
Co^{2+}	1,2,3	5.89,10.72,13.82
Hg^{2+}	2	23.42
Ni^{2+}	1,2,3	7.66,14.06,18.59
Zn^{2+}	1,2,3	5.71,10.37,12.08
柠檬酸配合物		
Al^{3+}	1	20.0
Cu^{2+}	1	18
Fe^{3+}	1	25
Ni^{2+}	1	14.3
Pb^{2+}	1	12.3
Zn^{2+}	1	11.4

注：＊为离子强度不定。

参 考 文 献

[1] 北师大无机化学教研室等. 无机化学[M]. 第 3 版. 上册. 北京:高等教育出版社,2002.

[2] 蔡克迪,郎笑石,王广进. 化学电源技术[M]. 第 1 版. 北京:化学工业出版社,2016.

[3] 陈林根. 工程化学基础[M]. 第 2 版. 北京:高等教育出版社,2005.

[4] 陈永. 金属材料常识普及读本[M]. 第 2 版. 北京:机械工业出版社,2016.

[5] 大连理工大学无机化学教研室. 无机化学[M]. 第 5 版. 北京:高等教育出版社,2006.

[6] 杜志坚,吴瑛编. 无机及分析化学[M]. 第 1 版. 上海:华东理工大学出版社,2011.

[7] 康立娟,朴凤玉. 普通化学[M]. 第 2 版. 北京:高等教育出版社,2009.

[8] 李聚源. 普通化学简明教程[M]. 第 2 版. 北京:化学工业出版社,2014.

[9] 李聚源,张耀君. 普通化学简明教程[M]. 第 1 版. 北京:化学工业出版社,2005.

[10] 罗洪君. 普通化学[M]. 第 1 版. 哈尔滨:哈尔滨工业大学出版社,2010.

[11] 宁开桂. 无机及分析化学[M]. 第 1 版. 北京:高等教育出版社,2008.

[12] 申少华,陈希军. 普通化学[M]. 第 1 版. 江苏:中国矿业大学出版社,2012.

[13] 史文权. 无机化学[M]. 第 1 版. 武汉:武汉大学出版社,2011.

[14] 孙挺,张霞. 无机化学[M]. 第 1 版. 北京:冶金工业出版社,2011.

[15] 天津大学无机化学教研室. 无机化学[M]. 第 4 版. 北京:高等教育出版社,2010.

[16] 童志平. 工程化学基础[M]. 第 2 版. 北京:高等教育出版社,2015.

[17] 王高潮. 材料科学与工程导论[M]. 第 1 版. 北京:机械工业出版社,2012.

[18] 王元兰. 无机化学[M]. 第 2 版. 北京:化学工业出版社,2011.

[19] 王运,胡先文. 无机及分析化学[M]. 第 4 版. 北京:科学出版社,2016.

[20] 王章忠. 材料科学基础[M]. 第 1 版. 北京:机械工业出版社,2005.

[21] 谢笔钧,何慧. 食品分析[M]. 第 1 版. 北京:科学出版社,2009.

[22] 熊双贵,高之清. 无机化学[M]. 第 1 版. 武汉:华中科技大学出版社,2011.

[23] 雅菁. 材料概论[M]. 第 1 版. 重庆:重庆大学出版社,2006.

[24] 臧祥生,苏小云. 工科无机化学学习指导[M]. 第 1 版. 上海:华东理工大学出版社,2005.

[25] 张祖德. 无机化学[M]. 修订版. 安徽:中国科学技术大学出版社,2010.

[26] 浙江大学普通化学教研组. 普通化学[M]. 第 6 版. 北京:高等教育出版社,2011.

[27] 周达飞,陆冲,宋鹂. 材料概论[M]. 第 3 版. 北京:化学工业出版社,2015.

部分习题参考答案

绪　论

一、选择题

1. B　2. A　3. A　4. B　5. B　6. D　7. A

二、填空题

1. 0.350 m^3　2. 98.13　9.9　3. $b(H_2O_2)=0.910$ mol·kg^{-1} $c(H_2O_2)=0.882$ mol·L^{-1} $x(H_2O_2)=0.016$

三、计算题

1. (1)18.02 mol·L^{-1}　(2)15.55 mol·L^{-1}　(3)14.79 mol·L^{-1}

2. 1.79 kPa

第一章　溶液和胶体

一、选择题

1. B　2. D　3. B　4. A　5. B　6. B　7. A　8. B　9. C　10. D

11. D　12. A　13. B　14. C　15. C　16. A

二、填空题

1. 蒸汽压下降 沸点上升 凝固点下降 渗透压；2. K_2SO_4 蔗糖 蔗糖 K_2SO_4；

3. $\{[Fe(OH)_3]_m \cdot n FeO^+ \cdot (n-x) Cl^-\}^{x+} \cdot x Cl^-$ $K_3[Fe(CN)_6]$；4. 有半透膜存在 半透膜两侧溶液存在浓度差；5. 光的散射作用 胶粒带电；6. 质量摩尔浓度 溶质的本性；

7. 浓度低的 浓度高的；8. W/O 型 O/W 型

三、判断题

1. 3. 5. 8 √　2. 4. 6. 7 ×

四、计算题

1. $m_{甘油}=989$ g；2. $M_{多肽}=19\,994$ g·mol^{-1}；3. $T_b=373.16$ K $T_f=272.44$ K；

4. 5.0% 752.6 kPa；5. 186；6. 164.7

第 2 章　化学热力学基础

一、选择题

1. B 2. B 3. D 4. C 5. A 6. D 7. C 8. C 9. A 10. A

二、判断题

4. 7. 10 √　1. 2. 3. 5. 6. 8. 9 ×

三、填空题

1. ＞＞　2. 大 大　3. 41.79　32.5　4. 347　5. 2.2　−1.96　304.4

四、计算题

1. $-8\ 780.4\ \text{kJ} \cdot \text{mol}^{-1}$

2. (1) $-851.5\ \text{kJ} \cdot \text{mol}^{-1}$；(2) $-4210.19\ \text{kJ}$

3. (1) $2\ 841\ \text{K}$；(2) $903.0\ \text{K}$；(3) $840.7\ \text{K}$ 由计算可知，用氢气还原锡矿石温度最低。

4. 反应(1)：$2Fe_2O_3(s) + 3C(s) = 4Fe(s) + 3CO_2(g)$

$\Delta_r H_m^{\ominus} = 468\ \text{kJ} \cdot \text{mol}^{-1}$，$\Delta_r S_m^{\ominus} = 558\ \text{J} \cdot \text{mol}^{-1} \cdot \text{K}^{-1}$，$\Delta_r G_m^{\ominus} = 301\ \text{kJ} \cdot \text{mol}^{-1}$

反应(2)：$Fe_2O_3(s) + 3CO(g) \Longrightarrow 2Fe(s) + 3CO_2(g)$

$\Delta_r H_m^{\ominus} = -25\ \text{kJ} \cdot \text{mol}^{-1}$，$\Delta_r S_m^{\ominus} = 15\ \text{J} \cdot \text{mol}^{-1} \cdot \text{K}^{-1}$，$\Delta_r G_m^{\ominus} = -29\ \text{kJ} \cdot \text{mol}^{-1}$

反应(2) $\Delta_r G_m^{\ominus} < 0$，且 $\Delta_r H_m^{\ominus} < 0$，$\Delta_r S_m^{\ominus} > 0$，任意温度下均自发，故代表高炉炼铁的主要反应。

5. $\Delta_r G_m^{\ominus}(1\ 573\ \text{K}) = 70.76\ \text{kJ} \cdot \text{mol}^{-1}$，$K^{\ominus}(1\ 573\ \text{K}) = 4.47 \times 10^{-3}$

6. $\Delta_r H_m^{\ominus} = -373.24\ \text{kJ} \cdot \text{mol}^{-1}$，$\Delta_r S_m^{\ominus} = -98.89\ \text{J} \cdot \text{mol}^{-1} \cdot \text{K}^{-1}$，

$\Delta_r G_m^{\ominus} = -343.74\ \text{kJ} \cdot \text{mol}^{-1}$，理论上可行。

7. $K^{\ominus} = 80$，$\alpha = 80\%$

8. (1) 62%　(2) 86%

(3) 根据计算结果，可以得出结论：增加一种反应物浓度，可提高另一种反应物的转化率。

第 3 章　化学动力学初步

一、选择题

1. A 2. B 3. D 4. A 5. A 6. C 7. B 8. C 9. C 10. B

二、判断题

1. 3. 9. $\sqrt{}$　2. 4. 5. 6. 7. 8. 10. $\times$

三、填空题

1. 基元反应 非基元反应

2.

	$v_{正}$	$v_{逆}$	$k_{正}$	$k_{逆}$	$K^{\ominus}$	平衡移动方向
增加总压力	增大	增大	不变	不变	不变	向左
升高温度	增大	增大	增大	增大	增大	向右
加入催化剂	增大	增大	增大	增大	不变	不变

四、计算题

1. $1.12 \times 10^{-5}\ \text{mol} \cdot \text{dm}^{-3} \cdot \text{s}^{-1}$

2. (1) $v = k\, c^2(NO) \cdot c(O_2)$

(2) $k = 2.5 \times 10^3\ \text{dm}^6 \cdot \text{mol}^{-2} \cdot \text{s}^{-1}$

(3) $v = 1.4 \times 10^{-2}$ mol $\cdot$ dm^{-3} $\cdot$ s^{-1}

3. $E_a = 57$ kJ $\cdot$ mol^{-1}

4. (1) $v = k \cdot c(\text{NO}_2)^2$

(2) $E_a(\text{逆}) = 1$ kJ $\cdot$ mol^{-1}　　$k_2(\text{正})/k_1(\text{正}) = 1.01 \times 10^5$　　$k_2(\text{逆})/k_1(\text{逆}) = 1.01$

由计算结果可知:升高温度,正反应速率增加的倍数远远大于逆反应速率增加的倍数,平衡向着正反应方向移动。这与升高温度,平衡向着吸热反应方向移动是一致的。

5. 408 K

6. $E_a = 78.3$ kJ $\cdot$ mol^{-1}　　$k_3 = 0.846$ s^{-1}

第4章　酸碱平衡

一、选择题

1. D　2. C　3. B　4. C　5. D　6. C　7. A　8. D　9. B　10. D

二、判断题

　5. 6. 9. √　　1. 2. 3. 4. 7. 8. 10. ×

三、填空题

1. 降低　升高　不变　4.75

2. 0.20　1.06 $\times 10^{-5}$　4.97 酸

3. 5.61 $\times 10^{-11}$　10.25

四、计算题

1. 1.76 $\times 10^{-5}$　2.88

2. (1) 8.53　(2) 4.97

3. 6.0

4. (1) $c(\text{OH}^-) = 1.88 \times 10^{-3}$ mol $\cdot$ dm^{-3}, $\alpha = 0.94\%$, pH $= 11.27$

(2) $c(\text{OH}^-) = 1.77 \times 10^{-5}$ mol $\cdot$ dm^{-3}, $\alpha = 0.0089\%$, pH $= 9.25$

5. 11.7 cm^3

6. 9.6 g

第5章　难溶电解质的沉淀－溶解平衡

一、选择题

1. C　2. A　3. A　4. B　5. D　6. D　7. B　8. B　9. B　10. A

二、判断题

3. 8. √　　1. 2. 4. 5. 6. 7. 9. 10. ×

三、填空题

1. 1.33 $\times 10^{-5}$ mol $\cdot$ dm^{-3}　1.77 $\times 10^{-8}$ mol $\cdot$ dm^{-3}

2. 3.0 $\times 10^{-6}$ mol $\cdot$ dm^{-3}　2.0 $\times 10^{-6}$ mol $\cdot$ dm^{-3}　1.08 $\times 10^{-28}$ ＞ 减小 同离子效应

3. ＞ 有

4. AgCl　Ag$_2$CrO$_4$

四、计算题

1. (1) 1.1×10^{-3} mol $\cdot$ dm^{-3}　　(2) 1.1×10^{-3} mol $\cdot$ dm^{-3}　2.2×10^{-3} mol $\cdot$ dm^{-3}

(3) 5.3×10^{-5} mol $\cdot$ dm^{-3}　　(4) 3.6×10^{-4} mol $\cdot$ dm^{-3}

2. pH > 9.9

3. 1.42×10^{-8} mol $\cdot$ dm^{-3}

4. 10.5

5. $3.20 \leqslant$ pH $\leqslant 6.19$

第6章　氧化还原平衡与电化学

一、选择题

1. C 2. B 3. B 4. D 5. B 6. D 7. D 8. D 9. B 10. A 11. A 12. B 13. D 14. C 15. B 16. C

二、填空题

1. 5　$4H^+$　5　2. 100　1.0　3. $(-)Pt \mid Fe^{2+}(c_1), Fe^{3+}(c_2) \parallel Cr_2O_7^{2-}(c_3), Cr^{3+}(c_4) \mid$ $Pt(+)$ 0.559　-323.6　4. $Fe^{3+} + 3e \Longrightarrow Fe$　$S_2O_8^{2-} + 2e \Longrightarrow 2SO_4^{2-}$

$(-)Fe \mid Fe^{3+}(c_1) \parallel S_2O_8^{2-}(c_2), SO_4^{2-}(c_3) \mid Pt(+)$ 5. $MnSO_4$　K_2MnO_4　MnO_2　6. 能

$2Cu^+ \Longrightarrow Cu^{2+} + Cu$　7. Cl^-　S^{2-}

三、判断题

3. 5. 6. 8. 12. $\checkmark$　1. 2. 4. 7. 9. 10. 11. $\times$

四、计算及问答题

1. (1) $3Cu + 8HNO_3(稀) = 3Cu(NO_3)_2 + 2NO\uparrow + 4H_2O$

(2) $4Zn + 5H_2SO_4(浓) = 4ZnSO_4 + H_2S\uparrow + 4H_2O$

(3) $KClO_3 + 6FeSO_4 + 3H_2SO_4 = KCl + 3Fe_2(SO_4)_3 + 3H_2O$

2. (1) $Cr_2O_7^{2-} + 3H_2S + 8H^+ = 2Cr^{3+} + 3S\downarrow + 7H_2O$

(2) $ClO_3^- + 6Fe^{2+} + 6H^+ = Cl^- + 6Fe^{3+} + 3H_2O$

(3) $2MnO_4^- + SO_3^{2-} + 2OH^- = 2MnO_4^{2-} + SO_4^{2-} + H_2O$

(4) $Zn + ClO^- + 2OH^- + H_2O = [Zn(OH)_4]^{2-} + Cl^-$

3. (1) $E = 0.4577$ V　Ag^+/Ag 作正极，Cu^{2+}/Cu 作负极，$2Ag^+ + Cu \Longrightarrow Cu^{2+} + 2Ag$

(2) $E = 0.5915$ V　HAc/H_2 作正极，Zn^{2+}/Zn 作负极，$2HAc + Zn \Longrightarrow H_2 + 2Ac^-$

4. $E = -0.0183$ V < 0，反应不能向正向自发进行

5. (1) $(-)Pt \mid Fe^{2+}(c_1), Fe^{3+}(c_2) \parallel MnO_4^-(c_3), Mn^{2+}(c_4), H^+(c_5) \mid Pt(+)$

$E^\ominus = 0.739$ V

(2) $E = 0.83$ V　(3) $K^\ominus = 2.6 \times 10^{62}$

6. $k_{sp}^\ominus(AgBr) = 4.9 \times 10^{-13}$

7. $\varphi^\ominus(Cr_2O_7^{2-}/Cr^{2+}) = 0.8958$ V　$\varphi^\ominus(Cr^{3+}/Cr) = -0.629$ V

第7章　原子结构和元素周期表

一、选择题

1. C 2. C 3. C 4. D 5. A 6. B 7. D 8. D 9. D 10. D 11. A 12. B 13. B 14. D 15. A 16. B 17. C

二、判断题

1.2.3.4.5.6.7.8. ×　　　3. √

三、填空题

1. O: $1s^2 2s^2 2p^4$　　2. (1)12 (2)6(3)15(4)2 3. He 4. 9 条 5. < 6. P

四、简答题

(略)

第 8 章　化学键和分子结构

一、选择题

1. A 2. A 3. B 4. D 5. A 6. B 7. D 8. C 9. B 10. B 11. B 12. A 13. A 14. B 15. B 16. B

17. C 18. B 19. C 20. B

二、填空题

1. 头碰头 肩并肩 σ；2. 1 2；3. 相同 不同 有孤对电子的原子轨道参加杂化；

4. 直线形 平面正三角形 正四面体形 $109.5°(109°28')$；5. 等性 sp^3 杂化 不等性 sp^3 杂化 正四面体形 三角锥形；6. $CCl_4 > NH_3 > H_2O$ 孤对电子对成键电子的排斥压缩作用；

7. $HF > HCl > HBr > HI$；8. 取向力 诱导力 色散力 色散；9. 略；10. 分子间氢键 分子内氢键；11. NH_3 和 H_2O 分子之间形成氢键；12. 3 2；13. $(\sigma_{1s})^2 (\sigma_{1s}^*)^2 (\sigma_{2s})^2 (\sigma_{2s}^*)^2 (\sigma_{2p_x})^2 (\pi_{2p_y})^2 (\pi_{2p_z})^2 (\pi_{2p_y}^*)^1$ 1 5/2

三、判断题

1.4. √　2.3.5.6.7.8. ×

四、综合题

1. 解：BBr_3 中 B 为 sp^2 杂化，BBr_3 为平面三角形结构；PH_3 中 P 为不等性 sp^3 杂化，PH_3 为三角锥形结构。

2. 解：极性分子：HF、H_2S、CH_2Cl_2、NCl_3；非极性分子：Br_2、BBr_3、CS_2、CCl_4、$BeCl_2$

3. 解：(1)可溶　(2)可溶　(3)难溶　(4)可溶　(5)可溶　(6)难溶

原因：(1)、(2)、(4)、(5)与水形成氢键，而(3)、(6)不能形成氢键。

4. 解：乙醇分子间有氢键存在。

5. 解：分子轨道理论的基本要点(略)(1) O_2 分子轨道式：$(\sigma_{1s})^2 (\sigma_{1s}^*)^2 (\sigma_{2s})^2 (\sigma_{2s}^*)^2 (\sigma_{2p_x})^2 (\pi_{2p_y})^2 (\pi_{2p_z})^2 (\pi_{2p_y}^*)^1 (\pi_{2p_z}^*)^1$，$O_2$ 分子中有两个成单电子存在，所以为顺磁性物质。

(2) N_2^+ 和 N_2 分子轨道式分别为：$(\sigma_{1s})^2 (\sigma_{1s}^*)^2 (\sigma_{2s})^2 (\sigma_{2s}^*)^2 (\pi_{2p_y})^2 (\pi_{2p_z})^2 (\sigma_{2p_x})^1$

和 $(\sigma_{1s})^2 (\sigma_{1s}^*)^2 (\sigma_{2s})^2 (\sigma_{2s}^*)^2 (\pi_{2p_y})^2 (\pi_{2p_z})^2 (\sigma_{2p_x})^2$ 其中 N_2^+ 有 9 个成键电子和 4 个反键电子，键级为 5/2，而 N_2 有 10 个成键电子和 4 个反键电子，键级为 3，所以 N_2^+ 不如 N_2 稳定。

第 9 章　配位化合物

1. (1)硫酸四氨合锌（Ⅱ）；(2)六氟合铝（Ⅲ）酸钾(3)五氯·一水合铁（Ⅲ）酸铵；

(4)氯化三乙二胺合钴（Ⅲ）；(5)四氯·二氨合铂（Ⅵ）(6)乙二胺四乙酸合钙（Ⅱ）离子

2. (1)$K[Ag(SCN)_2]$；　(2)$[CrCl_2(H_2O)_4]Cl$；(3)$[Cu(NH_3)_4][PtCl_4]$

(4)$[CoCl_2(NH_3)_3(H_2O)]Cl$；(5)$K_2[HgI_4]$；(6)$[Co(NO_2)_3(NH_3)_3]$

3. 略

4. (1)D;(2)B;(3)A;(4)配位体;单齿配位体;多齿配位体。

(5)内轨型配合物;外轨型配合物。(6)硝酸一羟基·三水合锌(Ⅱ);[Zn(OH)(H₂O)₃]⁻;NO₃⁻;Zn²⁺;OH⁻、H₂O;O;4。

(7)A:[CoBrCl(NH₃)₃H₂O]Br·H₂O;B:[CoCl(NH₃)₃(H₂O)₂]Br₂

5. ×:(1)(2)(3)(5);√:(4)(6)(7)

6.(1) ① $9.1×10^{-7}$ mol·L⁻¹ ② $7.7×10^{-21}$ mol·L⁻¹

(2) 能。$Q_i=9.1×10^{-11}$ $>K_{sp}(AgBr)=5.3×10^{-13}$

(3) $c(Ag^+)=1.56×10^{-11}$ mol·L⁻¹;$c(Py)=0.8$ mol·L⁻¹;$c([Ag(Py)_2]^+)=0.1$ mol·L⁻¹

(4) 2.46 mol·L⁻¹

(5) $E^\ominus=0.99$ V

第10章 重要元素选述

一、选择题

1.D 2.D 3.B 4.C 5.C 6.B 7.B 8.A 9.D

二、完成并配平方程式

1. $2Al+2NaOH+2H_2O=2NaAlO_2+3H_2(g)$

2. $C+2H_2SO_4(浓、热)=CO_2(g)+2SO_2(g)+2H_2O$

3. $Au+HNO_3+4HCl=H[AuCl_4]+NO+2H_2O$

4. $4H_2O_2+PbS(黑色)=4H_2O+PbSO_4$

5. $Ag_2O+H_2O_2=2Ag+O_2↑+H_2O$

6. $2Ni(OH)_2+2NaClO+H_2O=2Ni(OH)_3+NaCl$

三、判断题

2. 4. 5. √ 1.3. 6. ×

四、问答题

(略)

第11章 化学与材料

简答题

(略)

第12章 化学与环境保护

一、选择题

1.C 2.ABC 3.BC 4.C 5.ABD 6.A 7.D 8.ACD 9.A 10.ABC

二、判断题

1. 2.3.5.6.8.9. × 4.7.10. √

三、计算及问答题

1. $\Delta_rG_m^\ominus(1\,300\ ℃)=70.76$ kJ·mol⁻¹>0 $K^\ominus=4.51×10^{-3}$

H＝57m   所以排气筒需加高 17 m 才能满足排放标准?

3. 1.8×10^{-11} mol $\cdot$ L^{-1} $\cdot$ s^{-1}

4. 7.5×10^{-5} mol $\cdot$ dm^{-3}

5. 3.67 g

四、思考题(略)

元 素 周 期 表

氧化态（单质的氧化态为0，未列入；常见的为红色）

以¹²C=12为基准的原子质量（注：的是半衰期最长同位素的相对原子质量）

14	原子序数
Si 硅	元素符号（红色的为放射性元素） 元素名称（注+的为人造元素）
3s²3p²	价层电子构型
28.0855 (3)	

s区元素　p区元素
d区元素　ds区元素
f区元素　稀有气体

族 周期	1 IA	2 IIA	3 IIIB	4 IVB	5 VB	6 VIB	7 VIIB	8	9 VIIIB	10	11 IB	12 IIB	13 IIIA	14 IVA	15 VA	16 VIA	17 VIIA	18 VIIIA	电子层
1	1 H 氢 1s¹ 1.00794(7)																	2 He 氦 1s² 4.002602(2)	K
2	3 Li 锂 2s¹ 6.941(2)	4 Be 铍 2s² 9.012182(3)											5 B 硼 2s²2p¹ 10.811(7)	6 C 碳 2s²2p² 12.0107(8)	7 N 氮 2s²2p³ 14.0067(2)	8 O 氧 2s²2p⁴ 15.9994(3)	9 F 氟 2s²2p⁵ 18.9984032(5)	10 Ne 氖 2s²2p⁶ 20.1797(6)	L K
3	11 Na 钠 3s¹ 22.989770(2)	12 Mg 镁 3s² 24.3050(6)											13 Al 铝 3s²3p¹ 26.981538(2)	14 Si 硅 3s²3p² 28.0855(3)	15 P 磷 3s²3p³ 30.973761(2)	16 S 硫 3s²3p⁴ 32.065(5)	17 Cl 氯 3s²3p⁵ 35.453(2)	18 Ar 氩 3s²3p⁶ 39.948(1)	M L K
4	19 K 钾 4s¹ 39.0983(1)	20 Ca 钙 4s² 40.078(4)	21 Sc 钪 3d¹4s² 44.955910(8)	22 Ti 钛 3d²4s² 47.867(1)	23 V 钒 3d³4s² 50.9415(1)	24 Cr 铬 3d⁵4s¹ 51.9961(6)	25 Mn 锰 3d⁵4s² 54.938049(9)	26 Fe 铁 3d⁶4s² 55.845(2)	27 Co 钴 3d⁷4s² 58.933200(9)	28 Ni 镍 3d⁸4s² 58.6934(2)	29 Cu 铜 3d¹⁰4s¹ 63.546(3)	30 Zn 锌 3d¹⁰4s² 65.409(4)	31 Ga 镓 4s²4p¹ 69.723(1)	32 Ge 锗 4s²4p² 72.64(1)	33 As 砷 4s²4p³ 74.92160(2)	34 Se 硒 4s²4p⁴ 78.96(3)	35 Br 溴 4s²4p⁵ 79.904(1)	36 Kr 氪 4s²4p⁶ 83.798(2)	N M L K
5	37 Rb 铷 5s¹ 85.4678(3)	38 Sr 锶 5s² 87.62(1)	39 Y 钇 4d¹5s² 88.90585(2)	40 Zr 锆 4d²5s² 91.224(2)	41 Nb 铌 4d⁴5s¹ 92.90638(2)	42 Mo 钼 4d⁵5s¹ 95.94(2)	43 Tc 锝 4d⁵5s² 97.907	44 Ru 钌 4d⁷5s¹ 101.07(2)	45 Rh 铑 4d⁸5s¹ 102.90550(2)	46 Pd 钯 4d¹⁰ 106.42(1)	47 Ag 银 4d¹⁰5s¹ 107.8682(2)	48 Cd 镉 4d¹⁰5s² 112.411(8)	49 In 铟 5s²5p¹ 114.818(3)	50 Sn 锡 5s²5p² 118.710(7)	51 Sb 锑 5s²5p³ 121.760(1)	52 Te 碲 5s²5p⁴ 127.60(3)	53 I 碘 5s²5p⁵ 126.90447(3)	54 Xe 氙 5s²5p⁶ 131.293(6)	O N M L K
6	55 Cs 铯 6s¹ 132.90545(2)	56 Ba 钡 6s² 137.327(7)	57~71 La-Lu 镧系	72 Hf 铪 5d²6s² 178.49(2)	73 Ta 钽 5d³6s² 180.9479(1)	74 W 钨 5d⁴6s² 183.84(1)	75 Re 铼 5d⁵6s² 186.207(1)	76 Os 锇 5d⁶6s² 190.23(3)	77 Ir 铱 5d⁷6s² 192.217(3)	78 Pt 铂 5d⁹6s¹ 195.078(2)	79 Au 金 5d¹⁰6s¹ 196.96655(2)	80 Hg 汞 5d¹⁰6s² 200.59(2)	81 Tl 铊 6s²6p¹ 204.3833(2)	82 Pb 铅 6s²6p² 207.2(1)	83 Bi 铋 6s²6p³ 208.98038(2)	84 Po 钋 6s²6p⁴ 208.98	85 At 砹 6s²6p⁵ 209.99	86 Rn 氡 6s²6p⁶ 222.02	P O N M L K
7	87 Fr 钫 7s¹ 223.02	88 Ra 镭 7s² 226.0	89~103 Ac-Lr 锕系	104 Rf 钅卢 6d²7s² 261.11	105 Db 钅杜 6d³7s² 262.11	106 Sg 钅喜 6d⁴7s² 263.12	107 Bh 钅波 6d⁵7s² 264.12	108 Hs 钅黑 6d⁶7s² 265.13	109 Mt 钅麦 6d⁷7s² 266.13	110 Ds 钅达 269	111 Rg 钅仑 272	112 Cn 鎶 277	113 Uut 278	114 Fl 289	115 Uup 288	116 Lv 289	117 Uus	118 Uuo 294	Q P O N M L K

★镧系

57 La 镧 5d¹6s² 138.9055(2)	58 Ce 铈 4f¹5d¹6s² 140.116(1)	59 Pr 镨 4f³6s² 140.90765(2)	60 Nd 钕 4f⁴6s² 144.24(3)	61 Pm 钷 4f⁵6s² 144.91	62 Sm 钐 4f⁶6s² 150.36(3)	63 Eu 铕 4f⁷6s² 151.964(1)	64 Gd 钆 4f⁷5d¹6s² 157.25(3)	65 Tb 铽 4f⁹6s² 158.92534(2)	66 Dy 镝 4f¹⁰6s² 162.500(1)	67 Ho 钬 4f¹¹6s² 164.93032(2)	68 Er 铒 4f¹²6s² 167.259(3)	69 Tm 铥 4f¹³6s² 168.93421(2)	70 Yb 镱 4f¹⁴6s² 173.04(3)	71 Lu 镥 4f¹⁴5d¹6s² 174.967(1)

★锕系

89 Ac 锕 6d¹7s² 227.03	90 Th 钍 6d²7s² 232.0381(1)	91 Pa 镤 5f²6d¹7s² 231.03588(2)	92 U 铀 5f³6d¹7s² 238.02891(3)	93 Np 镎 5f⁴6d¹7s² 237.05	94 Pu 钚 5f⁶7s² 244.06	95 Am 镅 5f⁷7s² 243.06	96 Cm 锔 5f⁷6d¹7s² 247.07	97 Bk 锫 5f⁹7s² 247.07	98 Cf 锎 5f¹⁰7s² 251.08	99 Es 锿 5f¹¹7s² 252.08	100 Fm 镄 5f¹²7s² 257.10	101 Md 钔 5f¹³7s² 258.10	102 No 锘 5f¹⁴7s² 259.10	103 Lr 铹 5f¹⁴6d¹7s² 260.11